黑龙江省高等教育应用型人才培养系列教材

基 础 工 程

主 编 孙晓羽

副主编 王滨生 孙晓丹 张洪国

哈尔滨工程大学出版社

内 容 简 介

本书根据高等院校土木工程专业"基础工程"课程教学大纲的要求编写而成。本书突出应用性,使理论联系工程实际,力求实用性强。本书共7章,包括导论、天然地基上的浅基础、桩基础、桩基础的设计计算、沉井基础及地下连续墙、地基处理、几种特殊土地基上的基础工程。

本书可作为高等院校土木工程、岩土工程、水利工程及相关专业教材,也可作为大中专院校相关专业的教学书及工程技术人员的参考用书。

图书在版编目(CIP)数据

基础工程/孙晓羽主编. —哈尔滨:哈尔滨工程
大学出版社, 2015.7
ISBN 978 – 7 – 5661 – 1055 – 8

Ⅰ. ①基… Ⅱ. ①孙… Ⅲ. ①基础(工程) –
高等学校 – 教材 Ⅳ. ①TU47

中国版本图书馆 CIP 数据核字(2015)第 134248 号

出版发行	哈尔滨工程大学出版社
社　　址	哈尔滨市南岗区东大直街 124 号
邮政编码	150001
发行电话	0451 – 82519328
传　　真	0451 – 82519699
经　　销	新华书店
印　　刷	哈尔滨市工业大学印刷厂
开　　本	787mm × 1 092mm　1/16
印　　张	20.75
字　　数	450 千字
版　　次	2015 年 7 月第 1 版
印　　次	2015 年 7 月第 1 次印刷
定　　价	45.00 元

http://www.hrbeupress.com
E-mail:heupress@ hrbeu.edu.cn

前　　言

本书根据全国高等学校土木工程专业指导委员会编制的教学大纲编写。本书是为了满足宽口径、大土木专业学生学习的需要，并结合现代基础工程的发展趋势，按照土木工程专业培养高级应用型人才的要求，根据勘察、设计和施工等最新规范编写而成。编写各章的作者充分考虑了教学的要求，注重基本概念讲解，着重阐明基本原理和基本方法，力求深入浅出。同时，在写作上与现行有关工程技术规范的精神保持一致。

本教材参编单位、人员和分工如下：哈尔滨工程大学孙晓羽编写第 1,4,5,6 章，哈尔滨工程大学王滨生编写第 2 章，哈尔滨工程大学孙晓丹编写第 3 章，哈尔滨工程大学张洪国编写第 7 章。

本书在编写过程中，哈尔滨工程大学的徐立丹、栾明辉等多位研究生参与了资料整理等具体工作。

作者参考和引用了许多科研、高校和工程单位的研究成果和工程实例。在此一并对其表示衷心的感谢！

由于编者的水平有限，书中难免有错误或不足之处，恳请使用本书的读者批评指正。

编　者

2015 年 4 月

目 录

第1章 导 论

1.1 基础工程概述

任何建筑物都建造在一定的地层上,建筑物的全部荷载都由它下面的地层来承担。受建筑物影响的那一部分地层称为地基,建筑物与地基接触的部分称为基础。基础工程包括建筑物的地基与基础的设计与施工。

地基与基础在各种荷载作用下将产生附加应力和变形。为了保证建筑物的正常使用与安全,地基与基础必须具有足够的强度和稳定性,变形也应在允许范围之内。根据地层变化情况、上部结构的要求、荷载特点和施工技术水平,可采用不同类型的地基和基础。

地基可分为天然地基与人工地基。未经人工处理就可以满足设计要求的地基称为天然地基。如果天然地层土质过于软弱或存在不良工程地质问题,需要经过人工加固或处理后才能修筑基础,这种地基称为人工地基。

基础根据埋置深度分为浅基础和深基础。通常将埋置深度较浅(一般在数米以内),且施工简单的基础称为浅基础;若浅层土质不良,需将基础置于较深的良好土层上,且施工较复杂时称为深基础。基础埋置在土层内深度虽较浅,但在水下部分较深,如深水中桥墩基础,称为深水基础,在设计和施工中有些问题需要作为深基础考虑。桥梁及各种人工构造物常用天然地基上的浅基础。当需设置深基础时常采用桩基础或沉井基础,而我国公路桥梁应用最多的深基础是桩基础。目前我国公路建筑物基础大多采用混凝土或钢筋混凝土结构,少部分用钢结构。在石料丰富的地区,就地取材,也常用石砌基础。只有在特殊情况下(如抢修、建临时便桥)采用木结构。

工程实践表明:建筑物地基与基础的设计和施工质量的优劣,对整个建筑物的质量和正常使用起着根本的作用。基础工程是隐蔽工程,如有缺陷,较难发现,也较难弥补和修复,而这些缺陷往往直接影响整个建筑物的使用甚至安全。基础工程的进度,经常控制整个建筑物的施工进度。基础工程的造价,通常在整个建筑物造价中占相当大的比例,尤其是在复杂的地质条件下或深水中修建基础更是如此。因此,对基础工程必须做到精心设计、精心施工。

1.2 基础工程设计和施工所需的资料及计算荷载的确定

地基与基础的设计方案、计算中有关参数的选用,都需要根据当地的地质条件、水文条件、上部结构形式、荷载特性、材料情况及施工要求等因素全面考虑。施工方案和方法也应该结合设计要求、现场地形、地质条件、施工技术设备、施工季节、气候和水文等情况来研究确定。因此,应在事前通过详细的调查研究,充分掌握必要的、符合实际情况的资料。本节对桥梁基础工程所需资料及计算荷载确定原则作简要介绍。

1.2.1 基础工程设计和施工需要的资料

桥梁的地基与基础在设计及施工开始之前,除了应掌握全桥的相关资料(包括上部结构形式、跨径、荷载、墩台结构等),以及国家颁发的桥梁设计和施工技术规范外,还应注意地质、水文资料的搜集和分析,重视土质和建筑材料的调查与试验。主要应掌握的地质、水文、地形等资料如表1-1所列,其中各项资料内容范围可根据桥梁工程规模、重要性及建桥地点工程地质、水文条件的具体情况和设计阶段确定取舍。资料取得的方法和具体规定可参阅工程地质、土质学与土力学及桥涵水文等有关手册和教材。

表1-1 基础工程有关设计和施工需要的地质、水文、地形及现场各种调查资料

资料种类	资料主要内容	资料用途
1. 桥位平面图(或桥址地形图)	(1)桥位地形 (2)桥位附近地貌、地物 (3)不良工程地质现象的分布位置 (4)桥位与两端路线平面关系 (5)桥位与河道平面关系	(1)桥位的选择、下部结构位置的研究 (2)施工现场的布置 (3)地质概况的辅助资料 (4)河岸冲刷及水流方向改变的估计 (5)墩台、基础防护构造物的布置
2. 桥位工程地质勘测报告及工程地质纵剖面图	(1)桥位地质勘测调查资料包括河床地层分层土(岩)类及岩性、层面标高、钻孔位置及钻孔柱状图 (2)地质、地史资料的说明 (3)不良工程地质现象及特殊地貌的调查勘测资料	(1)桥位、下部结构位置的选定 (2)地基持力层的选定 (3)墩台高度、结构形式的选定 (5)墩台、基础防护构造物的布置
3. 地基土质调查试验报告	(1)钻孔资料 (2)覆盖层及地基土(岩)层状生成分布情况 (3)分层土(岩)层状生成分布情况 (4)荷载试验报告 (5)地下水位调查	(1)分析和掌握地基的层状 (2)地基持力层及基础埋置深度的研究与确定 (3)地基各土层强度及有关计算参数的选定 (4)基础类型和构造的确定 (5)基础下沉量的计算
4. 河流水文调查报告	(1)桥位附近河道纵横断面图 (2)有关流速、流量、水位调查资料 (3)各种冲刷深度的计算资料 (4)通航等级、漂浮物、流冰调查资料	(1)确定根据冲刷要求基础的埋置深度 (2)桥墩身水平作用力计算 (3)施工季节、施工方法的研究

表1-1 （续）

资料种类		资料主要内容	资料用途
5.其他调查资料	(1)地震	(1)地震记录 (2)震害调查	(1)确定抗震设计强度 (2)抗震设计方法和抗震措施的确定 (3)地基土震动液化和岸坡滑移的分析研究
	(2)建筑材料	(1)就地可采取、供应的建筑材料种类、数量、规格、质量、运距等 (2)当地工业加工能力、运输条件有关资料 (3)工程用水调查	(1)下部结构采用材料种类的确定 (2)就地供应材料的计算和计划安排
	(3)气象	(1)当地气象台有关气温变化、降水量、风向风力等记录资料 (2)实地调查采访记录	(1)气温变化的确定 (2)基础埋置深度的确定 (3)风压的确定 (4)施工季节和方法的确定
	(4)附近桥梁的调查	(1)附近桥梁结构形式、设计书、图纸、现状 (2)地质、地基土(岩)性质 (3)河道变动、冲刷、淤泥情况 (4)营运情况及墩台变形情况	(1)掌握架桥地点地质、地基土情况 (2)基础埋置深度的参考 (3)河道冲刷和改道情况的参考
	(5)施工调查资料		(1)施工方法及施工适宜季节的确定 (2)工程用地的布置 (3)工程材料、设备供应、运输方案的拟订 (4)工程动力及临时设备的规划 (5)施工临时结构的规划

1.2.2 计算荷载的确定

在桥梁墩台上的永久荷载(又称恒载)包括结构物的自重、土重及土的自重产生的侧向压力、水的浮力、预应力结构中的预应力、超静定结构中因混凝土收缩徐变和基础变位而产生的影响力;基本可变荷载(又称活载)有汽车荷载、汽车冲击力、离心力、汽车引起的土侧压力、人群荷载、平板挂车或履带车荷载引起的土侧压力;其他可变荷载有风力、汽车制动力、流水压力、冰压力、支座摩阻力,在超静定结构中尚需考虑温度变化的影响力;偶然荷载有船只荷载或漂流物撞击力、施工荷载和地震力。这些荷载通过基础传给地基。按照各种荷载的特性及出现的概率不同,在设计计算时,应根据可能同时出现的作用荷载进行组合。荷载组合的种类,在《建筑结构荷载规范》(GB 50009—2012)里有具体规定。

按照各种荷载特性及出现的概率不同,在设计计算时应考虑各种可能出现的荷载组合,一般有以下几种:

组合Ⅰ:由永久荷载中的一种或几种,与基本可变荷载中的一种或几种(平板挂车或履带车除外)相组合,如该组合中不包括混凝土收缩、徐变及水的浮力引起的影响力时,习惯上也称为主要组合。

组合Ⅱ:由永久荷载中的一种或几种,与基本可变荷载中的一种或几种(平板挂车或履带车除外)及其他可变荷载中的一种或几种相组合。

组合Ⅲ:由平板挂车或履带车与结构自重、预应力、土重及土侧压力中的一种或几种相结合。

组合Ⅳ:由基本可变荷载中(平板挂车或履带车除外)的一种或几种与永久荷载中的一种或几种与偶然荷载中的船只或漂流物撞击力相组合。

组合Ⅴ:施工阶段验算荷载组合,包括可能出现的施工荷载,如结构重、脚手架、材料机具、人群、风力和拱桥单向推力等。

组合Ⅵ:由地震力与结构重、预应力、土重及土侧压力中的一种或几种组合。

组合Ⅱ,Ⅲ,Ⅳ,Ⅴ,Ⅵ习惯上也称为附加组合。

为保证地基与基础满足在强度稳定性和变形方面的要求,应根据建筑物所在地区的各种条件和结构特性,按其可能出现的最不利荷载组合情况进行验算。所谓"最不利荷载组合",就是指组合起来的荷载,应产生相应的最大力学效能。例如,用容许应力法设计时产生的最大应力、滑动稳定验算时产生最小滑动安全系数等。因此,不同的验算内容将由不同的最不利荷载组合控制设计,应分别考虑。

一般说来,不经过计算是较难判断哪一种荷载组合最为不利,必须用分析的方法,对各种可能的最不利荷载组合进行计算后,才能得到最后的结论。由于基本可变荷载(如车辆荷载)的排列位置在纵横方向都是可变的,它将影响着各支座传递给墩台及基础的支座反力的分配数值,以及台后由车辆荷载引起的土侧压力大小等,因此,车辆荷载的排列位置往往对确定最不利荷载组合起着支配作用,对于不同验算项目(如强度、偏心距及稳定性等),可能各有其相应的最不利荷载组合,应分别进行验算。

此外,许多可变荷载其作用方向在水平投影面上常可以分解为纵桥向和横桥向,因此一般也需按此两个方向进行地基与基础的计算,并考虑其最不利荷载组合,比较出最不利者来控制设计。桥梁的地基与基础大多数情况下为纵桥向控制设计,但对于有较大横桥向水平力(如风力、船只撞击力和水压力等)作用时,也需进行横桥向计算,可能为横桥向控制设计。

1.3 基础工程设计计算应注意的事项

1.3.1 基础工程设计计算的原则

基础工程设计计算的目的是设计一个安全、经济和可行的地基及基础,以保证结构物的安全和正常使用。因此,基础工程设计计算的基本原则是:

(1)基础底面的压力小于地基的容许承载力;

(2)地基及基础的变形值小于建筑物要求的沉降值;

(3)地基及基础的整体稳定性有足够保证;

(4)基础本身的强度满足要求。

1.3.2 考虑地基、基础、墩台及上部结构整体作用

建筑物是一个整体,地基、基础、墩台及上部结构是共同工作且相互影响的,地基的任何变形都必定引起基础、墩台及上部结构的变形;不同类型的基础会影响上部结构的受力和工作;上部结构的力学特征也必然对基础的类型与地基的强度、变形和稳定条件提出相应的要求,地基和基础的不均匀沉降对于超静定的上部结构影响较大,因为较小的基础沉降差就能引起上部结构产生较大的内力。同时,恰当的上部结构、墩台结构形式也具有调整地基基础受力条件,改善位移情况的能力。因此,基础工程应紧密结合上部结构、墩台特性和要求进行;上部结构的设计也应充分考虑地基的特点,把整个结构物作为一个整体,考虑其整体作用和各个组成部分的共同作用。全面分析建筑物整体和各组成部分的设计可行性、安全性和经济性,把强度、变形和稳定与现场条件、施工条件紧密结合起来,全面分析,综合考虑。

1.3.3 基础工程极限状态设计

应用可靠度理论进行工程结构设计是当前国际上一种共同发展的趋势,是工程结构设计领域一次带有根本性的变革。可靠性分析设计又称概率极限状态设计,可靠性含义就是指系统在规定的时间内、在规定的条件下完成预定功能的概率,系统不能完成预定功能的概率即是失效概率。这种以统计分析确定的失效概率来度量系统可靠性的方法即为概率极限状态设计方法。

在20世纪80年代,我国在建筑结构工程领域开始逐步全面引入概率极限状态设计原则,1984年颁布的国家标准《建筑结构设计统一标准》(GB J68—84)采用了概率极限状态设计方法,以分项系数描述的设计表达式代替原来的用总安全系数描述的设计表达式。根据统一标准的规定,一批结构设计规范都作了相应的修订,如《公路钢筋混凝土及预应力混凝土桥涵设计规范》(JTJ 023—85)也采用了以分项系数描述的设计表达式。1999年6月建设部颁布了推荐性国家标准《公路工程结构可靠度设计统一标准》(GB/T 50283—1999),2001年11月建设部又颁发了新的国家标准《建筑结构可靠度设计统一标准》(GB 50068—2001)。然而,我国现行的地基基础设计规范,除个别的已采用概率极限状态设计方法,如1995年7月颁布的《建筑桩基技术规范》外,《桥涵地基基础设计规范》等均还未采用极限状态设计,这就产生了地基基础设计与上部结构设计在荷载计算、材料强度、结构安全度等不协调的情况。

由于地基土是在漫长的地质年代中形成的,是大自然的产物,其性质十分复杂,不仅不同地点的土性差别很大,即使同一地点、同一土层的土,其性质也随位置发生变化。所以地基土具有比任何人工材料都多的变异性,它的复杂性质不仅难以人为控制,而且要清楚地认识它也很不容易。在进行地基可靠性研究的过程中,取样、代表性样品选择、试验、成果整理分析等各个环节都有可能带来一系列的不确定性,增加测试数据的变异性,从而影响到最终分析结果。地基土因位置不同引起的固有可变性、样品测值与真实土性值之间的差异性,以及数量有限所造成误差等,就构成了地基土材料特性变异的主要来源。这种变异性比一般人工材料的变异性大。因此,地基可靠性分析的精度,在很大程度上取决于土性参数统计分析的精度。如何恰当地对地基土性参数进行概率统计分析,是基础工程最重要

的问题。

基础工程极限状态设计与结构极限状态设计相比还具有物理和几何方面的特点。

地基是一个半无限体,与板梁柱组成的结构体系完全不同。在结构工程中,可靠性研究的第一步应先解决单构件的可靠度问题。目前,列入规范的亦仅仅是这一步,至于结构体系的系统可靠度分析还处在研究阶段,还没有成熟到可以用于设计标准的程度。地基设计与结构设计的不同在于无论是地基稳定和强度问题或者是变形问题,求解的都是整个地基的综合响应。地基的可靠性研究无法区分构件与体系,从一开始就必须考虑半无限体的连续介质,或至少是一个大范围连续体。显然,这样的验算不论是从计算模型还是涉及的参数方面都比单构件的可靠性分析复杂得多。

在结构设计时,所验算的截面尺寸与材料试样尺寸之比并不大。但在地基问题中却不同,地基受力影响范围的体积与土样体积之比非常大。这就引起了两方面的问题,一是小尺寸的试件如何代表实际工程的性状;二是由于地基的范围大,决定地基性状的因素不仅是一点土的特性,而是取决于一定空间范围内平均土层特性,这是结构工程与基础工程在可靠度分析方面的最基本的区别所在。

我国基础工程可靠度研究始于20世纪80年代初,虽然起步较晚,但发展很快。研究涉及的课题范围较广,有些课题的研究成果,已达国际先进水平。由于研究对象的复杂性,基础工程的可靠度研究落后于上部结构可靠度的研究,而且要将基础工程可靠度研究成果纳入设计规范,进入实用阶段,还需要做大量的工作。国外有些国家已建立了地基按半经验、半概率的分项系数极限状态标准。在我国,随着结构设计使用了极限状态设计方法,在地基设计中采用极限状态设计方法也已经提到了日程上。

1.3.4 地基基础工程问题的主要类型与典型实例

基础工程中的问题主要可分为五类,即:由于地基基础问题引起的上部结构倾斜、墙体破坏;基础自身的破坏;地基承载力不足发生整体滑动破坏或沉降量过大;边坡丧失稳定性;其他特殊不良地质条件引起的地基失效。

1.3.4.1 地基基础问题引起的上部结构倾斜、墙体破坏

建筑物的地基由于土质不均匀或是上部结构荷载不均匀,都会造成不均匀沉降,导致建筑物整体发生倾斜。这一类问题在工程中是十分常见的,意大利比萨斜塔(图1-1)就是举世闻名的建筑物倾斜的典型实例。

1.3.4.2 基础破坏开裂

建筑物地基软硬不均匀,必然产生不均匀沉降。当一幢建筑物的地基软硬突变时,软硬地基交界处往往使基础发生开裂。

1.3.4.3 建筑物地基滑动

在天然地基上建造各类建筑物后,由建筑物上部结构荷

图1-1 意大利比萨斜塔

重传到基础底面的接触应力数值,如果超过持力层地基土的抗剪强度,则地基将产生滑动。典型的工程实例是加拿大特朗斯康谷仓(图1-2)。

图1-2 加拿大特朗斯康谷仓地基滑动倾倒

1.3.4.4 边坡稳定性问题

现代建筑工程中经常遇到土坡稳定问题。例如,依山的城市,由于城市的发展,平地已无建筑场地,新建工程只好利用山坡地。海港码头为船只停泊需修筑岸墙,横跨江河的桥梁与边岸连接处需做边墩,都要分析岸坡的稳定性。至于铁路、公路,穿越山岭,经常遇到路边山坡稳定问题。典型的工程事故实例是香港宝城大厦(图1-3)。香港地区人口稠密,市区建筑密集,新建住宅只好建在山坡上。1972年7月,香港发生一次大滑坡,数万立方米残积土从山坡上下滑,巨大的冲击力正好通过一幢高层住宅——宝城大厦,顷刻之间宝城大厦被冲毁倒塌。

滑坡前

滑坡后

图1-3 香港宝城大厦滑坡前后的比较照片

1.3.4.5 其他特殊不良地质条件引起地基失效

当建筑物地基为砂土或粉土时,地下水位埋藏浅,可能产生振动液化,使地基土呈液态,失去承载能力,导致工程失事。新潟市位于日本本海,市区存在大范围砂土地基。1964年6月16日,当地发生7.5级强烈地震,使大面积砂土地基液化,丧失地基承载力。新潟市机场建筑物下沉915 mm,机场跑道严重破坏,无法使用。据统计,1964年新潟市大地震,共毁坏房屋2 890幢,3号公寓(图1-4)为其中之一,上部结构完好。

图1-4 日本新潟市3号公寓图

在石灰岩地区,由于长期地下水的作用,可能产生溶洞;在山区,残积土或坡积土颗粒大小相差悬殊,在地下水作用下,可能产生溶蚀;在矿产采空区,在地下水作用下可能产生地表塌陷;在地下水流动区域,如土质级配不良,则细的土颗粒可能被冲走,而产生管涌。建筑物地基由于地下水活动造成地基的各类事故,必然危及上部建筑物的安全。

1.4 基础工程学科发展概况

基础工程与其他技术学科一样,是人类在长期的生产实践中不断发展起来的。在世界各文明古国数千年前的建筑活动中就有很多关于基础工程的工艺技术成就,但由于当时受社会生产力和技术条件的限制,在相当长的时期内发展很缓慢,仅停留在经验积累的感性认识阶段。18世纪产业革命以后,城建、水利、道路建筑规模的扩大促使人们重视对基础工程的研究,对有关问题开始寻求理论上的解答。此阶段在作为本学科的理论基础的土力学方面,如土压力理论、土的渗透理论等有局部的突破。基础工程也随着工业技术的发展而得到新的发展,如19世纪中叶利用气压沉箱法修建深水基础;20世纪20年代,基础工程有比较系统、比较完整的专著问世;1936年召开"第一届国际土力学与基础工程会议"后,土力学与基础工程作为一门独立的学科取得不断的发展;20世纪50年代起,现代科学新成就的渗入,使基础工程技术与理论得到更进一步的发展与充实,成为一门较成熟的、独立的现代学科。

　　我国是一个具有悠久历史的文明古国,我国古代劳动人民在基础工程方面,也早就表现出高超的技艺和创造才能。例如,1 300多年前,隋朝时所修建的赵州安济石拱桥,不仅在建筑结构上有独特的技艺,而且在地基基础的处理上也非常合理,该桥桥台座落在较浅的密实粗砂土层上,沉降很小,现在反算其基底压力约为500～600 kPa,与现行的各设计规范中所采用的该土层容许承载力的数值(550 kPa)极为接近。

　　由于我国封建社会历时漫长,且近百余年遭受帝国主义侵略和压迫,再加上当时国内统治阶级的腐败,本学科和其他科学技术一样,长期陷于停滞状况,落后于同时代的工业发达国家。新中国成立后,在中国共产党的英明领导下,社会主义大规模的经济建设事业飞速发展,促进了本学科在我国的迅速发展,并取得了辉煌的成就。

　　国外近年来基础工程科学技术发展也较快,一些国家采用了概率极限状态设计方法。将高强度预应力混凝土应用于基础工程,基础结构向薄壁、空心、大直径发展,采用的管柱直径达6 m,沉井直径达80 m(水深60 m)并以大口径磨削机对基岩进行处理,在水深流速较大处采用水上自升式平台进行沉桩(管柱)施工等。

　　基础工程既是一项古老的工程技术,又是一门年轻的应用科学,发展至今在设计理论、施工技术及测试工作中都存在不少有待进一步完善解决的问题,随着我国现代化建设,大型和重型建筑物的发展将对基础工程提出更高的要求。我国基础工程科学技术可着重开展以下工作:开展地基的强度、变形特性的基本理论研究;进一步开展各类基础形式设计理论和施工方法的研究。

第2章 天然地基上的浅基础

浅基础的定义:埋入地层深度较浅,施工一般采用敞开挖基坑修筑的基础。浅基础在设计计算时可以忽略基础侧面土体对基础的影响,基础结构形式和施工方法也较简单。深基础埋入地层较深,结构形式和施工方法较浅基础复杂,在设计计算时须考虑基础侧面土体的影响。

天然地基浅基础的特点:由于埋深浅,结构形式简单,施工方法简便,造价也较低,因此是建筑物最常用的基础类型。

2.1 天然地基上浅基础的类型、构造及适用条件

2.1.1 浅基础常用类型及适用条件

2.1.1.1 天然地基上浅基础的分类(根据受力条件及构造)

1.刚性基础

基础在外力(包括基础自重)作用下,基底的地基反力为 σ,此时基础的悬出部分(图2-1(b)),$A-A$ 断面左端,相当于承受着强度为 σ 的均布荷载的悬臂梁,在荷载作用下,$A-A$ 断面将产生弯曲拉应力和剪应力。当基础圬工具有足够的截面使材料的容许应力大于由地基反力产生的弯曲拉应力和剪应力时,$A-A$ 断面不会出现裂缝,这时,基础内不需配置受力钢筋,这种基础称为刚性基础(图2-1(b))。它是桥梁、涵洞和房屋等建筑物常用的基础类型。其形式有:刚性扩大基础(图2-1(b),图2-2),单独柱下刚性基础(图2-3(a),(d)、条形基础(图2-4)等。

2.柔性基础

基础在基底反力作用下,在 $A-A$ 断面产生弯曲拉应力和剪应力若超过了基础圬工的强度极限值,为了防止基础在 $A-A$ 断面开裂甚至断裂,可将刚性基础尺寸重新设计,并在基础中配置足够数量的钢筋,

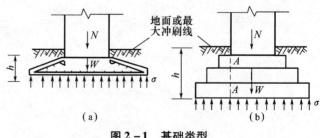

图2-1 基础类型

这种基础称为柔性基础(图2-1(a))。柔性基础主要是用钢筋混凝土浇筑,常见的形式有柱下扩展基础、条形和十字形基础(图2-5)、筏板及箱形基础(图2-6,图2-7),其整体性能较好,抗弯刚度较大。

2.1.1.2 刚性基础常用的材料

刚性基础常用的材料主要有混凝土、粗料石和片石。混凝土是修筑基础最常用的材

料,它的优点是强度高、耐久性好,可浇筑成任意形状的砌体,混凝土强度等级一般不宜小于 C15 号。对于大体积混凝土基础,为了节约水泥用量,可掺入不多于砌体体积 25% 的片石(称片石混凝土)。

2.1.1.3　刚性基础的特点

刚性基础的特点是稳定性好、施工简便、能承受较大的荷载。它的主要缺点是自重大,并且当持力层为软弱土时,由于扩大基础面积有一定限制,需要对地基进行处理或加固后才能采用,否则会因所受的荷载压力超过地基强度而影响建筑物的正常使用。所以对于荷载大或上部结构对沉降差较敏感的建筑物,当持力层的土质较差又较厚时,刚性基础作为浅基础是不适宜的。

2.1.2　浅基础的构造

2.1.2.1　刚性扩大基础

将基础平面尺寸扩大以满足地基强度要求,这种刚性基础又称刚性扩大基础,如图 2 - 2 所示。其平面形状常为矩形,其每边扩大的尺寸最小为 0.20 ~ 0.50 m,作为刚性基础,每边扩大的最大尺寸应受到材料刚性角的限制。当基础较厚时,可在纵横两个剖面上都做成台阶形,以减少基础自重,节省材料。它是桥涵及其他建筑物常用的基础形式。

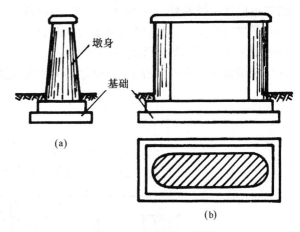

图 2 - 2　刚性扩大基础

2.1.2.2　单独基础和联合基础

单独基础是立柱式桥墩和房屋建筑常用的基础形式之一。它的纵横剖面均可砌筑成台阶式(图 2 - 3(a)(b)),但柱下单独基础用石或砖砌筑时,则在柱子与基础之间用混凝土墩连接。个别情况下柱下基础用钢筋混凝土浇注时,其剖面也可浇筑成锥形(图 2 - 3(c))。

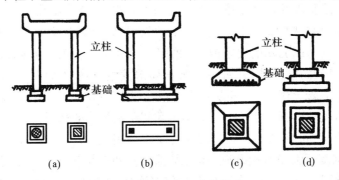

图 2 - 3　单独和联合基础

2.1.2.3 条形基础

条形基础分为墙下条形基础和柱下条形基础,如图2-4所示。墙下条形基础是挡土墙下或涵洞下常用的基础形式,其横剖面可以是矩形或将一侧筑成台阶形。如挡土墙很长,为了避免在沿墙长方向因沉降不匀而开裂,可根据土质和地形予以分段,设置沉降缝。有时为了增强桥柱下基础的承载能力,将同一排若干个柱子的基础联合起来,也就成为柱下条形基础,如图2-5所示。其构造与倒置的T形截面梁相类似,在沿柱子的排列方向的剖面可以是等截面的,也可以如图那样在柱位处加腋的。在桥梁基础中,一般是做成刚性基础,个别的也可做成柔性基础。如地基土很软,基础在宽度方向需进一步扩大面积,同时又要求基础具有

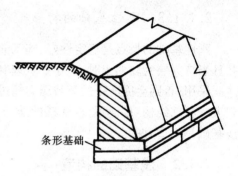

图2-4 挡土墙下条形基础

空间的刚度来调整不均匀沉降时,可在柱下纵、横两个方向均设置条形基础,成为十字形基础。这是房屋建筑常用的基础形式,也是一种交叉条形基础。

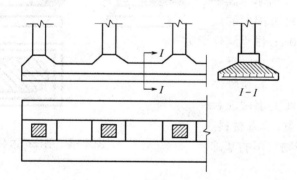

图2-5 柱下条形基础

2.1.2.4 筏板基础和箱形基础

筏板基础和箱形基础都是房屋建筑常用的基础形式(图2-6,图2-7)。

当立柱或承重墙传来的荷载较大,地基土质软弱又不均匀,采用单独基础或条形基础均不能满足地基承载力或沉降的要求时,可采用筏板式钢筋混凝土基础,这样既扩大了基底面积,又增加了基础的整体性,并避免建筑物局部发生不均匀沉降。筏板基础在构造上类似于倒置的钢筋混凝土楼盖,它可以分为平板式(图2-6(a))和梁板式(图2-6(b))。平板式常用于柱荷载较小而且柱子排列较均匀和间距也较小的情况。

为增大基础刚度,可将基础做成由钢筋混凝土顶板、底板及纵横隔墙组成的箱形基础(图2-7),它的刚度远大于筏板基础,而且基础顶板和底板间的空间常可利用作地下室。它适用于地基较软弱,土层厚,建筑物对不均匀沉降较敏感或荷载较大而基础建筑面积不太大的高层建筑。

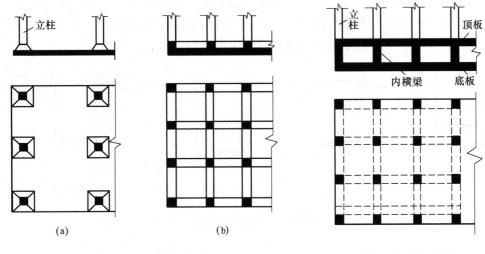

图 2-6　筏板基础　　　　　　　　　　图 2-7　箱形基础

【思考题】

1. 浅基础与深基础有哪些区别？

2. 何谓刚性基础，刚性基础有什么特点？

2.2　刚性扩大基础施工

注意事项：刚性扩大基础的施工可采用明挖的方法进行基坑开挖，开挖工作应尽量在枯水或少雨季节进行，且不宜间断。基坑挖至基底设计标高应立即对基底土质及坑底情况进行检验，验收合格后应尽快修筑基础，不得将基坑曝露过久。基坑可用机械或人工开挖，接近基底设计标高应留 30 cm 高度由人工开挖，以免破坏基底土的结构。基坑开挖过程中要注意排水，基坑尺寸要比基底尺寸每边大 0.5～1.0 m，以方便设置排水沟及立模板和砌筑工作。

基坑开挖时应根据土质及开挖深度情况来确定是否对坑壁予以围护，围护的方式有多种形式。水中开挖基坑还需先修筑防水围堰。

2.2.1　旱地上基坑开挖及围护

2.2.1.1　无围护基坑

无围护基坑适用于基坑较浅，地下水位较低或渗水量较少，不影响坑壁稳定时。此时可将坑壁挖成竖直或斜坡形。竖直坑壁只适宜在岩石地基或基坑较浅又无地下水的硬黏土中采用。在一般土质条件下开挖基坑时，应采用放坡开挖的方法。

2.2.1.2　有围护基坑

1. 板桩墙支护

板桩是在基坑开挖前先垂直打入土中至坑底以下一定深度，然后边挖边设支撑，开挖基坑过程中始终是在板桩支护下进行。

板桩墙分无支撑式(图2-8(a))、支撑式和锚撑式(图2-8(d))。支撑式板桩墙按设置支撑的层数可分为单支撑板桩墙(图2-8(b))和多支撑板桩墙(图2-8(c))。由于板桩墙多应用于较深基坑的开挖,故多支撑板桩墙应用较多。

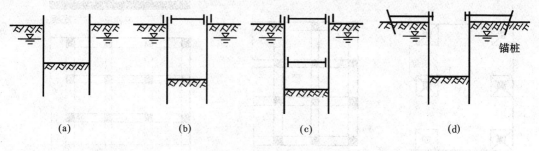

(a)　　　　　　　(b)　　　　　　　(c)　　　　　　　(d)

图2-8　板桩墙的类型

2. 喷射混凝土护壁

喷射混凝土护壁宜用于土质较稳定,渗水量不大,深度小于10 m,直径为6~12 m的圆形基坑。对于有流砂或淤泥夹层的土质,也有使用成功的实例。

喷射混凝土护壁的基本原理是以高压空气为动力,将搅拌均匀的砂、石、水泥和速凝剂干料,由喷射机经输料管吹送到喷枪,在通过喷枪的瞬间,加入高压水进行混合,自喷嘴射出,喷射在坑壁,形成环形混凝土护壁结构,以承受土压力。

3. 混凝土围圈护壁

采用混凝土围圈护壁时,基坑自上而下分层垂直开挖,开挖一层后随即灌注一层混凝土壁。施工时为防止已浇筑的围圈混凝土因失去支承而下坠,顶层混凝土应一次整体浇筑,以下各层均间隔开挖和浇筑,并将上下层混凝土纵向接缝错开。开挖面应均匀分布对称施工,及时浇筑混凝土壁支护,每层坑壁无混凝土壁支护总长度应不大于周长的一半。分层高度以垂直开挖面不坍塌为原则,一般顶层高2 m左右,以下每层高1~1.5 m。混凝土围圈护壁也是用混凝土环形结构承受土压力,但其混凝土壁是现场浇筑的普通混凝土,壁厚较喷射混凝土大,一般为15~30 cm,也可按土压力作用下环形结构计算。

喷射混凝土护壁要求有熟练的技术工人和专门设备,对混凝土用料的要求也较严,用于超过10 m的深基坑尚无成熟经验,因而有其局限性。混凝土围圈护壁则适应性较强,可以按一般混凝土施工,基坑深度可达15~20 m,除流砂及呈流塑状态黏土外,可适用于其他各种土类。

2.2.2　基坑排水

基坑如在地下水位以下,随着基坑的下挖,渗水将不断涌集基坑,因此施工过程中必须不断地排水,以保持基坑的干燥,便于基坑挖土和基础的砌筑与养护。目前常用的基坑排水方法有表面排水和井点法降低地下水位两种。

2.2.2.1　表面排水法

表面排水法是在基坑整个开挖过程及基础砌筑和养护期间,在基坑四周开挖集水沟汇集坑壁及基底的渗水,并引向一个或数个比集水沟挖得更深一些的集水坑。集水沟和集水坑应设在基础范围以外,在基坑每次下挖以前,必须先挖沟和坑,集水坑的深度应大于抽水机吸水龙头的高度,在吸水龙头上套竹筐围护,以防土石堵塞龙头。

这种排水方法设备简单、费用低,一般土质条件下均可采用。但当地基土为饱和粉细砂土等黏聚力较小的细粒土层时,由于抽水会引起流砂现象,造成基坑的破坏和坍塌,因此,当基坑为这类土时,应避免采用表面排水法。

2.2.2.2 井点法降低地下水位

当地基土为粉质土、粉砂类土等时,如采用表面排水极易引起流砂现象,影响基坑稳定,此时可采用井点法降低地下水位排水法。根据使用设备的不同,主要有轻型井点、喷射井点、电渗井点和深井泵井点等多种类型,可根据土的渗透系数,要求降低水位的深度及工程特点选用。

轻型井点降水是在基坑开挖前预先在基坑四周打入(或沉入)若干根井管,井管下端1.5 m 左右为滤管,上面钻有若干直径约2 mm 的滤孔,外面用过滤层包扎起来。各个井管用集水管连接并抽水。由于使井管两侧一定范围内的水位逐渐下降,各井管相互影响形成了一个连续的疏干区。在整个施工过程中保持不断抽水,以保证在基坑开挖和基础砌筑的整个过程中基坑始终保持着无水状态。该法可以避免发生流砂和边坡坍塌现象,且由于流水压力对土层还有一定的压密作用。

2.2.3 水中基坑开挖时的围堰工程

围堰的定义:在水中修筑桥梁基础时,开挖基坑前需在基坑周围先修筑一道防水围堰,把围堰内水排干后,再开挖基坑修筑基础。如排水较困难,也可在围堰内进行水下挖土,挖至预定标高后先灌注水下封底混凝土,然后再抽干水继续修筑基础。在围堰内不但可以修筑浅基础,也可以修筑桩基础等。

对围堰的要求:

(1)围堰顶面标高应高出施工期间中可能出现的最高水位0.5 m 以上,有风浪时应适当加高。

(2)修筑围堰将压缩河道断面,使流速增大引起冲刷或堵塞河道影响通航,因此要求河道断面压缩一般不超过流水断面积的30%。对两边河岸河堤或下游建筑物有可能造成危害时,必须征得有关单位同意并采取有效防护措施。

(3)围堰内尺寸应满足基础施工要求,留有适当工作面积,由基坑边缘至堰脚距离一般不少于1 m。

(4)围堰结构应能承受施工期间产生的土压力、水压力以及其他可能发生的荷载,满足强度和稳定要求。围堰应具有良好的防渗性能。

围堰的种类:土围堰、草(麻)袋围堰、钢板桩围堰、双壁钢围堰和地下连续墙围堰等。

2.2.3.1 土围堰和草袋围堰

在水深较浅(2 m 以内),流速缓慢,河床渗水较小的河流中修筑基础可采用土围堰或草袋围堰。土围堰用黏性土填筑,无黏性土时,也可用砂土类填筑,但须加宽堰身以加大渗流长度,砂土颗粒越大堰身越要加厚。围堰断面应根据使用土质条件、渗水程度及水压力作用下的稳定确定。若堰外流速较大时,可在外侧用草袋柴排防护。

此外,还可以用竹笼片石围堰和木笼片石围堰做水中围堰,其结构由内外两层装片石的竹(木)笼中间填黏土心墙组成。黏土心墙厚度不应小于 2 m。为避免片石笼对基坑顶部压力过大,并为必要时变更基坑边坡留有余地,片石笼围堰内侧一般应距基坑顶缘 3 m以上。

2.2.3.2 钢板桩围堰

当水较深时,可采用钢板桩围堰。修建水中桥梁基础常使用单层钢板桩围堰,其支撑(一般为万能杆件构架,也采用浮箱拼装)和导向(由槽钢组成内外导环)系统的框架结构称"围囹"或"围笼"(图 2-9)。

2.2.3.3 双壁钢围堰

在深水中修建桥梁基础还可以采用双壁钢围堰。双壁钢围堰一般做成圆形结构,它本身实际上是个浮式钢沉井。井壁钢壳是由有加劲肋的内外壁板和若干层水平钢桁架组成,中空

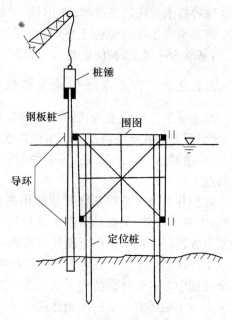

图 2-9　围囹法打钢板桩

的井壁提供的浮力可使围堰在水中自浮,使双壁钢围堰在漂浮状态下分层接高下沉。在两壁之间设数道竖向隔舱板将圆形井壁等分为若干个互不连通的密封隔舱,利用向隔舱不等高灌水来控制双壁围堰下沉及调整下沉时的倾斜。井壁底部设置刃脚以利切土下沉。如需将围堰穿过覆盖层下沉到岩层而岩面高差又较大时,可做成高低刃脚密贴岩面。双壁围堰内外壁板间距一般为 1.2～1.4 m,这就使围堰刚度很大,围堰内无需设支撑系统。

2.3　板桩墙的计算

在基坑开挖时坑壁常用板桩予以支撑,板桩也用作水中桥梁墩台施工时的围堰结构。

板桩墙的作用是挡住基坑四周的土体,防止土体下滑和防止水从坑壁周围渗入或从坑底上涌,避免渗水过大或形成流砂而影响基坑开挖。板桩墙主要承受土压力和水压力,因此,板桩墙本身也是挡土墙,但又非一般刚性挡墙,它在承受水平压力时是弹性变形较大的柔性结构,它的受力条件与板桩墙的支撑方式、支撑的构造、板桩和支撑的施工方法以及板桩入土深度密切相关,需要进行专门的设计计算。

2.3.1　侧向压力计算

作用于板桩墙的外力主要来自坑壁土压力和水压力,或坑顶其他荷载(如挖、运土机械等)所引起的侧向压力。

板桩墙土压力计算比较复杂,由于它大多是临时结构物,因此常采用比较粗略的近似计算,即不考虑板桩墙的实际变形,仍沿用古典土压力理论计算作用于板桩墙上的土压力。一般用朗金理论来计算不同深度 z 处每延米宽度内的主、被动土压力强度 P_a,P_p:

$$P_a = z\tan^2\left(45° - \frac{\varphi}{2}\right) = zK_a \tag{2-1}$$

$$P_p = \gamma z\tan^2\left(45° + \frac{\varphi}{2}\right) = \gamma zK_p \tag{2-2}$$

2.3.2 悬臂式板桩墙的计算

图2-10所示的悬臂式板桩墙,因板桩不设支撑,故墙身位移较大,通常可用于挡土高度不大的临时性支撑结构。

悬臂式板桩墙的破坏一般是板桩绕桩底端 b 点以上的某点 o 转动。这样在转动点 o 以上的墙身前侧以及 o 点以下的墙身后侧,将产生被动抵抗力,在相应的另一侧产生主动土压力。由于精确地确定土压力的分布规律困难,一般近似地假定土压力的分布图形如图2-10所示:墙身前侧是被动土压力(bcd),其合力为 E_{p1},并考虑有一定的安全系数 K(一般取 $K = 2$);

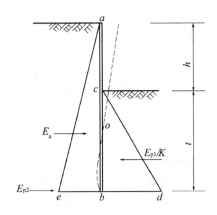

图2-10 悬臂式板桩墙的计算

在墙身后方为主动土压力(abe),合力为 E_a。另外在桩下端还作用有被动土压力 E_{p2},由于 E_{p2} 的作用位置不易确定,计算时假定作用在桩端 b 点。考虑到 E_{p2} 的实际作用位置应在桩端以上一段距离,因此,在最后求得板桩的入土深度 t 后,再适当增加 $10\% \sim 20\%$。

2.3.3 单支撑(锚碇式)板桩墙的计算

当基坑开挖高度较大时,不能采用悬臂式板桩墙,此时可在板桩顶部附近设置支撑或锚碇拉杆,成为单支撑板桩墙,如图2-11所示。

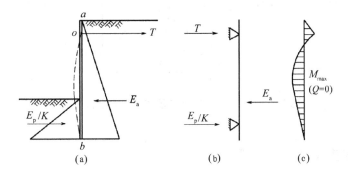

图2-11 单支撑板桩墙的计算

(a)受力简图;(b)支座等效简图;(c)弯矩图

单支撑板桩墙的计算,可以把它作为有两个支承点的竖直梁。一个支点是板桩上端的支撑杆或锚碇拉杆;另一个是板桩下端埋入基坑底下的土。下端的支承情况又与板桩埋入土中的深度大小有关,一般分为两种支承情况;第一种是简支承,如图2-11(a)。这类板桩埋入土中较浅,桩下端允许产生自由转动;第二种是固定端支承,如图2-11(b)。若板桩下端埋入土中较深,可以认为板桩下端在土中嵌固。

2.3.3.1 板桩下端简支支承时的土压力分布

板桩墙受力后挠曲变形,上下两个支承点均允许自由转动,墙后侧产生主动土压力 E_a。由于板桩下端允许自由转动,故墙后下端不产生被动土压力。墙前侧由于板桩向前挤压故产生被动土压力 E_p。由于板桩下端入土较浅,板桩墙的稳定安全度,可以用墙前被动土压力 E_p 除以安全系数 K 保证。此种情况下的板桩墙受力图式如图 2−11(b) 所示,按照板桩上所受土压力计算出的每延米板桩跨间的弯矩如图 2−11(c) 所示,并以 M_{max} 值设计板桩的厚度。

2.3.3.2 板桩下端固定支承时的土压力分布

板桩下端入土较深时,板桩下端在土中嵌固,板桩墙后侧除主动土压力 E_a 外,在板桩下端嵌固点下还产生被动土压力 E_{p2}。假定 E_{p2} 作用在桩底 b 点处。与悬臂式板桩墙计算相同。

板桩的入土深度可按计算值适当增加10% ~ 20%。板桩墙的前侧作用被动土压力 E_{p1}。由于板桩入土较深,板桩墙的稳定性安全度由桩的入土深度保证,故被动土压力 E_{p1} 不再考虑安全系数。由于板桩下端的嵌固点位置不知道,因此,不能用静力平衡条件直接求解板桩的入土深度 t。在图 2−12 中给出了板桩受力后的挠曲形状,在板桩下部有一挠曲反弯点 c,在 c 点以上板桩有最大正弯矩,c 点以下产生最大负弯矩,挠曲反弯点 c 相当于弯矩零点,弯矩分布图如图 2−12 所示。确定反弯点 c 的位置后,已知 c 点的弯矩等于零,则将板桩分成 ac 和 cb 两段,根据平衡条件可求得板桩的入土深度 t。

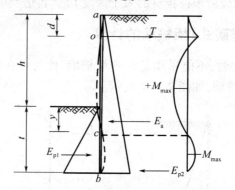

图 2−12 下端为固定支承时的单支撑板桩计算

2.3.4 多支撑板桩墙计算

当坑底在地面或水面以下很深时,为了减少板桩的弯矩可以设置多层支撑。支撑的层数及位置要根据土质、坑深、支撑结构杆件的材料强度,以及施工要求等因素拟定。板桩支撑的层数和支撑间距布置一般采用以下两种方法设置。

(1) 等弯矩布置:当板桩强度已定,即板桩作为常备设备使用时,可按支撑之间最大弯矩相等的原则设置。

(2) 等反力布置:当把支撑作为常备构件使用时,甚至要求各层支撑的断面都相等时,可把各层支撑的反力设计成相等。

支撑系按在轴向力作用下的压杆计算,若支撑长度很大时,应考虑支撑自重产生的弯矩影响。从施工角度出发,支撑间距不应小于2.5 m。

多支撑板桩上的土压力分布形式与板桩墙位移情况有关,由于多支撑板桩墙的施工程序往往是先打好板桩,然后随挖土随支撑,因而板桩下端在土压力作用下容易向内倾斜,如图2-13中虚线所示。这种位移与挡土墙绕墙顶转动的情况相似,但墙后土体达不到主动极限平衡状态,土压力不能按库仑或朗金理论计算。根据试验结果证明这时土压力呈中间大、上下小的抛物线形状分布,其变化在静止土压力与主动土压力之间,如图2-13所示。

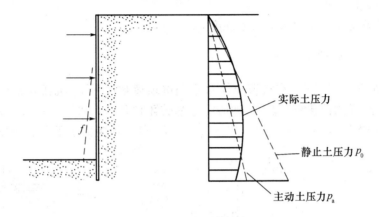

图2-13 多支撑板桩墙的位移及土压力分布

太沙基和佩克根据实测及模型试验结果,提出作用在板桩墙上的土压力分布经验图形(见图2-14)。

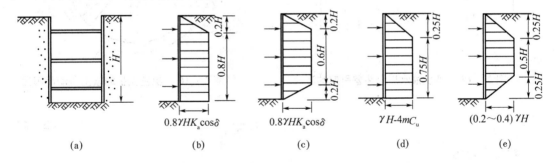

图2-14 多支撑板桩墙上土压力的分布图形
(a)板桩支撑;(b)松砂;(c)密砂;(d)黏土$\gamma H > 6C_u$;(e):黏土$\gamma H < 4C_u$

多支撑板桩墙计算时,也可假定板桩在支撑之间为简支支承,由此计算板桩弯矩及支撑作用力。

2.3.5 基坑稳定性验算

2.3.5.1 坑底流砂验算

若坑底土为粉砂、细砂等时,在基坑内抽水可能引起流砂的危险。一般可采用简化计算方法进行验算。其原则是板桩有足够的入土深度以增大渗流长度,减少向上动水力。由于基坑内抽水后引起的水头差h'(图2-15)造成的渗流,其最短渗流途径为$h_1 + t$,在流程t

中水对土粒动水力应是垂直向上的,故可要求此动水力不超过土的有效重度 γ_b,则不产生流砂的安全条件为

$$K \cdot i \cdot \gamma_w \leqslant \gamma_b \qquad (2-3)$$

式中　　K——安全系数,取2.0;

　　　　i——水力梯度,$i = \dfrac{h'}{h_1 + t}$;

　　　　γ_w——水的重度。

由此,可计算确定板桩要求的入土深度 t。

2.3.5.2　坑底隆起验算

开挖较深的软土基坑时,在坑壁土体自重和坑顶荷载作用下,坑底软土可能受挤在坑底发生隆起现象。常用简化方法验算,即假定地基破坏时会发生如图2 – 16所示滑动面,其滑动面圆心在最底层支撑点 A 处,半径为 x,垂直面上的抗滑阻力不予考虑,则滑动力矩为

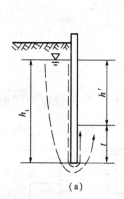

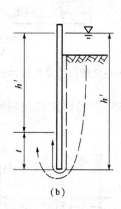

图 2 – 15　基坑抽水后水头差引起的渗流　　　图 2 – 16　板桩支护的软土滑动面假设

$$M_d = (q + rH)\frac{x^2}{2} \qquad (2-4)$$

稳定力矩为

$$M_\gamma = x \int_0^{\frac{x}{2}+a} S_u(x \mathrm{d}\theta), \quad \alpha < \frac{\pi}{2} \qquad (2-5)$$

式中,S_u 为滑动面上不排水抗剪强度,如土为饱和软黏土,则 $\varphi = 0$,$S_u = C_u$。

M_γ 与 M_d 之比即为安全系数 K,如基坑处地层土质均匀,则安全系数为

$$K_s = \frac{(\pi + 2\alpha)S_u}{\gamma H + q} \geqslant 1.2$$

式中,$\pi + 2\alpha$ 以弧度表示。

2.3.6　封底混凝土厚度计算

有时钢板桩围堰需进行水下封底混凝土后在围堰内抽水修筑基础和墩身,在抽干水后封底混凝土底面因围堰内外水头差而受到向上的静水压力,若板桩围堰和封底混凝土之间的黏结作用不致被静水压力破坏,则封底混凝土及围堰有可能被水浮起,或者封底混凝土

产生向上挠曲而折裂,因而封底混凝土应有足够的
厚度,以确保围堰安全。

　　作用在封底层的浮力是由封底混凝土和围堰
自重,以及板桩和土的摩阻力来平衡的。当板桩打
入基底以下深度不大时,平衡浮力主要靠封底混凝
土自重,若封底混凝土最小厚度为 x,如图2－17所
示,则

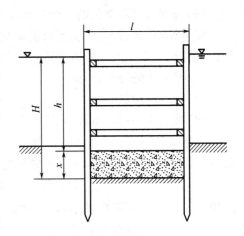

$$\gamma_c \cdot x = \gamma_w(\mu h + x)$$

$$x = \frac{\mu \cdot \gamma_w h}{\gamma_c - \gamma_w} \qquad (2-6)$$

图2－17　封底混凝土最小厚度

式中　μ——考虑未计算桩土间摩阻力和围堰自重
　　　　　的修正系数,小于1,具体数值由经验
　　　　　确定;

　　　γ_w——水的重度,取 $10\ kN/m^3$;

　　　γ_c——混凝土重度,取 $23\ kN/m^3$;

　　　h——封底混凝土顶面处水头高度,m。

　　如板桩打入基坑下较深,板桩与土之间摩阻力较大,加上封底层及围堰自重整个围堰
不会被水浮起,此时封底层厚度应由其强度确定。现一般按容许应力法并简化计算,假定
封底层为一简支单向板,其顶面在静水压力作用下产生弯曲拉应力为

$$\sigma = \frac{1}{8}\frac{Pl^2}{W} = \frac{l^2}{8}\frac{\gamma_w(h+x)\gamma_c x}{\frac{1}{6}x^2} \leqslant [\sigma]$$

经整理,得

$$\frac{4}{3}\frac{[\sigma]}{l^2}x^2 + \gamma_c x - \gamma_w H = 0 \qquad (2-7)$$

式中　W——封底层每米宽断面的截面模量,m^3;

　　　l——围堰宽度,m;

　　　$[\sigma]$——水下混凝土容许弯曲应力,考虑水下混凝土表层质量较差、养护时间短等因
　　　　　素,不宜取值过高,一般用 $100\sim200\ kPa$。

　　由此,可解得封底混凝土层厚 x。

　　封底混凝土灌注时厚度宜比计算值超过 $0.25\sim0.50\ m$,以便在抽水后将顶层浮浆、软
弱层凿除,以保证质量。当需要进一步计算封底混凝土层厚度时可参照本书第5章中式
(5-54)进行。

2.4　地基容许承载力的确定

　　地基容许承载力的确定一般有以下四种方法:

　　(1)在土质基本相同的条件下,参照邻近建筑物地基容许承载力;

　　(2)根据现场荷载试验的 $p-s$ 曲线;

　　(3)按地基承载力理论公式计算;

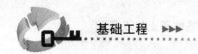

（4）按现行规范提供的经验公式计算。

按照我国《公路桥涵地基与基础设计规范》（JTG D62—2004）（以下简称为《公桥基规》）提供的经验公式和数据来确定地基容许承载力的步骤和方法如下：

（1）确定土的分类名称；

（2）确定土的状态；

（3）确定土的容许承载力。

当基础最小边宽超过 2 m 或基础埋深超过 3 m，且 $h/b \leqslant 4$ 时，上述一般地基上（除冻土和岩石外）的容许承载力 $[\sigma]$ 可按下式计算：

$$[\sigma] = [\sigma_0] + K_1\gamma_1(b-2) + K_2\gamma_2(h-3) \tag{2-8}$$

式中　$[\sigma_0]$——当基础最小边宽 $b \leqslant 2$ m，埋置深度 $h \leqslant 3$ m 的地基土容许承载力（kPa），可直接从规范查取。

　　　　b——基础验算剖面底面最小边宽（或直径）（m），当 $b < 2$ m 时，取 $b = 2$ m 计；当 $b > 10$ m 时，按 10 m 计；

　　　　h——基础底面的埋置深度（m），对于受水流冲刷的基础，由一般冲刷线算起；不受水流冲刷的基础，由天然地面算起，位于挖方内的基础，由开挖后地面算起；当 $h < 3$ m 时，取 $h = 3$ m；

　　　　γ_1——基底下持力层土的天然重度（kN/m³），如持力层在水面以下且为透水性土时，应取用浮重度；

　　　　γ_2——基底以上土的重度（如为多层土时用换算重度）kN/m³，如持力层在水面以下且为不透水性土时，不论基底以上土的透水性质如何，应一律采用饱和重度，如持力层为透水性土时，应一律采用浮重度；

　　　　K_1,K_2——按持力层土类确定在基础宽度和深度方面的修正系数。

式（2-8）第二项是基础在验算剖面底面宽大于 2 m 时地基容许承载力的修正提高值。式（2-8）第三项是基础埋深超过 3 m 时地基容许承载力的提高值。

当计算荷载为《公路桥涵设计通用规范》（JTG D60—2004）中组合Ⅱ，Ⅲ，Ⅳ，Ⅴ时，且地基容许承载力不小于 150 kPa 的地基，地基容许承载力可以参照《公桥基规》提高 25%。当受到地震力作用时，应按《公路工程抗震设计规范》的规定确定。

2.5　刚性扩大基础的设计与计算

刚性扩大基础的设计与计算的主要内容：基础埋置深度的确定；刚性扩大基础尺寸的拟定；地基承载力验算；基底合力偏心距验算；基础稳定性和地基稳定性验算；基础沉降验算。

2.5.1　基础埋置深度的确定

在确定基础埋置深度时，必须考虑把基础设置在变形较小，而强度又比较大的持力层上，以保证地基强度满足要求，而且不致产生过大的沉降或沉降差。此外还要使基础有足够的埋置深度，以保证基础的稳定性，确保基础的安全。确定基础的埋置深度时，必须综合考虑以下各种因素的作用。

2.5.1.1　地基的地质条件

覆盖土层较薄(包括风化岩层)的岩石地基,一般应清除覆盖土和风化层后,将基础直接修建在新鲜岩面上;如岩石的风化层很厚,难以全部清除时,基础放在风化层中的埋置深度应根据其风化程度、冲刷深度及相应的容许承载力来确定。如岩层表面倾斜时,不得将基础的一部分置于岩层上,而另一部分则置于土层上,以防基础因不均匀沉降而发生倾斜甚至断裂。在陡峭山坡上修建桥台时,还应注意岩体的稳定性。

当基础埋置在非岩石地基上,如受压层范围内为均质土,基础埋置深度除满足冲刷、冻胀等要求外,可根据荷载大小,由地基土的承载能力和沉降特性来确定(同时考虑基础需要的最小埋深)。当地质条件较复杂如地层为多层土组成等或对大中型桥梁及其他建筑物基础持力层的选定,应通过较详细计算或方案比较后确定。

2.5.1.2　河流的冲刷深度

在有水流的河床上修建基础时,要考虑洪水对基础下地基土的冲刷作用,洪水水流越急,流量越大,洪水的冲刷越大,整个河床面被洪水冲刷后要下降,这叫一般冲刷,被冲下去的深度叫一般冲刷深度。同时,由于桥墩的阻水作用,使洪水在桥墩四周冲出一个深坑,这叫局部冲刷。

因此,在有冲刷的河流中,为了防止桥梁墩、台基础四周和基底下土层被水流掏空冲走以致倒塌,基础必须埋置在设计洪水的最大冲刷线以下不小于 1 m。特别是在山区和丘陵地区的河流,更应注意考虑季节性洪水的冲刷作用。

2.5.1.3　当地的冻结深度

在寒冷地区,应该考虑由于季节性的冰冻和融化对地基土引起的冻胀影响。对于冻胀性土,如土温在较长时间内保持在冻结温度以下,水分能从未冻结土层不断地向冻结区迁移,引起地基的冻胀和隆起,这些都可能使基础遭受损坏。为了保证建筑物不受地基土季节性冻胀的影响,除地基为非冻胀性土外,基础底面应埋置在天然最大冻结线以下一定深度。

2.5.1.4　上部结构形式

上部结构的形式不同,对基础产生的位移要求也不同。对中、小跨度简支梁桥来说,这项因素对确定基础的埋置深度影响不大。但对超静定结构即使基础发生较小的不均匀沉降也会使内力产生一定变化。例如对拱桥桥台,为了减少可能产生的水平位移和沉降差值,有时需将基础设置在埋藏较深的坚实土层上。

2.5.1.5　当地的地形条件

当墩台、挡土墙等结构位于较陡的土坡上,在确定基础埋深时,还应考虑土坡连同结构物基础一起滑动的稳定性。由于在确定地基容许承载力时,一般是按地面为水平的情况下确定的,因而,当地基为倾斜土坡时,应结合实际情况,予以适当折减并采取相应措施。若基础位于较陡的岩体上,可将基础做成台阶形,但要注意岩体的稳定性。

2.5.1.6 保证持力层稳定所需的最小埋置深度

地表土在温度和湿度的影响下,会产生一定的风化作用,其性质是不稳定的。加上人类和动物的活动以及植物的生长作用,也会破坏地表土层的结构,影响其强度和稳定,所以一般地表土不宜作为持力层。为了保证地基和基础的稳定性,基础的埋置深度(除岩石地基外)应在天然地面或无冲刷河底以下不小于 1 m。

除此以外,在确定基础埋置深度时,还应考虑相邻建筑物的影响,如新建筑物基础比原有建筑物基础深,则施工挖土有可能影响原有基础的稳定。施工技术条件(施工设备、排水条件、支撑要求等)及经济分析等对基础埋深也有一定影响,这些因素也应考虑。

上述影响基础埋深的因素不仅适用于天然地基上的浅基础,有些因素也适用于其他类型的基础(如沉井基础)。

2.5.2 刚性扩大基础尺寸的拟定

主要根据基础埋置深度确定基础平面尺寸和基础分层厚度。所拟定的基础尺寸,应是在可能的最不利荷载组合的条件下,能保证基础本身有足够的结构强度,并能使地基与基础的承载力和稳定性均能满足规定要求,并且是经济合理的。

2.5.2.1 基础厚度

应根据墩、台身结构形式,荷载大小,选用的基础材料等因素来确定。基底标高应按基础埋深的要求确定。水中基础顶面一般不高于最低水位,在季节性流水的河流或旱地上的桥梁墩、台基,则不宜高出地面,以防碰损。这样,基础厚度可按上述要求所确定的基础底面和顶面标高求得。在一般情况下,大、中桥墩、台混凝土基础厚度在 1.0 ~ 2.0 m 左右。

2.5.2.2 基础平面尺寸

基础平面形式一般应考虑墩、台身底面的形状而确定,基础平面形状常用矩形。基础底面长宽尺寸与高度有如下的关系式

$$长度(横桥向) \qquad a = l + 2H\tan\alpha$$
$$宽度(顺桥向) \qquad b = d + 2H\tan\alpha$$

式中　l——墩、台身底截面长度,m;

　　　d——墩、台身底截面宽度,m;

　　　H——基础高度,m;

　　　α——墩、台身底截面边缘至基础边缘线与垂线间的夹角。

2.5.2.3 基础剖面尺寸

刚性扩大基础的剖面形式一般做成矩形或台阶形,如图 2 - 18 所示。自墩、台身底边缘至基顶边缘距离 c_1 称襟边,其作用一方面是扩大基底面积增加基础承载力,同时也便于调整基础施工时在平面尺寸上可能发生的误差,也为了支立墩、台身模板的需要。其值应视基底面积的要求、基础厚度及施工方法而定。桥梁墩台基础襟边最小值为20 ~ 30 cm。

基础较厚(超过 1 m 以上)时,可将基础的剖面浇砌成台阶形,如图 2 - 18 所示。

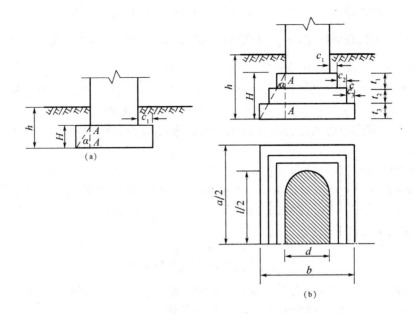

图2-18　刚性扩大基础剖面、平面图

2.5.2.4　基础悬出总长度

基础悬出总长度(包括襟边与台阶宽度之和),应使悬出部分在基底反力作用下,在 $A-A$ 截面(图2-18(b))所产生的弯曲拉力和剪应力不超过基础圬工的强度限值。所以满足上述要求时,就可得到自墩台身边缘处的垂线与基底边缘的连线间的最大夹角 α_{max},称为刚性角。在设计时,应使每个台阶宽度 c_i 与厚度 t_i 保持在一定比例内,使其夹角 $\alpha_i \leqslant \alpha_{max}$,这时可为属刚性基础,不必对基础进行弯曲拉应力和剪应力的强度验算,在基础中也可不设置受力钢筋。刚性角 α_{max} 的数值是与基础所用的圬工材料强度有关。

基础每层台阶高度 t_i 通常为 $0.50 \sim 1.00$ m,在一般情况下各层台阶宜采用相同厚度。

2.5.3　地基承载力验算

地基承载力验算包括持力层强度验算、软弱下卧层验算和地基容许承载力的确定。

2.5.3.1　持力层强度验算

持力层是指直接与基底相接触的土层,持力层承载力验算要求荷载在基底产生的地基应力不超过持力层的地基容许承载力。其计算式为

$$\sigma_{\min}^{\max} = \frac{N}{A} \pm \frac{M}{W} \leqslant [\sigma] \qquad (2-9)$$

式中　　σ——基底应力,kPa;

$\quad\quad\quad N$——基底以上竖向荷载,kN;

$\quad\quad\quad A$——基底面积,m^2;

$\quad\quad\quad M$——作用于墩、台上各外力对基底形心轴的力矩(kN·m),$M = \sum T_i h_i + \sum P_i$ $e_i = N \cdot e_0$,其中 T_i 为水平力,h_i 为水平作用点至基底的距离,P_i 为竖向力,e_i

为竖向力 P_i 作用点至基底形心的偏心距，e_0 为合力偏心距；

W——基底截面模量（m^3），对矩形基础，$W = \frac{1}{6}ahh2 = \rho A$，$\rho$ 为基底核心半径；

$[\sigma]$——基底处持力层地基容许承载力，kPa。

对公路桥梁，通常基础横向长度比顺桥向宽度大很多，同时，上部结构在横桥向布置常是对称的，因此，一般由顺桥向控制基底应力计算。但对通航河流或河流中有漂流物时，应计算船舶撞击力或漂流物撞击力在横桥向产生的基底应力，并与顺桥向基底应力比较，取其大者控制设计。

在曲线上的桥梁，除顺桥向引起的力矩 M_x 外，尚有离心力（横桥向水平力）在横桥向产生的力矩 M_y；若桥面上活载考虑横向分布的偏心作用时，则偏心竖向力对基底两个方向中心轴均有偏心距（图 2-19），并产生偏心距 $M_x = N \cdot e_x$，$M_y = N \cdot e_y$。故对于曲线桥，计算基底应力时，应按下式计算

$$\sigma_{min}^{max} = \frac{N}{A} \pm \frac{M_x}{W_x} \pm \frac{M_y}{W_y} \leqslant [\sigma] \tag{2-10}$$

式中 M_x，M_y——分别为外力对基底顺桥向中心轴和横桥向中心轴之力矩；

W_x，W_y——分别为基底对 x，y 轴的截面模量。

对式（2-9）和式（2-10）中的 N 值及 M（或 M_x，M_y）值，应按能产生最大竖向 N_{max} 的最不利荷载组合与此相对应的 M 值，和能产生最大力矩 M_{max} 时的最不利荷载组合与此相对应的 N 值，分别进行基底应力计算，取其大者控制设计。

2.5.3.2 软弱下卧层承载力验算

当受压层范围内地基为多层土（主要指地基承载力有差异而言）组成，且持力层以下有软弱下卧层（指容许承载力小于持力层容许承载力的土层），这时还应验算软弱下卧层的承载力，验算时先计算软弱下卧层顶面 A（在基底形心轴下）的应力（包括自重应力及附加应力）不得大于该处地基土的容许承载力（图 2-20），即

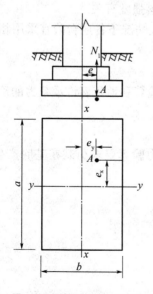

图 2-19 偏心竖直力作用在任意点

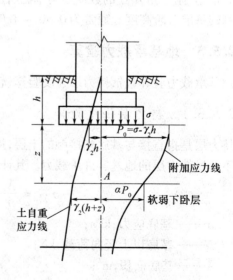

图 2-20 软弱下卧层承载力验算

$$[\sigma]_{h+z} = \gamma_1(h+z) + \alpha(\sigma - \gamma_2 h) \leq [\sigma]_{h+z} \qquad (2-11)$$

式中 γ_1 —— 相应于深度 $(h+z)$ 以内土的换算重度，$\mathrm{kN/m^3}$；

         γ_2 —— 深度 h 范围内土层的换算重度，$\mathrm{kN/m^3}$；

         h —— 基底埋深，m；

         z —— 从基底到软弱土层顶面的距离，m；

         α —— 基底中心下土中附加应力系数，可按土力学教材或规范提供系数表查用；

         σ —— 由计算荷载产生的基底压应力（kPa），当基底压应力为不均匀分布且 z/b（或 z/d）> 1 时，σ 为基底平均压应力，当 z/b（或 z/d）≤ 1 时，σ 按基底应力图形采用距最大应力边 $b/3 \sim b/4$ 处的压应力（其中 b 为矩形基础的短边宽度，d 为圆形基础直径）；

         $[\sigma]_{h+z}$ —— 软下卧层顶面处的容许承载力（kPa），可按式（2-8）计算。

当软弱下卧层为压缩性高而且较厚的软黏土，或当上部结构对基础沉降有一定要求时，除承载力应满足上述要求外，还应验算包括软弱下卧层的基础沉降量。

2.5.4   基底合力偏心距验算

控制基底合力偏心距的目的是尽可能使基底应力分布比较均匀，以免基底两侧应力相差过大，使基础产生较大的不均匀沉降，使墩、台发生倾斜，影响正常使用。若使合力通过基底中心，虽然可得均匀的应力，但这样做非但不经济，往往也是不可能的，所以在设计时，根据有关设计规范的规定，按以下原则掌握。

2.5.4.1   非岩石地基

以不出现拉应力为原则：当墩、台仅受恒载作用时，基底合力偏心距 e_0 应分别不大于基底核心半径 ρ 的 0.1 倍（桥墩）和 0.75 倍（桥台）；当墩、台受荷载组合 Ⅱ，Ⅲ，Ⅳ 时，由于一般是短时的，因此对基底偏心距的要求可以放宽，一般只要求基底偏心距 e_0 不超过核心半径 ρ 即可。

2.5.4.2   修建在岩石地基上的基础

可以允许出现拉应力，根据岩石的强度，合力偏心距 e_0 最大可为基底核心半径的 $1.2 \sim 1.5$ 倍，以保证必要的安全储备（具体规定可参阅有关桥涵设计规范）。

当外力合力作用点不在基底两个对称轴中任一对称轴上，或当基底截面为不对称时，可直接按下式求 e_0 与 ρ 的比值，使其满足规定的要求

$$\frac{e_0}{\rho} = 1 - \frac{\sigma_{\min}}{\dfrac{N}{A}} \qquad (2-12)$$

式中，符号意义同前，但要注意 N 和 $\sigma_{\min}$ 应在同一种荷载组合情况下求得。

在验算基底偏心距时，应采用计算基底应力相同的最不利荷载组合。

2.5.5   基础稳定性和地基稳定性验算

基础稳定性验算包括基础倾覆稳定性验算和基础滑动稳定性验算。此外，对某些土质条件下的桥台、挡土墙还要验算地基的稳定性，以防桥台、挡土墙下地基的滑动。

2.5.5.1 基础稳定性验算

1. 基础倾覆稳定性验算

基础倾覆或倾斜除了地基的强度和变形原因外,往往发生在承受较大的单向水平推力而其合力作用点又离基础底面的距离较高的结构物上,如挡土墙或高桥台受侧向土压力作用,大跨度拱桥在施工中墩、台受到不平衡的推力,以及在多孔拱桥中一孔被毁等,此时在单向恒载推力作用下,均可能引起墩、台连同基础的倾覆和倾斜。

理论和实践证明,基础倾覆稳定性与合力的偏心距有关。合力偏心距愈大,则基础抗倾覆的安全储备愈小,如图 2 - 21 所示,因此,在设计时,可以用限制合力偏心距 e_0 来保证基础的倾覆稳定性。

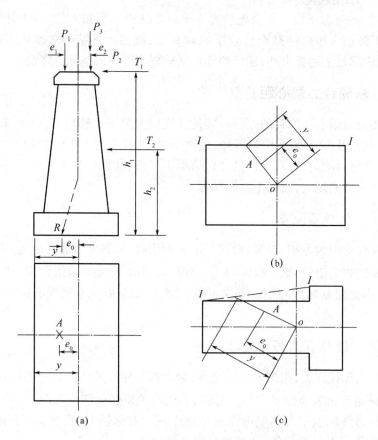

图 2 - 21　基础倾覆稳定性计算

设基底截面重心至压力最大一边的边缘的距离为 y(荷载作用在重心轴上的矩形基础 $y = b/2$),见图 2 - 21,外力合力偏心距 e_0,则两者的比值 K_0 可反映基础倾覆稳定性的安全度,K_0 称为抗倾覆稳定系数,即

$$K_0 = \frac{y}{e_0} \tag{2 - 13}$$

式中　$e_0 = \dfrac{\sum P_i e_i + \sum T_i h_i}{\sum P_i}$,其中

P_i——各竖直分力；

e_i——相应于各竖直分力 P_i 作用点至基础底面形心轴的距离；

T_i——各水平分力；

h_i——相应于各水平分力作用点至基底的距离。

如外力合力不作用在形心轴上(如图 2-21(b))或基底截面有一个方向为不对称，而合力又不作用在形心轴上(图 2-21(c))，基底压力最大一边的边缘线应是外包线，如图 2-21(b)，(c)中的 $I-I$ 线，y 值应是通过形心与合力作用点的连线并延长与外包线相交点至形心的距离。

不同的荷载组合，在不同的设计规范中，对抗倾覆稳定系数 K_0 的容许值均有不同要求，一般对主要荷载组合 $K_0 \geqslant 1.5$，在各种附加荷载组合时，$K_0 \geqslant 1.1 \sim 1.3$。

2.基础滑动稳定性验算

基础在水平推力作用下沿基础底面滑动的可能性即基础抗滑动安全度的大小，可用基底与土之间的摩擦阻力和水平推力的比值 K_c 来表示，K_c 称为抗滑动稳定系数。即

$$K_c = \frac{\mu \sum P_i}{\sum T_i} \tag{2-14}$$

式中　μ——基础底面(圬工材料)与地基之间的摩擦系数；

$\sum P_i, \sum T_i$ 符号意义同前。

验算桥台基础的滑动稳定性时，如台前填土保证不受冲刷，可同时考虑计入与台后土压力方向相反的台前土压力，其数值可按主动或静止土压力进行计算。

按式(2-14)求得的抗滑动稳定系数 K_c 值，必须大于规范规定的设计容许值，一般根据荷载性质，$K_0 \geqslant 1.2 \sim 1.3$。

修建在非岩石地基上的拱桥桥台基础，在拱的水平推力和力矩作用下，基础可能向路堤方向滑移或转动，此项水平位移和转动还与台后土抗力的大小有关。

2.5.5.2　地基稳定性验算

位于软土地基上较高的桥台需验算桥台沿滑裂曲面滑动的稳定性，基底下地基如在不深处有软弱夹层时，在台后土推力作用下，基础也有可能沿软弱夹层土 II 的层面滑动(图 2-22(a))；在较陡的土质斜坡上的桥台、挡土墙也有滑动的可能(图 2-22(b))。

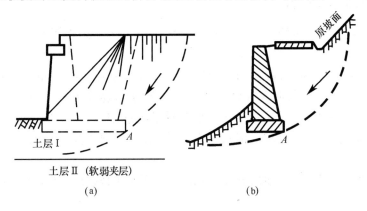

(a)　　　　　　　　　　　　　　　(b)

图 2-22　地基稳定性验算

这种地基稳定性验算方法可按土坡稳定分析方法,即用圆弧滑动面法来进行验算。在验算时一般假定滑动面通过填土一侧基础剖面角点 A(图 2-22),但在计算滑动力矩时,应计入桥台上作用的外荷载(包括上部结构自重和活载等)以及桥台和基础的自重的影响,然后求出稳定系数满足规定的要求值。

以上对地基与基础的验算,均应满足设计规定的要求,达不到要求时,必须采取设计措施,如梁桥桥台后土压力引起的倾覆力矩比较大,基础的抗倾覆稳定性不能满足要求时,可将台身做成不对称的后倾形式,如图 2-23 所示,这样可以增加台身自重所产生的抗倾覆力矩,达到提高抗倾覆的安全度。如采用这种外形,则在砌筑台身时,应及时在台后填土并夯实,以防台身向后倾覆和转动;也可在台后一定长度范围内填碎石、干砌片石或填石灰土,以增大填料的内摩擦角减小土压力,达到减小倾覆力矩提高抗倾覆安全度的目的。

拱桥桥台,由于拱脚水平推力作用下,基础的滑动稳定性不能满足要求时,可以在基底四周做成如图 2-24(a)所示的齿槛,这样,由基底与土间的摩擦滑动变为土的剪切破坏,从而提高了基础的抗滑力,如仅受单向水平推力时,也可将基底设计成如图 2-24(b)所示的倾斜形,以减小滑动力,同时增加在斜面上的压力。由图可见滑动力随 α 角的增大而减小,从安全考虑,α 角不宜大于 10°,同时要保持基底以下土层在施工时不受扰动。

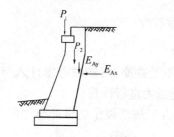

图 2-23 基础抗倾覆措施

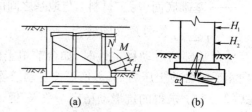

图 2-24 基础抗滑动措施

当高填土的桥台基础或土坡上的挡墙地基可能出现滑动或在土坡上出现裂缝时,可以增加基础的埋置深度或改用桩基础,提高墩台基础下地基的稳定性;或者在土坡上设置地面排水系统,拦截和引走滑坡体以外的地表水,以减少因渗水而引起土坡滑动的不稳定因素。

2.5.6 基础沉降验算

基础的沉降验算包括沉降量、相邻基础沉降差、基础由于地基不均匀沉降而发生的倾斜等。

基础的沉降主要由竖向荷载作用下土层的压缩变形引起。沉降量过大将影响结构物的正常使用和安全,应加以限制。在确定一般土质的地基容许承载力时,已考虑这一变形的因素,所以修建在一般土质条件下的中、小型桥梁的基础,只要满足了地基的强度要求,地基(基础)的沉降也就满足要求。但对于下列情况,则必须验算基础的沉降,使其不大于规定的容许值:

(1)修建在地质情况复杂、地层分布不均或强度较小的软黏土地基及湿陷性黄土上的基础;

(2)修建在非岩石地基上的拱桥、连续梁桥等超静定结构的基础;

（3）当相邻基础下地基土强度有显著不同或相邻跨度相差悬殊而必须考虑其沉降差时；

（4）对于跨线桥、跨线渡槽要保证桥（或槽）下净空高度时。

地基土的沉降可根据土的压缩特性指标按《公桥基规》的单向应力分层总和法（用沉降计算经验系数 m_s 修正）计算。对于公路桥梁，基础上结构重力和土重力作用对沉降是主要的，汽车等活载作用时间短暂，对沉降影响小，所以在沉降计算中不予考虑。

在设计时，为了防止由于偏心荷载使同一基础两侧产生较大的不均匀沉降，而导致结构物倾斜和造成墩、台顶面发生过大的水平位移等后果。对于较低的墩、台可用限制基础上合力偏心距的方法来解决；对于结构物较高，土质又较差或上部为超静定结构物时，则须验算基础的倾斜，从而保证建筑物顶面的水平位移控制在容许范围以内。

$$\Delta = l\tan\theta + \delta_0 \leq [\Delta] \qquad (2-15)$$

式中　l——自基础底面至墩、台顶的高度，m；

　　　θ——基础底面的转角，$\tan\theta = \dfrac{s_1 - s_2}{b}$，其中 s_1，s_2 分别为基础两侧边缘中心处按分层总和法求得的沉降量，b 为验算截面的底面宽度；

　　　δ_0——在水平力和弯矩作用下墩、台本身的弹性挠曲变形在墩、台顶所引起的水平位移；

　　　$[\Delta]$——根据上部结构要求，设计规定的墩、台顶容许水平位移值，1985 年颁布的《公路砖石及混凝土桥涵设计规范》（JTG D61—2005）规定 $[\Delta] = 0.5\sqrt{L}$（cm），其中 L 为相邻墩、台间最小跨径长度，以 m 计，跨径小于 25 m 时仍以 25 m 计算。

第3章 桩基础

3.1 桩基础概述

当地基浅层土质不良,采用浅基础无法满足建筑物对地基强度、变形和稳定性方面的要求时,往往需要采用深基础。

桩基础是一种历史悠久而应用广泛的深基础形式。近年来,随着工程建设和现代科学技术的发展,桩的类型和成桩工艺、桩的承载力与桩体结构完整性的检测、桩基的设计理论和计算方法等各方面均有较大的发展或提高,使桩与桩基础的应用更为广泛,更具有生命力。它不仅可作为建筑物的基础,而且还广泛用于软弱地基的加固和地下支挡结构物。

3.1.1 桩基础的特点

桩基础可以是单根桩(如一柱一桩的情况),也可以是单排桩或多排桩。对于双(多)柱式桥墩单排桩基础,当桩外露在地面上较高时,桩间以横系梁相连,以加强各桩的横向联系。多数情况下桩基础是由多根桩组成的群桩基础,基桩可全部或部分埋入地基土中。群桩基础中所有桩的顶部由承台联成一整体,在承台上再修筑墩身或台身及上部结构,如图3-1所示。承台的作用是将外力传递给各桩并将各桩联成一整体共同承受外荷载。基桩的作用在于穿过软弱的压缩性土层或水,使桩底坐落在更密实的地基持力层上。各桩所承受的荷载由桩通过桩侧土的摩阻力及桩端土的抵抗力将荷载传递到桩周土及持力层中,如图3-1(b)所示。

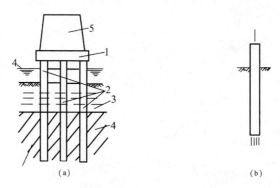

图3-1 桩基础

1—承台;2—基桩;3—松软土层;4—持力层;5—墩身

桩基础如设计正确,施工得当,它具有承载力高、稳定性好、沉降量小而均匀,在深基础中具有耗用材料少、施工简便等特点。在深水河道中,可避免(或减少)水下工程,简化施工设备和技术要求,加快施工速度并改善工作条件。近代在桩基础的类型、沉桩机具和施工工艺以及桩基础理论等方面都有了很大发展,不仅便于机械化施工和工厂化生产,而且能以不同类型的桩基础的施工方法适应不同的水文地质条件、荷载性质和上部结构特征,因此,桩基础具有较好的适应性。

3.1.2 桩基础的适用条件

在下列情况下可采用桩基础:

(1)荷载较大,地基上部土层软弱,适宜的地基持力层位置较深,采用浅基础或人工地基在技术上、经济上不合理时;

(2)河床冲刷较大,河道不稳定或冲刷深度不易计算正确,位于基础或结构物下面的土层有可能被侵蚀、冲刷,如采用浅基础不能保证基础安全时;

(3)当地基计算沉降过大或建筑物对不均匀沉降敏感时,采用桩基础穿过松软(高压缩)土层,将荷载传到较坚实(低压缩性)土层,以减少建筑物沉降并使沉降较均匀;

(4)当建筑物承受较大的水平荷载,需要减少建筑物的水平位移和倾斜时;

(5)当施工水位或地下水位较高,采用其他深基础施工不便或经济上不合理时;

(6)地震区,在可液化地基中,采用桩基础可增加建筑物抗震能力,桩基础穿越可液化土层并伸入下部密实稳定土层,可消除或减轻地震对建筑物的危害。

以上情况也可以采用其他形式的深基础,但桩基础由于耗材少、施工快速简便,往往是优先考虑的深基础方案(图3-2)。

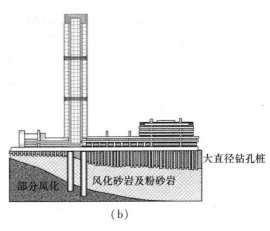

大直径钻孔桩
部分风化   风化砂岩及粉砂岩

(a)   (b)

图3-2 深基础方案

(a)现场灌注护坡桩;(b)新加坡发展银行桩基示意图

3.2 桩与桩基础的分类

为满足建筑物的要求,适应地基特点,随着科学技术的发展,在工程实践中已形成了各种类型的桩基础,它们在本身构造上和桩土相互作用性能上具有各自的特点。学习桩和桩基础的分类,目的是掌握其特点以便设计和施工时更好地发挥桩基础的特长。

下面按承台位置、沉入土中的施工方法、桩土相互作用特点、桩的设置效应及桩身材料等分类介绍,借以了解桩和桩基础的基本特征。

3.2.1 桩基础按承台位置分类

桩基础按承台位置可分为高桩承台基础和低桩承台基础(简称高桩、低桩承台),如图3-3所示。

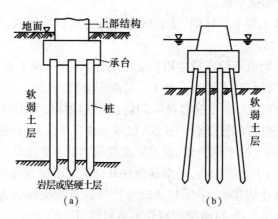

图3-3 桩基础
(a)低桩承台桩基;(b)高桩承台桩基

高桩承台的承台底面位于地面(或冲刷线)以上,低桩承台的承台底面位于地面(或冲刷线)以下。高桩承台的结构特点是基桩部分桩身沉入土中,部分桩身外露在地面以上(称为桩的自由长度),而低桩承台则基桩全部沉入土中(桩的自由长度为零)。

高桩承台由于承台位置较高或设在施工水位以上,可减少墩台的圬工数量,避免或减少水下作业,施工较为方便。然而,在水平力的作用,由于承台及基桩露出地面的一段自由长度周围无土来共同承受水平外力,基桩的受力情况较为不利,桩身内力和位移都比同样水平外力作用下的低桩承台要大,其稳定性也比低桩承台差。

3.2.2 按施工方法分类

基桩的施工方法不同,不仅在于采用的机具设备和工艺过程不同,而且将影响桩与桩周土接触边界处的状态,也影响桩土间的共同作用性能。桩的施工方法种类较多,但基本形式为沉桩(预制桩)和灌注桩。

3.2.2.1 沉桩(预制桩)

是按设计要求在地面良好条件下制作(长桩可在桩端设置钢板、法兰盘等接桩构造,分节制作),桩体质量高,可大量工厂化生产,加速施工进度。

1. 打入桩(锤击桩)

打入桩是通过锤击(或以高压射水辅助)将各种预先制好的桩(主要是钢筋混凝土实心桩或管桩,也有木桩或钢桩)打入地基内达到所需要的深度。这种施工方法适应于桩径较小(一般直径在0.60 m以下),地基土质为砂性土、塑性土、粉土、细砂以及松散的不含大卵石或漂石的碎卵石类土的情况,如图3-4所示。

电焊接桩

打入第一节桩体

打入末节桩体

图3-4 打入桩全过程

2. 振动下沉桩

振动法沉桩是将大功率的振动打桩机安装在桩顶(预制的钢筋混凝土桩或钢管桩),利用振动力以减少土对桩的阻力,使桩沉入土中。它对于较大桩径,土的抗剪强度受振动时有较大降低的砂土等地基效果更为明显。《公桥基规》将打入桩及振动下沉桩均称为沉桩。

3. 静力压桩

在软塑黏性土中也可以用重力将桩压入土中称为静力压桩。这种压桩施工方法免除了锤击的振动影响,是在软土地区,特别是在不允许有强烈振动的条件下桩基础的一种有效施工方法。

预制桩有如下特点:

(1)不易穿透较厚的砂土等硬夹层(除非采用预钻孔、射水等辅助沉桩措施),只能进入砂、砾、硬黏土、强风化岩层等坚实持力层不大的深度。

(2)沉桩方法一般采用锤击,由此产生的振动、噪声污染必须加以考虑。

(3)沉桩过程产生挤土效应,特别是在饱和软黏土地区沉桩可能导致周围建筑物、道路、管线等的损失。

(4)一般说来预制桩的施工质量较稳定。

(5)预制桩打入松散的粉土、砂砾层中,由于桩周和桩端土受到挤密,使桩侧表面法向应力提高,桩侧摩阻力和桩端阻力也相应提高。

(6)由于桩的贯入能力受多种因素制约,因而常常出现因桩打不到设计标高而截桩,造成浪费。

(7)预制桩由于承受运输、起吊、打击应力,需要配置较多钢筋,混凝土标号也要相应提高,因此其造价往往高于灌注桩。

3.2.2.2 灌注桩

灌注桩是在现场地基中钻挖桩孔,然后在孔内放入钢筋骨架,再灌注桩身混凝土而成的桩。灌注桩在成孔过程中需采取相应的措施和方法来保证孔壁稳定和提高桩体质量。针对不同类型的地基土可选择适当的钻具设备和施工方法。

1. 钻、挖孔灌注桩

(1)钻孔灌注桩定义

钻孔灌注桩系指用钻(冲)孔机具在土中钻进,边破碎土体边出土渣而成孔,然后在孔内放入钢筋骨架,灌注混凝土而形成的桩。为了顺利成孔、成桩,需采用包括制备有一定要求的泥浆护壁、提高孔内泥浆水位、灌注水下混凝土等相应的施工工艺和方法。其施工程序如图3-5所示。

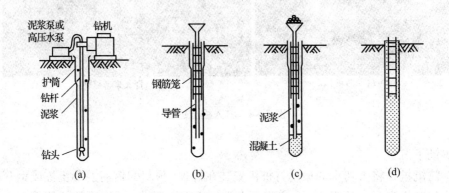

图3-5 钻孔灌注桩施工程序

(a)成孔;(b)下导管和钢筋笼;(c)浇筑水下混凝土;(d)成桩

(2)特点及适用条件

钻孔灌注桩的特点是施工设备简单、操作方便,适应于各种砂性土、黏性土,也适应于碎、卵石类土层和岩层。但对淤泥及可能发生流沙或承压水的地基,施工较困难,施工前应做试桩以取得经验。我国已施工的钻孔灌注桩的最大入土深度已达百余米。

(3)挖孔灌注桩定义

依靠人工(用部分机械配合)在地基中挖出桩孔,然后与钻孔桩一样灌注混凝土而成的桩称为挖孔灌注桩。图3-6为某人工挖孔桩示例。

(4)挖孔灌注桩特点及适用条件

挖孔灌注桩适用于无水或少水的较密实的各类土层中,或缺乏钻孔设备,或不用钻机以节省造价。桩的直径(或边长)不宜小于1.4 m,孔深一般不宜超过20 m。对可能发生流沙或含较厚的软黏土层地基施工较困难(需要加强孔壁支撑);在地形狭窄、山坡陡峻处可以代替钻孔桩或较深的刚性扩大基础。

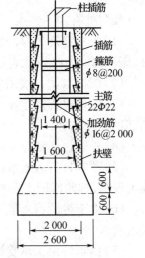

图3-6 人工挖孔桩示例

挖孔桩的优点：

①施工工艺和设备比较简单　只有护筒、套筒或简单模板,简单起吊设备如绞车,必要时设潜水泵等备用,自上而下,人工或机械开挖;

②质量好　不卡钻,不断桩,不塌孔,绝大多数情况下无须浇注水下混凝土,桩底无沉淀浮泥;能直接检验孔壁和孔底土质,所以能保证桩的质量。易于扩大桩尖,提高桩的承载力;

③速度快　由于护筒内挖土方量甚小,进尺比钻孔为快,而且无须重大设备如钻机等,容易多孔平行施工,加快全桥进度;

④成本低　比灌钻孔可降低30%～40%。

2.沉管灌注桩

（1）定义

沉管灌注桩系指采用锤击或振动的方法把带有钢筋混凝土桩尖或带有活瓣式桩尖（沉桩时桩尖闭合,拔管时活瓣张开）的钢套管沉入土层中成孔,然后在套管内放置钢筋笼,并边灌混凝土边拔套管而形成的灌注桩。也可将钢套管打入土中挤土成孔后向套管中灌注混凝土并拔出套管成桩,如图3－7所示。

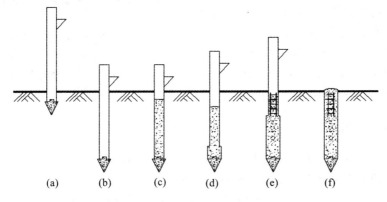

（a）　　（b）　　（c）　　（d）　　（e）　　（f）

图3－7　沉管灌注桩的施工程序示意图
（a）打桩机就位;（b）沉管;（c）浇灌混凝土;
（d）边拔管,边振动;（e）安放钢筋笼,继续浇灌混凝土;（f）成型

（2）特点及适用条件

由于采用了套管,可以避免钻孔灌注桩施工中可能产生的流砂、坍孔的危害和由泥浆护壁所带来的排渣等弊病。但桩的直径较小,常用的尺寸在0.6 m以下,桩长常在20 m以内,适用于黏性土、砂性土地基。在软黏土中由于沉管的挤压作用对邻桩有挤压影响,且挤压时产生的孔隙水压力易使拔管时出现混凝土桩缩颈现象。沉管灌注桩的施工程序示意图如下。

各类灌注桩有如下共同优点：

①施工过程无大的噪声和振动（沉管灌注桩除外）。

②可根据土层分布情况任意变化桩长;根据同一建筑物的荷载分布与土层情况可采用不同桩径;对于承受侧向荷载的桩,可设计成有利于提高横向承载力的异形桩,还可设计成变截面桩,即在受弯矩较大的上部采用较大的断面。

③可穿过各种软、硬夹层,将桩端置于坚实土层和嵌入基岩,还可扩大桩底以充分发挥

桩身强度和持力层的承载力。

④桩身钢筋可根据荷载与性质及荷载沿深度的传递特征,以及土层的变化配置。无须像预制桩那样配置起吊、运输、打击应力筋。其配筋率远低于预制桩,造价约为预制桩的 40% ~ 70%。

3.2.2.3 管柱基础

大跨径桥梁的深水基础,或在岩面起伏不平的河床上的基础,曾采用振动下沉施工方法建造管柱基础。它是将预制的大直径(直径 1 ~ 5 m左右)钢筋混凝土或预应力钢筋混凝土或钢管柱(实质上是一种巨型的管桩,每节长度根据施工条件决定,一般采用 4 m、8 m 或 10 m,接头用法兰盘和螺栓连接),用大型的振动沉桩锤沿导向结构将其振动下沉到基岩(一般以高压射水和吸泥机配合帮助下沉),然后在管柱内钻岩成孔,下放钢筋笼骨架,灌注混凝土,将管柱与岩盘牢固连接如图 3-8 所示。管柱基础可以在深水及各种覆盖层条件下进行,没有水下作业和不受季节限制,但施工需要有振动沉桩锤、凿岩机、起重设备等大型机具,动力要求也高,所以在一般公路桥梁中很少采用。

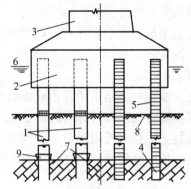

图 3-8 管柱基础
1—管柱;2—承台;3—墩身;4—嵌固于岩层;
5—钢筋骨架;6—低水位;7—岩层;
8—覆盖层;9—钢管靴

3.2.2.4 钻埋空心桩

将预制桩壳预拼连接后,吊放沉入已成的桩孔内,然后进行桩侧填石压浆和桩底填石压浆而形成的预应力钢筋混凝土空心桩称为钻埋空心桩。

它适用于大跨径桥梁大直径($D \geq 1.5$ m)桩基础,通常与空心墩相配合,形成无承台大直径空心桩墩。

钻埋空心桩具有如下优点:

(1)直径可达 4 ~ 5 m 且无需振动下沉管柱那样繁重的设备;

(2)水下混凝土的用量可减少 40%,同时又可以减轻自重;

(3)通过桩周和桩底二次压注水泥浆来加固地基,使它与钻孔桩相比承载力可提高 30% ~ 40%;

(4)工程一开工后便可开始预制空心桩节,增加工程作业面,实现了基础工程部分工厂化,不但保证质量,还加快了工程进度;

(5)一般碎石压浆易于确保质量,不会有断桩的情况发生,即使个别桩节有缺陷,还可以在桩中空心部分重新处理,省去了水下灌注桩必不可少的"质检"环节;

(6)由于质量得到保证,在设计中就可以放心地采用大直径空心桩结构,取消承台,省去小直径群桩基础所需要的昂贵的围堰,达到较大幅度地降低工程造价的目的。

该施工方法是一种全新的基桩工艺,其研究成果于 1992 年 5 月已通过交通部鉴定,其技术达到当前国际基桩工艺的先进水平。

3.2.3 按桩的设置效应分类

大量工程实践表明,成桩挤土效应对桩的承载力、成桩质量控制及环境等有很大影响,因此,根据成桩方法和成桩过程的挤土效应,将桩分为挤土桩、部分挤土桩和非挤土桩三类。

3.2.3.1 挤土桩

实心的预制桩、下端封闭的管桩、木桩以及沉管灌注桩在锤击或振入过程中都要将桩位处的土大量排挤开(一般把用这类方法设置的桩称为打入桩),因而使土的结构严重扰动破坏(重塑)。黏性土由于重塑作用使抗剪强度降低(一段时间后部分强度可以恢复);而原来处于疏松和稍密状态的无黏性土的抗剪强度则可提高。

3.2.3.2 部分挤土桩

底端开口的钢管桩、型钢桩和薄壁开口预应力钢筋混凝土桩等,打桩时对桩周土稍有排挤作用,但对土的强度及变形性质影响不大。由原状土测得的土的物理、力学性质指标一般仍可用于估算桩基承载力和沉降。

3.2.3.3 非挤土桩

先钻孔后打入预制桩以及钻(冲、挖)孔桩在成孔过程中将孔中土体清除掉,不会产生成桩时的挤土作用。但桩周土可能向桩孔内移动,使得非挤土桩的承载力常有所减小。

在饱和软土中设置挤土桩,如果设计和施工不当,就会产生明显的挤土效应,导致未初凝的灌注桩桩身缩小乃至断裂,桩上涌和移位,地面隆起,从而降低桩的承载力,有时还会损坏邻近建筑物;桩基施工后,还可能因饱和软土中孔隙水压力消散,土层产生再固结沉降,使桩产生负摩阻力,降低桩基承载力,增大桩基沉降。挤土桩若设计和施工得当,又可收到良好的技术经济效果。

在不同的地质条件下,按不同方法设置的桩所表现的工程性状是复杂的,因此,目前在设计中还只能大致考虑桩的设置效应。

3.2.4 按桩土相互作用特点分类

建筑物荷载通过桩基础传递给地基。垂直荷载一般由桩底土层抵抗力和桩侧与土产生的摩阻力来支承。由于地基土的分层和其物理力学性质不同,桩的尺寸和设置在土中方法的不同,都会影响桩的受力状态。水平荷载一般由桩和桩侧土水平抗力来支承,而桩承受水平荷载的能力与桩轴线方向及斜度有关,因此,根据桩土相互作用特点,基桩可分为以下几种。

3.2.4.1 竖向受荷桩

1.摩擦桩

桩穿过并支承在各种压缩性土层中,在竖向荷载作用下,基桩所发挥的承载力以侧摩阻力为主时,统称为摩擦桩,如图3-9(a)所示。以下几种情况均可视为摩擦桩。

(1)当桩端无坚实持力层且不扩底时;

(2)当桩的长径比很大,即使桩端置于坚实持力层上,由于桩身直接压缩量过大,传递

到桩端的荷载较小时;

(3)当预制桩沉桩过程由于桩距小、桩数多、沉桩速度快,使已沉入桩上涌,桩端阻力明显降低时。

2.端承桩或柱桩

桩穿过较松软土层,桩底支承在坚实土层(砂、砾石、卵石、坚硬老黏土等)或岩层中,且桩的长径比不太大时,在竖向荷载作用下,基桩所发挥的承载力以桩底土层的抵抗力为主时,称为端承桩或柱桩,如图3-9(b)所示。按照我国习惯,柱桩是专指桩底支承在基岩上的桩,此时因桩的沉降甚微,认为桩侧摩阻力可忽略不计,全部垂直荷载由桩底岩层抵抗力承受。

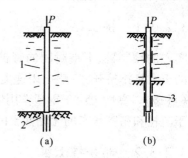

图3-9 端承桩和摩擦
1—软弱土层;2—岩层或硬土层;
3—中等土层

柱桩承载力较大,较安全可靠,基础沉降也小,但如岩层埋置很深,就需采用摩擦桩。柱桩和摩擦桩由于它们在土中的工作条件不同,其与土的共同作用特点也就不同,因此在设计计算时所采用的方法和有关参数也不一样。

3.2.4.2 横向受荷桩

1.主动桩

桩顶受横向荷载,桩身轴线偏离初始位置,桩身所受土压力因桩主动变位而产生。风力、地震力、车辆制动力等作用下的建筑物桩基属于主动桩。

2.被动桩

沿桩身一定范围内承受侧向压力,桩身轴线被该土压力作用而偏离初始位置。深基坑支挡桩、坡体抗滑桩、堤岸护桩等均属于被动桩。

3.竖直桩与斜桩

按桩轴方向可分为竖直桩、单向斜桩和多向斜桩等,如图3-10所示。在桩基础中是否需要设置斜桩,斜度如何确定,应根据荷载的具体情况而定。一般结构物基础承受的水平力常较竖直力小得多,且现已广泛采用的大直径钻、挖孔灌注桩具有一定的抗剪强度,因此,桩基础常全部采用竖直桩。拱桥墩台等结构物桩基础往往需设斜桩以承受上部结构传来的较大水平推力,减小桩身弯矩、剪力和整个基础的侧向位移。

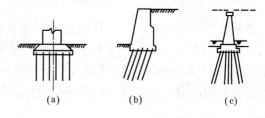

图3-10 竖直桩和斜桩
(a)竖直桩;(b)单向斜桩;(c)多向斜桩

斜桩的桩轴线与竖直线所成倾斜角的正切不宜小于1/8,否则斜桩施工斜度误差将显著地影响桩的受力情况。目前为了适应拱台推力,有些拱台基础已采用倾斜角大于45°的斜桩。

3.2.4.3 桩墩

桩墩是通过在地基中成孔后灌注混凝土形成的大口径断面柱形深基础,即以单个桩墩代替群桩及承台。桩墩基础底端可支承于基岩之上也可嵌入基岩或较坚硬土层之中,分为端承桩墩和摩擦桩墩两种,如图 3-11 所示。

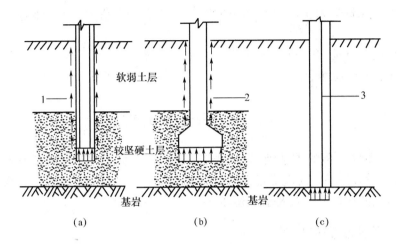

图 3-11　桩墩

(a),(b)摩擦桩墩;(c)端承桩墩

1—钢筋;2—钢套筒;3—钢核

　　桩墩一般为直柱形,在桩墩底土较坚硬的情况下为使桩墩底承受较大的荷载,也可将桩墩底端尺寸扩大而做成扩底桩墩(图 3-11(b))。桩墩断面形状常为圆形,其直径不小于 0.8 m。桩墩一般为钢筋混凝土结构,当桩墩受力很大时也可用钢套筒或钢核桩墩(图 3-11(b),(c))。

　　桩墩的受力分析与基桩相类似,但桩墩的断面尺寸较大而且有较高的竖向承载力和可承受较大的水平荷载。对于扩底桩墩还具有抵抗较大上拔力的能力。

　　对于上部结构传递的荷载较大且要求基础墩身面积较小时的情况,可考虑桩墩深基础方案。桩墩的优点在于墩身面积小、美观、施工方便、经济,但外力太大时,纵向稳定性较差,对地基要求也高,所以在选定方案时尤其受较大船撞力的河流中应用此类型桥墩更应注意。

3.2.5　按桩身材料分类

3.2.5.1　钢桩

　　钢桩可根据荷载特征制作成各种有利于提高承载力的断面。且其抗冲击性能好、节头易于处理、运输方便、施工质量稳定,还可根据弯矩沿桩身的变化情况局部加强其断面刚度和强度。钢桩的最大缺点是造价高和存在锈蚀问题。

3.2.5.2　钢筋混凝土桩

　　钢筋混凝土桩的配筋率较低(一般为 0.3% ~ 1.0%),而混凝土取材方便、价格便宜、耐久性好。钢筋混凝土桩既可预制又可现浇(灌注桩),还可采用预制与现浇组合,适用于各种地层,成桩直径和长度可变范围大。因此,桩基工程的绝大部分是钢筋混凝土桩,桩基工程的主要研究对象和主要发展方向也是钢筋混凝土桩。

【思考题】

1. 桩基础有何特点,它适用于什么情况?

2. 柱桩和摩擦桩受力情况有什么不同? 你认为各种条件具备时,哪种桩应优先考虑采用?

3. 桩基础内的基桩,在平面布设上有什么基本要求?

4. 高桩承台和低桩承台各有什么优缺点,它们各自适用于什么情况?

3.3 桩与桩基础的构造

不同材料、不同类型的桩基础具有不同的构造特点,为了保证桩的质量和桩基础的正常工作能力,在设计桩基础时应满足其构造的基本要求。现仅以目前国内桥梁工程中最常用的桩与桩基础的构造特点及要求简述如下。

3.3.1 各种基桩的构造

3.3.1.1 钢筋混凝土灌注桩

钻(挖)孔桩及沉管桩是采用就地灌注的钢筋混凝土桩,桩身常为实心断面。混凝土强度等级不低于C20,对仅承受竖直力的基桩可用C15(但水下混凝土仍不应低于C20)。钻孔桩设计直径一般为 0.80 ~ 1.50 m,挖孔桩的直径或最小边宽度不宜小于 1.40 m,沉管灌注桩直径一般为 0.30 ~ 0.60 m。

桩内钢筋应按照内力和抗裂性的要求布设,长摩擦桩应根据桩身弯矩分布情况分段配筋,短摩擦桩和柱桩也可按桩身最大弯矩通长均匀配筋。当按内力计算桩身不需要配筋时,应在桩顶3 ~ 5 m内设置构造钢筋。为了保证钢筋骨架有一定的刚性,便于吊装及保证主筋受力后的纵向稳定,主筋不宜过细过少(直径不宜小于 14 mm,每根桩不宜少于 8根)。箍筋应适当加强,箍筋直径一般不小于 8 mm,中距为200 ~ 400 mm。对于直径较大的桩或较长的钢筋骨架,可在钢筋骨架上每隔 2.0 ~ 2.5 m 设置一道加劲箍筋(直径为14 ~ 18 mm),如图 3 - 12 所示。主筋保护层厚度一般不应小于 50 mm。

钻(挖)孔桩的柱桩根据桩底受力情况如需嵌入岩层时,嵌入深度应根据式(3 - 13)计算确定,并不得小于 0.5 m。

钻孔灌注桩常用的含筋率为 0.2% ~ 0.6%,较一般预制钢筋混凝土实心桩、管桩与管柱均低。

也有工程采用大直径的空心钢筋混凝土就地灌注桩,是进一步发挥材料潜力、节约水泥的措施。

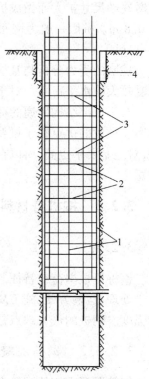

图 3 - 12 钢筋混凝土灌注桩
1—主筋;2—箍筋;
3—加强筋;4—护筒

3.3.1.2 钢筋混凝土预制桩

沉桩(打入桩和振动下沉桩)采用预制的钢筋混凝土桩,有实心的圆桩和方桩(少数为矩形桩),有空心的管桩,另外还有管柱(用于管柱基础)。

普通钢筋混凝土方桩可以就地灌注预制。通常当桩长在 10 m 以内时横断面为 0.30×0.30 m,桩身混凝土强度不低于 C25,桩身配筋应按制造、运输、施工和使用各阶段的内力要求配筋。主筋直径一般为 19 ~ 25 mm;箍筋直径为 6 ~ 8 mm,间距 0.10 ~ 0.20 m(在两端处一般减少 0.05 m)。由于桩尖穿过土层时直接受到正面阻力,应在桩尖处把所有的主筋弯在一起并焊在一根芯棒上。桩头直接受到锤击,故在桩顶需设方格网片三层以加增桩头强度。钢筋保护层厚度不小于 35 mm。桩内需预埋直径为 20 ~ 25 mm 的钢筋吊环,吊点位置通过计算确定,如图 3 – 13 所示。

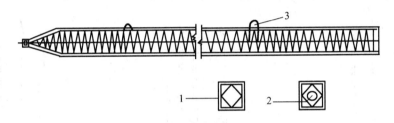

图 3 – 13　预制钢筋混凝土方桩
1—实心方桩;2—空心方桩;3—吊环

管桩由工厂以离心旋转机生产,有普通钢筋混凝土或预应力钢筋混凝土两种,直径为 400、550 mm,管壁厚 80 mm,混凝土强度为 C25 ~ C40,每节管桩两端装有连接钢盘(法兰盘)以供接长。管柱实质上是一种大直径薄壁钢筋混凝土圆管节,在工厂分节制成,施工时逐节用螺栓接成,它的组成部分是法兰盘、主钢筋、螺旋筋、管壁(不低于 C25,厚 100 ~ 140 mm),最下端的管柱具有钢刃脚,用薄钢板制成。我国常用的管柱直径为 1.50 ~ 5.80 m 一般采用预应力钢筋混凝土管柱。

预制钢筋混凝土桩柱的分节长度,应根据施工条件决定,并应尽量减少接头数量。接头强度不应低于桩身强度,并有一定的刚度以减少锤振能量的损失。接头法兰盘的平面尺寸不得突出管壁之外。

3. 钢桩

钢桩的形式很多,主要的有钢管形和 H 形钢桩,常用的是钢管桩。钢桩具有强度高,能承受强大的冲击力和获得较高的承载力;其设计的灵活性大,壁厚、桩径的选择范围大,便于割接,桩长容易调节;轻便,易于搬运,沉桩时贯入能力强、速度较快,可缩短工期,且排挤土量小,对邻近建筑影响小,也便于小面积内密集的打桩施工。其主要缺点是用钢量大,成本昂贵,在大气和水土中钢材具有腐蚀性。目前,我国只在一些重要工程中使用。

钢管桩的分段长度按施工条件确定,不宜超过 12 ~ 15 m,常用直径为 400 ~ 1 000 mm。钢管桩的设计厚度由有效厚度和腐蚀厚度两部分组成。有效厚度为管壁在外力作用下所需要的厚度,可按使用阶段的应力计算确定。腐蚀厚度为建筑物在使用年限内管壁腐蚀所需要的厚度,可通过钢桩的腐蚀情况实测或调查确定,无实测资料时可参考表 3 – 1 确定。

表 3－1　钢管桩年腐蚀速率

钢管桩所处环境		单面年腐蚀率/（mm/a）
地面以上	无腐蚀性气体或腐蚀性挥发介质	0.05 ~ 0.1
地面以下	水位以上	0.05
	水位以下	0.02
	波动区	0.1 ~ 0.3

注:表中上限值为一般情况,下限值为近海或临海地区。

　　钢桩防腐处理可采用外表涂防腐层,增加腐蚀余量及阴极保护。当钢管桩内壁同外界隔绝时,可不考虑内壁防腐。

　　钢管桩按桩端构造可分为开口桩和闭口桩两类,如图 3 - 14 所示。

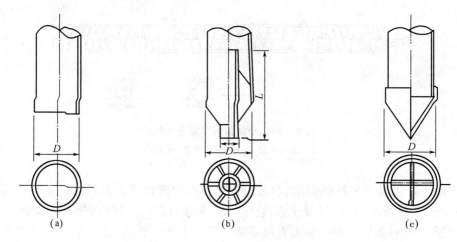

图 3 - 14　钢管桩的端部构造形式
(a)开口式;(b)半闭口式;(c)闭口式

　　开口钢管桩穿透土层的能力较强,但沉桩过程中桩底端的土将涌入钢管内腔形成土蕊。当土蕊的自重和惯性力及其与管内壁间的摩阻力之和超过底面土反力时,将阻止进一步涌入而形成"土塞",此时开口桩就像闭口桩一样贯入土中,土蕊长度也不再增长。"土塞"形成和土蕊长度与地基土性质和桩径密切有关,它对桩端承载能力和桩侧挤土程度均会有影响,在确定钢管桩承载力时应考虑这种影响(详见本章第五节)。开口桩进入砂层时的闭塞效应较明显,宜选择砂层作为开口桩的持力层,并使桩底端进入砂层一定深度。

　　分节钢管桩应采用上下节桩对焊连接。若按需要为了提高钢管桩承受桩锤冲击力和穿透或进入坚硬地层的能力可在桩顶和桩底端管壁设置加强箍。

3.3.2　承台的构造及桩与承台的连接

　　对于多排桩基础,桩顶由承台连接成为一个整体。承台的平面尺寸和形状应根据上部结构(墩、台身)底截面尺寸和形状以及基桩的平面布置而定,一般采用矩形和圆端形。

　　承台厚度应保证承台有足够的强度和刚度,公路桥梁墩台多采用钢筋混凝土或混凝土刚性承台(承台本身材料的变形远小于其位移),其厚度不宜小于 1.5 m。混凝土强度等级不宜低于 C15。对于空心墩台的承台,应验算承台强度并设置必要的钢筋,承台厚度也可不受上述限制。

桩和承台的连接,钻(挖)孔灌注桩桩顶主筋宜伸入承台,桩身伸入承台长度一般为 150～200 mm(盖梁式承台,桩身可不伸入)。伸入承台的桩顶主筋可作成喇叭形(约与竖直线倾斜 15°;若受构造限制,主筋也可不作成喇叭形),如图 3 – 15(a),(b)所示。伸入承台的钢筋锚固长度应符合结构规范,一般应不小于 600 mm,且≥30 dg(dg 为主筋直径),并设箍筋。对于不受轴向拉力的打入桩可不破桩头,将桩直接埋入承台内,如图 3 – 15(c)所示。桩顶直接埋入承台的长度,对于普通钢筋混凝土桩及预应力混凝土桩,当桩径(或边长)小于 0.6 m 时不应小于 2 倍桩径或边长,当桩径为 0.6～1.2 m 时不应小于 1.2 m;当桩径大于 1.2 m 时,埋入长度不应小于桩径。

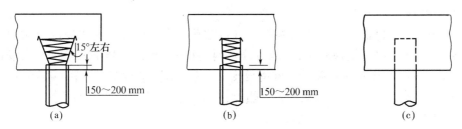

图 3 – 15 桩和承台的连接

承台的受力情况比较复杂,为了使承台受力较为均匀并防止承台因桩顶荷载作用发生破碎和断裂,应在承台底部桩顶平面上设置一层钢筋网,钢筋纵桥向和横桥向每 1 m 宽度内可采用钢筋截面积 1 200～1 500 mm²,此项钢筋直径为 14～18 mm,应按规定锚固长度弯起锚固,钢筋网在越过桩顶钢筋处不应截断,并应与桩顶主筋连接。钢筋网也可根据基桩和墩台的布置,按带状布设,如图 3 – 16 所示。低桩承台有时也可不设钢筋网。

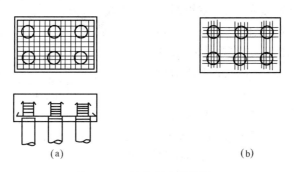

图 3 – 16 桩和承台的连接

对于双柱式或多柱式墩(台)单排桩基础,在桩之间为加强横向联系而设有横系梁时,一般认为横系梁不直接承受外力,可不作内力计算,按横断面的 0.1% 配置构造钢筋。

3.4 桩基础的施工

我国目前现常用的施工方法有灌注法和沉入法。下面主要介绍钻孔灌注桩的施工方法和设备,对挖孔桩灌注桩、沉管灌注桩和各种沉入桩的施工方法仅做简要说明。

桩基础施工前应根据已定出的墩台纵横中心轴线直接定出桩基础轴线和各基桩桩位,并设置好固定桩志或控制桩,以便施工时随时校核。

3.4.1 钻孔灌注桩的施工

钻孔灌注桩施工应根据土质、桩径大小、入土深度和机具设备等条件选用适当的钻具(目前,我国常使用的钻具有旋转钻、冲击钻和冲抓钻三种类型)和钻孔方法,以保证能顺利达到预计孔深,然后,清孔、吊放钢筋笼架、灌注水下混凝土。

现按施工顺序介绍其主要工序如下。

3.4.1.1 准备工作

1. 准备场地

施工前应将场地平整好,以便安装钻架进行钻孔。当墩台位于无水岸滩时钻架位置处应整平夯实,清除杂物,挖换软土;场地有浅水时,宜采用土或草袋围堰筑岛。当场地为深水或陡坡时,可用木桩或钢筋混凝土桩搭设支架,安装施工平台支承钻机(架)。深水中在水流较平稳时,也可将施工平台架设在浮船上,就位锚固稳定后在水上钻孔。

2. 埋置护筒

护筒的作用是:

(1)固定桩位,并作钻孔导向;

(2)保护孔口防止孔口土层坍塌;

(3)隔离孔内孔外表层水,并保持钻孔内水位高出施工水位以稳固孔壁。因此埋置护筒要求稳固、准确。

护筒制作要求坚固、耐用、不易变形、不漏水、装卸方便和能重复使用。一般用木材、薄钢板或钢筋混凝土制成(如图 3-17 所示)。护筒内径应比钻头直径稍大,旋转钻须增大 0.1~0.2 m,冲击或冲抓钻增大 0.2~0.3 m。

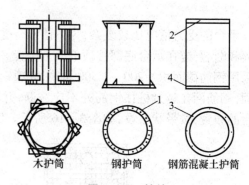

图 3-17 护筒
1—连接螺栓孔;2—连接钢板;3—纵向钢筋;
4—连接钢板或刃脚

护筒埋设可采用下埋式(适于旱地埋置图 3-18(a))、上埋式(适于旱地或浅水筑岛埋置图 3-18(b),(c))和下沉埋设(适于深水埋置图 3-18(d))。埋置护筒时应注意下列几点:

(1)护筒平面位置应埋设正确,偏差不宜大于 50 mm;

(2)护筒顶标高应高出地下水位和施工最高水位 1.5~2.0 m。无水地层钻孔因护筒顶部设有溢浆口,筒顶也应高出地面 0.2~0.3 m;

(3)护筒底应低于施工最低水位(一般低于 0.1~0.3 m 即可)。深水下沉埋设的护筒应沿导向架借自重、射水、震动或锤击等方法将护筒下沉至稳定深度,入土深度黏性土应达到 0.5~1 m,砂性土则为 3~4 m;

(4)下埋式及上埋式护筒挖坑不宜太大(一般比护筒直径大 1.0~0.6 m),护筒四周应夯填密实的黏土,护筒底应埋置在稳固的黏土层中,否则也应换填黏土并夯密实,其厚度一般为 0.50 m。

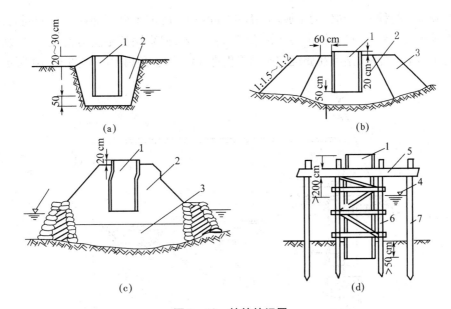

图 3 – 18　护筒的埋置

1—护筒；2—夯实黏土；3—砂土；4—施工水位；5—工作平台；6—导向架；7—脚手架

3. 制备泥浆

泥浆在钻孔中的作用是：

(1) 在孔内产生较大的静水压力，可防止坍孔；

(2) 泥浆向孔外土层渗漏，在钻进过程中，由于钻头的活动，孔壁表面形成一层胶泥，具有护壁作用，同时将孔内外水流切断，能稳定孔内水位；

(3) 泥浆相对密度大，具有挟带钻渣的作用，利于钻渣的排出。此外，还有冷却机具和切土润滑作用，降低钻具磨损和发热程度。因此，在钻孔过程中孔内应保持一定稠度的泥浆，一般相对密度以 1.1 ~ 1.3 为宜，在冲击钻进大卵石层时可用 1.4 以上，黏度为 20 Pa·s，含砂率小于 6%。在较好的黏性土层中钻孔，也可灌入清水，使钻孔内自造泥浆，达到固壁效果。调制泥浆的黏土塑性指数不宜小于 15。

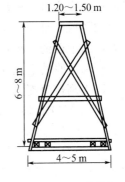

图 3 – 19　四脚钻架

4. 安装钻机或钻架

钻架是钻孔、吊放钢筋笼、灌注混凝土的支架。我国生产的定型旋转钻机和冲击钻机都附有定型钻架，其他常用的还有木制的和钢制的四脚架（图 3 – 19）、三脚架或人字扒杆。

在钻孔过程中，成孔中心必须对准桩位中心，钻机（架）必须保持平稳，不发生位移、倾斜和沉陷。钻机（架）安装就位时，应详细测量，底座应用枕木垫实塞紧，顶端应用缆风绳固定平稳，并在钻进过程中经常检查。

3.4.1.2　钻孔

1. 钻孔方法和钻具

（1）旋转钻进成孔

利用钻具的旋转切削土体钻进，并同时采用循环泥浆的方法护壁排渣。我国现用旋转钻机按泥浆循环的程序不同分为正循环和反循环两种。所谓正循环即在钻进的同时,泥浆泵将泥浆压进泥浆笼头,通过钻杆中心从钻头喷入钻孔内,泥浆挟带钻渣沿钻孔上升,从护筒顶部排浆孔排出至沉淀池,钻渣在此沉淀而泥浆仍进入泥浆池循环使用,如图3-20所示。

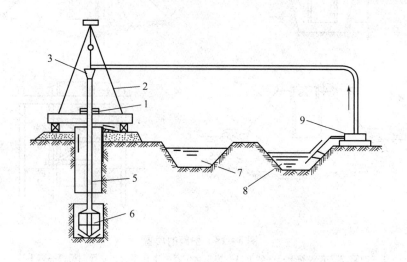

图3-20　正循环旋转钻孔
1—钻机;2—钻架;3—泥浆笼头;4—护筒;5—钻杆;
6—钻头;7—沉淀池;8—泥浆池;9—泥浆泵

正循环成孔设备简单,操作方便,工艺成熟,当孔深不太深,孔径小于800 cm时钻进效率高。当桩径较大时,钻杆与孔壁间的环形断面较大,泥浆循环时返流速度低,排渣能力弱。如使泥浆返流速度增大到0.20~0.35 m/s,则泥浆泵的排出量需很大,有时难以达到,此时不得不提高泥浆的相对密度和黏度。但如果泥浆密度过大,稠度大,则难以排出钻渣,孔壁泥皮厚度大,影响成桩和清孔。

反循环成孔是泥浆从钻杆与孔壁间的环状间隙流入孔内,来冷却钻头并携带沉渣由钻杆内腔返回地面的一种钻进工艺。由于钻杆内腔断面积比钻杆与孔壁间的环状断面积小得多,因此,泥浆的上返速度大,一般可达2~3 m/s,是正循环工艺泥浆上返速度的数十倍,因而可以提高排渣能力,减少钻渣在孔底重复破碎的机会,能大大提高成孔效率。但在接长钻杆时装卸较麻烦,如钻渣粒径超过钻杆内径(一般为120 mm)易堵塞管路,则不宜采用。

我国定型生产的旋转钻机在转盘、钻架、动力设备等均配套定型,钻头的构造根据土质采用各种形式,正循环旋转钻机所用钻头有:

①鱼尾钻头:鱼尾钻头是用厚50 mm钢板制成,钢板中部切割成宽度同圆杆相等的缺口,将钻杆接头嵌进缺口并联接在一起。鱼尾两道侧棱镶焊合金钢刀齿。如图3-21(a)所示。此种钻头在砂卵石或风化岩石有较高钻进效果,但在黏土层中容易包钻,不宜使用,且导向性能差。

②笼式钻头:笼式钻头是由导向框、刀架、中心管及小鱼尾式超前钻头等机部分组成,如图3-21(b)所示。上下部各有一道导向圈,钻进平稳,导向性能良好,扩孔率小。适用于黏土、砂土和砂黏土土层钻进。

③刺猬钻头:钻头外形为圆锥体,周围如刺猬,用钢管、钢板焊成,如图3-21(c)所示。

锥顶直径等于设计所要求的钻孔直径,锥尖夹角约40°。锥头高度为直径的1.2倍。该钻头阻力较大,只适于孔深50 m以内黏性土、砂类土和夹有粒径在25 mm以下砾石的土层。

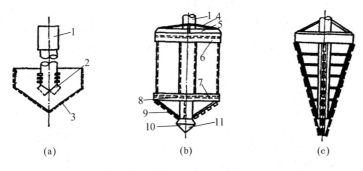

图3-21 正循环旋转钻孔

1—钻杆;2—出浆口;3—刀刃;4—斜撑;5—斜挡板;6—上腰围;7—下腰围;
8—耐磨合金钢;9—刮板;10—超前钻;11—出浆口

常用的反循环钻头有:

①三翼空心单尖钻锥:该钻锥简称三翼钻锥,适用于较松黏土、砂土及中粗砂地层。采用钢管和30 mm厚的钢板焊制,上端有法兰同钻杆连接,下端成剑尖形的中心角约110°,并有若干齿刀,中间挖空作为吸渣口,带齿的三个翼板是回转切土的主要部分,刀片与水平线夹角以30°为宜。齿片上均镶焊合金钢,提高耐磨性,如图3-22(a)所示。

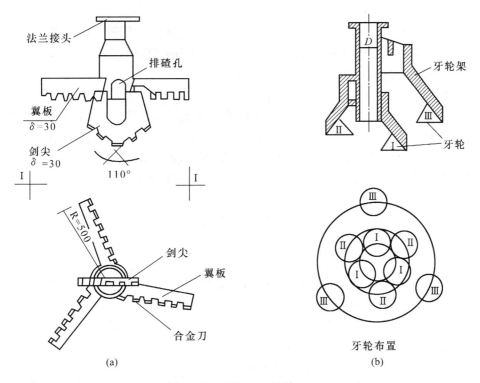

图3-22 反循环旋转钻孔

(a)三翼空心单尖钻锥;(b)牙轮钻头

②牙轮钻头：牙轮钻头适用于砂卵石和风化页岩地层。在直径为 127 mm 的无缝钢管上焊设牙轮架，然后把直径为 160 mm 的 9 个锥形牙轮分三层安装于牙轮架上，每层三个牙轮的平面方位均相隔 120°，如图 3 – 22(b)所示。

旋转钻孔现也可采用更轻便、高效的潜水电钻，钻头的旋转电动机及变速装置均经密封后安装在钻头与钻杆之间，如图 3 – 23 所示。钻孔时钻头旋转刀刃切土，并在端部喷出高速水流冲刷土体，以水力排渣。

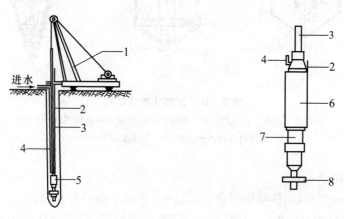

图 3 – 23　潜水电钻

1—钻机架；2—电缆；3—钻杆；4—进水高压水管；5—潜水电钻砂；
6—密封电动机；7—密封变速箱；8—钻头母体

由于旋转钻进成孔的施工方法受到机具和动力的限制，适用于较细、软的土层，如各种塑性状态的黏性土、砂土、夹少量粒径小于 100 ~ 200 mm 的砂卵石土层，在软岩中也曾使用。我国采用这种钻孔方法深度曾达 100 m 以上。

（2）冲击钻进成孔

利用钻锥（重为 10 ~ 35 kN）不断地提锥、落锥反复冲击孔底土层，把土层中泥砂、石块挤向四壁或打成碎渣，钻渣悬浮于泥浆中，利用掏渣筒取出，重复上述过程冲击钻进成孔。

主要采用的机具有定型的冲击式钻机（包括钻架、动力、起重装置等）、冲击钻头、转向装置的掏渣筒等，也可用 30 ~ 50 kN 带离合器的卷扬机配合钢、木钻架及动力组成简易冲击机。

钻头一般是整体铸钢做成的实体钻锥，钻刃为十字架形采用高强度耐磨钢材做成，底刃最好不完全平直以加大单位长度上的压重，如图 3 – 24 所示。冲击时钻头应有足够的重力，适当的冲程和冲击频率，以使它有足够的能量将岩块打碎。

冲锥每冲击一次旋转一个角度，才能得到圆形的钻孔，因此在锥头和提升钢丝绳连接处应有转向装置，常用的有合金套或转向环，以保证冲锥的转动，也避免了钢丝绳打结扭断。

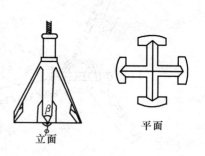

图 3 – 24　冲击钻锥图

掏渣筒是用以掏取孔内钻渣的工具，如图 3 – 25 所示。用 30 mm 左右厚的钢板制作，下面碗形阀门应与渣筒密合以防止漏水漏浆。

冲击钻孔适用于含有漂卵石、大块石的土层及岩层,也能用于其他土层。成孔深度一般不宜大于50 m。

(3)冲抓钻进成孔

用兼有冲击和抓土作用的抓土瓣,通过钻架,由带离合器的卷扬机操纵,靠冲锥自重(重为10~20 kN)冲下使土瓣锥尖张开插入土层,然后由卷扬机提升锥头收拢抓土瓣将土抓出,弃土后继续冲抓钻进而成孔。

钻锥常采用四瓣或六瓣冲抓锥,其构造如图3-26所示。当收紧外套钢丝绳松内套钢丝绳时,内套在自重作用下相对外套下坠,便使锥瓣张开插入土中。

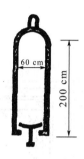

图3-25 掏渣筒

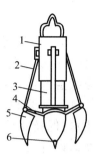

图3-26 冲抓锥
1—外套;2—连杆;3—内套;4—支撑杆;5—叶瓣;6—锥头

冲抓成孔适用于黏性土、砂性土及夹有碎卵石的砂砾土层,成孔深度宜小于30 m。

2. 钻孔过程中容易发生的质量问题及处理方法

在钻孔过程中应防止坍孔、孔形扭歪或孔偏斜,甚至把钻头埋住或掉进孔内等事故。

(1)坍孔

在成孔过程或成孔后,有时在排出的泥浆中不断出现气泡,有时护筒内的水位突然下降,这是塌孔的迹象。其形成原因主要是土质松散、泥浆护壁不好、护筒水位不高等所致。如发生塌孔,应探明塌孔位置,将砂和黏土的混合物回填到塌孔位置1~2 m,如塌孔严重,应全部回填,等回填物沉积密实再重新钻孔。

(2)缩孔

缩孔是指孔径小于设计孔径的现象,是由于塑性土膨胀造成的,处理时可反复扫孔,以扩大孔径。

(3)斜孔

桩孔成孔后发现较大垂直偏差,是由于护筒倾斜和位移、钻杆不垂直、钻头导向部分太短、导向性差、土质软硬不一或遇上孤石等原因造成。斜孔会影响桩基质量,并会造成施工上的困难。处理时可在偏斜处吊放钻头,上下反复扫孔,直至把孔位校直;或在偏斜处回填砂黏土,待沉积密实后再钻。

3. 钻孔注意事项

①在钻孔过程中,始终要保持钻孔护筒内水位要高出筒外1~1.5 m的水位差和护壁泥浆的要求(泥浆相对密度为1.1~1.3、黏度为10~25 Pa·s、含砂率≤6%等),以起到护壁固壁作用,防止坍孔。若发现漏水(漏浆)现象,应找出原因及时处理。

②在钻孔过程中,应根据土质等情况控制钻进速度、调整泥浆稠度,以防止坍孔及钻孔

偏斜、卡钻和旋转钻机负荷超载等情况发生。

③钻孔宜一气呵成，不宜中途停钻以避免坍孔。

④钻孔过程中应加强对桩位、成孔情况的检查工作。终孔时应对桩位、孔径、形状、深度、倾斜度及孔底土质等情况进检验，合格后立即清孔、吊放钢筋笼，灌注混凝土。

3.4.1.3　清孔及装吊钢筋骨架

清孔目的是除去孔底沉淀的钻渣和泥浆，以保证灌注的钢筋混凝土质量，确保桩的承载力。

清孔的方法有：

1.抽浆清孔

用空气吸泥机吸出含钻渣的泥浆而达到清孔。由风管将压缩空气输进排泥管，使泥浆形成密度较小的泥浆空气混合物，在水柱压力下沿排泥管向外排出泥浆和孔底沉渣，同时用水泵向孔内注水，保持水位不变直至喷出清水或沉渣厚度达设计要求为止，这种方法适用于孔壁不易坍塌，各种钻孔方法的柱桩和摩擦桩，如图3－27所示。

2.掏渣清孔

用掏渣筒掏清孔内粗粒钻渣，适用于冲抓、冲击成孔的摩擦桩；

3.换浆清孔

正、反循环旋转机可在钻孔完成后不停钻、不进尺，继续循环换浆清渣，直至达到清理泥浆的要求。它适用于各类土层的摩擦桩。

清孔应达到的要求是浇注混凝土前孔底500 mm以内的泥浆相对密度应小于1.25、含砂率≤8%、黏度≤28 s（见《建筑桩基技术规范》JGJ 94—94）。

钢筋笼骨架吊放前应检查孔底深度是否符合要求；孔壁有无妨碍骨架吊放和正确就

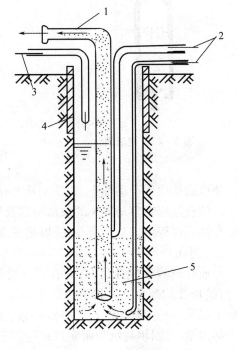

图3－27　抽浆清孔
1—泥浆砂石渣喷出；2—通入压缩空气；
3—注入清水；4—护筒；5—孔底沉积物

位的情况。钢筋骨架吊装可利用钻架或另立扒杆进行。吊放时应避免骨架碰撞孔壁，并保证骨架外混凝土保护层厚度，应随时较正骨架位置。钢筋骨架达到设计标高后，牢固定位于孔口。钢筋骨架安装完毕后，须再次进行孔底检查，有时须进行二次清孔，达到要求后即可灌注水下混凝土。

3.4.1.4　（四）灌注水下混凝土

目前我国多采用直升导管法灌注水下混凝土。

1.灌注方法及有关设备

导管法的施工过程如图3－28所示。将导管居中插入到离孔底0.30～0.40 m（不能插入孔底沉积的泥浆中),导管上口接漏斗,在接口处设隔水栓,以隔绝混凝土与导管内水的接触。在漏斗中存备足够数量的混凝土后,放开隔水栓使漏斗中存备的混凝土连同隔水栓向孔底猛落,将导管内水挤出,混凝土沿导管下落至孔底堆积,并使导管埋在混凝土内,此后向导管连续灌注混凝土。导管下口埋入孔内混凝土内 1~1.5 m 深以保证钻孔内的水不可能重新流入导管。随着混凝土不断由漏斗、导管灌入孔内,钻孔内初期灌注的混凝土及其上面的水或泥浆不断被顶托升高,相应地不断提升导管和拆除导管,直至灌注混凝土完毕。

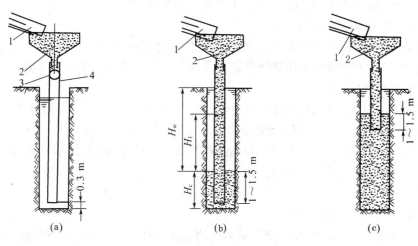

图 3 - 28　灌注水下混凝土

1—通混凝土储料槽;2—漏斗;3—隔水栓;4—导管

导管是内径 0.20~0.40 m 的钢管,壁厚 3~4 mm,每节长度 1~2 m,最下面一节导管应较长,一般为 3~4 m。导管两端用法兰盘及螺栓连接,并垫橡皮圈以保证接头不漏水,如图 3-29 所示,导管内壁应光滑,内径大小一致,连接牢固,在压力下不漏水。

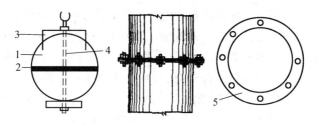

图 3 - 29　导管接头及木球

1—木球;2—橡皮垫;3—导向架;4—螺栓;5—法兰盘

隔水栓常用直径较导管内径小 20~30 mm 的木球,或混凝土球、砂袋等,以粗铁丝悬挂在导管上口或近导管内水面处,要求隔水球能在导管内滑动自如不致卡管。木球隔水栓构造如图 3-29 所示。目前也有采用在漏斗与导管接斗处设置活门来代替隔水球,它是利用混凝土下落排出导管内的水,施工较简单但需有丰富操作经验。

首批灌注的混凝土数量,要保证将导管内水全部压出,并能将导管初次埋入 1~1.5 m 深。按照这个要求计算第一斗连续浇灌混凝土的最小用量,从而确定漏斗的尺寸大小及储

料槽的大小。漏斗和储料槽的最小容量为(见图3-28(b))

$$V = h_1 \times \frac{\pi d^2}{4} + H_c \times \frac{\pi D^2}{4}$$ (3-1)

式中 H_c——导管初次埋深开始时导管离孔底的间距(m);

h_1——孔内混凝土高度 H_c 时,导管内混凝土柱与导管外水压平衡所需高度(m),

  $h_1 = H_w \gamma_w / \gamma_c$。

其中 H_w——孔内水面到混凝土面的水柱高,m;

γ_w, γ_c——孔内水(或泥浆)及混凝土的重度,kN/m^3;

d, D——导管及桩孔直径,m。

漏斗顶端至少应高出桩顶(桩顶在水面以下时应比水面)3 m,以保证在灌注最后部分混凝土时,管内混凝土能满足顶托管外混凝土及其上面的水或泥浆重力的需要。

2. 对混凝土材料的要求

为保证水下混凝土的质量,设计混凝土配合比时,要将混凝土强度等级提高20%;混凝土应有必要的流动性,坍落度宜在180~220 mm 范围内,水灰比宜用0.5~0.6;为了改善混凝土的和易性,可在其中掺入减水剂和粉煤灰掺和物。为防卡管,石料尽可能用卵石,适宜直径为5~30 mm,最大粒径不应超过40 mm。所用水泥标号不宜低于425 号,每立方米混凝土的水泥用量不小于350 千克。

3. 灌注水下混凝土注意事项

灌注水下混凝土是钻孔灌注桩施工最后一道关键性的工序,其施工质量将严重影响到成桩质量,施工中应注意以下几点。

(1)混凝土拌和必须均匀,尽可能缩短运输距离和减小颠簸,防止混凝土离析而发生卡管事故。

(2)灌注混凝土必须连续作业,一气呵成,避免任何原因的中断,因此混凝土的搅拌和运输设备应满足连续作业的要求,孔内混凝土上升到接近钢筋笼架底处时应防止钢筋笼架被混凝土顶起。

(3)在灌注过程中,要随时测量和记录孔内混凝土灌注标高和导管入孔长度,提管时控制和保证导管埋入混凝土面内有3~5 m 深度。防止导管提升过猛,管底提离混凝土面或埋入过浅,而使导管内进水造成断桩夹泥。但也要防止导管埋入过深,而造成导管内混凝土压不出或导管为混凝土埋住凝结,不能提升,导致中止浇灌而成断桩。

(4)灌注的桩顶标高应比设计值预加一定高度,此范围的浮浆和混凝土应凿除,以确保桩顶混凝土的质量。预加高度一般为0.5 m,深桩应酌量增加。

待桩身混凝土达到设计强度,按规定检验后方可灌注系梁、盖梁或承台。

3.4.2 挖孔灌注桩和沉管灌注桩的施工

3.4.2.1 挖孔灌注桩的施工

挖孔灌注桩适用于无水或少水的较密实的各类土层中,或缺乏钻孔设备,或不用钻机以节省造价。桩的直径(或边长)不宜小于1.4 m,孔深一般不宜超过20 m。

在适合挖孔桩施工的条件下,挖孔桩比钻孔桩有更多的优点:

(1)施工工艺和设备比较简单 只有护筒、套筒或简单模板,简单起吊设备如绞车,必要时设潜水泵等备用,自上而下,人工或机械开挖。

(2)质量好 不卡钻,不断桩,不塌孔,绝大多数情况下无须浇注水下混凝土,桩底无沉淀浮泥;易于扩大桩尖,提高桩身支承力。

(3)速度快 由于护筒内挖土方量甚小,进尺比钻孔为快,而且无须重大设备如钻机等,容易多孔平行施工,加快全桥进度。

(4)成本低 比灌钻孔可降低30%~40%。

挖孔桩施工,必须在保证安全的基础上不间断地快速进行。每一桩孔开挖、提升出土、排水、支撑、立模板、吊装钢筋混凝土等作业都应事先准备好,紧密配合。

1. 开挖桩孔

一般采用人工开挖,开挖之前应清除现场四周及山坡上悬石、浮土等排除一切不安全因素,备好孔口四周临时围护和排水设备,并安排好排土提升设备,布置好弃土通道,必要时孔口应搭雨棚。

挖土过程中要随时检查桩孔尺寸和平面位置,防止误差,并注意施工安全,下孔人员必须佩戴安全帽和安全绳,提取土渣的机具必须经常检查。孔深超过10 m时,应经常检查孔内二氧化碳浓度,如超过0.3%应增加通风措施。孔内如用爆破施工,应采用浅眼爆破法,且在炮眼附近要加强支护,以防止震坍孔壁。桩孔较深,应采用电引爆,爆破后应通风排烟。经检查孔内无毒后施工人员方可下孔。应根据孔内渗水情况,做好孔内排水工作。

2. 护壁和支撑

挖孔桩开挖过程中,开挖和护壁两个工序,必须连续作业,以确保孔壁不坍。应根据地质、水文条件、材料来源等情况因地制宜选择支撑和护壁方法。

常用的井壁护圈有下列几种:

(1)现浇混凝土护圈

当桩孔较深,土质相对较差,出水量较大或遇流砂等情况时,宜采用就地灌注混凝土围圈护壁,每下挖1~2 m灌注一次,随挖随支。护圈的结构形式为斜阶型,每阶高为1 m,上端口护圈厚约170 mm,下端口厚约100 mm,必要时可配置少量的钢筋,混凝土为15~20号,采用拼装式弧形模板,如图3-30所示。有时也可在架立钢筋网后直接锚喷砂浆形成护圈来代替现浇混凝土护圈,这样可以节省模板。

(2)沉井护圈

先在桩位上制作钢筋混凝土井筒,然后在井筒内挖土,井筒靠自重或附加荷载克服井壁与土之间的摩阻力,使其下沉至设计标高,再在井内吊装钢筋骨架及灌注桩身混凝土。

(3)钢套管护圈

钢套管护圈,是在桩位处先用桩锤将钢套管强行打入土层中,再在钢套管的保护下,将管内土挖出,吊放钢筋笼,浇注桩基混凝土。待浇注混凝土完毕,用振动锤和人字拔杆将钢管立即强行拔出移至下一桩位使用。这种方法适用于地下水丰富的强透水地层或承压水地层,可避免产生流砂和管涌现象,能确保施工安全。

如土质较松散而渗水量不大时,可考虑用木料作框架式支撑或在木框后面铺木板作支撑。木框架或木框架与木板间应用扒钉钉牢,木板后面也应与土面塞紧。如土质尚好,渗水不大时也可用荆条、竹笆作护壁,随挖随护壁,以保证挖土安全进行。

3. 吊装钢筋骨架及灌注桩身混凝土

挖孔到达设计深度后,应检查和处理孔底和孔壁情况,清除孔壁、孔底浮土,孔底必须

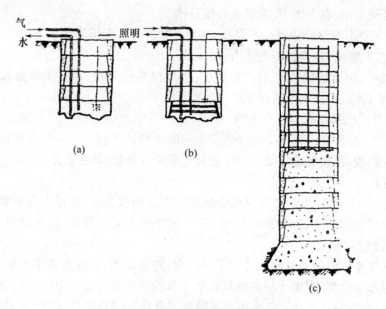

图 3 - 30　混凝土护圈
(a)在护圈保护下开挖土方;(b)支模板浇注混凝土护圈;(c)浇注桩身混凝土

平整,土质及尺寸应符合设计要求,以保证基桩质量。吊装钢筋笼架及需要时灌注水下混凝土有关事项可参阅钻孔灌注桩有关部分。

3.4.2.2　沉管灌注桩的施工

沉管灌注桩又称为打拔管灌注桩。是采用锤击或振动的方法将一根与桩的设计尺寸相适应的钢管(下端带有桩尖)沉入土中,然后将钢筋笼放入钢管内,再灌注混凝土,并边灌边将钢管拔出,利用拔管时的振动力将混凝土捣实。其施工过程如图 3 - 31 所示。

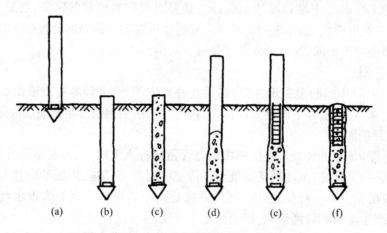

图 3 - 31　沉管灌注桩施工过程
(a)就位;(b)沉管;(c)灌注混凝土;(d)拔管振动;(e)下钢筋笼;(f)灌注成形

钢管下端有两种构造,一种是开口,在沉管时套以钢筋混凝土预制桩尖,拔管时,桩尖留在桩底土中;另一种是管端带有活瓣桩尖,沉管时,桩尖活瓣合拢,灌注混凝土后拔管时活瓣打开。

施工中应注意下列事项：

（1）套管开始沉入土中，应保持位置正确，如有偏斜或倾斜应即纠正。

（2）拔管时应先振后拔，满灌慢拔，边振边拔。在开始拔管时应测得桩靴活瓣确已张开，或钢筋混凝土确已脱离，灌入混凝土已从套管中流出，方可继续拔管。拔管速度宜控制在每分钟1.5 m之内，在软土中不宜大于每分钟0.8 m。边振边拔以防管内混凝土被吸往上拉而缩颈，每拔起0.5 m，宜停拔，再振动片刻，如此反复进行，直至将套管全部拔出。

（3）在软土中沉管时，由于排土挤压作用会使周围土体侧移及隆起，有可能挤断邻近已完成但混凝土强度还不高的灌桩，因此桩距不宜小于3～3.5倍桩径，宜采用间断跳打的施工方法，避免对邻桩挤压过大。

（4）由于沉管的挤压作用，在软黏土中或软、硬土层交界处所产生的孔隙水压力较大或侧压力大小不一而易产生混凝土桩缩径。为了弥补这种现象可采取扩大桩径的"复打"措施，即在灌注混凝土并拔出套管后，立即在原位重新沉管再灌注混凝土。复打后的桩，其横截面增大，承载力提高，但其造价也相应增加，对邻近桩的挤压也大。

3.4.3　打入桩的施工

打入桩靠桩锤的冲击能量将桩打入土中，因此桩径不能太大（在一般土质中桩径不大于0.6 m），桩的入土深度在一般土质中不超过40 m，否则打桩设备要求较高，而打桩效率较低。

打桩过程包括：桩架移动和定位、吊桩和定桩、打桩、截桩和接桩等。

正式打桩前，还应进行打桩试验，以便检验设备和工艺是否符合要求。按照规范的规定，试桩不得少于2根。

现就打桩施工的主要设备和施工中应注意的主要问题简要介绍如下。

3.4.3.1　桩锤

常用的桩锤有坠锤、单动汽锤、双动汽锤及柴油锤等几种。

坠锤是最简单的桩锤，它是由铸铁或其他材料做成的锥形或柱形重块，锤重2～20 kN，用绳索或钢丝绳通过吊钩由人力或卷扬机沿桩架杆提升，然后使锤自由落下锤击桩顶，如图3－32所示。坠锤打桩效率低，每分钟仅能打数次，但设备简单，适用于小型工程中打木桩或小直径的钢筋混凝土桩。

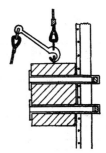

图3－32　坠锤

单动汽锤是利用蒸气或压缩空气将桩锤沿桩架顶起提升，而下落则靠锤自由落下锤击桩顶，如图3－33（a）所示。单动汽锤的重力为10～100 kN，每分钟冲击20～40次，冲程为1.5 m左右。单动汽锤是一种常用的桩锤，适用于打钢筋混凝土桩等各种桩。

双动汽锤也是利用蒸气或压缩空气的作用将桩锤（冲击部分）在双动汽锤的外壳即汽缸（固定在桩头上）内上下运动，锤击桩顶。锤重3～10 kN，冲击频率高，每分钟可冲击百次以上，冲程数百毫米，打桩频率高，但一次冲击动能较小。它适用于打较轻的钢筋混凝土桩、钢板桩等各类桩，还可用于拔桩，在生产中得到广泛使用。

柴油锤实际上是一个柴油汽缸，工作原理同柴油机，利用柴油在汽缸内压缩发热点燃

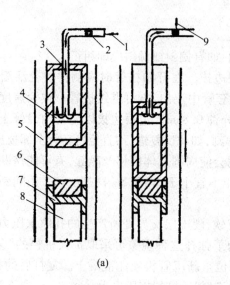 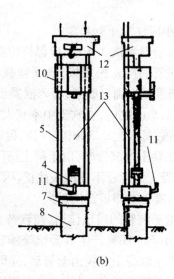

(a)   (b)

图 3 - 33 单动汽锤及柴油锤

1—输入高压蒸气;2—汽阀;3—外壳;4—活塞;5—导向杆;6—垫木;

7—桩帽;8—桩;9—排气;10—汽缸体;11—油泵;12—顶帽;13—导杆

而爆炸将汽缸沿导向杆顶起,下落时锤击桩顶,如图 3 - 33(b)所示。柴油锤除杆式柴油除外,还有筒式柴油锤,其机架设备较轻,移动方便,燃料消耗少,效率也较高。

打入桩施工时,应适当选择桩锤质量,桩锤过轻,桩难以打下,频率较低,还可能将桩头打坏。但桩锤过重,则各种机具、动力设备都需加大,不经济。锤重与桩重的比值一般不宜小于表 3 - 2 的参考数值。

表 3 - 2 锤重与桩重比值

桩 类 别 \ 土 状 态 \ 锤 类	单动汽锤		双动汽锤		柴油锤		坠锤	
	锤硬土	软土	硬土	软土	硬土	软土	硬土	软土
钢筋混凝土桩	1.4	0.4	1.8	0.6	1.5	1.0	1.5	0.35
木桩	3.0	2.0	2.5	1.5	3.5	2.5	4.0	2.0
钢桩	2.0	0.7	2.5	1.5	2.5	2.0	2.0	1.0

3.4.3.2 桩架

桩架的作用是装吊桩锤、插桩、打桩、控制桩锤的上下方向。它包括导杆(又称龙门,控制桩和锤的插打方向)、起吊设备(滑轮组、绞车、动力设备等)、撑架(支撑导杆)及底盘(承托以上设备)、移位行走部件等组成。桩架在结构上必须有足够的强度、刚度和稳定性,保证在打桩过程中桩架不会发生移位和变位。桩架的高度应保证桩吊立就位的需要和锤击的必要冲程。

桩架的类型很多,根据其采用材料的不同,有木桩架和钢结构桩架,常用的是钢桩架。

根据作业性的差异,桩架有简易桩架和多功能桩架(或称万能桩架)。简易桩架仅具有桩锤或钻具提升设备,一般只能打直桩,有些经调整可打斜度不大的桩;钢制万能打桩架(图3-34)的底盘带有转台和车轮(下面铺设钢轨),撑架可以调整导向杆的斜度,因此它能沿轨道移动,能在水平面作360°旋转,能打斜桩,施工方便,但桩架本身笨重,拆装运输较困难。

3.4.3.3 桩的吊运

预制的钢筋混凝土桩由预制场地吊运到桩架内,在起吊、运输、堆放时,都应该按照设计计算的吊点位置起吊(一般吊点在桩内预埋直径为20~25 mm的钢筋吊环,或以油漆在桩身标明),否则桩身受力情况与计算不符,可能引起桩身混凝土开裂。

预制的钢筋混凝土桩主筋一般是沿桩长按设计内力均匀配置的。桩吊运(或堆放)时的吊点(或支点)位置,是根据吊运或堆放时桩身产生的正负弯矩相等的原则确定的,这样较为经济。

一般长度的桩,水平起吊采用两个吊点,按上述原则吊点的位置应位于0.207处,如图3-35(a)所示。这时

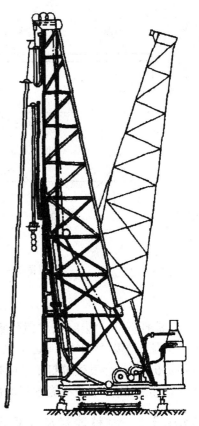

图 3-34 万能打桩架

$$M_A = M_B = M_{AB} = 0.021\,4\,ql^2 \qquad (3-2)$$

式中 l——桩长,m;

q——桩身单位长自重,kN/m。

插桩吊立时,常为单点起点,根据同样原则,单吊点位置应位于0.293,如图3-35(b)所示,这时

$$M_c = M_{CD} = 0.042\,9\,ql^2 \qquad (3-3)$$

对于较长的桩为了减小内力、节省钢材,有时采用多点起吊。此时应根据施工的实际情况,考虑桩受力的全过程,合理布置吊点位置,并确定吊点上的作用力的大小与方向,然后计算桩身内力与配筋,或验算其吊运时的强度。

3.4.3.4 打桩过程中常遇到的问题

由于桩要穿过构造复杂的土层,所以在打桩过程中要随时注意观察,凡发生贯入度突变、桩身突然倾斜、锤击时桩锤产生严重回弹、桩顶或桩身出现严重裂缝或破碎等应暂停施工,及时研究处理。

施工中常遇到的问题有以下几种:

(1)桩顶、桩身被打坏。当桩头钢筋设置不合理、桩顶与桩轴线不垂直、混凝土强度不足、桩尖通过坚硬土层、锤的落距过大、桩锤过轻时容易出现此类问题。

(2)桩位偏斜。当桩顶不平、桩尖偏心、接桩不正、土中有障碍物时都容易发生桩位偏斜。

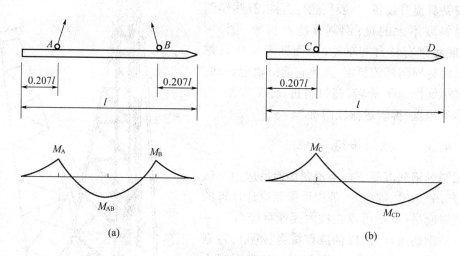

图 3 - 35　吊点位置及桩身弯矩图

(a)两吊点;(b)单吊点

(3)桩打不下。施工时,桩锤严重回弹,贯入度突然变小,则可能与土层中夹有较厚砂层或其他硬土层以及钢渣、孤石等障碍物有关。当桩顶或桩身已被打坏,锤的冲击能不能有效传给桩时,也会发生桩打不下的现象。有时因特殊原因,停歇一段时间后再打,则由于土的固结作用,桩也往往不能顺利地被打入土中。

3.4.3.5　打桩过程应注意事项

(1)为了避免或减轻打桩时由于土体挤压,使后打入的桩打入困难或先打入的桩被推挤移动,打桩顺序应视桩数、土质情况及周围环境而定,可由基础的一端向另一端进,或由中央向两端施打;

(2)在打桩前,应检查锤与桩的中心线是否一致,桩位是否正确,桩的垂直度或倾斜度是否符合设计要求,打桩架是否安置牢固平稳。桩顶应采用桩帽、桩垫保护,以免打裂桩头;

(3)桩开始打入时,应轻击慢打,每次的冲击能不宜过大,随着桩的打入,逐渐增大锤击的冲击能量;

(4)打桩时应记录好桩的贯入度,作为桩承载力是否达到设计要求的一个参考数据;

(5)打桩过程中应随时注意观测打桩情况,防止基桩的偏移,并填写好打桩记录;

(6)每打一根桩应一次连续完成,避免中途停顿过久,否则因桩周摩阻力的恢复而增加沉桩的困难;

(7)接桩要使上下两节桩对准接准;在接桩过程中及接好打桩前,均须注意检查上下两节桩的纵轴线是否在一条直线上。接头必须牢固,焊接时要注意焊接质量,宜用两人双向对称同时电焊,以免产生不对称的收缩,焊完待冷却后再打桩,以免热的焊缝遇到地下水而开裂;

(8)在建筑物靠近打桩场地或建筑物密集地区打桩时,需观测地面变化情况,注意打桩对周围建筑物的影响。

打桩完毕基坑开挖后,应对桩位、桩顶标高进行检查,方得浇筑承台。

3.4.4　水中桩基础施工

水中修筑桩基础显然比旱地上施工要复杂困难得多,尤其是在深水急流的大河中修筑桩基础。为了适应水中施工的环境,必然要增添浮运沉桩及有关的设备和采用水中施工的特殊方法。与旱地施工相比较,水中钻孔灌注桩的施工有如下特点:

(1)地基地质条件比较复杂,江河床底一般以松散砂、砾、卵石为主,很少有泥质胶结物,在近堤岸处大多有护堤抛石,而港湾或湖泊静水地带又多为流塑状淤泥。

(2)护筒埋设难度大,技术要求高,尤其是水深流急时,必须采取专门措施,以保证施工质量。

(3)水面作业自然条件恶劣,施工具有明显的季节性。

(4)在重要的航运水道上,必须兼顾航运和施工两者安全。

(5)考虑上部结构荷重及其安全稳定,桩基设计的竖向承载力较大,所以钻孔较深,孔径也比较大。

基于上述特点,水中施工必须准备施工场地,用以安装钻孔机械、混凝土灌注设备以及其他设备。这是水中钻孔桩施工的最重要一环,也是水中施工的关键技术和主要难点之一。

根据水中桩基础施工方法的不同,其施工场地分为两种类型:一类是用围堰筑岛法修筑的水域岛或长堤,称为围堰筑岛施工场地;另一类是用船或支架拼装建造的施工平台,称为水域工作平台。水域工作平台依据其建造材料和定位的不同可分为船式、支架式和沉浮式等多种类型。水中支架的结构强度、刚度和船只的浮力、稳定都应事前进行验算。

因地制宜的水中桩基础施工方法有多种,就常用的基本方法分浅水和深水施工简要介绍如下。

3.4.4.1　浅水中桩基础施工

对位于浅水或临近河岸的桩基,其施工方法类同于浅水浅基础常采用的围堰修筑法,即先筑围堰施工场地,后沉基桩。对围堰所用的材料和形式,以及各种围堰应注意的要求,与浅基础施工一节所述相同,在此不作赘述。围堰筑好后,便可抽水挖基坑或水中吸泥挖坑再抽水,然后作基桩施工。

在浅水中建桥,常在桥位旁设置施工临时便桥。在这种情况下,可利用便桥和相应的脚手架搭设水域工作平台。进行围堰和基桩施工,这样在整个桩基础施工中可不必动用浮运打桩设备,同时也是解决料具、人员运输的好办法。设置临时施工便桥应在整个建桥施工方案中考虑,根据施工场地的水文地质、工程地质、施工条件和经济效益来确定。一般在水深不大(3～4 m)、流速不大、不通航(或保留部分河道通航)、便桥临时桩施工不困难的河道上,可考虑采用建横跨全河的便桥,或靠两岸段的便桥方案。

3.4.4.2　深水中桩基础施工

在宽大的江河深水中施工桩基础时,常采用笼架围堰法、吊箱法、套箱法和沉井结合法等施工方法。

1.围堰法

在深水中低桩承台桩基础或墩身有相当长度需在水下施工时,常采用围笼(围图)修筑

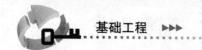
钢板桩围堰进行桩基础施工(围笼结构可参阅第2章有关部分)。

钢板桩围堰桩基础施工的方法与步骤如下(其中有关钢板桩围堰施工部分已在第2章较详细介绍):

(1)在导向船上拼制围笼,拖运至墩位,将围笼下沉、接高、沉至设计标高,用锚船(定位船)抛锚定位(见图3-36);

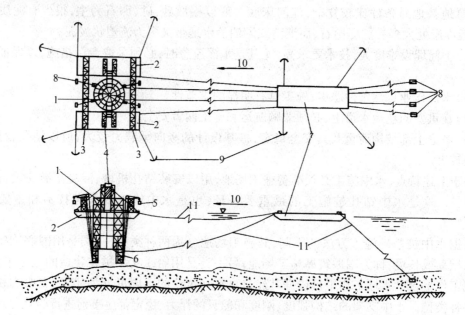

图3-36 围笼定位示意图

1—围笼;2—导向船;3—联结梁;4—起重塔架;5—平衡重;6—围笼将军柱;7—定位船
8—混凝土锚;9—铁锚;10—水流方向;11—钢丝绳

(2)在围笼内插打定位桩(可以是基础的基桩也可以是临时桩或护筒),并将围笼固定在定位桩上,退出导向船;

(3)在围笼上搭设工作平台,安置钻机或打桩设备;沿围笼插打钢板桩,组成防水围堰;

(4)完成全部基桩的施工(钻孔灌注桩或打入桩);

(5)用吸泥机吸泥,开挖基坑;

(6)基坑经检验后,灌注水下混凝土封底;

(7)待封底混凝土达到规定强度后,抽水,修筑承台和墩身直至出水面;

(8)拆除围笼,拔除钢板桩。

在施工中也有采用先完成全部基桩施工后,再进行钢板桩围堰的施工步骤。是先筑围堰还是先打基桩,应根据现场水文、地质条件、施工条件、航运情况和所选择的基桩类型等情况而确定。

2.吊箱法

在深水中修筑高桩承台桩基时,由于承台位置较高不需座落到河底,一般采用吊箱方法修筑桩基础,或在已完成的基桩上安置套箱的方法修筑高桩承台。

吊箱是悬吊在水中的箱形围堰,基桩施工时用作导向定位,基桩完成后封底抽水,灌注混凝土承台。

吊箱一般由围笼、底盘、侧面围堰板等部分组成。吊箱围笼平面尺寸与承台相应,分层拼装,最下一节将埋入封底混凝土内,以上部分可拆除周转使用;顶部设有起吊的横梁和工作平台,并留有导向孔。底盘用槽钢作纵、横梁,梁上铺以木板作封底混凝土的底板,并留有导向孔(大于桩径50 mm)以控制桩位。侧面围堰板由钢板形成,整块吊装。

吊箱法的施工方法与步骤如下:

(1)在岸上或岸边驳船1上拼制吊箱围堰,浮运至墩位,吊箱2下沉至设计标高(图3-37(a));

(2)插打围堰外定位桩3,并固定吊箱围堰于定位桩上(图3-37(c));

(3)基桩5施工(图3-37(b),(c)),4为送桩;

(4)填塞底板缝隙,灌注水下混凝土;

(5)抽水,将桩顶钢筋伸入承台,铺设承台钢筋,灌注承台及墩身混凝土;

(6)拆除吊箱围堰连接螺栓外框,吊出围笼。

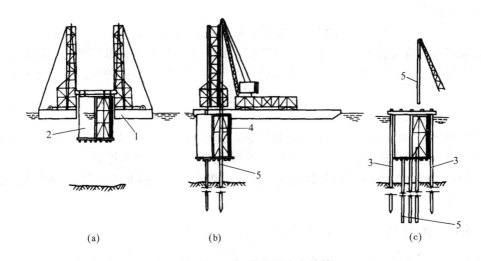

(a)　　　　　　　(b)　　　　　　　(c)

图3-37　吊箱围堰修建水中桩基

1—驳船;2—吊箱;3—定位桩;4—送桩;5—基桩

3. 套箱法

这种方法是针对先完成了全部基桩施工后,修筑高桩承台基础的水中承台的一种方法。

套箱可预制成与承台尺寸相应的钢套箱或钢筋混凝土套箱,箱底板按基桩平面位置留有桩孔。基桩施工完成后,吊放套箱围堰,将基桩顶端套入套箱围堰内(基桩顶端伸入套箱的长度按基桩与承台的构造要求确定),并将套箱固定在定位桩(可直接用基础的基桩)上,然后浇注水下混凝土封底,待达到规定强度后即可抽水,继而施工承台和墩身结构。

施工中应注意:水中直接打桩及浮运箱形围堰吊装的正确定位,一般均采用交汇法控制,在大河中有时还需搭临时观测平台;在吊箱中插打基桩,由于桩的自由长度大应细心把握吊沉方位;在浇灌水下混凝土前应将箱底桩侧缝隙堵塞好。

4. 沉井结合法

在深水中施工桩基础,当水底河床基岩裸露或卵石、漂石土层钢板围堰无法插打时,或在水深流急的河道上为使钻孔灌注桩在静水中施工时,还可以采用浮运钢筋混凝土沉井或薄壁沉井(有关沉井的内容见第4章)作桩基施工时的挡水挡土结构(相当于围堰)和沉井顶设作工作平台。沉井即可作为桩基础的施工设施,又可作为桩基础的一部分即承台。薄壁沉井多用于钻孔灌注桩的施工,除能保持在静水状态施工外,还可将几个桩孔一起圈在沉井内代替单个安设护筒并可周转重复使用。

绪论及第4章中所介绍的组合式沉井均包括了在深水基础中采用的沉井和桩基础的综合型式。

3.4.4.3 水中钻孔桩施工的注意事项

1. 护筒的埋设

围堰筑岛施工场地的护筒埋设方法与旱地施工时基本相同。

施工场地是工作平台的可采用钢制或钢筋混凝土护筒。为防止水流将护筒冲歪,应在工作平台的孔口部位,架设护筒导向架;下沉好的护筒,应固定在工作平台上或护筒导向架上,以防万一发生坍孔时,护筒下跑或倾斜。在风浪流速较大的深水中,可在护筒或导向架四周抛锚加固定位。

护筒依靠自重入土下沉困难时,可在护筒底部用高压水冲射,掏空护筒内的土;或在护筒上口堆加重物或安装千斤顶,迫使护筒下沉。此外还可在护筒顶部安装振动器激振下沉护筒。护筒下沉过程中,要经常用水准仪或垂直吊放重锤监测护筒母线的垂直度和护筒口平面的倾斜度,以便随时调整护筒位置。

2. 配备安全设施,抓好安全作业

(1)严格保持船体和平台不致有任何位移。船体和平台的位移,将导致孔口护筒偏斜、倾倒等一系列恶性事故,因此每一桩孔从开孔到灌注成桩都要严格控制。

(2)在工作平台四周设坚固的防护栏,配备足够的救生设备和防火器材,还要按规定悬挂信号灯等。

3.4.5 大直径空心桩施工简介

当前世界桥梁桩基础工程的发展趋是大直径和预拼工艺。显然在大直径中唯有采用空心结构才有实际经济价值。

目前空心桩的施工有以下两种方法:

1. 埋设普通内模,在内模与孔壁之间沉放钢筋笼,灌注水下混凝土,这样作法在性质上相当于将一般的灌注桩中心挖空。由于水下混凝土导管直径最少需要25 cm(过细易卡管),又要下钢筋笼,因此桩壁厚度最少要60 cm以上,上段护筒加粗部分壁厚最少75 cm以上,如图3-38(a))所示,因此桩身直径较大,例如ϕ300 cm以上时采用为适宜。

2. 埋设预应力桩壳,同时即充当内模,在桩壳与孔壁之间不放钢筋笼,只埋压浆管,填石压浆。桩尖也压浆。由于压浆管直径一般只有5~7 cm,故填石压浆层壁厚15~20 cm即可,这是一种全新的工艺。由这种方法形成的桩也叫钻埋空心桩,如图3-38(b))所示。

钻埋空心桩的施工工序简介如下。

(1)桩节的制作

一般在工厂离心式浇筑或立式振捣式浇筑制作,也可在桥梁工地现场预制(一般以振捣式浇筑为宜),桩壁内均匀预留应力钢筋孔道,桩节的上端预留张拉螺母及套筒的位置,桩节内外设置双层构造筋及螺旋筋。桩节直径可取为1.5 m,2.0 m,2.5 m…,7.0 m,桩节长度可根据桩径的大小及吊装能力分别取1.5 m,2.0 m,…,6.0 m等长度,壁厚取14~20 cm。

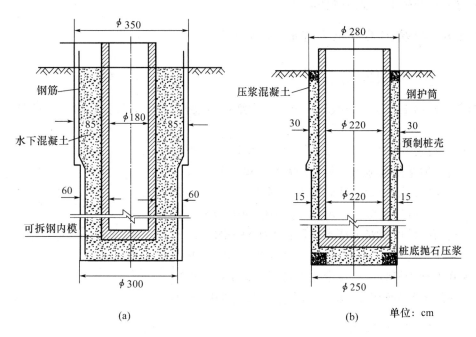

图3-38　大直径空心桩成桩的两种基本方法

(a)埋设内模,孔壁灌注水下混凝土;(b)埋设预应力桩壳,桩壁和桩底填石压浆

在现场振捣浇筑时,应注意内外模的部位情况、垂直度及钢筋保护层误差是否在容许范围内。

(2)成孔技术

钻孔时可根据设计直径的大小选用一次成孔工艺或分级扩孔工艺。成孔后需清孔,再注入新鲜含碱性的泥浆,防止施工过程中桩底沉淀太多。

(3)空心桩吊、拼装及沉埋

一般预制空心桩节壁厚为14～20 cm,每节重5～20 t,在已成孔的孔内逐节拼装。沉放预制桩节是空心桩技术的关键。由于桩底封闭,水的浮力大大减轻吊放桩节的重力,这样即使桩节直径很大,往往须内部注水才能使其下沉。

(4)压浆

①桩周压浆

在桩周分层均匀设置四根压浆管(每层高度8～10 m),人工或机械在桩周投放直径大于4 cm的碎石到地面,准备压浆机具设备、调机、拌浆;用水泵直接向压浆管注水洗孔,待翻出泥浆水变清停止;用压浆石压浆,边压边提压浆管,净浆完全翻出后停止。

②桩底压浆

接通中心压浆管、排气管,由高压压浆泵压水冲洗,待排气管出水变清后,换压灰浆到排气管出净浆后封闭排气管,加大压浆泵压力到桩身上抬2 mm后停止加压,稳定5 min后关闭压浆泵,关闭压浆管球阀。

【思考题】

1. 如何保证钻孔灌注桩的施工质量?

2. 钻孔灌注桩成孔时,泥浆起什么作用,制备泥浆应控制哪些指标?

3. 钻孔灌注桩有哪些成孔方法,各适用什么条件?

4.打入桩的施工应注意哪些问题?

3.4.6　桩基础工程施工方案(案例一)

3.4.6.1　编制依据

本方案根据工程施工图纸和岩土工程详细勘察报告,及国家有关建设工程的施工规定规程进行编制:

1.《先张法预应力钢筋混凝土管桩》(GB 13476—1999)

2.《建筑地基基础施工及验收规程》(DBJ 15—201—91)

3.《预应力混凝土管桩基础技术规程》(DBJ/T 15—22—98)

4.《建筑工程质量检验评定标准》(GBJ 301—88)

5.《建筑机械使用安全技术规程》(JGJ 33—2001)

6.《建设工程施工现场供用电安全规范》(GB 50194—93)

7.《施工现场临时用电安全技术规范》(JGJ 46—88)

8.《建筑地基基础设计规范》(DBJ 5—31—2003—10)

3.4.6.2　施工总体策划

1.工程概况

桩基础工程,采用用锤击预应力混凝土管桩 $\phi500 \times 125$ mm A 型管桩 2 230 根,单桩承载力为 1 600 kN,平均桩长约 40 m,总工程量 89 200 m,计划安排 8 台 HD50 型柴油锤击机进场施工。

(1)现场情况

本工程施工现场范围内外可通行运输材料车辆,水电接驳点位于施工现场边缘。

(2)工程要求

①计划施工工期:50 个日历天。

②计划开工日期:2006 年 11 月 10 日。

③计划完工日期:2006 年 12 月 31 日。

④质量目标:合格。

⑤质量保修期:按国家有关规定执行。

(3)技术措施

①测量放线

首先要根据设计图纸进行室内计算,对建设单位提供的水准点和控制点进行校核,在图纸上标明。然后利用全站仪进行精确测量放线,复核基准水准点和控制点,并根据施工现场的具体情况定出控制网,并将复核结果和自己设立的控制网交监理审核。

②锤击管桩施工

预制管桩采用锤击法施工,投入柴油打桩机 8 台。打桩过程中,桩锤、桩帽和桩身的中心线应重合,当桩身倾斜率超过 0.8% 时,应找出原因并设法纠正。当桩尖进入硬土层后,严禁用移动桩架等强行回扳的方法纠偏。

接桩焊接时要由两人同时对称施焊,焊缝应连续、饱满,不得有施工缺陷,如咬边、夹渣、焊瘤等。烧焊至少有两层或两层以上,焊渣应用小锤敲掉。烧焊完成后,应冷却 8 分钟以上。焊接用的电焊条需选用 E42 或以上的焊条。

③施工节约技术措施

我们将始终站在业主的角度,树立工程全局观念,通过优秀的人才、科学的管理、先进的技术和设备、经济合理的施工方案和工艺、科学的策划和部署,有效的组织、管理、协调和控制,使该工程成本和造价得到最为有效的控制;同业主、设计院、监理公司和工程相关各方共同努力,优化施工组织和安排,使工程各个环节衔接紧密,高效顺利地向前推进;从图纸设计,材料设备选型和工程招标,现场施工组织、管理、协调与控制等方面,提出行之有效的合理建议与方案,加强"过程""程序"和"环节"控制,追求:"过程精品",避免不必要的拆改、浪费,尽最大能力减少和节省工程成本和造价,使业主的投资发挥最佳的效益。通过长期的工程实践,我们充分认识到只有整个工程成本和造价得到良好的控制,才能对整个工程有利、对业主有利。

2. 施工组织机构

(1)组织机构

项目经理部是本项目实施管理者。在该工程施工中,我公司将按项目管理的原理,组织工程施工与管理,建立以项目经理为核心的项目班子,实行项目经理负责制,项目班子在公司的直接监督与控制下,履行工程施工的权利和义务。项目管理机构由项目领导层、专业管理层和劳务层组成。组织机构如图 3 - 39 所示。

(2)组织机构职责

①项目经理及项目总工均为公司从各部门抽取的精英骨干,对工程项目实施全面管理,贯彻实施公司质量方针,科学地组织和管理进入施工现场的人、财、物等生产要素;负责与公司对应部门、甲方、设计单位及其他管理部门的联系;深入现场及时解决施工中出现的问题,确保工程质量。

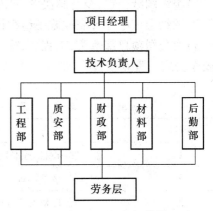

图 3 - 39 组织机构图

②工程部的人员职责

a. 编制施工组织计划,贯彻计划的实施。

b. 编制施工总进度计划及调整与修正。

c. 确定各种工种期限。

d. 确定各种交叉搭接顺序。

e. 劳动力调配,施工机具调配。

f. 实施文明生产。

③材料部人员工作职责

a. 编制施工材料计划。

b. 选择确认环保材料。

c. 组织材料采购及运输。

d. 施工现场材料管理。

④质安部管理技术人员工作职责

a.编制施工控制计划。

b.检查施工工艺是否规范。

c.处理设计图纸中不明、不详、不符等技术问题。

d.防止与处理质量问题,组织内部各工种质量检验。

f.组织检查施工项目的安全管理。

⑤后勤部及财政厅管理人员工作职责

a.编制施工后勤计划。

b.资金计划和资金发放,组织工地供水、供电、保障饮食供给。

c.负责工地保卫工作。

3.4.6.3 施工总体策划

1.技术准备工作(表3-3)

(1)组织图纸会审,及时解决图纸中所存在的种种技术问题。

(2)图纸会审中三天完成施工组织设计。

(3)由公司项目部牵头,工程部、质安部、合同预算部组织项目部有关人员进行技术、经济、安全交底。重点项目、关键部位编制专门的单项施工方案。

表3-3 技术准备工作

序号	施工准备工作内容	负责部门	要求完成时间
1	现场测量控制网	施工组	进场后第1天
2	平整场地	施工组	进场后第1天
3	施工水、电设施	专业队	进场后第2天
4	图纸会审	项目部	进场后第1天
5	编制施工组织设计	项目部	进场后第2天
6	成品、半成品、加工品计划	施工组	进场后第3天

2.生产准备工作

(1)要取得建设单位配合,及时办理施工许可证及施工标牌。

(2)根据规划局确定基准点和设计图纸进行放线,建立轴线控制网和标高控制网,认真复核管位置的准确。

(3)在现场内搭建办公室、保卫、料具设备仓等等,工人宿舍按甲方指定位置搭设。

(4)按照经审核批准的临电、临电水布置图,建立临时供电、供水系统,系统敷设完毕后就依手续办理验收及备案待查。

(5)按施工组织设计确定所需的机械设备,进行检查、保养、作进场准备。

3.劳动力准备

按照劳动力使用计划调配人员,安排劳动力进场,并对准备进场的劳动力进行安全教育;对工程所需的各技术工种进行培训教育,取得有关上岗证、资格证后方许其进场从事相应的工作。劳动力及技术工程人员进场后,定期对其进行劳动安全教育及施工技术总结及教育,以加强工人的劳动安全意识,不断提高施工技术,使工程顺利进展。

4.施工协调配合工作

我司将办好开工以及工程开工之前需申办的一切手续,并加强与各主办单位及协助单位、相关部门的联系工作,为工程的顺序进行提供有利条件。做好开工前的宣传工作,积极与工地附近居民沟通,对因施工给居民带来的不便表示歉意,并挂牌表明。

5.地下管线勘测工作

施工前经过向有关单位联系、沟通及现场目视可见情况,并在施工前进行地下管线探测,多了解地下管线情况,以免造成不必要的损失。

6.交通组织方案

(1)掌握各交叉路口交通转向及车辆流量。在交叉路口设临时导向盘,派专人负责交通疏导。

(2)在交叉路口设置明显行施工标志,以防施工机械进出对该段效能造成影响。

(3)施工围蔽附近设置防撞标志,并设有警示灯、夜间主动发出警示标志。

3.4.6.4 施工平面布置图

现场平面布置应充分考虑周边环境因素及施工需要,布置时应遵循原则如下:

(1)现场平面随着工程施工进度进行布置和安排,阶段平面布置要与该时期的施工重点相适应;

(2)充分考虑文明施工及环保要求,并符合安全规定,各种设施布置必须符合广州市及广东省安全文明施工的相关要求;

(3)在平面布置中应充分考虑好大型施工机械设备的布置、现场办公、道路交通、材料周转、临时堆放场地等的优化合理布置;

(4)材料堆放应设在垂直运输机械附近,以减少发生二次搬运。中小型机械的布置,要处于安全环境中,要避开高空物体打击的范围;

(5)临电电源、电线敷设要避开人员流量大的安全出口,以及容易被坠落物体打击的范围,为避让市政管线施工,现场临电电缆采用架空方式;

(6)施工期间制订详细周密的材料供应计划,计划细化到每周、每天、每个时段,由专职调度员负责进场材料的统一调度和规划,以便对大型机具的使用统筹安排。对施工现场进行动态管理,及时合理地调整和分配场地。

3.4.6.5 施工平面布置图

1.进度计划安排

(1)工程进度计划的依据

为更好地控制工程进度,保证在规定工期内完成质量要求的工程任务,我公司将采取以下策略:

①确定工程的施工顺序、施工持续时间及相互和合理配合关系,为编制周度、月度生产作业计划提供依据;

②为确定劳动力各种资源需要计划和编制施工准备工作计划提供依据,我们编制了施工进度表,随时对施工进度进行检查;

（2）主要工期指标

计划施工工期为 50 天。

①锤击管桩施工:6 根/天/台 ×8 台 =48 根/天

②所需工作天为:2 230 根/48 根 =33 天

③我司拥有足够的人力物力,随时可以增加人工、机械的投入,保证按要求完成施工任务。

（3）工程工期控制目标

一旦接到甲方的开工令后,即进入紧张的施工准备阶段,主要工作内容为:人员组织到位,大型设备（打桩机）进场,施工临设的搭建,办理开工的一切手续,熟悉图纸。

测量放线在施工准备之后进行,施工全过程跟进,确保不因测量滞后而延误工期。测量由工程负责人统一指挥,保证关键线路上的工序运行,不得随意拖后。具体进度安排及工序搭接详见表 3 - 4:

表 3 - 4　施工进度计划横道图

工作内容 ＼ 退场时间/天	2	4	6	8	10	12	14	16	18	20	22	24	26	28	30	32	34	36	38	40	42	44	46	48	50
桩机进场,定桩位	──	──																							
打桩施工	──	──	──	──	──	──	──	──	──	──	──	──	──	──	──	──	──	──	──	──	──				
退场																							──	──	

（4）施工进度计划的实施方法

①施工项目进度计划的贯彻安排各层次的计划,形成严密的计划保证系统。重点抓材料到场计划,保证每天供应桩管满足第二天施工需要。

②层层下达施工任务书或签订承包合同

施工项目经理向施工队和作业班分别下施工任务书,将作业下达到施工班组,明确具体施工任务、技术措施、质量要求等内容,使施工班组保证按作业计划完成规定的任务。

③编制作业计划

为保障施工进度计划的实施,把规定的任务结合现场施工条件。例如施工场地的情况、劳动力、施工条件、材料情况和实施中的施工实际进度,在施工开始至全过程中不断地编制本旬的作业计划。使施工计划更具体,切合实际和可行。

④施工项目进度的检查

在施工的实施进度中为控制进度,必须经常定期地跟踪检查施工实际进度情况,进行统计事理和对比分析,确定实际进度与计划的关系,并据此对施工进行调整。

⑤跟踪检查施工实际进度

确定每日进行一次进度检查,并按每一台桩机进行检查,认真填写施工日报表。

⑥处理统计检查数据

把施工日报表汇总,指出与计划进度具有可比性数据,以便与相应的计划完成重相对比。

⑦对比实际进度与计划进度

通过比较得出实际进度与计划进度相一致、超前、拖后三种情况。

⑧施工基础上进度检查结果即时处理

若检查的实际施工进度产生偏差对总工期有影响,马上采取可行的补救措施,如增加劳动力、桩机,加班和调整有关的工作的逻辑关系,达到缩短工期的目的。

2.工程进度的主要保证措施

按业主指定工期要求,确定各阶段工作日。在施工管理上实行责任包干,推行"六定五包",即定人、定位、定量、定质、定时间、定奖金,包材料、包工期、包安全、包质量、包施工。充分利用时间和空间,提高作业效率确保提前交付。应做好如下工作:

(1)运用现代化管理方法指导生产、加强动态管理。充分利用已有资源组织材料、人力资源的合理配置。保障各阶段施工的连续性,消除窝工、停工现象。

(2)优化网络计划管理,使各工种、各工序实施紧密的交叉搭接,对每道工序制定相应的调整措施。

(3)考虑到现场施工条件及施工总进度要求,各个单体工程之间,采取平行施工与流水施工相结合的方法,在保证工期的前提下,各种资源耗用量相对较小。

(4)合理配置施工机械设施,提高使用效率,保证各施工班组之间的高度协调,发挥最大的生产潜力。

(5)尽量避免不良气候因素对施工的影响。

(6)强化项目经理部的领导,健全各项管理制度和岗位责任制,并将其落实到每个部门和每一个成员,做到层层落实,责任到人。

(7)采用先进的施工工艺,并努力提高机械化施工水平,使之在确保工程质量的同时,尽可能提高生产效率。

(8)制订详细及切实可行的施工计划,对其进行动态管理,使现场的各个部门以及各工序始终保持最佳工作状态。

(9)做好管桩的供应,加强对打桩机具的检查、维修管理工作,使现场能够均衡连续施工。

(10)与管桩生产厂家签订供货协议,尽早完善材料计划,尽早订货。

(11)根据多方面的施工情况,制订详细、切实可行、全面的进度计划来指导、监督施工,包括日计划、周计划等

(12)保证施工在任何阶段,都保证充足的劳动力和机械资源。

(13)使用先进的施工设备和施工方法,提高施工效力。

3.4.6.6 资源需用量计划

1.劳动力计划

为了满足本工程施工需要,本工程拟投入打桩工(机长)8人,测量放线工3人,电焊工34人,电工8人,杂工24人。

2.主要材料计划(见表3-5)

本工程需用ϕ500管桩数量共计89 200 m,每天需要量为1 800 m,运输采用大型平板车运输。

表3-5 材料计划

序号	材料名称	单位	总数量	每天需要量
1	ϕ500管桩	m	89 200 m	1 800 m

3.机械计划

本工程所有大型机械均采用平板车运输进场,机械设备见表3-6。

表3-6　机械计划

推土机	T120	2	武汉	1998	自有
挖掘机	WY1608	1	武汉	2001	自有
柴油打桩机	HD50	8	国产	1995—2001	自有
交流电焊机	15 kW	24	广州	2002	自有
自卸汽车	10T	3	长春	2001	自有
平板运输车	40T	3	长春	1998	自有
经纬仪	DJ2	1	上海	1998	自有
水准仪	ES1	1	上海	1999	自有

3.4.6.7　资源需用量计划

1. 打桩的施工工艺流程(见图3-40)

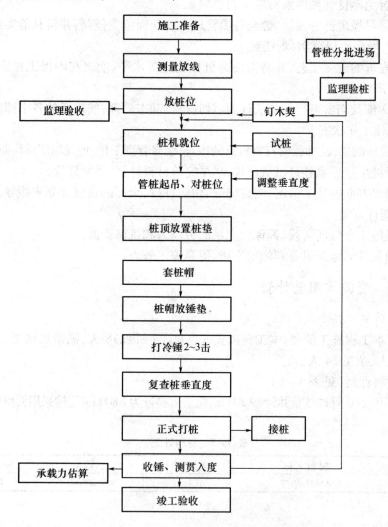

图3-40　打桩的施工工艺流程图

2.锤击沉桩施工流程的主要环节的实施方法

（1）测量放线定桩位

测量放线必须严格把关，反复校核，力求不出任何差错。

首先要根据设计图纸进行室内计算，对建设单位提供的水准点和控制点进行校对，在图纸上标明。然后利用全站仪进行精确测量放线，复核基准水准点和控制点，并根据施工现场的具体情况定出控制网，并将复核结果和自己设立的控制网交监理审核。如监理审核通过，则今后的测量放线均按复核结果及控制网进行。如未获监理认可，则需继续复核，直至监理审核通过为止，并以监理最终审核通过结果作为施工放线测量的依据。

经过监理认可的控制点和水准点要用水泥砂浆固定或在其四周用砖堆砌以严加保护，防止发生偏位和变形。

根据复核控制网计算出每条桩桩中坐标并利用经纬仪放出桩位。测量放出桩位后，用30 cm长φ10钢筋在桩位位置打入土中，钢筋中上部用两道红绳绑扎牢固，留出约30 cm长红绳在地面，施工时根据红绳即可找到精确的桩位，以防止错、漏施工。对将要施工的桩位用石灰粉按桩径大小划一个圆圈，桩位放线后的打桩过程中，考虑到土体的挤压移位，在打桩前需对桩位进行复核。

（2）预制管桩的堆放与验收

预制管桩从管桩厂运输过来卸至现场堆放，地点选择要根据压桩的情况和有利于放大镜的原则进行堆放。堆放现场地要求平整，根据地面的坚实情况，可用枕木作支点，进行两点或三点支垫。管桩最高堆放层数三层，根据用桩计划，先用的桩应放上面，避免翻动桩堆。

施工过程中，现场施工计划负责人根据当天桩机的施工情况统计出第二天可能施工的工作量及配桩要求以确定当天晚上的进料量。管桩每天进一批，现场施工计划负责人及施工管理人员要准确确定每天的进料量并报于监理工程师。

管桩进场后，材料员与质检员根据规范在求严格检查桩身的外观尺寸和外观质量，防止断桩、严重裂缝的桩用于施工，同时要收集与每批管桩数量相对应的合格证、产品检验报告及出厂证明等资料。如发现不合格的管桩严禁使用，并向有关部门报告。

管桩进场时，如有要求需监理工程师在场接收，质检员需会同监理工程师一同验收。

3.施工机械的配备

根据本工程现场的实际情况和设计管桩的类型和数量以及施工经验，本工程采用6台HD50柴油打桩机进行施工。另外，还将配备电焊机、气割工具、索具、撬棍、钢丝刷、锯桩器等施工用具；每台桩机配备一把长条水准尺，可随时测量桩身的垂直度。

4.管桩的焊接

根据规范要求，一般单节管桩长度不超过13 m，如果设计桩长大于单节桩长的话，则需进行接桩，根据地质资料、设计图纸反映，本工程桩长约45 m，故每根桩配桩拟采用12 m +11 m + 11 m + 11 m = 45 m。在本工程中，采用电焊工艺焊接接桩，确保焊接质量。

管桩接桩前，用钢丝刷清理干净桩端的泥土杂物。上下两节桩应对齐，上下两节桩偏差必须小于2 mm，并应保证上下两节桩的垂直度。

焊接时要由两人同时对称施焊，焊缝应连续、饱满，不得有施工缺陷，如咬边、夹渣、焊瘤等。烧焊至少有两层或两层以上，焊渣应用小锤敲掉。烧焊完成后，应冷却8分钟以上。焊接用的电焊条需选用E43或以上的焊条。

接桩完成后现场质检员会同监理工程师进行验收，验收合格后方可继续进行打桩施工。

5. 打桩的顺序宜按下列原则确定

（1）根据桩的密集程度，打桩顺序可采取从中间向两边对称施打，或从中间向四周施打，或从一侧向另一侧施打。

（2）根据基础设计标高，宜先深后浅进行施打。

（3）根据桩的规格，宜先大后小、先长后短进行施打。

（4）根据桩位与原有建筑物的距离，宜先近后远进行施打

6. 管桩施工控制

在正式打桩之前，要认真检查打桩设备各部分的性能，以保证正常运作。另外，打桩前应在桩身一面标上每米标记，以便打桩时记录。第一节桩起吊就位插入地面时的垂直度偏差不得大于 0.5%，并用长条水准尺或其他测量仪器校正，必要时，要拔出重插。

施工过程中，桩帽和桩身的中心线应重合，当桩身倾斜率超过 0.8% 时，应找出原因并设法纠正。当桩尖进入硬土层后，严禁用移动桩架等强行回扳的方法纠偏。

第一节桩顶离地面 0.5 m 左右时，进行桩底混凝土浇灌，按设计要求为 C20 混凝土 1 m 高，可在现场拌制。配桩时，上下节桩错位偏差不超过 2 mm。配桩时要参考地质资料和附近已施工施工管桩的长度，并保证送桩深度不超过桩顶设计标高。

7. 管桩的收锤

当管桩施打至设计要求的持力层或达到设计要求的贯入度值时，则可收锤。贯入度值的测量以桩头完好无损、柴油锤跳动正常为前提。贯入度的测量采用收锤纸进行收锤测验绘出管桩收锤时的回弹曲线，以测出最后贯入度值及回弹值，以便真实记录和反映收锤情况，有助于保证和提高打桩质量。

8. 质量检查管桩基础地工程桩成桩质量检查包括桩身垂直度、桩顶标高、桩身质量，应符合下列规定：

（1）桩身垂直度允许偏差为 1%；

（2）截桩后的桩顶标高允许偏差为 ±10 mm；

（3）桩顶平面位置偏差应符合表 3 - 7 中的规定；

（4）承载力检测方法应符合预应力混凝土管桩基础技术规程（DBJ/T 15—22—98）有关规定，同业主、设计、监理等共同研究采取检测手段（如单桩竖向抗压静载试验、单桩竖向抗拔静载试验低应变法、高应变法）。

表 3 - 7　桩顶平面位置允许偏差

项　　目		允许偏差/mm
柱下单桩		80
单排或双排桩条形桩基	1. 垂直于条形桩基纵向轴的桩	100
	2. 平行于条形桩基纵向轴的桩	150
承台桩数为 2～4 根的桩		100
承台桩数为 5～16 根的桩	1. 周边桩	100
	2. 中间桩	$d/3$ 或 150 两者中最大者
承台桩数多于 16 根的桩	1. 周边桩	150
	2. 中间桩	$d/2$

9. 施工注意事项及质量保证措施

(1) 桩身断裂

①现象

桩在沉入过程中,桩身突然倾斜错位,当桩尖处土质条件没有特殊变化,而贯入度逐渐增加或突然增大,同时在桩锤跳起后,桩身随之出现回弹现象,这时可能是桩身发生断裂。

②原因

a. 桩节的细长比过大,沉入又遇到了较硬的土层。

b. 桩制作时,桩身弯曲超过规定,桩尖偏离桩的纵轴线较大,沉入后桩身发生倾斜或弯曲。

c. 桩入土后遇到大块坚硬的障碍物,把桩尖挤向一侧。

d. 稳桩时不垂直,打入地下一定深度后,再用走架方法校正,使桩身产生弯曲。

e. 两节桩或多节桩施工时,相接的两节桩不在同一轴线上,产生了曲折。

f. 桩在反复长时间打击中,桩身受拉应力作用,当拉应力值大于混凝土抗拉强度桩身某处即产生横向裂纹,表面混凝土剥落,如拉应力过大、钢筋超过流限,桩即断裂。

g. 制作桩的混凝土强度不够。桩在堆放、吊运过程中产生裂纹或断裂未被发现。

③预防措施

a. 施工前应对桩位下的障碍清理干净,必要时对每个桩位用钎探探测。对桩构件要进行检查,发现桩身弯曲超过规定($L/1\,000$ 且 $\leqslant 20\,\text{mm}$)或桩尖不在桩纵轴线上的不宜使用。一节桩的细长比不宜过大,一般不宜超过40。

b. 在稳桩过程中,如发现桩不垂直应及时纠正,桩打入一定深度后发生严重倾斜时,不宜采用移架方法来校正。接桩时,要保证上下两节桩在同一轴线上,接头处应严格按照操作要求执行。

c. 桩在堆放、吊运过程中,应严格按照有关规定执行,发现桩开裂超过有关验收规定时不得使用。

(2) 桩顶碎裂

①现象

在沉桩过程中,桩顶出现混凝土掉角、碎裂、坍塌甚至桩顶钢筋全部外露打坏。

②原因

a. 设计时没有考虑到工程地质条件、施工机具等因素,混凝土设计强度偏低,或者桩顶钢筋网片不足,主筋距桩顶面距离过小。

b. 桩预制时,混凝土配合比不良,施工控制不严,振捣不密实等。

c. 混凝土养护时间短或养护措施不当,致使钢筋与混凝土在承受冲击荷载时,不能很好地协同工作,桩顶容易严重碎裂。

d. 桩顶面不平,桩顶平面与桩轴线不垂直,桩顶保护层过厚。

e. 桩顶与桩帽的接触面不平,桩沉入时不垂直,使桩顶面倾斜,造成桩顶面局部受集中应力而破碎。

f. 沉桩时,桩顶未加衬垫或衬垫已损坏未及时更换,使桩顶直接承受冲击荷载。

g. 锤重选择不当。桩锤小,桩顶受打击次数过多,桩顶混凝土容易产生疲劳破坏而打碎,桩锤大,打击力过大,桩顶混凝土承受不了过大的打击力,也会发生碎裂。

③预防措施

a. 桩制作时，要振捣密实，主筋不得超过第一层网片。桩成型后要严格加强养护，在达到设计强度后，宜有 1~3 个月的自然养护，以增加桩顶抗冲击能力。

b. 应根据工程地质条件、桩断面尺寸及形状，合理地选择桩锤。

c. 沉桩前应对桩构件进行检查，检查桩顶面有无凹凸情况，桩顶平面是否垂直于桩轴线，桩尖有否偏斜，对不符合规范要求的桩不宜采用或经过修补等处理后才能使用。

d. 检查桩帽与桩的接触面处及替打木是否平整，如不平整应进行处理方能施工。

e. 稳桩要垂直，桩顶要加衬垫，如衬垫失效或不符合要求要更换。

（3）沉桩达不到要求

①现象

桩设计时是以最终贯入度和最终桩长为施工的最终控制。一般情况下，以一种控制标准为主，以另一种控制标准为参考。有时沉桩达不到设计的最终控制要求。

②原因

a. 探测点不够或勘察资料粗，对工程地质情况不明，尤其是持力层的起伏标高不明，致使设计考虑持力层或选择桩有误，也有时因为设计要求过严，超过施工机械能力或桩身混凝土强度。

b. 勘察工作是以点带面，对局部硬夹层、软夹层不可能全部了解清楚，尤其在复杂的工程地质条件下，还有地下障碍物，如大块石头、混凝土块等。打桩施工遇到这种情况，就会达不到设计要求的施工控制标准。

c. 以新近代砂层为持力层时，由于其结构不稳定，同一层土的强度差异很大，桩打入该层时，进入持力层较深才能得出贯入度，但群桩施工时，砂层越挤越密，最终则会有沉不下的现象。

d. 桩锤选择太小或太大，使桩沉不到或超过设计要求的控制标高。

e. 桩顶打碎或桩身打断，致使桩不能继续打入。

③预防措施

a. 详细探明工程地质情况，必要时应补勘。正确选择持力层或标高。根据工程地质条件、桩断面及自重，合理选择施工机械、施工方法及打桩顺序。

b. 防止桩顶打碎或桩身断裂。

（4）桩顶位移

①现象

在沉桩过程中，相邻的桩产生横向位移或桩身上浮。

②原因

a. 桩入土后，遇到大块坚硬障碍物，把桩尖挤向一侧。

b. 两节桩或多节桩施工时，相接的两节桩不在同一轴线上，产生了曲折。

c. 桩数较多，土壤饱和密实，桩间距较小，在沉桩时土被挤到极限密实度而向上隆起，相邻的桩被浮起。

d. 在软土地基施工较密集的群桩时，由于沉桩引起孔隙水压力把相邻的桩推向一侧或浮起。

③预防措施

a. 清理障碍，及时纠正。

b.采用井点降水、砂井或盲沟等降水或排水措施。

c.沉桩期间不得同时开挖基坑,需待沉桩完毕后相隔适当时间方可开挖,相隔时间应视具体土质条件、基坑开挖深度、面积、桩的密集程度及孔隙压力消散情况来确定,一般宜两周左右。

(5)接桩处松脱开裂

①现象

接桩处经锤击后,出现松脱开裂现象。

②原因

a.连接处表面没有清理干净,留有杂质、雨水油污等。

b.连接件不平,有较大空隙,焊不牢。

c.焊接质量不好,焊缝不连接、不饱满或有夹渣。

d.两节桩不在同一直线,接桩处产生曲折,锤击时接桩处产生集中应力而破坏连接。

③预防措施

a.接桩前对连接部位上的杂质、油污等必须清理干净,保证连接部件清洁。

b.检查连接部件是否牢固平整和符合设计要求,如有问题,必须进行修正。

c.接桩时,两节桩应在同一轴线上,焊接预埋件应平整服贴,焊接后,锤击数次,再检查一遍,看有无开裂,如有应作补救措施。

3.4.6.8 质量目标设计

1.质量目标

本工程严格按照 ISO 9001 质量体系运行,南沙滨海花园三期 4,8,9 组团管桩基础工程质量目标为合格。

2.质量保证体系

(1)完善的项目组织机构和项目质量保证体系

我公司将根据本项目的具体情况,科学设置项目各部门,选派有管理经验、组织协调能力强、有敬业精神、技术和作风过硬的管理人员组成项目管理班子,按照企业的基础上管理模式和 ISO 9001 质量保证体系运作。项目将建立完善的岗位责任制,在项目开工之初或阶段工程开始时,制定项目岗位现任制度,明确领导班子成员的责任,确定每个部门的职责,最后落实到项目每个管理人员,并签订相应的岗位责任状,与个人收入挂钩。

本项目将建立由公司过程考核、检查、控制,项目经理领导,项目总工程师策划并组织实施,现场经理中间控制,专业现任工程师检查和监控的管理系统,形成从项目经理部到各分承包方、各专业化公司和作业班组的质量管理网络。质量保证体系框架如图 3-41 所示。

(2)公司总部对本项目的服务控制

①工程前期质量工作的交底与指导

为了保证本工程质量有一个良好的开端,保障质量保证体系严格运作,在项目开工之后,公司质量保证部对项目进行交底和指导,包括质量计划的编写指导和如何运行实施及要求、质量资料、台账的建立及要求等。

②工程质量考核

包括工程阶段考核、季度考核和综合竞赛评比。质量保证部每季度组织一次工程质量全面检查,检查内容包括质量体系运行情况、工程实体质量、资料台账情况等,在施工现场

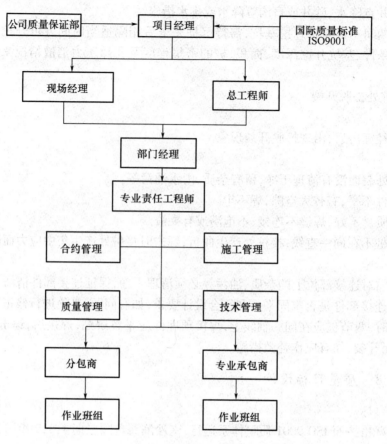

图 3－41　质量保证体系框架

对检查情况进行讲评,对检查中出现的问题下发整改通知并跟踪整改通知,形成质量通报。依据检查民政部进行季度、阶段考核及半年一次的项目纵使管理竞赛评比。

③编制的创优工程的指导实施文件

为更好地指导本项目质量管理及创优工作,公司质量保证部将总结编制的《质量内控标准》《过程精品控制要点》《质量计划编制指南》等多项指导性文件和手册下发给本项目,指导项目施工。

3.质量管理制度

（1）目标管理

我们对工程和各个分部工程进行目标分解,以加强施工过程中的质量控制,从而顺利实现工程的质量目标。

（2）过程质量预控

①项目开工之初,编制项目策划、创优计划、质量检验计划等。

②加强对图纸、规范的学习。项目将应定期组织技术人员、现场施工管理人员以及分包的主要有关人员进行图纸和规范的学习,做到熟悉图纸和规范要求,严格按图纸和规范施工。同时也给图纸多把一道关,在学习过程中对图存在的总是及时找出,并将信息及时找出,并将信息及时反馈给设计院。

③施工前编制施工组织设计、专项工程方案、措施交底,用以指导工程的施工,编制时

应体现施组战略的指导性、方案战役的部署性、交底战斗的可操作性,做到三者互相对应、相互衔接、层次清楚、严谨全面、符合规范,使之真正成为施工中可以遵循依靠的指导文件。

④做好培训和交底,增强全体员工的质量意识是创优内的首要措施,项目将定期组织质量讲评会,同时组织到创优内外部单位进行观摩和学习,并邀请上级质量主管领导和专家进行集中培训和现场指导。对分各班组长及主要施工人员,按不同专业进行技术、工艺、质量综合培训。

⑤严格材料供应商的选择,加强材料进厂检验:施工阶段采用等均将采用全方位、多角度的选择方式,以产品质量优良、材料价格合理、施工成品质量优良为材料选型、定位的标准。材料、半成品及成品进场要按规范、图纸和施工要求严格检验,不合格的立即退货。

(3)加强过程控制

过程质量执行程序流程如图3-42所示。

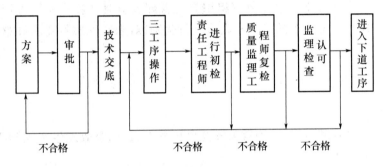

图3-42 过程质量执行程序流程

(4)实行挂牌制度

技术交底挂牌,施工部位挂牌,操作管理制度挂牌,半成品、成品挂牌等。

(5)实行质量例会制度、质量会诊制度,加强对质量通病的控制

定期由质量总监主持,由项目经理部及施工现场管理人员和技术人员参加,总结前期项目施工的质量情况、质量体系运行情况,共同商讨解决质量问题应采取的措施,特别是质量通病的解决方法和预控措施,最后由质量总监以《月度质量管理情况简报》的形式发至项目经理部有关领导、各部门和各分包方,简报中对质量好的要给予表扬,需整改的部位注明限期整改日期。

对于施工中出现的质量总是我们将采用会诊制度与奖惩制度相结合的方式彻底解决。会诊制度流程如图3-43所示。

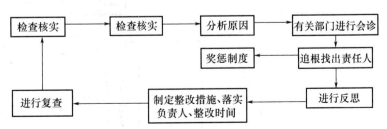

图3-43 会诊制度流程图

（6）加强对成品的保护的管理

由于各工种交叉频繁，对于成品和半成品，容易出现二次污染、损坏和丢失，影响工程进展，增加额外费用。我们将要制定成品（半成品）保护的主要措施，并设专人负责成品保护工作。

在施工过程中对易受污染、破坏的成品和半成品要进行标识和防护，由专门负责人经常巡视检查，发现现有保护措施损坏的，要及时恢复。

工序交接检要采用书面形式由双方签字认可，由下道工序作业人员和成品保护负责人同时签字确认，并保存工序交接书面材料，下道工序作业人员对防止成品的污染、损坏或丢失负直接责任，成品保护专人对成品保护负监督、检查责任。

（7）奖罚制度

我们在工程施工中将实行奖惩公开制，制定详细、切合实际的奖罚制度和细则，贯穿工程施工的全过程。由项目质量总监负责组织有关管理人员对在施作业面进行检查和实测实量。对严格按质量标准施工的班组和人员进行奖励，对未达到质量要求和整改不认真的班组进行处罚。

3.4.6.9 安全生产措施

1. 安全目标

本标段工程安全管理目标：杜绝重大安全事故发生，轻伤事故发生率控制于千分之一，实现施工全过程安全生产。

在本工程施工中，公司将坚持"安全第一，预防为主"的方针，贯彻落实安全生产责任制，严格执行《广东省劳动安全卫生条例》和当地的安全生产法规，从组织、制度和措施上落实。诚恳接受业主、监理的指导监督，努力做到安全文明施工。

2. 组织机构

建立由项目经理直接领导的安全管理体系，项目经理为安全第一责任人，负责全面管理本项目范围内的施工安全、交通安全、防火防盗工作。安全组织机构如图3-44所示。

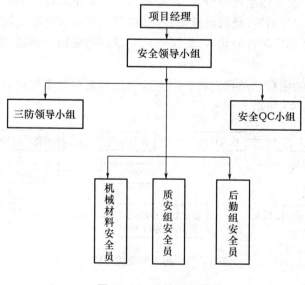

图3-44 安全组织机构

健全安全组织,强化安全机构,充实安检人员,完善工作制度。建立以项目经理为组长的安全生产领导小组,负责施工安全的领导工作;安全管理部门督促施工全过程安全,纠正违章,配合有关部门排除不安全因素,进行安全培训和教育。专职安全员负责安全管理业务,各工序开工前必须作好安全技术交底工作。各施工班组设置安全员:各有关业务的安全责任制,形成安全生产保证体系。在建立各级安全管理组织和专职人员设置的同时,明确项目施工质量安全保证部内聘用1~2名事业心强懂业务的专职安全员,做到每班作业都有安全员,安监人员每天巡视及时制止,班前交代注意事项,班后讲评安全,把事故消灭在萌芽状态中。

3. 安全保证体系

施工现场必须设置安全防护措施,必须配备足够的消防器材。在各配电箱旁必须悬挂相关的危险标志牌。所有作业人员进场必须佩戴安全检查帽。施工人员将严格按有关施工规范施工,做好预防监测控制措施,尤其应注意雨季的施工安全,做好排水措施。安全保证体系如图 3 – 45 所示。

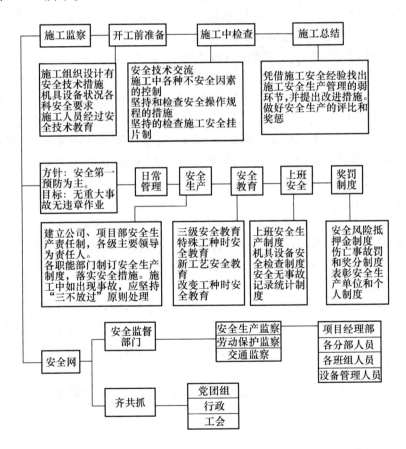

图 3 – 45 安全保证体系

4. 施工安全控制体系

明确各级各类人员在施工活动中应承担的安全职责,做到安全生产事事有人负责,并使责任落实到实处。把安全生产同经济责任制挂钩,做到奖惩分明。施工安全控制体系如图 3 – 46 所示。

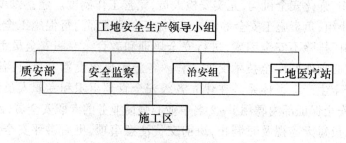

图 3 - 46　施工安全控制体系

5. 安全施工措施

（1）施工用电安全

①施工用电要编制施工组织设计，并经主管部门批准后实施。

②用电由有相关专业资格的持证专业人员管理，负责保持所有设备的线路开关箱，停用的设备必须接闸断，锁好开关箱，搬迁和移动用电设备应切断电源，作妥善处理后进行；对用电过程中发现的问题及时报告和解决。

a. 严格用电管理，现场临时电线路按《施工临时设施用电安全技术规范》要求布设，必须 由持证的专职电工上岗操作，不得任意拉接电线和电器设备，采用三相五线制（TN - S）供电系统，施工现场总箱、开关箱、设备负荷线路末端处设置两级漏电保护器，并具有分级保护的功能，防止发生意外伤害事故。各类电器设备均安设安全保险装置，严格执行一机一闸一保护，对电力线路、电器设备经常检查、维修、调整并做好测试、检查、维修记录。

b. 电气设备和线路的绝缘必须良好，各种电动机械接地，接地电阻不大于 4 Ω，电气设备及线路检修时，先切断电源。

（2）机械安全措施

①现场机械设备经检验合格后方可投入使用，所有机械设备的安全必须符合有关验收标准，现场机械设备的使用操作必须符合有关操作规程，各种机械要有专人负责维修、保养，并经常对机械运行的关键部位进行检查，保证安全防护装置完好，设备装置附近设标志牌及安全使用规则牌。

②机械设备操作人员必须持上岗证，对现场各类机械操作人员施工前，要进行书面安全技术交底。对使用各种机械及小型电动工具得人员，先培训，后操作，有专人现场指导，对违章操作的人，立即停止并严肃批评。每周由项目经理组织有关施工人员对现场机械安全措施的落实情况进行检查。

③各种机械设备视其工作性质、性能的不同搭设防尘、防雨、防晒、防噪音工棚等装置。

④机械安装基础必须稳固，吊装机械臂下不得站人，操作时，机械臂距架空线要求符合安全检查规定。

⑤施工范围内有高压线经过，施工时所有施工机械与高压线保持安全距离。

⑥运输车辆服从指挥，信号灯齐全，制动机械性能良好。

⑦其他

a. 起重吊装的指挥人员必须持证上岗，作业时应与操作人员密切配合，执行规定的指挥信号。操作人员应按照指挥人员的信号进行作业，当信号不清或错误时，操作人员可拒绝执行。

b.遇有六级以上大风或大雨、大雪、大雾等恶劣天气时,应停止起重吊装露天作业。在雨雪过后或雨雪中作业时,应先经过试吊,确认安全可靠后方可进行作业。

c.起重机作业时,起重臂和重物下方严禁有人停留、工作或通过。重物吊运时,严禁从人上方通过。严禁用起重机载运人员。

d.起重机行驶和工作的场地应保持平坦坚实,并应与沟渠、基坑保持安全距离。

（3）防火安全措施

①贯彻"预防为主、防消结合"的消防方针,施工中认真执行有关消防离火管理规定。

②落实"谁主管、谁负责"的原则,成立消防领导小组,明确任命工程各部门防火责任人,各司其职。实行逐级消防责任制,并检查执行,处理隐患、奖惩分明。

③施工现场和生活区临时设施搭建符合消防要求,水源配置合理,消防器材按规定配备齐全。

6.制度保证

（1）落实安全生产责任制

在本工程施工中,我公司将贯彻执行安全生产责任制,从领导到施工工人层层落实,分工负责,使"安全生产、人人有责"落到实处。

①项目经理

对整个标段工程的安全生产负全面责任。组织建立本工程的安全保证体系,制定安全管理细则,定期主持召开安全生产工作会议,组织定期安全检查,督促下级主管部门落实安全生产工作会议,组织定期安全检查,督促下级主管部门落实安全生产责任制。

②项目总工程师

认真贯彻国家和上级有关规定和安全技术标准,对本工程施工中一切技术问题负安全责任。将安全措施渗透到施工组织设计的各个环节中,并检查执行情况,组织安全技术攻关活动,从技术方面提出安全保障措施。

③工区负责人

对所领导的施工项目的安全生产负全面责任。认真贯彻落实各项规章制度,认真贯彻落实施工组织中的各项要求,定期如开公司安全会议,经常组织各种安全生产教育,支持和配合安技人员的各项工作,当进度与安全发生矛盾时,必须服从安全。

④施工员（工长）

对所领导的生产班组的安全生产负责。领导所属班组搞好安全生产,组织班组学习安全操作规程。对所管范围的安全防护设施符合要求负责,对整改指令书组织落实改进,并有权拒绝上级不科学、不安全、不文明的生产指令。

⑤生产班组长

认真遵守安全规程和有关安全生产制度,根据本组人员的技术、体力、思想等情况,合理安排工作,做好安全交底,对本组人员在生产中的安全健康负责。组织本组人员学习安全规程、制度,经常检查所管人员及现场的安全生产情况,发现问题及时解决或及时汇报。

⑥安全人员

积极贯彻和宣传上级的各项安全规章制度并监督检查执行情况。制订安全工作计划,进行方针目标管理,建立健全安全保证体系。协助领导组织安全活动制订或修订安全制度。对广大职工进行安全教育,参加组织设计,施工方案的会审,参加生产会,掌握信息,预测事故发生的可能性,深入现场分析研究安全动态,提出改正意见,制止违章作业。及时填

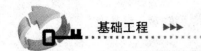

报安全报表,参加伤亡事故调查,对事故责任者提出处理意见。

（2）贯彻落实安全检查制度

①定期安全大检查

项目部每月组织一次定期安全大检查,施工队每半个月组织一次定期安全大检查。每次安全大检查由项目经理总工程师负责带队,质安部、办公室、机修部、物资设备供应部以及工区等派员参加。按照安全检查评分表对管理、设备、措施、装置、违章行为等进行全面的安全大检查和评分,对安全隐患提出整改措施,并由安全员督促落实。

②季节性安全检查

a.雨季安全大检查

雨季安全大检查结合防雨、防洪工作进行。雨季安全检查由项目经理部、各施工工区、质安部等派员组成,主要检查防洪水的各项准备和应急措施;检查电气设备、线路的绝缘、接地接零电阻是否达到电气安全规程要求;检查架子和材料堆放及土方工程是否有下沉、倒塌的现场;现场的道路、排水设施等是否保持畅通等。

b.风季安全大检查

由项目经理部、施工工区负责人带队,由安全员和有关工种人员参加。主要检查各种暂设工程、起重设备、架设工程、电杆等有无倒塌的危险,如发现问题则随时加固。

c.冬季安全大检查

由安全生产领导小组常务副组长带队,工区负责人、安全员等参加,主要检查防火措施的落实情况。

③专业安全大检查

由工长负责组织架工、使用工种班长、安全员参加。按照表列的检查项目、内容、标准进行详细检查,确认无重大危险隐患,基本达到规程要求,检查组长签字正式验收。

④节前安全检查

由各级领导带队,保安组、质安部等派员参加对现场、车间、库房、食堂等进行安全、防火、防中毒等大检查和节日加班人员的思想教育和安全措施落实情况的检查。

⑤经常性安全检查

各级领导和专职安全员等经常深入施工现场、生产车间、库房,对各种设施、安全装置、机电设备、起重设备运行状况,施工工程周围高压线路的防护情况,已用干部有无违章指挥,工人有无违章作业行为等进行随时的检查。

⑥坚持持证上岗制度

对于机械操作手、电焊工、电工等等作业人员,、严格执行持证上岗,确保按操作规程施工,保证施工安全。

⑦落实安全孝育培训制度

安全检查教育包括安全生产思想、安全知识、安全技能三个方面的教育。安全教育由质部等部门组织,采用安全标语宣传牌,开设安全生产黑板报、挂 安全挂图或防护标准、张挂安全警示板等形式,采取三级安全教育、特种作业人员岗位培训、经常性安全教育等方法,使安全教育工作形式制度化、经常化、群众人。

a.坚决贯彻执行国家有关安全生产的法规、法令,执行建设单位与地方政府对安全生产发出的有关规定和指令。建立安全岗位现任制,逐级签订安全产承包责任,明确分工,责任到人,奖惩分明。

b.遵照《建筑工程安全技术工作手册》制定各工作面、各工序的安全生产规程,经常组织作业人员进行安全学习,尤其对新进场的职工和民工要坚持先进行安全生产基本常识的教育后才允许上岗的制度。在安全知识的教育中,重点加强"三不伤害",即不伤害自己、不伤害他人、不被他人伤害的教育,操作人员进行施工现场必须佩带安全帽。

c.按照公安部门的有关规定,对易燃、易燃物品、火工产品的采购、运输、加工、保管、使用等工作项目制定一系列规章制度,并接受当地公安部门的审查和检查。安全处理后方能继续施工。

d.对于危险作业,建立专门监督岗,并在危险作业区附近设置醒目的标致,以引起工作人员的注意。对于本工程工作面多的特点,搞好各单位的协调工作,服从业主和监理工程师的统一指挥。

e.把安全生产列为企业的重要议事日程,在计划、布置、检查、总结、评比生产的同时,计划、布置、检查、总结、评比安全生产工作。

加强劳动保护工作配备满足施工要求的劳保用品,做好职工病防治工作,项目部实行劳动部《企业职工工伤保险实行办法》的规定,并按规定上报规定报表。

f.新进员工必须经过从公司级到项目级到班组级的安全生产教育或培训。新进员工必须接受的一级安全教育(公司级)内容:建筑业的安全生产方针、政策、规定;本公司生产特点;各项安全生产操作规程;安全生产正反两方面的经验教训;公司安全通则和消防、急救常识等。经一级教育安全知识考试合格者,由项目部进行二级教育(项目级)。内容有:本工程项目特点、设备特点、事故预防方法;安全技术规程、制度及安全注意事项等。

经二级安全生产知识考试合格后,分配到班组进行三级教育(班组级)。内容有:岗位生产特点及安全装置;工器具与个人防护用品及使用方法;本岗位发生过的事故及其教训等。

经三级安全生产教育考试合格后,方可上岗操作。

3.4.6.10 安全生产措施

1. 文明施工及环保管理方针目标

总体目标:严格遵照《广州市建设工程文明施工管理规定》,杜绝施工现场死亡事故、火灾事故和恶性中毒事件,轻伤发生频率控制在广州建筑施工安全管理法规的指标要求范围内。严格执行广州市及广东省关于安全文明施工的相关规定。

(1)噪音排放达标:桩基施工小于75 dB。

(2)现场扬尘排放达标:现场施工扬尘排放达到广东省及广州市粉尘排放标准规定的要求。

(3)运输遗撒达标:确保运输无遗撒。

(4)生活及生产污水达标排放:生活污水中的COD达标(COD=300 mg/L)

(5)施工现场夜间无光污染:施工现场夜间照明不影响周围地区。

(6)最大限度防止施工现场火灾、爆炸的发生。

(7)固体废弃物实现分类管理,提高回收利用量。

(8)项目经理部最大限度节约水电能源消耗。

(9)节约纸张消耗,保护森林资源。

2. 环境保护组织机构及工作制度

(1)环境保护组织机构

①项目经理部环境管理体系运行的总负责人为项目经理。

②环境管理素、环境管理方案的负责人为项目总工程师。

③施工现场环保管理具体实施领导者为项目场经理。

④现场环保管理体系运行的主管部门为项目安全部及行政部。

⑤施工现场环保措施的执行单位为项目经理部各有关部门和各专业施工单位。

⑥本工程施工现场严格按照公司环保手册和现场管理规定进行管理,项目经理部成立3人左右的场容清洁队,每天负责场内外的清理、保洁、洒水、降尘等工作。

(2)环境保护工作制度

每周召开一次"环境保护"工作例会,总结前一阶段环境保护管理情况,布置下一阶段的环境保护管理工作。

建立并执行施工现场保护管理检查制度。每周组织一次由各专业施工单位的环境保护管理负责人参加的联合检查,对检查中所以现的问题,应根据具体情况,定时间、定人、定措施予以解决,我公司项目经理有关部门应监督落实问题的解决情况。

3.现场布置、污染和废弃物管理措施

(1)现场布置

①根据施工现场情况,布置1个出入口。大门双开,6米宽,双面铁钣做面,红丹打底面油漆,焊接坚固、耐用、平整,门头设公司标志。

②为美化环境对围墙进行统一涂刷(征得业主同意前提下),做到符合牢固、美观、封闭完整的要求。

③在大门口两边分别设置"一图二牌三板"。

(2)现场出入管理措施

①对进出现场的人员进行严格管理,出入现场必须佩带工作证。

②现场车辆统一制作出入证,凭证出入。杜绝出现现场车辆乱停乱放阻碍施工地现象。

③来客凭有效证件登记进入现场。

(3)污染管理措施

①防止对大气污染措施

a.施工阶段,所有人车通行道路、材料加工场、堆场均予以硬化处理,并定时对道路进行淋水降尘,以控制粉尘污染。

b.建筑结构内的施工垃圾清运,采用搭封闭式临时专用垃圾道运输或采用容器吊运或袋装,严禁随意凌空抛撒,施工垃圾应及时清运,并适量洒水,减少粉尘对空气的污染。

c.水泥和其他易飞扬物、细颗粒散体材料,安排在库内存放或严密遮盖,运输时要防止遗撒、飞扬,卸运时采取码放措施,减少污染。

d.食堂和开水房使用汽化油做燃料,避免烟尘污染。

②防止对水污染措施

a.确保雨水管网与污水管网分开使用,严禁将非雨水类的其他水体排进市政雨水管网。施工现场设工人厕所,将定期抽便和清洗。

b.现场交通道路和材料堆放场地统一规划排水沟,控制污水流向,设置沉淀池,污水经沉淀后再排入市政污水管线,严防施工污水直接排入市政污水管线或流出施工区域污染环境。

c.加强对现场存放油品和化学品的管理,对存放油品和化学口的库房进行防渗漏处理,采取有效措施,在储存和使用中,防止防料跑、冒、滴、漏污染水体。

d.临时食常必须符合"食品卫生法"的要求,取得"卫生许可证",做好防鼠、防蝇工作,清洗设施齐全、整洁卫生,民工宿舍实行统一管理。有组织地排放生活污水和生产污水,保持现场整洁。

③防止施工噪音污染措施

本工程周边建筑物较为密集,在施工过程中严格遵照《中华人民共和国施工场界噪音限值》(GB 12523—90)要求制定如下降噪措施。

a. 将现场可能排泄强噪声的临建或设备分别进行半围护和全围护处理。

b. 根据噪音防治需要设置降噪围挡,以减少噪音的排泄。

c. 根据环保噪音标准(分贝)日夜要求的不同,合理协调安排分项施工的作业时间。

d. 所有车辆进入现场后禁止鸣笛,以减少噪音。

④限制光污染措施

探照灯尽量选择既能满足照明要求又不刺眼的新型灯具或采取措施,使夜间照明只照射工区而不影响周围周围地区。

⑤防止废弃物污染措施

a. 设立专门的废弃物临时储存场地,储废弃物分类存放,对有可能造成二次污染的废弃物必须单独储存,设置安全防范措施且有醒目标识。

b. 废弃物的运输确保不遗洒、不混放,送到政论指令的单位或场所进行处理、消纳,对可回收的废弃物做到回收利用。

⑥材料设备的管理

a. 对现场堆场进行统一规划,对不同的进场材料设备进行分类合理堆放和储存,并挂牌标明标示,重要设备材料利用专门的围栏和库房储存,并设专人管理。

b. 在施工过程中,严格按照材料管理办法,进行限额领料。

c. 对废料、旧料做到每日清理回收。

d. 使用计算机数据库技术对现场设备材料进行统一编码和管理。

3.4.7 钻孔灌注桩基础专项施工方案(案例二)

3.4.7.1 编制依据

1. 建设方的《招标书》和《招标答疑》文件及相关的规定和要求。

2. 施工方与建设方签订的《施工承包合同》。

3. 湖南省建筑设计院设计的全套设计文件。

4. 施工单位的投标书。

5. 本工程建监理实施细则。

6. 采用的主要技术规范:

《城市桥梁设计规范》(CJJ 11—2011)

《公路桥涵设计通用规范》(JTG D60—2004)

《公路钢筋混凝土及预应力混凝土设计规范》(JTG D62—2004)

《公路圬工桥涵设计规范》(JTG D61—2005)

《公路桥涵地基与基础设计规范》(JTG D63—2007)

《公路桥涵施工技术规范》(JTG/T F50—2011)

《公路工程抗震设计规范》(JTG 050—2005)

《公路桥梁抗震设计细则》(JTG/T B02—01—2008)

《公路交通安全设施设计规范》(JTG D81—2006)

《城市道路工程设计规范》(CTG 37—2012)

《城市桥梁抗震设计规范》(CJJ 166—2011)

《工程建设标准强制性条文》(桥梁部分)

《建筑施工安全检查标准》(JGJ 59—2011)

《建设工程施工现场供用电安全规范》(GB 50194—93)

《城市桥梁工程施工及验收规范》(CJJ—2—2008)

《混凝土质量控制标准》(GB 50164—2011)

《工程测量规范》(GB 50026—2007)

《钢筋焊接及验收规程》(JGJ 18—96)

市政规范或标准尚无的项目,则按与之相关的公路桥梁规范或标准执行。

7.工程所在地有关部门及地方政府在施工安全、工地治安、人员健康、环境保护及土地租用等方面的有关标准及规定。

8.我公司长期施工的类似工程的经验积累和施工现场勘察资料、施工路段地质、水文情况,施工道路情况调查资料以及技术装备实力。

3.4.7.2 编制原则

1.遵循招标文件及招标补遗书的各项条款的原则。

2.遵循设计和标前会议的原则,正确组织施工,确保工程质量达到设计标准。

3.坚持招标文件和设计图纸及技术规范的原则,积极响应业主对本标段工程所提出的有关要求,替业主分忧解难,主动为业主服务,确保产品使业主满意。

4.坚持实事求是的原则,根据本单位的实力,确保施工组织的可行性、先进性和合理性。

5.充分发挥专业化施工企业优势的原则。科学而合理地编排施工进度计划,在保证质量的基础上,加快施工进度,缩短工期。

6.严格贯彻"安全第一、预防为主、综合治理"的方针和原则。

7.确保本合同段施工安全、质量、进度、环保和文明施工均满足业主的主要原则。

3.4.7.3 工程概况

本工程项目所在道路全长 6 316.07 m,是先导区内的一条重要的城市主干路,西延线高新路桩号为 K0 −3.25 至 K2 +500,标准路幅宽度 43 m,双向 6 车道,设计车速 50 km/h。本次道路在 K1 +785 处与现状水系樟树河相交。水利方面对现状水系进行改造设计,设计河道与现状河道大致吻合;樟树桥位置与现状河道位置相同。设计河道宽度在现状河道宽度上进行了展宽,标准段宽为 40 m。桥位处河道与道路斜交,角度为 37°布置。梅溪湖路西延线工程四标段樟树河桥梁工程全长 91.16 m,设计起点桩号(里程系统采用独立里程系统)为 K1 +739.42 m,终点桩号为 K1 +830.58 m。本桥上部结构采用等 C50 预应力混凝土不等跨连续箱梁,左右幅宽度均为 21 m。箱梁为单箱四室截面,梁高 1.8 m。

3.4.7.4　工程地理情况、工程地质条件

1. 工程地质条件

（1）区域地质条件

根据《长沙地质图》及《湖南省构造纲要图》，场地位于华南断块区，长江中下游断块凹陷中南部，本场地内未发现大的区域性构造通过，场地区域稳定性较好。

（2）地形地貌

桥梁横跨樟树河，主要地貌为河流冲积型地貌单元，桥梁与改造后的河水流向呈37°交角跨越樟树河。樟树河常年有水，河水深度一般为0.8～2.8 m。

（3）地层岩性

根据勘察结果，并结合区域地质资料，将沿线地层由新至老分述如下：

①第四系人工填土（Q4^{ml}）：为河堤填筑土，褐黄色、稍密、稍湿，主要为黏性土，夹少量砂，层厚0.7～4.7 m。

②第四系耕土（Q4^{pd}）：灰黑色、灰褐色、松散状、湿，以黏性土为主，含植物根系及腐殖质，层厚0.5～1.2 m。

③第四系淤积淤泥质黏土（Q4^1）：灰黑色，灰褐色，软塑状，很湿，属高压缩性土，含少量砾石，含腐殖质，具有腥臭味。层厚1.10 m。

④第四系冲积粉质黏土（Q4^{al}）：黄色、褐黄色、稍湿、可塑～硬塑，具黄白相间网纹状结构，切面稍有光泽，干强度中等，韧性中等，摇震反应无，底部夹砂，层厚2.9～5.6 m。

⑤元古界强风化板岩（Pt）：褐黄色、灰黄色、紫红色、变余结构、板状构造，大部分矿物已显著风化，节理裂隙极发育，节理面常侵染铁锰质氧化物，不均匀夹有中风化岩块。岩芯多呈块状、柱状，少量短柱状，岩石锤轻击易碎，属极软岩，岩体基本质量等级为Ⅴ级。该层全场地分布存在，层厚12.2～25.5 m。

⑥元古界中风化板岩（Pt）：紫红色、青灰色、变余结构、板状构造，矿物成分以黏土矿物、石英及云母为主，岩块极易沿节理裂隙面破碎，岩性较硬但很脆，裂隙多充填方解石，局部可见石英脉透镜体，岩芯多呈柱状及长柱状。属较软岩，岩体较完整，局部破碎，岩体基本质量等级为Ⅳ级。该层全场均有分布，本次勘察未揭穿，本次最大揭露深度16.50 m。

2. 气象及水文地质条件

（1）气象

拟建场地属亚热带季风湿润气候，气候温和，四季分明地，热量充足，雨量充沛，春季多雨，夏季多旱，严寒期短，暑热期长。地区日照时数达1 677 h。长沙平均气温17.2 ℃，1月最冷，7月最热，极端最低气温－11.3 ℃，极端最高气温43 ℃。积雪日为6天。雨量充沛，年平均降水量1 200～1 700 mm，年平均雨日152天。长沙降雨不均匀，3～5月平均降雨日数有52.8天，约占全年降雨日数的35%；夏季降水不均，旱涝无定；秋季雨水明显减少。

（2）水文地质条件

场地地下水主要类型为上层滞水及基岩裂隙水，上层滞水主要赋存于素填土中，受大气降水及地表水补给，与樟树河河水有较好的水力联系，随季节变化，水量较大；基岩裂隙水主要赋存于强风化板岩和中风化板岩中，水量微小，勘探期间测得钻孔稳定水位埋深1.2～3.7 m左右，相当于高程31.24～32.13 m。

（3）地震效应

根据场地勘察资料,场地基岩埋深为 5.0~10.0 m,工程场地类别为Ⅱ类,按简易抗震设防烈度为Ⅵ度处理。

3.4.7.5 钻孔灌注桩主要施工方案

1.施工工艺流程(图 3-47)

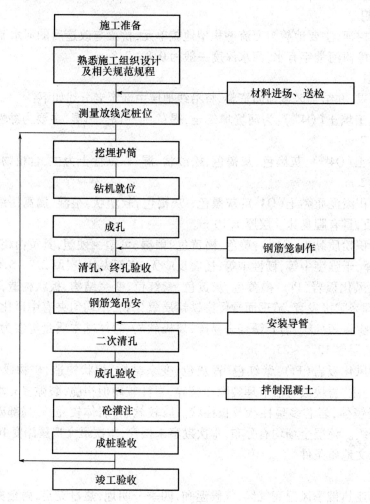

图 3-47 施工工艺流程

2.施工时间安排、进度计划

表 3-8 施工时间安排、进度计划

序号	项目名称	2013 年 3 月	2013 年 4 月
1	0 号墩、台基桩施工	3.23~4.25	
2	1 号墩、台基桩施工	3.5~3.22	
3	2 号墩、台基桩施工	3.5~3.22	
4	3 号墩、台基桩施工	3.23~4.25	

3. 施工准备

(1)施工场地整理

平整场地,清除杂物,换除软土,夯打密实,钻机底座不宜直接置于不坚实的填土上,以免产生不均匀沉陷。

2号墩位于樟树河中采用围堰筑岛后搭设水中工作平台后钻机定位施工,把水中桩造成陆地条件。

(2)泥浆池

泥浆池通常设两个,一个沉淀池、一个泥浆池,泥浆池容量必须保证钻孔中冲洗液水头高度和排量。水上平台可将两桩护筒串联作泥浆循环系统。不能满足要求时,配泥浆船或泥浆箱。

(3)孔口护筒

护筒有固定桩位,引导钻头(锤)方向,隔离地面水免其流入井孔,保孔井口不坍塌,并保证孔内水位(泥浆)高出地下水位一定高度,形成静水压力(水头),以保护孔壁免于坍塌等作用,见图3-48所示。护筒应坚实不漏水,护筒内径比桩径大30 cm,桩护筒埋设深度一般为1.5~3.5 m。护筒入土宜用开挖埋设或压重振动锤击或辅以筒内取土方法下沉,护筒四周应回填较好的黏土并夯实,护筒顶高出地面20~30 cm以防施工时孔内泥浆外溢产生污染。护筒采用8 mm钢板卷制,制作时内圈加支撑,保证其在制作和运输吊装时不变形。

图3-48 冲击钻施工图例

(4)护壁泥浆

无论采用何种钻进方法,必须采用泥浆悬浮钻渣和保证孔壁地层稳定,根据地层情况除覆盖层黏土层能在钻孔中形成合格泥浆外,开孔前应准备足够数量优质黏土或膨润土,以供调制泥浆,在钻进中泥浆应掺入一定量的外加剂,如纯碱聚丙烯酰胺等,钻进时严格控制泥浆主要性能指标(相对密度、黏度、静切力、含砂率、胶体率、酸碱度),钻进时应注意泥浆池的净化,终孔后应及时换浆。

①泥浆的制备及泥浆循环系统

该工程钻孔必须采用优质泥浆,优质泥浆的固相采用优质膨润土泥粉,再加入适量的泥浆外加剂改善泥浆性能,配制成性能优异的化学泥浆,具体配制方法如下:

在泥浆池中加入一定方量的清水,然后边搅拌边向水中加入膨润土泥粉,搅拌均匀后,浸泡24 h,搅拌均匀后制成了基浆,在基浆中加入适量的添加剂搅拌均匀后,便制成了化学

泥浆,即可使用,泥浆配比可按如下公式计算:

$$G = \frac{V \times R_1 \times (R_2 - R_3)}{R_1 - R_3}$$

式中　G——所需泥粉数量,t;

　　　V——所需泥粉体积,m³;

　　　R_1——泥粉相对密度,取2.5;

　　　R_2——所需泥浆相对密度,基浆一般取1.1;

　　　R_3——水的相对密度,取1。

优质的泥浆,其排渣能力强,使岩渣沉淀相对较难,因此,在设置泥浆循环系统时应充分考虑排渣效果,选择较长的循环槽。泥浆循环系统的设置如图3-49所示。

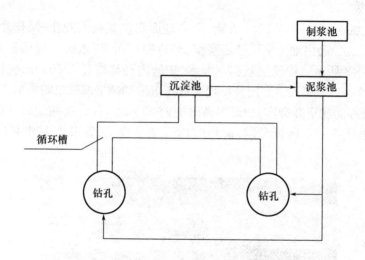

图3-49　泥浆循环系统设置示意图

制浆池:4 m(长)×2 m(宽)×2 m(宽),主要是配制泥浆。

泥浆池:4 m(长)×2 m(宽)×2 m(宽),存放泥浆。

沉淀池:3 m(长)×2 m(宽)×2 m(宽),沉淀岩渣。

循环槽:0.5 m(深)×0.6 m(宽),沉渣及泥浆循环回路。

为了保持施工现场清洁,两个墩台只配备一个泥浆池。泥浆经过处理后可重复使用,不影响其性能。废弃的泥浆应按相关规定进行外运或就地处置。

②泥浆池

泥浆池通常设两个,一个沉淀池,一个泥浆池,泥浆池容量必须保证钻孔中冲洗液水头高度和排量。

4.桩基编号

桩基编号如图3-50所示。

5.钻孔灌注桩施工步骤

根据本施工场地地层特点,持力层为中风化板岩,其裂隙较为发育,为了确保施工进度和质量,钻进采用冲击钻机成孔。

冲击钻机成孔工艺如下所述。

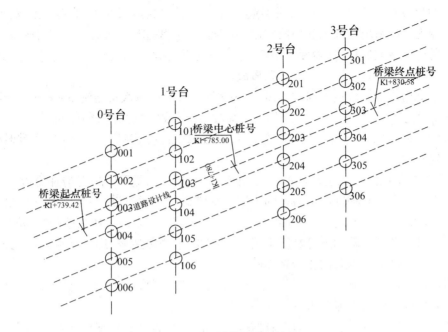

图 3 – 50 桩基编号示意图

（1）机具布置

机具布置随所用的钻机类型而异。冲击钻机一般都备有钻架。在埋好的护筒和备足护壁泥浆黏土后，将钻机就位，对准桩孔中心，拉好风缆绳，就可开始冲击钻进。

用简易式冲击钻机时，须自制钻架，但高度不宜小于 7 m。钻架除应有足够的结构强度外，还应考虑承受反复冲击荷载的结构刚度。如不能满足上述要求时，应采用风缆或撑杆等措施加固。

（2）开孔

开钻时应先在孔内灌注泥浆，泥浆相对密度等指标根据土层情况而定。如孔中有水，可直接投入黏土，用冲击锤以小冲程反复冲击造浆。

开孔及整个钻进过程中，应始终保持孔内水位高出地下水位 1.5 ~ 2.0 m，并低于护筒顶面 0.3 m，以防溢出，掏渣后应及时补水。

护筒底脚以下 2 ~ 4 m 范围内，一般比较松散，应认真施工。一般细粒土层可采用浓泥浆、小冲程、高频率反复冲砸，使孔壁坚实不坍不漏。

在砂及卵石夹土等松散层开孔或钻进时，可按 1∶1 投入黏土和小片石（粒径不大于15 cm），用冲击锤以小冲程反复冲击，使泥膏、片石挤入孔壁。必要时须重复回填反复冲击2 ~ 3 次。

开孔或钻进遇有流砂现象时，宜加大黏土减少片石的比例，按上述方法进行处理，力求孔壁坚实。

（3）正常钻进时，应注意以下事项

①冲程应根据土层情况分别规定：一般在通过坚硬密实卵石层或基岩漂石之类的土层中时宜采用高冲程（100 cm），在通过松散砂、砾类土或卵石类土层中时宜采用中冲程（约

75 cm)。冲程过高,对孔底振动大,易引起坍孔。在通过高液限黏土、含砂低液限黏土时,宜采用中冲程。在易坍塌或流砂地段宜用小冲程,并应提高泥浆的黏度和相对密度。

②在通过漂石或岩层,如表面不平整,应先投入黏土、小片石,将表面垫平,再用十字形钻锤进行冲击钻进,防止发生斜孔、坍孔事故。

③要注意均匀地松放钢丝绳的长度。一般在松软土层每次可送绳 5~8 cm,在密实坚硬土层每次可送绳 3~5 cm。应注意防止送绳过少,形成"打空锤",使钻机、钻架及钢丝绳受到过大的意外荷载,遭受损坏。松绳过多,则会减少冲程,降低钻进速度,严重时使钢丝绳纠缠发生事故。

(4)用卷扬机简易钻机正常钻进时,除按正式钻机钻进的要求外,并应注意以下事项

①冲程大小和泥浆稠度应按通过的土层情况掌握。当通过砂、砂砾石或含砂量较大的卵石层时,宜采用 1~2 m 的中、小冲程,并加大泥浆稠度,反复冲击使孔壁坚实,防止坍孔。

②当通过含砂低液限黏土等黏质土层时,因土层本身可造浆,应降低输入的泥浆稠度,并采用 1~1.5 m 的小冲程,防止卡钻、埋钻。

③当通过坚硬密实卵石层及漂石、基岩之类土层时,可采用 4~5 m 的大冲程,使卵石、漂石或基岩破碎。泥浆性能要求见前述。

④在任何情况下,最大冲程不宜超过 6 m,防止卡钻、冲坏孔壁或使孔壁不圆。

⑤为正确提升钻锤的冲程,宜在钢丝绳上油漆长度标志。

⑥在掏渣后或因其他原因停钻后再次开钻时,应又低冲程逐渐加大到正常冲程以免卡钻。

(5)掏渣

部分破碎的钻渣和泥浆一起被挤进孔壁,大部分靠掏渣筒清除出孔外,故在冲击相当时间后,应将冲击锤提出,换上掏渣筒,下入孔底掏取钻渣,倒进钻孔外的倒渣沟中。管锤本身兼作掏渣筒,无须另换掏渣筒。

当钻渣太厚时,泥浆不能将钻渣全部悬浮上来,钻锤冲击不到新土(岩)层上,还会使泥浆逐渐变稠,吸收大量冲击能,并妨碍钻锤转动,使冲击进尺显著下降,或有冲击成梅花孔、扁孔的危险,故必须按时掏渣。

一般在密实坚硬土层每小时纯钻进小于 5~10 cm、松软地层每小时纯钻进小于 15~30 cm 时,应进行掏渣。或每进尺 0.5~1.0 m 时掏渣一次,每次掏 4~5 筒,或掏至泥浆内含渣显著减少、无粗颗粒、相对密度恢复正常为止。

在开孔阶段,为使钻渣挤入孔壁,可待钻进 4~5 m 后再掏渣。正常钻进每班至少应掏渣一次。

在松软土层,用管锤钻进比十字形冲击锤快,故掏渣应较勤。一般锤管内装满钻渣后,应立即提锤倒渣。管锤装满状态,可根据实际测定。掏渣后应及时向孔内添加泥浆或清水以维护水头高度。投放黏土自行造浆的,一次不可投入过多,以免粘锤、卡锤。黏土来源困难的地方,为节约黏土,可将泥浆去渣净化后,再回流入孔中循环使用。泥浆去渣净化方法较简单,方法如下:

①掏渣筒提出孔外后,放一细孔筛在孔口,使泥浆经过筛子漏回钻孔中,然后倒掉遗留在筛上的钻渣。

②在孔口放一盛渣盘,下接溜槽,盛渣盘和溜槽与水平成不大于 10° 的倾斜角。将掏渣筒提到盛渣盘上,使渣浆流到盘中,钻渣沉淀后,泥浆越过挡板,经溜槽流回孔中再用。溜

槽去渣如图3-51所示。

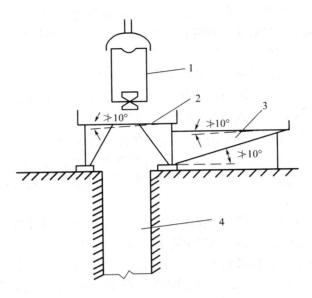

图3-51 溜槽去渣示意图
1—掏渣筒;2—盛渣筛盘;3—溜槽;4—钻孔直桩和斜桩

(6)检孔

钻进中须用检孔器检孔。检孔器用钢筋笼做成,其外径等于设计孔径,长度等于孔径的4~6倍。每钻进4~6 m,接近及通过易缩孔(孔径减少)土层(软土、软塑黏土、低液限黏土等)或更换钻锤前,都必须检孔。用新铸或新焊补的钻锤时,应先用检孔器检孔到底后,才可放入新钻锤钻进。不可用加重压、冲击或强插检孔器等方法检孔。

当检孔器不能沉到原来钻达的深度,或大绳(拉紧时)的位置偏移护筒中心时,应考虑可能发生了弯孔、斜孔或缩孔等情况,如不严重时,可调整钻机位置继续钻孔。不得用钻锤修孔,以防卡钻。

(7)钻孔的安全要求

冲击锤起吊应平稳,防止冲撞护筒和孔壁;进出孔口时,严禁孔口附近站人,防止发生钻锤撞击人身事故,因故停钻时,孔口应加盖保护,严禁钻锤留在孔内,以防埋钻。

(8)溶槽裂隙的处理

根据钻探资料来看,该区域主要存在不同发育程度的裂隙:

遇到此类情况一般表现为孔内泥浆面缓慢下降,通常抛填黏土即可解决问题,严重时可加入片石,沉淀后再用小冲程反复冲击,情况稳定后继续钻进。

如若现场施工中出现溶洞,可用以下方式处理:出现溶洞时,要及时通知监理工程师,请监理工程师确定处理方案及确认工程量。如现场情况紧急,在通知监理工程师的同时,现场还要及时对溶洞进行处理,以免延误处理时机,造成塌孔等其他不良影响。现场施工中出现溶洞的情况有钻孔中出现和浇注混凝土时出现两种情况,分别有不同的处理方式。

第一种情况:对于钻孔中出现溶洞时的处理方式主要是采取投片石及黏土处理。一般钻孔中出现溶洞时,采用的是抛填片石处理。出现溶洞后,提起锤头,根据溶洞的大小,将片石抛填至溶洞顶面以上,根据需要加投黏土,然后继续冲击,如遇溶洞过大,需要往复投

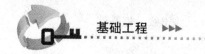

石、投黏土，直至孔内泥浆面不再下降，锤头停止晃动摇摆，钻机进尺速度恢复正常为止。

投石时要注意锤头倾斜的方向，锤头向哪个方向倾斜，就往哪个方向投石，以保证石头能顺利快速落到溶洞中。如果孔内泥浆面下降过大，必要时要补抽泥浆到桩孔内。片石直径不宜过小，一般在 50~70 cm。

另外，有的溶洞，采用投石方法往复处理后，仍然不能使钻孔正常。可能溶洞孔内出现一个大的探头石（或孤石），石质坚硬，比抛填进去的片石的强度还要高，处理时只将抛填的片石冲击下去，没有将探头石（或孤石）和抛填片石一起冲击下去。

该溶洞处理方法经过讨论研究，决定采用素混凝土处理，素混凝土采用 C25 混凝土，按正常水下混凝土浇注方法将素混凝土浇灌下去，混凝土顶面超出溶洞顶面 80 cm。浇灌完成后将钻机先行撤走（钻其他桩孔），保持孔内水头，待十四天后素混凝土达到一定强度，再移钻机过来，重新冲孔。

第二种情况：对于浇注水下混凝土时出现溶洞的处理方式。有的桩基钻孔时成孔范围内没出现溶洞，但在浇注混凝土时，混凝土面上升极缓（根据孔径及混凝土浇注数量计算比较），有时孔内泥浆面还伴有轻微的下降，此时可判断为出现溶洞。该溶洞可能靠近孔壁，钻孔时由于孔内泥浆护壁等原因，对溶洞没有产生扰动和挤压，到浇注混凝土时，混凝土对孔壁的冲击和挤压使该溶洞显现出来。

此时除通知监理工程师外，如没有及时得到处理意见，混凝土应继续浇注，对混凝土面勤测，拆除导管时要确保混凝土的埋深（埋深最好大于 6 m），必要时须对导管加长；同时仔细观察孔内泥浆面，如泥浆面下降过快，则需进行补浆。

①成孔检查

钻孔灌注桩在成孔过程中及终孔后以及灌注混凝土前，均需对钻孔进行阶段性的成孔质量检查。为了方便施工作业和满足规范的需要，成孔检查在不同的施工阶段和不同的作业方式的情况下，可采取不同的检查器械与手段。在钻孔的钻进过程中，可采用笼式测孔器直接丈量，在终孔后则应使用尽可能先进的测孔仪器，在灌注混凝土前主要检查沉淀层厚度。各种成孔检验项目的检测方法、数值、频率等都必须满足现行的技术规范及其他法定标准的要求。

a.孔径和孔形检测

孔径检查是在桩孔成孔后、下入钢筋笼前进行的，是根据设计桩径制作笼式井径器入孔检测。笼式井径器用 $\phi 8$ 和 $\phi 12$ 的钢筋制作，其长度等于钻孔的设计孔径的 4~6 倍。其长度与孔径的比值选择，应根据钻机的性能及土层的具体情况而定。检测时，将井径器吊起，使笼的中心、孔的中心与起吊钢绳保持一致，慢慢放入孔内，上下通畅无阻表明孔径大于给定的笼径；若中途遇阻则有可能在遇阻部位有缩径或孔斜现象，应采取措施予以消除。

b.孔深和孔底沉渣检测

孔深和孔底沉渣普遍采用标准测锤检测。测锤一般采用锤形锤，锤底直径 13~15 cm，高 20~22 cm，质量 4~6 kg。

c.桩位检测

钻孔桩的实际桩位，受施工中各种因素的影响会偏离原设计桩位，因此要对全部桩位进行复测，并在复测平面图上标明实际桩位坐标。复测桩位时，桩位测点选在新鲜桩头面的中心点，然后测量该点偏移设计桩位的距离，并按坐标位置，分别标明在桩位复测平面图上，测量仪器选用精密经纬仪或红外测距仪。

②清孔

a. 清孔的目的

清孔的目的是置换原钻孔内泥浆,降低泥浆的相对密度、黏度、含砂率等指标,清除钻渣,减少孔底沉淀厚度,防止桩底存留沉淀土过厚而降低桩的承载力。特别是随着施工工艺的发展,采用大直径钻孔桩已趋于普遍,在施工中彻底清除孔底沉淀土对充分发挥桩底原土层的支承力、提高大直径钻孔桩竖直承载力尤为重要。

清孔还为灌注水下混凝土创造良好条件,使测深正确、灌注顺利,确保混凝土质量,避免出现断桩之类重大工程质量事故。

终孔检查后,应迅速清孔,不得停歇过久使泥浆、钻渣沉淀增多,造成清孔工作的困难甚至坍孔。清孔后应在最短时间内灌注混凝土。

b. 清孔方法

清孔方法应根据设计要求、钻孔方法、机械设备和土质情况而定,采用的主要方法是换浆法清孔、掏渣法清孔。

c. 清孔的质量要求及检查方法

清孔的质量要求:

(a)孔底沉淀土的厚度不大于设计规定。

(b)清孔后的泥浆性能指标:含砂率不大于2%,相对密度为1.05～1.08,黏度为17～20 Pa·s,胶体率≥98%。各项指标在钻孔的顶、中、底部分别取样检验,以其平均值为准。

沉淀土厚度的检测方法:

(a)用平底钻锤和冲击、冲抓锤时,沉淀土厚度从锤头或抓锤底部所到达的孔底平面算起。

(b)用底部带圆锤的笼式锤头时,沉淀土厚度从锤头下端的圆锤体高度的中点标高算起。

沉淀土厚度的检测方法:

(a)取样盒检测法

这是较为通行的方法。具体做发是在清孔后用取样盒(即开口铁盒)吊到孔底,待到灌注混凝土前取出,测量沉淀在盒内的渣土厚度。

(b)测锤法

测锤法是惯用的简单方法。使用测量水下混凝土灌注高(深)度的测锤,慢慢地沉入孔内,凭人的手感探测沉渣顶面的位置,其施工孔深和测量孔深之差,即为沉淀土厚度。

③钢筋笼制作与安放

a. 钢筋笼制作偏差应符合下列规定:

主筋间距±10 mm,箍筋间距±20 mm,直径±10 mm,长度±50 mm,倾斜度±0.5%,保护层厚度±20 mm,中心平面位置20 mm。

b. 钢筋笼制作(图3-52)

(a)根据设计图纸和设计要求计算箍筋用料长度、主筋用料长度、吊筋长度、螺旋筋长度。将所需钢筋调直后用切割机成批切好备用。

(b)在钢筋圈制作台上制作钢筋圈(加劲筋)并按要求焊好。

(c)钢筋笼成形。用钢管支架成形法:根据加劲筋的间隔和位置将钢管支架和平杆放正、放平、放稳,在每圈加劲筋上标出与主筋的焊接位置,然后按设计要求间隔放两根主筋置于平杆上,

图 3 - 52　钢筋笼制作图例

间隔绑焊加劲箍筋,按标记焊其余主筋,最后按规定螺距套入螺旋筋,绑焊牢固。

(d)为确保钢筋笼的保护层厚度,在钢筋笼制完成后,在钢筋笼上焊接定位钢筋("耳朵"钢筋)。定位钢筋用断头钢筋弯制成,长度不少于16 cm,高度不少于5 cm,按2 m一组,每组4个焊接在钢筋笼主筋外侧。

c.钢筋笼安放

(a)钢筋笼在吊放时采用双吊点,吊点位置应恰当,一般在加劲钢筋处为保证钢筋起吊时不致变形,吊头应采取措施予以加强,吊放入孔时应对准钻孔中心缓慢下放至设计标高。

(b)对分段制作的钢筋笼,当前一段放入孔内后即用型钢穿入钢筋笼中的加劲筋下面,临时将钢筋笼支在护筒口上,再吊起另一段,对正位置焊接后逐段放入孔内至设计标高。

(c)钢筋笼全部入孔后,按投计要求检查安放位置并作好记录,符合要求后,将主筋焊于孔口护筒上,固定钢筋笼。如桩顶标高离孔口距离较大,则必须在主筋上焊接4根吊筋,吊筋上部也要焊于孔口护筒上。

(d)下放钢筋笼时,应防止碰撞孔壁,下放过程中要观察孔内水位变化。如下放困难,应查明原因,不得强行下放,一般采用正反旋转,慢起慢落数次逐步下放。

④二次清孔(图3 - 53)

图 3 - 53　清孔图例

钢筋笼安装完毕后,利用导管和3PN泵进行第二次泥浆清孔。以保持孔底沉渣满足设计要求。清孔后泥浆性能标应为相对密度$1.03 \sim 1.10 \text{ kg/m}^3$,黏度$17 \sim 20 \text{ s}$,含砂率<2%。

⑤水下混凝土灌注(图3-54)

导管下口距孔底距离应小于50 cm,导管接头严格密封,导管应有足够的强度和刚度,保证初灌注量。在第一次混凝土灌注前,每组导管必须做水密实验,满足规范要求的导管组才能用施工。成孔和清孔质量检验合格后,才开始灌注工作。

图3-54　混凝土灌注图例

灌注操作步骤:

a. 安装导管,导管下口距孔底小于50 cm,以30 ~ 50 cm 为宜;利用导管进行二次清孔,清孔后2 h内必须灌注混凝土;

b. 先拌制$0.1 \sim 0.3 \text{ m}^3$的水泥砂浆置于导管内隔水塞的上部,在向漏斗内倒入水泥砂浆时要将隔水塞逐渐下移,使砂浆全部进入导管,然后再向漏斗内倒混凝土。储足了初存量后,剪绳,将首批混凝土灌入孔底后,立即测量孔内混凝土高度,计算出导管的初次埋深,如符合要求,即可正常灌注。如发现导管大量进水,表示出现了灌注事故,应按有关事故处理方法进行处理。

利用吊车或混凝土输送泵将混凝土送至储料斗,待储料斗装满后(保证初灌量),拨塞,利用混凝土自重下压导管内泥浆,冲起孔底沉渣,保证导管初灌埋深达到0.8 m以上;

c. 首批混凝土灌注正常后,应紧凑、连续不断地进行灌注,严禁中途停工。在灌注过程中要防止混凝土拌和物从漏斗顶溢出或从漏斗外掉入孔底,使泥浆内含有水泥而变稠凝结,使测深不准确。灌注过程中,应注意观察管内混凝土下降和孔口反水情况,及时测量孔内混凝土高度,正确埋深以2 ~ 4 m为宜,最深不要大于6 m。

d. 导管提升时应保持轴线竖直和位置居中,逐步提升,如果导管法兰卡挂钢筋笼,可转动导管,使其脱开钢筋笼后,移到钻孔中心。随着孔内混凝土的上升,需逐节(或两节)拆除导管,拆除导管的动作要快,时间不宜超过15 min,拆下的导管应立即冲洗干净。

e. 在灌注过程中,当导管内混凝土不满,导管上段有空气时,后续混凝土要徐徐灌入,不可整斗灌入漏斗和导管,以免在导管内形成高压气囊,挤出管节间橡皮垫,从而造成导管漏水。

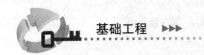

f. 为确保桩顶混凝土质量,在板顶设计标高以上加灌一定高度,一般不宜少于50 cm,以便灌注结束后,将上段混凝土清除。

g. 在灌注混凝土的过程中,要有专人进行详细的记录,填好水下混凝土灌注记录表。

h. 在灌注混凝土时,每根桩应制作不少于1组(3块)的混凝土试件,同时做一次混凝土坍落试验。

i. 检测方法

混凝土灌注完毕,要及时将护筒拔出地面,并在桩位处做好标记。

初灌量计算:

$$V \geqslant \frac{D}{4}\pi \times (0.8 + R) \times K + \frac{(H - 0.8 - h)_{r_{泥}}}{r_{砼}} \times \frac{D_{管}}{4} \times \pi$$

式中 V——初灌量,m^3;

   D——孔径,m;

   H——初灌前孔内泥浆高度,可按孔深计算,m;

   $R_{泥}$——泥浆相对密度;

   $R_{砼}$——砼相对密度;

   $D_{管}$——导管内径,m;

   H——导管下口距孔底距离;

   K——充盈系数,取值1.1～1.2。

6. 钻孔桩安全文明施工技术措施

(1)严格贯彻"安全生产、预防为主、综合治理"的安全方针,坚持安全第一,文明施工,严禁盲目冒险施工。

(2)加强对职工安全知识教育,提供职工安全生产意识,提升职工安全防护技能。

(3)施工前有工地专职安全员对所有参建工人进行专项安全培训,提高职工遵章守纪的素质。

(4)现场人员必须佩戴安全帽,电焊工工作时必须佩戴眼镜。

(5)钢筋加工过程中,不得出现随意抛掷钢筋现象,制作完成的节段钢筋笼滚动前检查滚动方向上是否有人,防止人员被砸伤。氧气瓶与乙炔瓶在室外的安全距离为5 m。

(6)钻孔过程中,非相关人员距离钻机不得太近,防止机械伤人。

(7)钢筋笼安装过程中必须注意:焊接完毕必须检查脚是否缩回,防止钢筋笼下放时将脚扭伤甚至将人带入孔中的事故发生。

(8)导管安装及砼浇筑前,井口必须设有导管卡,搭设工作平台(留出导管位置),并且要求能保证人员的安全。

(9)导管安装注意:导管对接必须注意手的位置,防止手被导管夹伤。

(10)砼浇筑过程中,砼搅拌运输车辆倒车时,指挥员必须站在司机能够看到的固定位置,防止指挥走动过程中栽倒而发生机械伤人事故。轮胎下必须垫有枕木。倒车过程中,车后不得有人。同时,吊车提升拆除导管过程中,各现场人员必须注意吊钩位置,以免将头砸伤。

(11)挖掘机工作时,必须有专人指挥,并且在其工作范围内不得站人。

(12)泥浆池周围必须设有防护设施。成孔后,暂时不进行下道工序的孔必须设有安全防护设施,并有人看守。

（13）配电箱以及其他供电设备不得置于水中或泥浆中，电线接头要牢固，并且要绝缘，输电线路必须设有漏电开关。

（14）钻机工作之前必须进行机械安全检查。

（15）施工作业平台必须规整平顺，杂物必须清除干净，防止拆除导管时将工作人员绊倒造成事故。

（16）夜间施工时，开启两台镝灯，在现场另布置若干碘钨灯，做到所有施工区域照明良好，视野清晰。

（17）钻孔桩钻孔施工尽量放在夜间以避开高温，混凝土浇筑安排在上午 10：30 以前结束，尽量不在夜间 21：00 以后浇筑，以防噪音扰民。

（18）混凝土施工时，采取道路洒水的方法抑制扬尘。

（19）废弃泥浆严禁直接排入河道，拟用泥浆泵排至泥浆池中堆放。

（20）凡施工现场因技术、经济条件限制，环境污染不能控制，在规定范围内的，应事先报相关部门审批，如夜间施工许可证等，坚持做到文明施工。

7. 常见事故的预防和处理

（1）常见的钻孔（包括清孔时）事故及处理方法分述如下：

①坍孔

各种钻孔方法都可能发生坍孔事故，坍孔的表征是孔内水位突然下降，孔口冒细密的水泡，出渣量显著增加而不见进尺，钻机负荷显著增加等。

a. 坍孔原因

（a）泥浆相对密度不够及其他泥浆性能指标不符合要求，使孔壁未形成坚实泥皮。

（b）由于出渣后未及时补充泥浆（或小），或孔内出现承压水，或钻孔通过砂砾等强透水层，孔内水流失等而造成孔内水头高度不够。

（c）护筒埋置太浅，下端孔口漏水、坍塌或孔口附近地面受水浸泡泡软，或钻机直接接触在护筒上，由于振动使孔口坍塌，扩展成较大坍孔。

（d）在松软砂层中钻进进尺太快。

（e）提出钻锤钻进，回转速度过快，空转时间太长。

（f）冲击（抓）锤或掏渣筒倾倒，撞击孔壁，造成过大震动。

（g）水头太高，使孔壁渗浆或护筒底形成反穿孔。

（h）清孔后泥浆相对密度、黏度等指标降低，用空气吸泥机清孔泥浆吸走后未及时补浆（或水），使孔内水位低于地下水位。

（i）清孔操作不当，供水管嘴直接冲刷孔壁、清孔时间过久或清孔后停顿时间过长。

（j）吊入钢筋骨架时碰撞孔壁。

b. 坍孔的预防和处理

（a）在松散粉砂土或流砂中钻进时，应控制进尺速度，选用较大相对密度、黏度、胶体率的泥浆或高质量泥浆。冲击钻成孔时投入黏土、掺片、卵石，低冲程锤击，使黏土膏、片、卵石挤入孔壁起护壁作用。

（b）汛期水位变化过大时，应采取升高护筒，增高水头，或用虹吸管、连通管等措施保证水头相对稳定。

（c）发生孔口坍塌时，可立即拆除护筒并回填钻孔，重新埋设护筒再钻。

（d）如发生孔内坍塌，判明坍塌位置，回填砂和黏质土（或砂砾和黄土）混合物到坍孔处以上1~2 m,如坍孔严重时应全部回填,待回填物沉积密实后再行钻进。

(e)严格控制冲程高度。

(f)清孔时应指定专人补浆(或水),保证孔内必要的水头高度。供浆(水)管最好不要直接插入钻孔中,应通过水槽或水池使水减速后流入钻孔中,可免冲刷孔壁。应扶正吸泥机,防止触动孔壁。不宜使用过大的风压,不宜超过1.5~1.6倍钻孔中水柱压力。

(g)吊入钢筋骨架时应对准钻孔中心竖直插入,严防触及孔壁。

②钻孔偏斜

各种钻孔方法均可能发生钻孔偏斜事故。

a. 偏斜原因

(a)钻孔中遇有较大的孤石或探头石。

(b)在有倾斜的软硬地层交界处,岩面倾斜处钻进;或者粒径大小悬殊的砂卵石层中钻进,钻头受力不均。

(c)扩孔较大处,钻头摆动偏向一方。

(d)钻机底座未安置水平或产生不均匀沉陷、位移。

b. 预防和处理

(a)用检孔器等查明钻孔偏斜的位置和偏斜的情况后,一般可在偏斜处吊住钻头上下反复扫孔,使钻孔正直。偏斜严重时应回填砂黏土到偏斜处,待沉积密实后再继续钻进。

(b)冲击钻进时,应回填砂砾石和黄土待沉积密实后再继续钻进。

③掉钻落物

钻孔时可能发生掉钻落物事故。

a. 掉钻落物原因

(a)冲击钻头合金套灌注质量差致使钢丝绳拔出。

(b)钢丝绳与钻头连接处钢丝绳的绳卡数量不足或松弛。

(c)钢丝绳过度陈旧,断丝太多,未及时更换。

(d)操作不慎,落入扳手、撬棍等物。

(e)转向环、转向套等焊接处断开

b. 预防措施

(a)开钻前应清除孔内落物,零星铁件可用电磁铁吸取,较大落物和钻具也可用冲抓锤打捞,然后在护筒口加盖。

(b)经常检查钻具、钢丝绳和联结装置。

(c)为便于打捞落锤,在冲击锤或其他类型的钻头上预先焊打捞环、打捞杠,或在锤身上围捆几圈钢丝绳等。

c. 处理方法

掉钻后及时摸清情况,若钻锤被沉淀物或坍孔土石埋住应首先清孔,使打捞工具能接触钻杆和钻锤。打捞工具有以下几种:

(a)打捞叉

当大绳折断或钢丝绳卡环松脱,钻锤上留有不小于2 m长钢丝绳时,可用打捞叉放入孔内上下提动,将钢丝绳卡住提出钻锤。

(b)螺旋取物器和卡板取杆器

这两种工具可直接取出带有接头的圆状钻杆。打捞时将取物器放入孔内断杆处以下第一接头处,按方向旋转,至转不动时,即可上提。如果留入孔内钻具过重或乱碰孔壁,也可在提拉钢筋(钢管)上加钢丝绳保护,以防拉断提拉杆。

(c)打捞钩

打捞钩的强度、尺寸应适当,并有一定重力,适用于设有打捞装置的钻锤。

(d)偏钩和钻锤平钩偏钩适用于浅孔打捞,接头处直径大于钻杆,用$\phi20$ mm~$\phi25$ mm钢筋制成。打捞时用钢丝绳穿绑于偏钩孔眼,并用长竹竿和偏钩捆绑在一起,放入孔内旋转钩柄,钩住钻杆后收提钢丝绳捞上来。钻锤平钩是将两个平钩对称地焊在比钻孔直径小40~50 cm的钻锤上(可用废钻锤),适用于打捞锤杆,由钻杆将平钩送入孔中,顺时针方向旋转,掉落的钻杆就能卡入平钩内被提上来。

(e)打捞钳

适用于打捞多节钻杆,夹钳用$\phi50$ mm 圆钢锻成,柄长 40 cm,钳身段制成弧形,长20 cm,钳的两臂端部各用$\phi6$ mm 的圆钢筋焊成长 6 cm 的触须。钳臂根部焊两块 30 mm 厚的钢板,每个钳柄各焊两个圆环以便穿绑起吊钢丝绳。

打捞时先把钢丝二根分别拴穿在钳柄的圆环上,由专人牵住。然后提住钢筋将夹钳放入孔内的钻杆掉落处,紧跟着将钢丝绳下放。这时夹钳呈张口状态,将夹钳来回碰撞钻杆,如感觉到钻杆进入夹钳,即可将起吊钢丝绳连接到卷扬机上提升,这样钳臂就会将钻杆卡紧,两块弧形钢板也卡住钻杆,将钻杆打捞起来。

对严重的坍孔埋锤,可采用比钻锤直径大的空心冲击锤或冲抓锤将坍在原锤上面的土、石清除掉,接触原锤后,再换用比原锤直径大的栅式圆柱表的空心锤,冲钻至原锤底部,使原锤与周围孔壁分离后,提出空心锤;再将前述的打捞钩入孔钩捞,先将原锤身扶正,再用卷扬机会同链滑车同时提拉。

④扩孔和缩孔

扩孔比较多见,一般表现为局部的孔径过大。在地下水呈运动状态、土质松散地层处或钻锤摆动过大,易于出现扩孔,扩孔发生原因同坍孔相同,轻则为扩孔,重则为坍孔。若只孔内局部发生坍塌而扩孔,钻孔仍能达到设计深度则不必处理,只是混凝土灌注量大大增加。若因扩孔后继续坍塌影响钻进,应按坍孔事故处理。

缩孔即孔径的超常缩小,一般表现为钻机钻进时发生卡钻、提不出钻头或者提钻异常困难的迹象。缩孔原因有两种:一种是钻锤焊补不及时,严重磨耗的钻锤往往钻出较设计桩径稍小的孔;另一种是由于地层中有软塑土(俗称橡皮土),遇水膨胀后使孔径缩小。各种钻孔方法均可能发生缩孔。为防止缩孔,必须及时修补磨损的钻头,使用卷扬机吊住钻锤上下、左右反复扫孔以扩大孔径,直至使发生缩孔部位达到设计孔径要求为止。

⑤梅花孔(或十字孔)

常发生在以冲击锤钻进时,冲成的孔不圆,叫做梅花孔或十字孔。

a.形成原因

(a)锤顶转向装置失灵,以致冲锤不转动,总在一个方向上下冲击。

(b)泥浆相对密度和黏度过高,冲击转动阻力太大,钻头转动困难。

(c)操作时钢丝绳太松或冲程太小,冲锤刚提起又落下,钻头转动时间不充分或转动很小,改换不了冲击位置。

(d)有非匀质地层,如漂卵石层、堆积层等易出现探头石,造成局部孔壁凸进,成孔不圆。

b.预防办法

（a）经常检查转向装置的灵活性，及时修理或更换失灵的转向装置。

（b）选用适当黏度和相对密度的泥浆，并适时掏渣。

（c）用低冲程时，每冲击一段换用高一些的冲程冲击，交替冲击修整孔形。

（d）出现梅花孔后，可用片、卵石混合黏土回填钻孔，重新冲击。

⑥卡锤

卡锤也常发生在以冲击锤钻进时，冲锤卡在孔内提不起来，发生卡锤。

a.原因

（a）钻孔形成梅花形，冲锤被狭窄部位卡住。

（b）未及时焊补冲锤，钻孔直径逐渐变小，而焊补后的冲锤大了，又用高冲程猛击，极易发生卡锤。

（c）伸入孔内不大的探头石未被打碎，卡住锤脚或锤顶。

（d）孔口掉下石块或其他物件，卡住冲锤。

（e）在黏土层中冲击的冲程太高，泥浆太稠，以致冲锤被吸住。

（f）大绳松入太多，冲锤倾倒，顶往孔壁。

b.处理方法

处理卡锤应先弄清情况，针对卡锤原因进行处理。宜待冲锤有松动后方可用力上提，不可盲动，以免造成越卡越紧。

（a）当为梅花卡钻时，若锤头向下有活动余地，可使钻头向下活动并转动至孔径较大方向提起钻头。也可松一下钢丝绳，使钻锤转动一个角度，有可能将钻锤提出。

（b）卡钻不宜强提以防坍孔、埋钻。宜用由下向上顶撞的办法，轻打卡点的石头，有时使钻头上下活动，也能脱离卡点或使掉入的石块落下。

（c）用较粗的钢丝绳带打捞钩或打捞绳放进孔内，将冲锤勾住后，与大绳同时提动，或交替提动，并多次上下、左右摆动试探，有时能将冲锤提出。

（d）在打捞过程中，要继续搅拌泥浆，防止沉淀埋钻。

（e）用其他工具如小的冲锤、小掏渣筒等下到孔内冲击，将卡锤的石块挤进孔壁，或把冲锤碰活动脱离卡点后，再将冲锤提出。但要稳住大绳以免冲锤突然下落。

（f）用压缩空气管或高压水管下入孔内，对准卡锤一侧或吸锤处适当冲射一些时候，使卡点松动后强行提出。

（g）使用专门加工的工具将顶住孔壁的钻头拨正。

（h）用以上方法提升卡锤无效时，可试用水下爆破提锤法。将防水炸药（少于1 kg）放于孔内，沿锤的滑槽放到锤底，而后引爆，震松卡锤，再用卷扬机和链滑车同时提拉，一般是能提出的。

c.预防卡锤事故

针对发生卡锤的原因采取相应措施。

⑦钻孔漏浆

a.漏浆原因

（a）在回填土层（碎石块及碎渣）或溶洞中冲击钻进时，特别是在有地下水流动的地层中钻进时，稀泥浆向孔壁外漏失。

（b）护筒埋置太浅，回填土夯实不够，致使刃脚漏浆。

（c）护筒制作不良，接缝不严密，造成漏浆。

（d）水头过高，水柱压力过大，使孔壁渗浆。

b. 处理方法

（a）可加稠泥浆或回填黏土掺片石、卵石反复冲击增强护壁。备足成孔用水、黏土、片石、碎石等必备材料，确保意外情况出现时，不致发生停工待料及其他严重事故的发生。

（b）属于护筒漏浆的，按前述有关护筒制作与埋设的规范规定办理。如接缝处漏浆不严重，可由潜水工用棉絮堵塞，封闭接缝。如漏水严重，应挖出护筒，修理完善后重新埋设。

（2）灌注水下混凝土是成桩的关键性工序，灌注过程中应分工明确，密切配合，统一指挥，做到快速、连续施工，灌注成高质量的水下混凝土，防止发生质量事故。

如出现事故时，应分析原因，采取合理的技术措施，及时设法补救。对于确实存在缺点的钻孔桩，应尽可能设法补救，不宜轻易废弃，造成过多的损失。

经过补救、补强的桩须经认真的检验认为合格后方可使用。对于质量极差，确实无法利用的桩，应与设计单位研究采用补桩或其他措施。

①导管进水

主要原因：

a. 首批混凝土储量不足，或虽然混凝土储量已够，但导管底口距孔底的间距过大，混凝土下落后不能埋没导管底口，以致泥水从底口进入。

b. 导管接头不严，接头间橡皮垫被导管高压气囊挤开，或焊缝破裂，水从接头或焊缝破裂，水从接头或焊缝中流入。

c. 导管提升过猛，或测深出错，导管底口超出原混凝土面，底口涌入泥水。

预防和处理方法：

为避免发生导管进水，事前采取相应措施加以预防。万一发生，要当即查明事故原因，采取以下处理方法：

a. 若是上述第一种原因引起的，立即将导管提出，将散落在孔底的混凝土搅拌和物用空气吸泥机、水力吸泥机以及抓斗清出，不得已时需要将钢筋笼提出采取复钻清除。然后重新下放骨架、导管并投入足够储量的首批混凝土，重新灌注。

b. 若是第二、三种原因引起的，应视具体情况，拔换原管重下新管；或用原导管插入续灌，但灌注前均应将进入导管内的水和沉淀土用吸泥和抽水的方法吸出。如系重下新管，必须用潜水泵将管内的水抽干，才可继续灌注混凝土。为防止抽水后导管外的泥水穿透原灌混凝土从导管底口翻入，导管插入混凝土内应有足够深度，一般宜大于200 cm。由于潜水泵不可能将导管内的水全部抽干，续灌的混凝土配合比应增加水泥量，提高稠度后灌入导管内，灌入前将导管进行小幅度抖动或挂振捣器予以振动片刻，使原混凝土损失的流动性得以弥补。以后灌注的混凝土可恢复正常的配合比。

若混凝土面在水面以下不很深，未初凝时，可于导管底部设置防水塞（应使用混凝土特制），将导管重新插入混凝土内（导管侧面再加重力，以克服水的浮力）。导管内装灌混凝土后稍提导管，利用新混凝土自重将底塞压出，然后继续灌注。

若如前述混凝土面在水面以下不很深，但已初凝，导管不能重新插入混凝土时，可在原护筒内面加设直径稍小的钢护筒，用重压或锤击方法压入原混凝土面以下适当深度，然后将护筒内的水（泥浆）抽除，并将混凝土顶面的泥渣和软弱层清除干净，再在护筒内灌注普通混凝土至设计桩顶。

②卡管

在灌注过程中，混凝土在导管中下不去，称为卡管。卡管有以下两种情况：

a. 初灌时隔水栓卡管；或由于混凝土本身的原因，如坍落度过小、流动性差、夹有大卵石、拌和不均匀，以及运输途中产生离析、导管接缝处漏水、雨天运送混凝土未加遮盖等，使混凝土中的水泥浆被冲走，粗集料集中而造成导管堵塞。

处理办法可用长杆冲捣管内混凝土，用吊绳抖动导管，或在导管上安装附着式振捣器等使隔水栓下落。如仍不能下落时，则须将导管连同其内的混凝土提出钻孔，进行清理修整（注意切勿使导管内的混凝土落入井孔），然后重新吊装导管，重新灌注。一旦有混凝土拌和物落入井孔，须按前述第二项处理方法将散落在孔底的拌和物粒料等予以清除。

提管时应注意到导管上重下轻，要采取可靠措施防止翻倒伤人。

b. 机械发生故障或其他原因使混凝土在导管内停留时间过久，或灌注时间持续过长，最初灌注的混凝土已经初凝，增大了导管内混凝土下落的阻力，混凝土堵在管内，其预防方法是灌注前仔细检修灌注机械，并准备备用机械，发生故障时立即调换备用机械；同时采取措施，加速混凝土灌注速度，必要时，可在首批混凝土中掺入缓凝剂，以延缓混凝土的初凝时间。

当灌注时间已久，孔内首批混凝土已初凝，导管内又堵塞有混凝土，此时应将导管拔出，重新安设钻机，利用较小钻头将钢筋笼以内的混凝土钻挖吸出，用冲抓锤将钢筋骨架逐一拔出。然后以黏土掺砂砾填塞井孔，待沉实后重新钻孔成桩。

③坍孔

在灌注过程中如发现井孔护筒内水（泥浆）位忽然上升溢出护筒，随即骤降并冒出气泡，应怀疑是坍孔征象，可用测深仪探头或测深锤探测。如测深锤原系停挂在混凝土表面上未取出的现被埋不能上提，或测深仪探头测得的表面深度达不到原来的深度，相差很多，均可证实发生坍孔。

坍孔原因可能是护筒底脚周围漏水，孔内水位降低，以及由于护筒周围堆放重物或机械振动等，均有可能引起坍孔。

发生坍孔后，查明原因，采取相应的措施，如保持或加大水头、移开重物、排除振动等，防止继续坍孔。然后用吸泥机吸出坍入孔中的泥土；如不继续坍孔，可恢复正常灌注。

如坍孔仍不停止，坍塌部位较深，宜将导管拔出，将混凝土钻开抓出，同时将钢筋抓出，只求保存孔位，再以黏土掺砂砾回填，待回填土沉实时机成熟后，重新钻孔成桩。

④埋管

导管无法拔出称为埋管，其原因是：导管埋入混凝土过深，或导管内外混凝土已初凝使导管与混凝土间摩阻力过大，或因提管过猛将导管拉断。预防办法：应按前述要求严格控制埋管深度一般不得超过 6～8 m；在导管上端安装附着式振捣器，拔管前或停灌时间较长时，均应适当振捣，使导管周围的混凝土不致过早地初凝；首批混凝土掺入缓凝剂，加速灌注速度；导管接头螺栓事先应检查是否稳妥；提升导管时不可猛拔。

⑤钢筋笼上升

钢筋笼上升，除了一些显而易见的原因是由于全套管上拔、导管提升钩挂所致外，主要的原因是由于混凝土表面接近钢筋笼底口，导管底口在钢筋笼底口以下 3 m 至以上 1 m 时，混凝土灌注的速度（m^3/min）过快，使混凝土下落冲出导管底口向上反冲，其顶托力大于钢筋笼的重力所致。

为了防止钢筋笼上升,当导管底口低于钢筋笼底部3 m至高于钢筋笼底1 m之间,且混凝土表面在钢筋笼底部上下1 m之间时,应放慢混凝土灌注速度,允许的最大灌注速度与桩径有关,当桩长为50 m以内时可参考表3-9处理。

表3-9 灌注桩的混凝土表面靠近钢筋笼底部时允许最大灌注速度

桩径/cm	≥250	220	200	180	150	120	100
灌注速度/（m³/min）	2.5	1.9	1.55	1.25	1.0	0.55	0.40

克服钢筋笼上升,除了主要从上述改善混凝土流动性能、初凝时间及灌注工艺等方面着眼外,还应从钢筋笼自身的结构及定位方式上加以考虑,具体措施为:

a. 适当减少钢筋笼下端的箍筋数量,可以减少混凝土向上的顶托力;

b. 钢筋笼上端焊固在护筒上,可以抵消部分顶托力,具有防止其上升的作用;

c. 在孔底设置直径不小于主筋的1~2道加强环形筋,并以适当数量的牵引牢固地焊接于钢筋笼的底部,实践证明对于克服钢筋笼上升是行之有效的。

⑥灌短桩头

灌短桩头亦称短桩。产生原因:灌注将近结束时,浆渣过稠,用测深锤探测难于判断浆渣或混凝土面,或由于测深锤太轻,沉不到混凝土表面,发生误测,以致拔出导管终止灌注而造成短桩头事故。还有些是灌注混凝土时,发生孔壁坍方,未被发觉,测深锤或测深仪探头达不到混凝土表面,这种情况最危险,有时会灌短数米。

预防办法是:

a. 在灌注过程中必须注意是否发生坍孔征象,如有坍孔,应按前述办法处理后再续灌。

b. 测深锤不得低于规范规定的重力及形状,如系泥浆相对密度较大的灌注桩必须取测深锤重力规定值。重锤即使在混凝土坍落度尚大时也可能沉入混凝土数十厘米,测深错误造成的后果只是导管入混凝土面的深度较实际的多数十厘米;而首批混凝土的坍落度到灌注后期会越来越小,重锤沉入混凝土的深度也会越来越小,测深还是能够准确的。

c. 灌注将近结束时加清水稀释泥浆并掏出部分沉淀土。

d. 采用热敏电阻仪或感应探头测深仪。

e. 采用铁盒取样器插入可疑层位取样判别,处理办法可按具体情况参照前述接长护筒;或在原护筒里面或外面加设护筒,压入已灌注的混凝土内,然后抽水、除渣,接浇普通混凝土;或用高压水将泥渣和松软层冲松,再用吸泥机将混凝土表面上的泥浆沉渣吸除干净,重新下导管灌注水下混凝土。

⑦桩身夹泥断桩

桩身夹泥断桩大都是以上各种事故引起的次生结果。此外,由于清孔不彻底,或灌注时间过长,首批混凝土已初凝,流动性降低,而续灌的混凝土冲破顶层而上升,因而也会在两层混凝土中夹有泥浆渣土,甚至全桩夹有泥浆渣土形成断桩。

对已发生或估计可能发生夹泥断桩的桩,应采用地质钻机,钻芯取样,作深入的探查,判明情况。有下述情况之一时,应采取压浆补强方法处理。

a. 对于柱桩,桩底与基岩之间的夹泥大于设计规定值。

b. 桩身混凝土有夹泥断桩或局部混凝土松散。

c. 取芯率小于95%,并有蜂窝、松散、裹浆等情况。

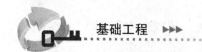

用地质钻机钻芯取样检验钻孔桩质量方法,费时多,有时钻孔歪斜,偏出桩外,不能查得结果。目前国内外有多种非破损检验混凝土桩(包括预制桩和灌注桩)质量的方法。

⑧灌注桩补强方法

灌注桩的各种质量事故,其后果均会导致桩身强度的降低,不能满足设计的受力要求,因此需要作补强处理。事前,应会同主管部门、设计单位、工程监理以及施工单位的上级领导单位,共同研究,提出切实可行的处理办法。据以往的经验,一般采用压入水泥浆补强的方法,其施工要点如下:

①对需补强的桩,除用地质钻机已钻一个取芯孔外(用无破损深测法探测的桩要钻两个孔),应再钻一个孔。一个用做进浆孔,另一个用作出浆孔。孔深要求达到补强位置以下1 m,柱桩则应达到基岩。

②用高压水泵向一个孔内压入清水,压力不宜小于 0.5~0.7 MPa,将夹泥和松散的混凝土碎渣从另一个孔冲洗出来,直到排出清水为止。

③用压浆泵压浆,第一次压入水灰比为 0.8 的纯水泥稀浆(宜用 425 号水泥),进浆管应插入钻孔 1.0 m 以上,用麻絮填塞进浆管周围,防止水泥浆从进浆口冒出。待孔内原有清水从出浆口压出来以后,再用水灰比 0.5 的浓水泥浆压入。

④为使浆液得到充分扩散,应压一阵停一阵,当浓浆从出浆口冒出后,停止压浆,用碎石将出浆口封填,并用麻袋堵实。

⑤最后用水灰比为 0.4 的水泥浆压入,并增大灌浆压力至 0.7~0.8 MPa 关闭进浆闸,稳压闷浆 20~25 min,压浆工作即可结束。

压浆工作结束,水泥浆硬化以后,应再作一次钻芯,检查补强效果:如断桩夹泥情况已排除,认为合格后,可交付使用;否则,应重钻补桩或会同有关单位研究其他补救措施。

3.5　单桩承载力

单桩承载力是指单桩在荷载作用下,地基土和桩本身的强度和稳定性均能得到保证,变形也在容许范围内,以保证结构物的正常使用所能承受的最大荷载。一般情况下,桩受到轴向力、横轴向力及弯矩作用,因此须分别研究和确定单桩的轴向承载力和横轴向承载力。

3.5.1　单桩轴向荷载传递机理和特点

桩的承载力是桩与土共同作用的结果,了解单桩在轴向荷载下桩土间的传力途径、单桩承载力的构成特点以及单桩受力破坏形态等基本概念,将对正确确定单桩承载力有指导意义。

3.5.1.1　荷载传递过程与土对桩的支承力

当竖向荷载逐步施加于单桩桩顶,桩身上部受到压缩而产生相对于土的向下位移,与此同时桩侧表面就会受到土的向上摩阻力。桩顶荷载通过所发挥出来的桩侧摩阻力传递到桩周土层中去,致使桩身轴力和桩身压缩变形随深度递减。在桩土相对位移等于零处,其摩阻力尚未开始发挥作用而等于零。随着荷载增加,桩身压缩量和位移量增大,桩身下部的摩阻力随之逐步调动起来,桩底土层也因受到压缩而产生桩端阻力。桩端土层的压缩加大了桩土相对位移,从而使桩身摩阻力进一步发挥到极限值,而桩端极限阻力的发挥则需要比发生桩侧极限摩阻力大得多的位移值,这时总是桩侧摩阻力先充分发挥出来。当桩身摩阻力全部发挥出来达到极限后,若继续增加荷载,其荷载增量将全部由桩端阻力承担。由于桩端持力层的大量压缩和塑性挤出,位移增长速度显著加大,直至到桩端阻力达到极限,位移迅速增大而破坏。此时桩所受的荷载就是桩的极限承载力。

桩侧摩阻力和桩底阻力的发挥程度与桩土间的变形性态有关,并各自达到极限值时所需要的位移量是不相同的。试验表明:桩底阻力的充分发挥需要有较大的位移值,在黏性土中约为桩底直径的25%,在砂性土中约为8%~10%;而桩侧摩阻力只要桩土间有不太大的位移就能得到充分的发挥,具体数值目前认识尚不能有一致意见,但一般认为黏性土为4~6 mm,砂性土为6~10 mm。因此,在确定桩的承载力时,应考虑这一特点。端承桩由于桩底位移很小,桩侧摩阻力不易得到充分发挥。对于柱桩而言,桩底阻力占桩支承力的绝大部分,桩侧摩阻力很小,常忽略不计。但对较长的柱桩且覆盖层较厚时,由于桩身的弹性压缩较大,也足以使桩侧摩阻力得以发挥,对于这类柱桩国内已有规范建议可予以计算桩侧摩阻力。对于桩长很大的摩擦桩,也因桩身压缩变形大,桩底反力尚未达到极限值,桩顶位移已超过使用要求所容许的范围,且传递到桩底的荷载也很微小,此时确定桩的承载力时桩底极限阻力不宜取值过大。

3.5.1.2 桩侧摩阻力的影响因素及其分布

桩侧摩阻力除与桩土间的相对位移有关,还与土的性质、桩的刚度、时间因素和土中应力状态,以及桩的施工方法等因素有关。

桩侧摩阻力实质上是桩侧土的剪切问题。桩侧土极限摩阻力值与桩侧土的剪切强度有关,随着土的抗剪强度的增大而增加。而土的抗剪强度又取决于其类别、性质、状态和剪切面上的法向应力。不同类别、性质、状态和深度处的桩侧土将具有不同的桩侧摩阻力。

从位移角度分析,桩的刚度对桩侧土摩阻力也有影响。桩的刚度较小时,桩顶截面的位移较大而桩底较小,桩顶处桩侧摩阻力常较大;当桩刚度较大时,桩身各截面位移较接近,由于桩下部侧面土的初始法向应力较大,土的抗剪强度也较大,以致桩下部桩侧摩阻力大于桩上部。

由于桩底地基土的压缩是逐渐完成的,因此桩侧摩阻力所承担荷载将随时间由桩身上部向桩下部转移。在桩基施工过程中及完成后桩侧土的性质、状态在一定范围内会有变化,影响桩侧摩阻力,并且往往也有时间效应。

影响桩侧摩阻力的诸因素中,土的类别、性状是主要因素。在分析基桩承载力时,各因素对桩侧摩阻力大小与分布的影响,应分别情况予以注意。例如,在塑性状态黏性土中打桩,在桩侧造成对土的扰动,再加上打桩的挤压影响会在打桩过程中使桩周围土内孔隙水压力上升,土的抗剪强度减低,桩侧摩阻力变小。待打桩完成经过一段时间后,超孔隙水压力逐渐消散,再加上黏土的触变性质,使桩周围一定范围内的抗剪强度不但能得到恢复,而且往往还可能超过其原来强度,桩侧摩阻力得到提高。在砂性土中打桩时,桩侧摩阻力的变化与砂土的初始密度有关,如密实砂性土有剪胀性会使摩阻力出现峰值后有所下降。

桩侧摩阻力的大小及其分布决定着桩身轴向力随深度的变化及数值,因此,掌握桩侧摩阻力的分布规律,对研究和分析桩的工作状态有重要作用。由于影响桩侧摩阻力的因素即桩土间的相对位移、土中的侧向应力及土质分布及性状均随深度变化,因此要精确地用物理力学方程描述桩侧摩阻力沿深度的分布规律较复杂,只能用试验研究方法,即桩在承受竖向荷载过程中,量测桩身内力或应变,计算各截面轴力,求得侧阻力分布或端阻力值。现以图 3-55 所示两例来说明其分布变化,其曲线上的数字为相应桩顶荷载。在黏性土中的打入桩的桩侧摩阻力沿深度分布的形状近乎抛物线,在桩顶处的摩阻力等于零,桩身中段处的摩阻力比桩的下段大;而钻孔灌注桩的施工方法与打入桩不同,其桩侧摩阻力将具有某些不同于打入桩的特点,从图中可见,从地面起的桩侧摩阻力呈线性增加,其深度仅为桩径的 5~10 倍,而沿桩长的摩阻力分布则比较均匀。为简化起见,现常近似假设打入桩侧摩阻力在地面处为零,沿桩入土深度成线性分布,而对钻孔灌注桩则近似假设桩侧摩阻力沿桩身均匀分布。

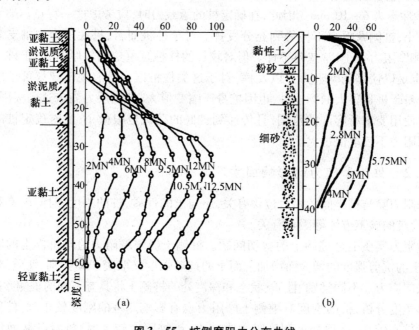

图 3-55 桩侧摩阻力分布曲线

(a)桩测摩阻力/(kN/m^2);(b)桩测摩阻力/(kN/m^2)

3.5.1.3 桩底阻力的影响因素及其深度效应

桩底阻力与土的性质、持力层上覆荷载(覆盖土层厚度)、桩径、桩底作用力、时间及桩底进入持力层深度等因素有关,其主要影响因素仍为桩底地基土的性质。桩底地基土的受压刚度和抗剪强度大则桩底阻力也大,桩底极限阻力取决于持力层土的抗剪强度和上覆荷载及桩径大小。由于桩底地基土层的受压固结作用是逐渐完成的,因此随着时间的增长,桩底土层的固结强度和桩底阻力也相应增长。

模型和现场的试验研究表明,桩的承载力(主要是桩底阻力)随着桩的入土深度,特别是进入持力层的深度而变化,这种特性称为深度效应。

桩底端进入持力砂土层或硬黏土层时,桩的极限阻力随着进入持力层的深度线性增加。达到一定深度后,桩底阻力的极限值保持稳值。这一深度称为临界深度 h_c,它与持力层的上覆荷载和持力层土的密度有关。上覆荷载越小、持力层土密度越大,则 h_c 越大。当持力层下存在软弱土层时,桩底距下卧软弱层顶面的距离 t 小于某一值 T_c 时,桩底阻力将

随着 t 的减小而下降。T_c 称为桩底硬层临界厚度。持力层土密度越高、桩径越大,则 T_c 越大。

由此可见,对于以夹于软层中的硬层作桩底持力层时,要根据夹层厚度,综合考虑基桩进入持力层的深度和桩底硬层的厚度。

3.5.1.4　单桩在轴向受压荷载作用下的破坏模式

轴向受压荷载作用下,单桩的破坏是由地基土强度破坏或桩身材料强度破坏所引起。而以地基土强度破坏居多,以下介绍工程实践中常见的几种典型破坏模式(图 3 – 56)。

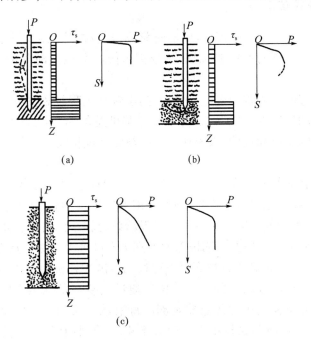

图 3 – 56　土强度对桩破坏模式的影响

(1)当桩底支承在很坚硬的地层,桩侧土为软土层其抗剪强度很低时,桩在轴向受压荷载作用下,如同一受压杆件呈现纵向挠曲破坏。在荷载 – 沉降($P–S$)曲线上呈现出明确的破坏荷载。桩的承载力取决于桩身的材料强度。

(2)当具有足够强度的桩穿过抗剪强度较低的土层而达到强度较高的土层时,桩在轴向受压荷载作用下,由于桩底持力层以上的软弱土层不能阻止滑动土楔的形成,桩底土体将形成滑动面而出现整体剪切破坏。在 $P–S$ 曲线上可见明确的破坏荷载。桩的承载力主要取决于桩底土的支承力,桩侧摩阻力也起一部分作用。

(3)当具有足够强度的桩入土深度较大或桩周土层抗剪强度较均匀时,桩在轴向受压荷载作用下,将出现刺入式破坏。根据荷载大小和土质不同,其 $P–S$ 曲线通常无明显的转折点。桩所受荷载由桩侧摩阻力和桩底反力共同承担,一般摩擦桩或纯摩擦桩多为此类破坏,且基桩承载力往往由桩顶所允许的沉降量控制。

因此,桩的轴向受压承载力,取决于桩周土的强度或桩本身的材料强度。一般情况下桩的轴向承载力都是由土的支承能力控制的,对于柱桩和穿过土层土质较差的长摩擦桩,则两种因素均有可能是决定因素。

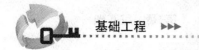

3.5.2　按土的支承力确定单桩轴向容许承载力

在工程设计中,单桩轴向容许承载力,系指单桩在轴向荷载作用下,地基土和桩本身的强度和稳定性均能得到保证,变形也在容许范围之内所容许承受的最大荷载,它是以单桩轴向极限承载力(极限桩侧摩阻力与极限桩底阻力之和)考虑必要的安全度后求得。

单桩轴向容许承载力的确定方法较多,考虑到地基土具有多变性、复杂性和地域性等特点,往往需选用几种方法作综合考虑和分析,以合理确定单桩轴向容许承载力。

3.5.2.1　静载试验法

垂直静载试验法即在桩顶逐级施加轴向荷载,直至桩达到破坏状态为止,并在试验过程中测量每级荷载下不同时间的桩顶沉降,根据沉降与荷载及时间的关系,分析确定单桩轴向容许承载力。

试桩可在已打好的工程桩中选定,也可专门设置与工程桩相同的试验桩。考虑到试验场地的差异及试验的离散性,试桩数目应不小于基桩总数的2%,且不应少于2根;试桩的施工方法以及试桩的材料和尺寸、入土深度均应与设计桩相同。

1. 试验装置

试验装置主要有加载系统和观测系统两部分。加载主要有堆载法与锚桩法(见图3-57)两种。堆载法是在荷载平台上堆放重物,一般为钢锭或砂包,也有在荷载平台上置放水箱,向水箱中充水作为荷载。堆载法适用于极限承载力较小的桩。锚桩法是在试桩周围布置4~6根锚桩,常利用工程桩群。锚桩深度不宜小于试桩深度,且与试桩有一定距离,一般应大于$3d$且不小于1.5 m(d为试桩直径或边长),以减少锚桩对试桩承载力的影响。观测系统主要有桩顶位移和加载数值的观测。位移通过安装在基准梁上的位移计或百分表量测。加载数值通过油压表或压力传感器观测。每根基准梁固定在两个无位移影响的支点或基准点上,支点或基准点与试桩中心距应大于$4d$且不小于2 m(d为试桩直径或边长)。锚桩法的优点是适应桩的承载力的范围广,当试桩极限承载力较大时,加荷系统相对简单。但锚桩一般须事先确定,因为锚桩一般需要通长配筋,且配筋总抗拉强度要大于其负担的上拔力的1.4倍。

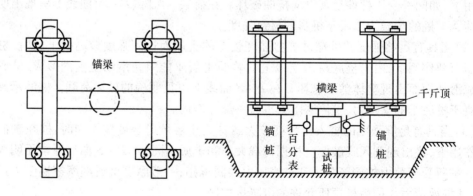

图3-57　锚桩法试验装置

2.试验方法

试桩加载应分级进行,每级荷载约为预估破坏荷载的 1/10～1/15;有时也采用递变加载方式,开始阶段每级荷载取预估破坏荷载的 1/2.5～1/5,终了阶段取 1/10～1/15。

测读沉降时间,在每级加荷后的第一小时内,按 2 min,5 min,15 min,30 min,45 min,60 min测读一次,以后每隔 30 min 测读一次,直至沉降稳定为止。沉降稳定的标准,通常规定为对砂性土为 30 min 内不超过 0.1 mm;对黏性土为 1 h 内不超过 0.1 mm。待沉降稳定后,方可施加下一级荷载。循此加载观测,直到桩达到破坏状态,终止试验。

当出现下列情况之一时,一般认为桩已达破坏状态,所相应施加的荷载即为破坏荷载:

(1)桩的沉降量突然增大,总沉量大于 40 mm,且本级荷载下的沉降量为前一级荷载下沉降量的 5 倍。

(2)本级荷载下桩的沉降量为前一级荷载下沉降量的 2 倍,且24 h 桩的沉降未趋稳定。

3.极限荷载和轴向容许承载力的确定

破坏荷载求得以后,可将其前一级荷载作为极限荷载,从而确定单桩轴向容许承载力

$$[P] = \frac{P_j}{k} \tag{3-4}$$

式中　$[P]$——单桩轴向受压容许承载力,kN;

P_j——试桩的极限荷载,kN;

k——安全系数,一般为 2。

实际上,在破坏荷载下,处于不同土层中的桩,其沉降量及沉降速率是不同的,人为地统一规定某一沉降值或沉降速率作为破坏标准,难以正确评价基桩的极限承载力,因此,宜根据试验曲线采用多种方法分析,以综合评定基桩的极限承载力。

(1)$P-S$ 曲线明显转折点法

在 $P-S$ 曲线上,以曲线出现明显下弯转折点所对应的荷载作为极限荷载,如图 3-58所示。因为当荷载超过该荷载后,桩底下土体达到破坏阶段发生大量塑性变形,引起桩发生较大或较长时间仍不停滞的沉降,所以在 $P-S$ 曲线上呈现出明显的下弯转折点。然而,若 $P-S$ 曲线转折点不明显,则极限荷载难以确定,需借助其他方法辅助判定,例如用对数坐标绘制 $\log P-\log S$ 曲线,可能使转折点显得明确些。

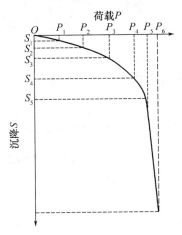

图 3-58　单桩荷载—沉降($P-S$)曲线

（2）$S - \log t$ 法（沉降速率法）

该方法是根据沉降随时间的变化特征来确定极限荷载,大量试桩资料分析表明,桩在破坏荷载以前的每级下沉量(S)与时间(t)的对数呈线性关系(见图3-59),可用公式表示为

$$S = m \log t \qquad (3-5)$$

直线的斜率 m 在某种程度上反映了桩的沉降速率。m 值不是常数,它随着桩顶荷载的增加而增大,m越大则桩的沉降速率越大。当桩顶荷载继续增大时,如发现绘得的 $S - \log t$ 线不是直线而是折线时,则说明在该级荷载作用下桩沉降骤增,即地基土塑性变形骤增,桩呈现破坏。因此可将相应于 $S - \log t$ 线型由直线变为折线的那一级荷载定为该桩的破坏荷载,其前一级荷载即为桩的极限荷载。

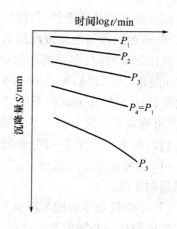

图 3 - 59　单桩 $S - \log t$ 曲线

采用静载试验法确定单桩容许承载力直观可靠,但费时、费力,通常只在大型、重要工程或地质较复杂的桩基工程中进行试验。配合其他测试设备,它还能较直接了解桩的荷载传递特征,提供有关资料,因此也是桩基础研究分析常用的试验方法。

3.5.2.2　经验公式法

我国现行各设计规范都规定了以经验公式计算单桩轴向容许承载力的方法,这是一种简化计算方法。规范根据全国各地大量的静载试验资料,经过理论分析和统计整理,给出不同类型的桩,按土的类别、密实度、稠度、埋置深度等条件下有关桩侧摩阻力及桩底阻力的经验系数、数据及相应公式。下面以《公桥基规》为例简介如下(以下各经验公式除特殊说明者外均适用于钢筋混凝土桩、混凝土桩及预应力混凝土桩)。

1. 摩擦桩

单桩竖向容许承载力的基本形式为

$$单桩容许承载力[P] = \frac{桩侧极限摩阻力\ P_{SU}\ +\ 桩底极限阻力\ P_{PU}}{安全系数} \qquad (3-6)$$

打入桩与钻(挖)孔灌注桩,由于施工方法不同,根据试验资料所得桩侧摩阻力和桩底阻力数据不同,所给出的计算式和有关数据也不同。现分述如下：

（1）打入桩

$$[P] = \frac{1}{2}\left[U \sum \alpha_i l_i \tau_i + \alpha A \sigma_R\right] \qquad (3-7)$$

式中　$[P]$——单桩轴向受压容许承载力(kN),当荷载为附加组合、临时施工荷载或拱承受单向自重推力时,可提高 25%；

　　　　U——桩的周长,m；

　　　　l_i——桩在承台底面或最大冲刷线以下的第层土层中的长度,m；

　　　　τ_i——与相对应的各土层与桩侧的极限摩阻力(kPa),可按表3-10查用；

　　　　A——桩底面积,m^2；

σ_R——桩底处土的极限承载力(kPa),可按表3-11查用;

α_i,α——分别为振动下沉对各土层桩侧摩阻力和桩底抵抗力的影响系数,按表3-12查用,对于打入桩其值均为1.0。

表3-10 打入桩桩侧的极限摩阻力 τ_i 值

土 类	状 态	极限摩阻力 τ_i/kPa
黏性土	$1.5 \geqslant I_L \geqslant 1.0$	$15.0 \sim 30.0$
	$1.0 \geqslant I_L \geqslant 0.75$	$30.0 \sim 45.0$
	$0.75 > I_L \geqslant 0.5$	$45.0 \sim 60.0$
	$0.5 > I_L \geqslant 0.25$	$60.0 \sim 75.0$
	$0.25 > I_L \geqslant 0$	$75.0 \sim 85.0$
	$0 > I_L$	$85.0 \sim 95.0$
粉细砂	稍松	$20.0 \sim 35.0$
	中实	$35.0 \sim 65.0$
	密实	$65.0 \sim 80.0$
中砂	中实	$55.0 \sim 75.0$
	密实	$75.0 \sim 90.0$
粗砂	中实	$70.0 \sim 90.0$
	密实	$90.0 \sim 105.0$

注:表中 I_L 为土的液性指数,系按76 g平衡锥测定的数值。

表3-11 打入桩桩底处土的极限承载力 σ_R 值

土 类	状 态	桩底极限承载力 σ_R/kPa		
黏性土	$I_L \geqslant 1$	1 000		
	$1 \geqslant I_L \geqslant 0.65$	1 600		
	$0.65 > I_L \geqslant 0.35$	2 200		
	$0.35 > I_L$	3 000		
		桩底进入持力层的相对深度		
		$1 > \dfrac{h'}{d}$	$4 > \dfrac{h'}{d} \geqslant 1$	$\dfrac{h'}{d} \geqslant 4$
粉砂	中密	2 500	3 000	3 500
	密实	5 000	6 000	7 000
细砂	中密	3 000	3 500	4 000
	密实	5 500	6 500	7 500
中、粗砂	中密	3 500	4 000	4 500
	密实	6 000	7 000	8 000
圆砾石	中密	4 000	4 500	5 000
	密实	7 000	8 000	9 000

注:表中 h' 为桩底进入持力层的深度(不包括桩靴);d 为桩的直径或边长。

表 3 – 12　系数 α_1, α 值

系数 α_1, α　　　　土　类　　 桩径或边长 d/m	黏土	亚黏土	亚砂土	砂土
$d \leqslant 0.8$	0.6	0.7	0.9	1.1
$0.8 < d \leqslant 2.0$	0.6	0.7	0.9	1.0
$d > 2.0$	0.5	0.6	0.7	0.9

钢管桩因需考虑桩底端闭塞效应及其挤土效应特点，钢管桩单桩轴向极限承载力 P_j 可按下式计算

$$P_j = \lambda_s U \sum \tau_i l_i + \lambda_p A \sigma_R \tag{3 – 8}$$

当 $h_b/d_s < 5$ 时

$$\lambda_p = 0.16 \frac{h_b}{d_s} \cdot \lambda_s \tag{3 – 9}$$

当 $h_b/d_s \geqslant 5$ 时

$$\lambda_p = 0.8 \lambda_s \tag{3 – 10}$$

式中　　λ_p——桩底端闭塞效应系数，对于闭口钢管桩 $\lambda_p = 1$，对于敞口钢管桩宜按式（3 – 9）、式（3 – 10）取值；

λ_s——侧阻挤土效应系数，对于闭口钢管桩 $\lambda_s = 1$，敞口钢管桩 λ_s 宜按表 3 – 13 确定；

h_b——桩底端进入持力层深度，m；

d_s——钢管桩内直径，m；

A 也称桩底投影面积，其余符合意义同式（3 – 7）。

表 3 – 13　敞口钢管柱桩侧阻挤土效应系数 λ_s

钢管桩内径/mm	< 600	700	800	900	1 000
λ_s	1.00	0.93	0.87	0.82	0.77

（2）钻（挖）孔灌注桩

$$[P] = \frac{1}{2} U \sum l_i \tau_i + \lambda m_0 A \{ [\sigma_0] + K_2 \gamma_2 (h - 3) \} \quad (kN) \tag{3 – 11}$$

式中　　U——桩的周长，（m），按成孔直径计算，若无实测资料时，成孔直径可按下列规定采用：旋转钻为按钻头直径增大 30～50 mm；冲击钻为按钻头直径增大 50～100 mm；冲抓钻为按钻头直径增大 100～200 mm；

l_i——同式（3 – 7）所注；

τ_i——第 i 层土对桩壁的极限摩阻力，（kPa），可按表 3 – 14 采用；

λ——考虑桩入土长度影响的修正系数，按表 3 – 15 采用；

m_0——考虑孔底沉淀淤泥影响的清孔系数，按表 3 – 16 采用；

A——桩底截面积（m²），一般用设计直径（钻头直径）计算，但采用换浆法施工（即成

孔后,钻头在孔底继续旋转换浆)时,则按成孔直径计算;

h——桩的埋置深度,m,对有冲刷的基桩,由一般冲刷线起算;对无冲刷的基桩,由天然地面(实际开挖后地面)起算;当 $h>40$ m 时,可按 $h=40$ m 考虑;

$[\sigma_0]$——桩底处土的容许承载力(kPa),可按《公桥基规》中表 2-3、2-4 查用;

γ_2——桩底以上土的容重,多层土时按换算容重计算;

K_2——地基土容许承载力随深度的修正系数,可按《公桥基规》中表 2-5 查用。

表中土名系按桩底土层确定。

采用式(3-11)计算时,应以最大冲刷线下桩重的一半值作为外荷载计算。

表 3-14 钻孔桩桩侧土的极限摩阻力 τ_i

土类	极限摩阻力 τ_i/kPa	土类	极限摩阻力 τ_i/kPa
回填土中密炉渣、粉煤灰	40~60	硬塑亚黏土、亚砂土	35~85
流塑黏土、亚黏土、亚砂土	20~30	粉砂、细砂	35~55
软塑黏土	30~50	中砂	40~60
硬塑黏土	50~80	粗砂、砾砂	60~140
硬黏土	80~120	砾石(圆砾、角砾)	120~180
软塑亚黏土、亚砂土	35~55	碎石、卵石	160~400

注:①漂石、块石(含量占40%~50%,粒径一般为300~400 mm)可按600 kPa采用。

②砂类土、砾石、碎(卵)石可根据其密实度和填充料选用大值或小值。

表 3-15 λ 值

桩底土情况 h/d	4~20	20~25	>25
透水性土	0.70	0.70~0.85	0.85
不透水性土	0.65	0.65~0.72	0.72

注:h 为桩的埋置深度,m,见式(3-11)说明;d 为设计桩径,m。

表 3-16 m_0 值

t/d	>0.6	0.6~0.3	0.3~0.1
m_0	见注③	0.25~0.70	0.70~1.00

注:①表中给出值,仅供计算用,t/d 的限值按公路桥涵施工技术规范规定办理;

②t 为桩沉淀土厚度,d 为桩的设计桩径;

③设计时不宜采用,当实际施工发生时,桩底反力按沉淀土 $[\sigma_0]=50~100$ kPa(不考虑深度与宽度修正)计算,如沉淀土过厚,应对桩的承载力进行鉴定。

(3)管柱受压容许承载力确定

管柱受压容许承载力可按打入桩式(3-7)计算,也可由专门试验确定。

(4)单桩轴向受拉容许承载力确定

当荷载组合Ⅱ、组合Ⅲ或组合Ⅳ作用时,单桩轴向受拉容许承载力可按下式计算:

$$[P_1] = 0.3U \sum l_i \tau_i + W \qquad (3-12)$$

式中　P_1——单桩轴向受拉容许承载力，kN；

　　　　W——桩身自重，kN。

其余符合意义可参见式(3-7)及式(3-11)。当荷载组合Ⅰ作用时，桩不宜出现上拔力。

2. 柱桩

支承在基岩上或嵌入岩层中的单桩，其轴向受压容许承载力，取决于桩底处岩石的强度和嵌入岩层的深度，可按下式计算。

$$[P] = (C_1 A + C_2 U h_r) R_a \qquad (kN) \qquad (3-13)$$

式中　A——桩底截面面积 m^2；

　　　　R_a——天然湿度的岩石单轴极限抗压强度(kPa)，试件直径为 70~100 mm；试件高度与试件直径相等；

　　　　h_r——桩嵌入未风化岩层深度(m)；

　　　　U——桩嵌入基岩部分的横截面周长(m)，按设计直径计算；

　　　　C_1, C_2——根据岩石破碎程度、清孔情况等因素而定的系数，可参考表3-17采用。

表 3-17　系数 C_1, C_2 值

条件	C_1	C_2	条件	C_1	C_2
良好的	0.6	0.05	较差的	0.4	0.03
一般的	0.5	0.04			

注：①当 $h \leqslant 5$ m 时 C_1 采用表列数值的 0.75 倍，$C_2 = 0$；

　　②表列数值适用于沉桩及管柱。对于钻孔桩系数 C_1, C_2 值可降低 20% 采用。

由于土的类别和性状以及桩土共同作用过程都较复杂，有些土的试桩资料也较少，因此对重要工程的桩基础在运用规范法确定单桩容许承载力的同时，应以静载试验或其他方法验证其承载力；经验公式中有些问题也有待进一步探讨研究，例如以上所述经验公式是根据桩侧土极限摩阻力和桩底土极限阻力的经验值计算出单桩轴向极限承载力，然后除以安全系数 K(我国一般取 $K=2$)来确定单桩轴向容许承载力的，即对桩侧摩阻力和桩底阻力引用了单一的安全系数。而实际上由于桩侧摩阻力和桩底阻力是异步发挥，且其发生极限状态的时效也不同，因此各自的安全度是不同的，因此单桩轴向容许承载力宜用分项安全系数表示为

$$[P] = \frac{P_{SU}}{K_S} + \frac{P_{PU}}{K_P} \qquad (3-14)$$

式中　$[P]$——单桩轴向容许承载力，kN；

　　　　P_{SU}——桩侧极限摩阻力，kN；

　　　　P_{PU}——桩底极限阻力，kN；

　　　　K_S——桩侧阻安全系数；

　　　　K_P——桩端阻安全系数。

一般情况下，$K_S < K_P$，但对于短粗的柱桩，$K_S > K_P$。

采用分项安全系数确定单桩容许承载力要比单一安全系数更符合桩的实际工作状态。但要付诸应用,还有待积累更多的资料。

3.5.2.3 静力触探法

静力触探法是借触探仪的探头贯入土中时的贯入阻力与受压单桩在土中的工作状况有相似的特点,将探头压入土中测得探头的贯入阻力,并与试桩结果进行比较,通过大量资料的积累和分析研究,建立经验公式确定单桩轴向受压容许承载力。测试时,可采用单桥或双桥探头。

至今国内外已提出了许多该类计算桩的轴向承载力公式,但由于研究地区范围的局限和所采用的触探仪的类型不同,这些经验公式都具有一定的局限性和经验性。下面仅介绍我国《公桥基规》采用的,根据双桥探头资料确定沉入桩的单桩容许承载力公式

$$[P] = \frac{1}{2}\left[U\sum \alpha_i\beta_i l_i\bar{\tau}_i + \alpha\beta A\bar{\sigma}_R\right] \tag{3-15}$$

式中　$[P]$——单桩轴向受压容许承载力,kN;

　　　$\bar{\tau}_i$——桩侧第 i 层土的静力触探测得的平均局部侧摩阻(kPa),当 $\bar{\tau}_i$ 小于 5 kPa 时,取 5 kPa;

　　　$\bar{\sigma}_R$——桩底(不包括桩靴)标高以上和以下 $4d$(d 为桩径或边长)范围内静力触探端阻(kPa)的平均值,若桩底标高以上 $4d$ 范围内的端阻平均值大于桩底以下 $4d$ 范围内的端阻平均值,则 $\bar{\sigma}_R$ 取桩底以下 $4d$ 范围内的端阻平均值;

　　　$U, l_i, A, \alpha_i, \alpha$——同式(3-7);

　　　β_i, β——分别为侧摩阻和端阻的综合修正系数,其值按下面判别标准选用相应的计算公式。

当 $\bar{\sigma}_R > 2\,000$ kPa,且 $\bar{\tau}_i/\bar{\sigma}_R \leqslant 0.014$ 时

$$\beta_i = 5.076(\bar{\tau}_i)^{-0.45} \tag{3-16}$$

$$\beta = 3.975(\bar{\tau}_R)^{-0.25} \tag{3-17}$$

当 $\bar{\sigma}_R \leqslant 2\,000$ kPa,或 $\bar{\tau}_i/\bar{\sigma}_R > 0.014$ 时

$$\beta_i = 10.045(\bar{\tau}_i)^{-0.55} \tag{3-18}$$

$$\beta = 12.064(\bar{\tau}_R)^{-0.35} \tag{3-19}$$

静力触探方法简捷,又为原位测试,用它预估桩的承载力有一定的实用价值。

3.5.2.4 动测试桩法

动测法是指给桩顶施加一动荷载(用冲击、振动等方式施加),量测桩土系统的响应信号,然后分析计算桩的性能和承载力,可分为高应变动测法与低应变动测法两种。低应变动测法由于施加桩顶的荷载远小于桩的使用荷载,不足使桩土间发生相对位移,而只通过应力波沿桩身的传播和反射的原理作分析,可用来检验桩身质量,不宜作桩承载力测定但可估算和校核基桩的承载力。高应变动测法一般是以重锤敲击桩顶,使桩贯入土中,桩土间产生相对位移,从而可以分析土体对桩的外来抗力和测定桩的承载力,也可检验桩体质量。

高应变动测单桩承载力的方法主要有锤击贯入法和波动方程法。

1. 锤击贯入法(简称锤贯法)

桩在锤击下入土的难易,在一定程度上反映对桩的抵抗力。因此,桩的贯入度(桩在一

次锤击下的入土深度)与土对桩的支承能力间存在有一定的关系,即贯入度大表现为承载力低,贯入度小表现为承载力高;且当桩周土达到极限状态后而破坏,则贯入度将有较大增大。锤贯法根据这一原理,通过不同落距的锤击试验来分析确定单桩的承载力。

试验时,桩锤落距由低到高(即动荷载由小到大,相当于静载试验中的分级荷载),锤击 8 ~ 12 次,量测每锤的动荷载(可通过动态电阻应变仪和光线示波器测定)和相应的贯入度(可采用大量程百分表或位移传感器或位移遥测仪量测),然后绘制动荷载 P_d 和累计贯入度 Σe_d 曲线,即 $P_d \sim \Sigma e_d$ 曲线或 $\log P_d \sim \Sigma e_d$ 曲线,便可用类似静载试验的分析方法(如明显拐点法)确定单桩轴向受压极限承载力或容许承载力。

锤贯法已有规程(中国工程建设标准化协会标准,CECS35 - 91),该规程指出:试验锤的质量(kg)不宜小于预估的试桩极限承载力值(kN);试桩数量不宜少于总桩数的 2%,并不应少于 5 根;试桩要求桩顶完整、顶面水平、有足够强度,如不符合要求应进行处理;锤贯法适用于中、小型桩,即桩长在 15 ~ 20 m、桩径在 0.4 ~ 0.5 m 之内,不宜用于桥梁桩基。

2. 波动方程法

波动方程法是将打桩锤击看成是杆件的撞击波传递问题来研究,运用波动方程的方法分析打桩时的整个力学过程,可预测打桩应力及单桩承载力。

一根顶端自由的细长均匀杆件受到一次锤击力后,描述杆件内撞击应力波传播的微分方程(一维波动方程)为

$$\frac{\partial^2 D}{\partial t^2} = C^2 \frac{\partial^2 D}{\partial x^2} \tag{3 - 20}$$

式中　x——截面离桩头的距离;

　　　D——桩身 x 处横截面上一点的纵向位移;

　　　t——时间;

　　　C——应力波在桩中的传播速度,$C = \sqrt{\dfrac{E}{\rho}}$,$E$ 为桩身材料的弹性模量,ρ 为桩身材料的质量密度。

考虑到打桩过程中,桩身四周存在着土介质,与自由的细长杆件不完全一样,因此在一维波动方程中需引入反映桩周阻力的参数项 R,即

$$\frac{\partial^2 D}{\partial t^2} = C^2 \frac{\partial^2 D}{\partial x^2} \pm R \tag{3 - 21}$$

应用波动方程分析打桩过程的基本原理及计算图式,如图 3 - 60 所示,它的要点是将整个打桩系统模拟为许多个分离单元所组成,各个单元的惯性则由不可压缩的刚性质块 $W(m_i)$ 代表,桩锤、桩帽、桩垫以及桩身的弹性均由无质量的弹簧 $K(m_i)$ 模拟。桩周土的弹塑性阻力分别由弹簧、摩擦键及缓冲壶反映。

计算时,仅对一次锤击进行分析(约为数十毫秒)并将此过程分成为许多时间间隔 Δt 来进行,Δt 比选得极短,以致弹性应力波在此段时间内还来不及从一个单元传播和影响到次一单元,所以在此时间内单元可近似地看成是作等速运动,而在下一个 Δt 时再作变化。这样也就可以用差分法来解波动方程。钢筋混凝土桩 Δt 一般可取 $\dfrac{1}{3\ 000}$ s,钢桩取 $\dfrac{1}{4\ 000}$ s。

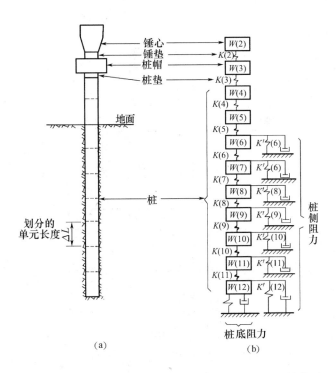

图 3－60 波动方程打桩分析中的锤—桩—土的计算模型

从图 3－61 所示中任一单元 m 在时间 t 时的受力平衡条件可得

$$-\frac{W(m)}{g} \cdot \frac{\partial^2 D(m,t)}{\partial t^2} + K(m-1)\left[D(m-1,t-\Delta t) - D(m,t-\Delta t)\right]$$

$$- K(m)\left[D(m,t-\Delta t) - D(m+1,t-\Delta t)\right] - R(m,t) = 0 \qquad (3-22)$$

在上式中和图 3－61 中，$K(m)$，$K(m-1)$，分别为模拟桩身单元 m；$m-1$ 弹性的弹簧常数；$F(m,t)$ 表示单元 m 在 t 时的打桩应力；$R(m,t)$ 表示在 t 时 m 单元桩周阻力，则

$$R(m,t) = \left[D(m,t) - DE(m,t)\right]K'(m) \times \left[1 + S_i \times v(m,t-\Delta t)\right] \qquad (3-23)$$

式中　DE——单元在时单位位移超出土的最大弹性变形值；

　　　K'——侧土弹簧系数；

　　　S_i——侧土的阻尼系数；

　　　v——单元 m 在 $t-\Delta t$ 时的速度，分析中因桩段自重不大，均未计入。

运用差分法可求得，单元 m 由于不平衡力产生的在时间由 $t-\Delta t$ 至 t 瞬时，改变速度的加速度 $\dfrac{\partial^2 D(m,t)}{\partial t^2}$ 的表达式为

$$\frac{\partial^2 D(m,t)}{\partial t^2} = \frac{\left[D(m,t) - 2D(m,t-\Delta t) + D(m,t-2\Delta t)\right]}{\Delta t^2} \qquad (3-24)$$

代入上式，并经简化后单元 m 在 t 时的位移计算式为

$$D(m,t) = D(m,t-\Delta t) + v(m,t-2\Delta t)\Delta t \qquad (3-25)$$

式中，v 为单元的速度。

于是各单元的变形量（弹簧压缩量）为

$$C(m,t) = D(m,t-\Delta t) - D(m+1,t) \qquad (3-26)$$

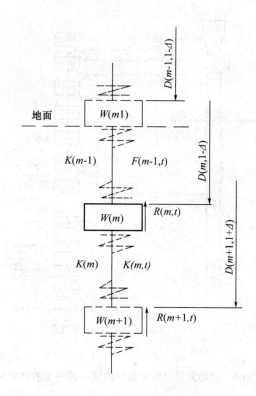

图 3 – 61　分离单元的受力

各单元内的受力

$$F(m,t) = C(m,t)K(m) \qquad (3-27)$$

而单元下一瞬时速度视原有速度 $v(m,t-\Delta t)$ 及现时不平衡力的影响而定

$$v(m,t) = v(m,t-\Delta t) + \left[F(m-1,t) - F(m,t) - R(m,t) \frac{g\Delta t}{W(m)} \right] \qquad (3-28)$$

　　这样,在每个瞬间 Δt 对每个单元 m_i 反复进行迭代计算,开始时只有锤心击桩的初速是已知的,而其他各单元的受力、位移、加速度及速度初值均为零。一般计算进行到各单元的速度均已为零(或负值)以及桩底单元处的位移量不再增大为止。此时桩底处土的位移扣除土的最大弹性变形值 Q (一般可取为 2.5 mm),即为要求计算的桩的最终贯入度。反复计算的工作量很大,因此,需要依靠电子计算机来进行。

　　计算时先假定不同的桩的极限阻力值,由此可以算得代表不同的桩侧阻力值时的土弹簧刚度以及相应的桩的贯入度。取不同静载承力(桩的极限阻力值)下用电子计算机得出的相应贯入度的倒数——贯入阻力(桩贯入单位长度所需的锤击数),可绘制成反应曲线(图 3 – 62),由复打时实测的贯入阻力,便可以从反应曲线预测桩在计算所用参数条件下将具有的静载承载力。

　　波动方程法的研究和应用,在国内外均有很大发展,已有多种分析方法和计算程序,同时也出现了多种应用波动方程理论和实用计算程序的动测设备。普遍认为波动方程理论为基础的高应变动力试桩法(尤为其中采用的实测波形拟合法)是为较先进的确定桩承载力的动测方法。但在分析计算中还有不少桩土参数仍靠经验决定,尚待进一步深入研究来完善。

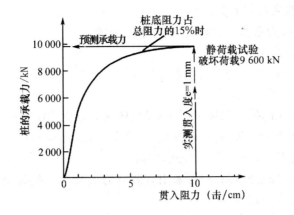

图 3 – 62 某工程试桩的反应曲线

3.5.2.5 静力分析法

静力分析法是根据土的极限平衡理论和土的强度理论,计算桩底极限阻力和桩侧极限摩阻力,也即利用土的强度指标计算桩的极限承载力,然后将其除以安全系数从而确定单桩容许承载力。

1. 桩底极限阻力的确定

把桩作为深埋基础,并假定地基的破坏滑动面模式(如图 3 – 63 所示是假定地基为刚——塑性体的几种破坏滑动面形式。除此,还有多种其他有关地基破坏滑动面的假定)运用塑性力学中的极限平衡理论,导出地基极限荷载(即桩底极限阻力)的理论公式。各种假定所导的桩底地基的极限荷载公式均可归纳为式(3 – 29)所列一般形式,只是所求得有关系数不同。关于各理论公式的推导和有关系数的表达式可参考有关土力学书籍。

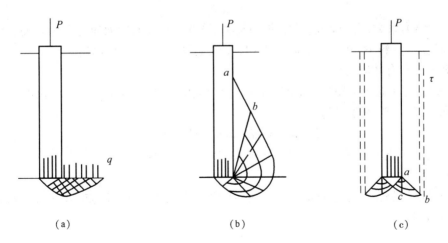

(a)　　　　　　　　(b)　　　　　　　　(c)

图 3 – 63 桩底地基破坏滑动面图形

(a)太沙基理论;(b)梅耶霍夫理论;(c)别列选采夫理论

$$\sigma_R = a_c N_c C + a_q N_q \gamma h \qquad (3 - 29)$$

式中 σ_R——桩底地基单位面积的极限荷载,kPa;

a_c , a_q——与桩底形状有关的系数；

N_c , N_q——承载力系数，均与土的内摩擦角 φ 有关；

c——地基土的内聚力，kPa；

γ——桩底平面以上土的平均容重，kN/m^3；

h——桩的入土深度，m。

在确定计算参数土的抗剪强度指标 c , φ 时，应区分总应力法及有效应力法两种情况。

若桩底土层为饱和黏土时，排水条件较差，常采用总应力法分析。这时用 $\varphi = 0 , c$ 采用土的不排水抗剪强度 $C_u , N_a = 1$，代入公式计算。

对于砂性土有较好的排水条件，可采用有效应力法分析。此时，$c = 0 , q = \gamma h$，取桩底处有效竖向应力 $\overline{\sigma}_{v0}$，代入公式计算。

2.桩侧极限摩阻力的确定

桩侧单位面积的极限摩阻力取决于桩侧土间的剪切强度。按库仑强度理论得知

$$\tau = \sigma_h \tan\delta + C_a = K\sigma_v \tan\delta + C_a \qquad (3-30)$$

式中　τ——桩侧单位面积的极限摩阻力（桩土间剪切面上的抗剪强度），kPa；

σ_h , σ_v——土的水平应力及竖向应力，kPa；

C_a , δ——桩、土间的黏结力（kPa）及摩擦角；

K——土的侧压力系数。

式(3-30)的计算仍有总应力法和有效应力法两类。在具体确定桩侧极限摩阻力时，根据各家计算表达式所用系数不同，人们将其归纳为 α 法、β 法和 λ 法，下面简要介绍前两种方法。

（1）α 法

对于黏性土，根据桩的试验结果，认为桩侧极限摩阻力与土的不排水抗剪强度有关，可寻求其相关关系，即

$$\tau = \alpha C_u \qquad (3-31)$$

式中，α 为黏结力系数，它与土的类别、桩的类别、设置方法及时间效应等因素有关。值的大小各个文献提供资料不一致，一般取 0.3 ~ 1.0，软土取低值、硬土取高值。

（2）β 法——有效应力法

β 法认为，由于打桩后桩周土扰动，土的内聚力很小，故 C_a 与 $\tau = \overline{\sigma}_h \tan\delta$ 相比也很小，可以略去，则式(3-30)可改写为

$$\tau = \overline{\sigma}_h \tan\delta = k\overline{\sigma}_v \tan\delta \quad 或 \quad \tau = \beta\overline{\sigma}_v \qquad (3-32)$$

式中　$\overline{\sigma}_h , \overline{\sigma}_v$——土的水平向有效应力及竖向有效应力，kPa；

β——系数。

对正常固结黏性土的钻孔桩及打入桩，由于桩侧土的径向位移较小可认为，侧压力系数 $k = k_0$，及 $\delta \approx \varphi'$。

$$k_0 = 1 - \sin\varphi' \qquad (3-33)$$

式中　k_0——静止土压力系数；

φ'——桩侧土的有效内摩角。

对正常固结黏性土，若取 $\varphi' = 15° \sim 30°$，得 $\beta = 0.2 \sim 0.3$，其平均值为 0.25；软黏土的桩试验得到 $\beta = 0.25 \sim 0.4$，平均取 $\beta = 0.32$。

3. 单桩轴向容许承载力的确定

桩的极限阻力等于桩底极限阻力与桩侧极限摩阻力之和,单桩轴向容许承载力计算表达式同式(3-6)。

3.5.3 单桩横轴向容许承载力的确定

桩的横向承载力,是指桩在与桩轴线垂直方向受力时的承载力。桩在横向力(包括弯矩)作用下的工作情况较轴向受力时要复杂些,但仍然是从保证桩身材料和地基强度与稳定性以及桩顶水平位移满足使用要求来分析和确定桩的横轴向承载力。

3.5.3.1 在横向荷载作用下,桩的破坏机理和特点

桩在横向荷载作用下,桩身产生横向位移或挠曲,并与桩侧土协调变形。桩身对土产生侧向压应力,同时桩侧土反作用于桩,产生侧向土抗力。桩土共同作用,互相影响。

为了确定桩的横向承载力,应对桩在横向荷载作用下的工作性状和破坏机理作一分析。通常有下列两种情况:

第一种情况,当桩径较大,入土深度较小或周围土层较松软,即桩的刚度远大于土层刚度,桩的相对刚度较大时,受横向力作用时桩身挠曲变形不明显,如同刚体一样围绕桩轴某一点转动,如图(3-64(a))。如果不断增大横向荷载,则可能由于桩侧土强度不够而失稳,使桩丧失承载的能力或破坏。因此,基桩的横向容许承载力可能由桩侧土的强度及稳定性决定。

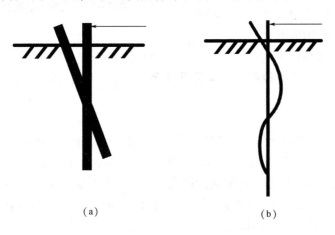

（a） （b）

图 3-64 桩在横向力作用下变形示意图
(a)刚性桩;(b)弹性桩桩

第二种情况,当桩径较小,入土深度较大或周围土层较坚实,即桩的相对刚度较小时,由于桩侧土有足够大的抗力,桩身发生挠曲变形,其侧向位移随着入土深度增大而逐渐减小,以至达到一定深度后,几乎不受荷载影响。形成一端嵌固的地基梁,桩的变形如图3-64(b)所示的波状曲线。如果不断增大横向荷载,可使桩身在较大弯矩处发生断裂或使桩发生过大的侧向位移超过了桩或结构物的容许变形值。因此,基桩的横向容许承载力将由桩身材料的抗剪强度或侧向变形条件决定。以上是桩顶自由的情况,当桩顶受约束而呈嵌固条件时,桩的内力和位移情况以及桩的横向承载力仍可由上述两种条件确定。

3.5.3.2 单桩横向容许承载力的确定方法

确定单桩横向容许承载力有水平静载试验和分析计算法两种途径。

1. 单桩水平静载试验

桩的水平静载试验是确定桩的横向承载力的较可靠的方法,也是常用的研究分析试验方法。试验是在现场进行,所确定的单桩水平承载力和地基土的水平抗力系数最符合实际情况。如果预先已在桩身埋有量测元件,则可测定出桩身应力变化,并由此求得桩身弯矩分布。

（1）试验装置

试验装置如图 3 - 65 所示。

采用千斤顶施加水平荷载,其施力点位置宜放在实际受力点位置。在千斤顶与试桩接触处宜安置一球形铰座,以保证千斤顶作用力能水平通过桩身轴线。桩的水平位移宜采用大量程百分表测量。固定百分表的基准桩宜打设在试桩侧面靠位移的反方向,与试桩的净距不小于 1 倍试桩直径。

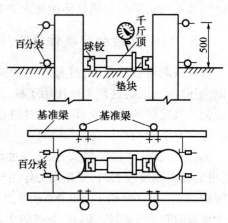

图 3 - 65　桩水平静载试验装置示意图

（2）试验方法

试验方法主要有两种:单向多循环加卸载法和慢速连续法。一般采用前者,对于个别受长期横向荷载的桩也可采用后者。

① 单向多循环加卸载法

单向多循环加卸载法可模拟基础承受反复水平荷载(风载、地震荷载、制动力和波浪冲击力等循环性荷载)。

a. 加载方法

试验加载分级,一般取预估横向极限荷载的 1/10 ~ 1/15 作为每级荷载的加载增量。根据桩径大小并适当考虑土层软硬,对于直径 300 ~ 1 000 mm 的桩,每级荷载增量可取 2.5 ~ 20 kN。每级荷载施加后,恒载 4 min 测读横向位移,然后卸载至零,停 2 min 测读残余横向位移,至此完成一个加卸循环。5 次循环后,开始加下一级荷载。当桩身折断或水平位移超过 30 ~ 40 mm(软土取 40 mm)时,终止试验。

b. 单桩横向临界荷载与极限荷载的确定

根据试验数据可绘制荷载 - 时间 - 位移($H_0 - T - U_0$)曲线(见图 3 - 66)和荷载 - 位移梯度 $\left(H_0 - \dfrac{\Delta U_0}{\Delta H_0} \right)$ 曲线(见图 3 - 67)。据此可综合确定单桩横向临界荷载 H_{cr} 与极限荷载 H_u。

横向临界荷载 H_{cr} 系指桩身受拉区混凝土开裂退出工作前的荷载,会使桩的横向位移增大。相应地可取 $H_0 - T - U_0$ 曲线出现突变点的前一级荷载为横向临界荷载(见图 3 - 68),或取 $H_0 - \dfrac{\Delta U_0}{\Delta H_0}$ 曲线第一直线段终点相对应的荷载为横向临界荷载,综合考虑。

横向极限荷载可取 $H_0 - T - U_0$ 曲线明显陡降(即图中位移包络线下凹)的前一级荷载作为极限荷载,或取 $H_0 - \dfrac{\Delta U_0}{\Delta H_0}$ 曲线的第二直线段终点相对应的荷载作为极限荷载,综合考虑。

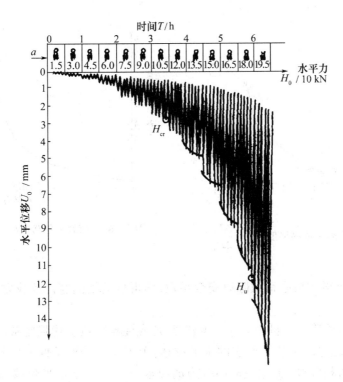

图 3-66 荷载-时间-位移($H_0 - T - U_0$)曲线

a—表示加卸荷循环(5 次)

②慢速连续加载法

此法类似于垂直静载试验。

a. 试验方法

试验荷载分级同上种方法。每级荷载施加后维持其恒定值,并按 5 min,10 min, 15 min,30 min,…测读位移值,直至每小时位移小于0.1 mm,开始加下一级荷载。当加载至桩身折断或位移超过 30 ~ 40 mm 便终止加载。卸载时按加载量的 2 倍逐渐进行,每 30 min 卸载一级,并于每次卸载前测读一次位移。

b. 横向临界荷载和极限荷载的确定

根据试验数据绘制 $H_0 - U_0$ 及 $H_0 - \dfrac{\Delta U_0}{\Delta H_0}$ 曲线,如图 3-67 和图 3-68 所示。

可取曲线 $H_0 - U_0$ 及 $H_0 - \dfrac{\Delta U_0}{\Delta H_0}$ 上第一拐点的前一级荷载为临界荷载,取 $H_0 - U_0$ 曲线陡降点的前一级荷载和 $H_0 - \dfrac{\Delta U_0}{\Delta H_0}$ 曲线的第二拐点相对应的荷载为极限荷载。

此外,国内还采用一种称为单向单循环恒速水平加载法。此法加载方法是加载每级维持 20 min,第 0 min,5 min,10 min,15 min,20 min 测读位移。卸载每级维持 10 min,第 0 min, 5 min,10 min 测读。零荷载维持 30 min,第 0 min,10 min,20 min,30 min 测读。

在恒定荷载下,横变急剧增加、变位速率逐渐加快;或已达到试验要求的最大荷载或最大变位时即可终止加载。

此法确定临界荷载及极限荷载的方法同慢速加载法。

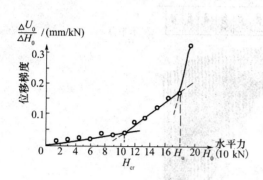

图 3 - 67 荷载 - 位移梯度 $\left(H_0 - \dfrac{\Delta U_0}{\Delta H_0}\right)$

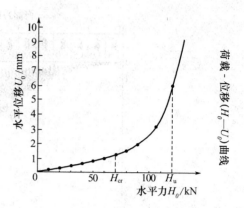

图 3 - 68 荷载 - 位移 $(H_0 - U_0)$ 曲线

用上述方法求得的极限荷载除以安全系数,即得桩的横向容许承载力,安全系数一般取 2。

用水平静载试验确定单桩横向容许承载时,还应注意到按上述强度条件确定的极限荷载时的位移,是否超过结构使用要求的水平位移,否则应按变形条件来控制。水平位移容许值可根据桩身材料强度、土发生横向抗力的要求以及墩台顶水平位移和使用要求来确定,目前在水平静载试验中根据《公桥基规》有关的精神可取试桩在地面处水平位移不超过6 mm,定为确定单桩横向承载力判断标准,以满足结构物和桩、土变形安全度要求,这是一种较概略的标准。

2. 分析计算法

此法是根据作了某些假定而建立的理论(如弹性地基梁理论),计算桩在横向荷载作用下,桩身内力与位移及桩对土的作用力,验算桩身材料和桩侧土的强度与稳定以及桩顶或墩台顶位移等,从而可评定桩的横向容许承载力。

关于桩身的内力与位移计算以及有关验算的内容将在第 4 章中介绍。

3.5.4　按桩身材料强度确定单桩承载力

一般说来,桩的竖向承载力往往由土对桩的支承能力控制。但当桩穿过极软弱土层,支承(或嵌固)于岩层或坚硬的土层上时,单桩竖向承载力往往由桩身材料强度控制。此时,基桩将像一根受压杆件,在竖向荷载作用下,将发生纵向挠曲破坏而丧失稳定性,而且这种破坏往往发生于截面承压强度破坏以前,因此验算时尚需考虑纵向挠曲影响,即截面强度应乘上纵向挠曲系数 φ。根据《公路桥规》,对于钢筋混凝土桩,当配有普通箍筋时,可按下式确定基桩的竖向承载力:

$$P = \varphi \gamma_b \left(\frac{1}{\gamma_c} R_a A + \frac{1}{\gamma_s} R'_g A'_g \right) \qquad (3-34)$$

式中　P——计算的竖向承载力;

　　　φ——纵向弯曲系数,对低承台桩基可取 $=1$;高承台桩基可由表 3 - 18 查取;

　　　R_a——混凝土抗压设计强度;

　　　A——验算截面处桩的截面面积;

R'_g——纵向钢筋抗压设计强度；

A'_g——纵向钢筋截面面积；

γ_b——桩的工作条件系数，取 $\gamma_b = 0.95$；

γ_c——混凝土安全系数，取 $\gamma_c = 1.25$；

γ_s——钢筋安全系数，取 $\gamma_s = 1.25$；

当纵向钢筋配筋率大于3%时，桩的截面面积应采用桩身截面混凝土面积 A_h，即扣除纵向钢筋面积 A'_g，故 $A_g = A - A'_g$。

表 3 – 18　钢筋混凝土桩的纵向挠曲系数 φ

$l_p/b \leq 8$	10	12	14	16	18	20	22	24	26	28
$l_p/d \leq 7$	8.5	10.5	12	14	15.5	17	19	21	22.5	24
$l_p/r \leq 28$	35	42	48	55	62	69	76	83	90	97
φ	1.00	0.98	0.95	0.92	0.87	0.81	0.75	0.70	0.65	0.60	0.56
l_p/b	30	32	34	36	38	40	42	44	46	48	50
l_p/d	26	28	29.5	31	33	34.5	36.5	38	40	41.5	43
l_p/r	104	111	118	125	132	139	146	153	160	167	174
φ	0.52	0.48	0.44	0.40	0.36	0.32	0.29	0.26	0.23	0.21	0.19

注：l_p——考虑纵向挠曲时桩的稳定计算长度，应结合桩在土中支承情况；根据两端支承条件确定，近似计算可参照表 3 – 19；

　　r——截面的回转半径，$r = \sqrt{I/A}$，I 为截面的惯性矩，A 为截面积；

　　d——桩的直径；

　　b——矩形截面桩的短边长。

表 3 – 19　桩受弯时的计算长度 l_p

单桩或单排桩桩顶铰接				多排桩桩顶固定			
桩底支承于非岩石土中		桩底嵌固于岩石内		桩底支承于非岩石土中		桩底嵌固于岩石内	
$h < \dfrac{4.0}{\alpha}$	$h \geq \dfrac{4.0}{\alpha}$	$h < \dfrac{4.0}{\alpha}$	$h \geq \dfrac{4.0}{\alpha}$	$h < \dfrac{4.0}{\alpha}$	$h \geq \dfrac{4.0}{\alpha}$	$h < \dfrac{4.0}{\alpha}$	$h \geq \dfrac{4.0}{\alpha}$
$l_p = (l_0) + h$	$l_p = 0.7$ $\left(l_0 + \dfrac{4.0}{\alpha}\right)$	$l_p = 0.7$ $(l_0 + h)$	$l_p = 0.7$ $\left(l_0 + \dfrac{4.0}{\alpha}\right)$	$l_p = 0.7$ $(l_0 + h)$	$l_p = 0.5$ $\left(l_0 + \dfrac{4.0}{\alpha}\right)$	$l_p = 0.5$ $(l_0 + h)$	$l_p = 0.5$ $\left(l_0 + \dfrac{4.0}{\alpha}\right)$

注：α——桩 – 土变形系数。

3.5.5　关于桩的负摩阻问题

3.5.5.1　负摩阻力的意义及其产生原因

在一般情况下，桩受轴向荷载作用后，桩相对于桩侧土体作向下位移，土对桩产生向上作用的摩阻力，称正摩阻力。但当桩周土体因某种原因发生下沉，其沉降变形大于桩身的沉降变形时，在桩侧表面的全部成一部分面积上将出现向下作用的摩阻力，称其为负摩阻

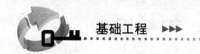

力(见图 3-69(b))。

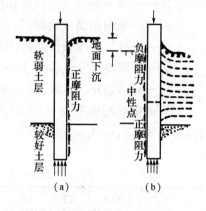

桩的负摩阻力的发生将使桩侧土的部分重力传递给桩,因此,负摩阻力不但不能成为桩承载力的一部分,反而变成施加在桩上的外荷载,对入土深度相同的桩来说,若有负摩力发生,则桩的外荷载增大,桩的承载力相对降低,桩基沉降加大,这在确定桩的承载力和桩基设计中应予以注意。对于桥梁工程特别要注意桥头路堤高填土的桥台桩基础的负摩阻力问题,因路堤高填土是一个很大的地面荷载且位于桥台的一侧,若产生负摩阻力时还会有桥台背和路堤填土间的摩阻问题和影响桩基础的不均匀沉降问题。

图 3-69　桩的正、负摩阻力

桩的负摩阻力能否产生,主要是看桩与桩周土的相对位移发展情况。桩的负摩阻力产生的原因有:

(1)在桩附近地面大量堆载,引起地面沉降;

(2)土层中抽取地下水或其他原因,地下水位下降,使土层产生自重固结下沉;

(3)桩穿过欠压密土层(如填土)进入硬持力层,土层产生自重固结下沉;

(4)桩数很多的密集群桩打桩时,使桩周土中产生很大的超孔隙水压力,打桩停止后桩周土的再固结作用引起下沉;

(5)在黄土、冻土中的桩,因黄土湿陷、冻土融化产生地面下沉。

从上述可见,当桩穿过软弱高压缩性土层而支承在坚硬持力层上时最易发生桩的负摩阻力问题。

要确定桩身负摩阻力的大小,就要先确定土层产生负摩阻力的范围和负摩阻力强度的大小。

3.5.5.2　中性点及其位置的确定

产生桩身负摩阻力的范围就是桩侧土层对桩产生相对下沉的范围。它与桩侧土层的压缩、桩身弹性压缩变形和桩底下沉有关。桩侧土层的压缩决定于地表作用荷载(或土的自重)和土的压缩性质,并随深度而逐渐减小;而桩在荷载作用下,桩身压缩多处于弹性阶段,其压缩变形基本上随深度呈线性减少,桩身变形曲线如图 3-70 线 c 所示。因此,桩侧下沉量有可能在某一深度与桩身的位移量相等,此处桩侧摩阻力为零,而在此深度以上桩侧土下沉大于桩的位移,桩侧摩阻力为负;在此深度以下,桩的位移大于桩侧土的下沉,桩侧摩阻力为正。正、负摩阻力变换处的位置,则称为中性点,如图 3-70 中 O_1 点所示。

中性点的位置取决于桩与桩侧土的相对位移,并与作用荷载和桩周土的性质有关。当桩侧土层压缩变形大,桩底下土层坚硬,桩的下沉量小时,中性点位置就会下移;反之,中性点位置就会上移。此外,由于桩侧土层及桩底下土层的性质和所作用的荷载不同,其变形速度也不一致,故中性点位置随时间而变。要精确地计算出中性点位置是比较困难的,目前多采用依据一定的试验结果得出的经验值,或采用试算法。例如,按图 3-70 所示原则,先假设中性点位置,计算出所产生的负摩阻力,然后将它视为荷载,计算桩的弹性压缩,并以分层总和法分别计算桩周土层及桩底下土层的压缩变形,绘出桩侧土层的下沉曲线和桩身的位移曲线,两曲线交点即为计算的中性点位置。并与假设的中性点位置比较是否一致,若不一致,则重新试算。

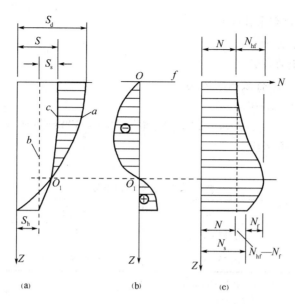

图 3 – 70 中性点位置及荷载传递

(a)位移曲线;(b)桩侧摩阻力分布曲线;(c)桩身轴力分布曲线

S_d—地面沉降;S—桩的沉降;S_s—桩身压缩;S_h—桩底下沉;

N_{hf}—由负摩阻力引起的桩身最大轴力;N_f—总的正摩阻力

中性点深度多按经验估计,即

$$h_n = (0.7 \sim 1.0) h_0 \qquad (3-35)$$

式中　h_n——产生负摩阻力的深度;

　　　h_0——软弱压缩层或自重湿陷黄土层厚度。

在泥炭层中可取 h_1 为泥炭层厚度。有的资料认为对于桩柱应取 $h_n = h_0$;对于摩擦桩,桩底支承力占整桩承载力5%以下时,取 $h_n = 0.7h_0$;在5%~50%之间,取 $h_n = 0.8h_0$。

3.5.5.3　负摩力的计算

一般认为,桩土间的黏着力和桩的负摩阻力强度取决于土的抗剪强度;桩的负摩阻力虽有时效,但从安全考虑,可取用其最大值以土的强度来计算。下面介绍有关文献建议的计算方法可作参考。

对于软黏土层的负摩阻强度计算,可按太沙基所建议的方法计算,即

$$q_n = \frac{1}{2} q_u \qquad (3-36)$$

式中　q_n——负摩阻力强度,kPa;

　　　q_u——软黏土层的无侧限抗压强度,kPa。

对于位于软弱土层的其他土层,由于软弱黏土层下沉,也将对桩产生向下作用的负摩阻力。可用与前述式(3-32)相同的 β 法计算由此产生对桩的负摩阻力,即

$$q_n = \overline{\sigma}_v k \tan\varphi' = \beta \overline{\sigma}_v \qquad (3-37)$$

$$\overline{\sigma}_v = \gamma' z \qquad (3-38)$$

式中　$\overline{\sigma}_v$——竖向有效应力,kPa;

γ'——土的有效空重,kN/m^3;

z——计算点深度,m;

k——土的侧压力系数;

φ'——计算处土的有效内摩擦角;

β——系数,$\beta = 0.2 \sim 0.5$。

《建筑桩基技术规范》(JGJ 94—2008)也推荐式(3-37)计算各层土的负摩阻力,并给出系数 β 值,如表 3-20 所示。

表 3-20 负摩阻力系数 β

土类	β	土类	β
饱和软土	0.15 ~ 0.25	砂土	0.35 ~ 0.50
黏性土、粉土	0.25 ~ 0.40	自重湿陷性黄土	0.20 ~ 0.35

注:①在同一类土中,沉桩取表中大值,钻孔桩取表中小值;

②填土按其组成取表中同类土的较大值;

③当 q_n 计算值大于正摩阻力时,取正摩阻力值。

求得负摩阻力强度 q_n 后,将其乘以产生负摩阻力深度范围内桩身表面积,则可得到作用于桩身总的负摩阻力 N_n,即

$$N_n = q_n A_{hq} \quad (kN) \tag{3-39}$$

式中 A_{hq}——产生负摩阻力深度 h_n 范围内桩身表面积:$A_{hq} = 2\pi\gamma h_n$,m^2;

r——桩的截面半径,m。

按式(3-39)算得作用于单桩总的负摩阻力值不应大于单桩所分配承受的桩周下沉土重(按相邻桩距之半,深度为中性点深度 h_1)。

验算单桩承载力时,负摩阻力 N_n 作为荷载计,确定单桩容许承载力时,只计正摩阻力,即

$$\left.\begin{array}{l} P + N_n + W \leqslant [P] \quad (kN) \\ [P] = \dfrac{1}{2}(P_{SU} + P_{PU}) \quad (kN) \end{array}\right\} \tag{3-40}$$

式中 P——桩顶轴向荷载,kN;

W——桩的自重(kN),当采用式(3-11)验算时,最大冲刷线以下的桩重按一半计算;

P_{SU}——桩侧极限正摩阻力,kN;

P_{PU}——桩底极限阻力,kN。

3.6 桩基础质量检验

为确保桩基工程质量,应对桩基进行必要的检测,验证能否满足设计要求,保证桩基的正常使用。桩基工程为地下隐蔽工程,建成后在某些方面难以检测。为控制和检验桩基质量,施工一开始就应按工序严格监测,推行全面的质量管理(TQC),每道工序均应检验,及时发现和解决问题,并认真做好施工和检测记录,以备最后综合对桩基质量作出评价。

桩的类型和施工方法不同,所需检验的内容和侧重点也有不同,但纵观桩基质量检验,通常均涉及下述三方面内容。

3.6.1 桩的几何受力条件检验

桩的几何受力条件主要是指有关桩位的平面布置、桩身倾斜度、桩顶和桩底标高等,要求这些指标在容许误差的范围之内。例如桩的中心位置误差不宜超过 50 mm,桩身的倾斜度应不大于 1/100 等,以确保桩在符合设计要求的受力条件下工作。

3.6.2 桩身质量检验

桩身质量检验是指对桩的尺寸、构造及其完整性进行检测,验证桩的制作或成桩的质量。

沉桩(预制桩)制作时应对桩的钢筋骨架、尺寸量度、混凝土强度等级和浇筑方面进行检测,验证是否符合选用的桩标准图或设计图的要求。检测的项目有主筋间距、箍筋间距、吊环位置与露出桩表面的高度、桩顶钢筋网片位置、桩尖中心线、桩的横截面尺寸和桩长、桩顶平整度及其与桩轴线的垂直度、钢筋保护层厚度等。关于钢筋骨架和桩外形尺度在制作时的允许偏差可参阅《建筑桩基础技术规范》中所作的具体规定。对混凝土质量应检查其原材料质量与计量、配合比和坍落度、桩身混凝土试块强度及成桩后表面有否产生蜂窝麻面及收缩裂缝的情况。一般桩顶与桩尖不容许有蜂窝和损伤,表面蜂窝面积不应超过桩表面积的 0.5%,收缩裂缝宽度不应大于 0.2 mm。长桩分节施工时需检验接桩质量,接头平面尺寸不允许超出桩的平面尺寸,注意检查电焊质量。

钻孔灌注桩的尺寸取决于钻孔的大小,桩身质量与施工工艺有关,因此桩身质量检验应对钻孔、成孔与清孔,钢筋笼制作与安放,水下混凝土配制与灌注三个主要过程进行质量监测与检查。检验孔径应不小于设计桩径;孔深应比设计深度稍深;摩擦桩不小于设计规定,柱桩不小于 0.05 m;孔内沉淀土厚度应不大于设计规定。对于摩擦桩,当设计无要求时,对直径 1.5 m 的桩 ≤300 mm;对桩径 >1.5 m 或桩长 >40 m 或土质较差的桩,≤500 mm;成孔有否扩孔、颈缩现象;钢筋笼顶面与底面标高比设计规定值误差应在 ±50 mm 范围内等。

成孔后的钻孔灌注桩桩身结构完整性检验方法很多,常用的有以下几种方法(其具体测试方法和原理详见有关参考书)。

3.6.2.1 低应变动测法

1. 反射波法

它是用力锤敲击桩顶,给桩一定的能量,使桩中产生应力波,检测和分析应力波在桩体中的传播历程,便可分析出基桩的完整性;

2. 水电效应法

在桩顶安装一高约 1 m 的水泥圆筒,筒内充水,在水中安放电极和水听器,电极高压放电,瞬时释放大电流产生声学效应,给桩顶一冲击能量,由水听器接收桩土体系的响应信号,对信号进行频谱分析,根据频谱曲线所含有的桩基质量信息,判断桩的质量和承载力。

3. 机械阻抗法

它是把桩-土体系看成一线性不变振动系统,在桩头施加一激励力,就可在桩头同时

观测到系统的振动响应信号,如位移、速度、加速度等,并可获得速度导纳曲线(导纳即响应与激励之比)。分析导纳曲线,即可判定桩身混凝土的完整性,确定缺陷类型。

4.动力参数法

该方法是通过简便地敲击桩头,激起桩—土体系的竖向自由振动,按实测的频率及桩头振动初速度或单独按实测频率,根据质量弹簧振动理论推算出单桩动刚度,再进行适当的动静对比修正,换算成单桩的竖向承载力。

5.声波透射法

它是将置于被测桩的声测管中的发射换能器发出的电信号,经转换、接收、放大处理后存储,并把它显示在显示器上加以观察、判读,即可作出被测桩混凝土的质量判定。

对灌注桩的桩身质量判定,可分为以下四类:

(1)优质桩 动测波形规则衰减,无异常杂波,桩身完好,达到设计桩长,波速正常,混凝土强度等级高于设计要求。

(2)合格桩 动测波形有小畸变,桩底反射清晰,桩身有小畸变,如轻微缩径、混凝土局部轻度离析等,对单桩承载力没有影响。桩身混凝土波速正常,达到混凝土设计强度等级。

(3)严重缺陷桩 动测波形出现较明显的不规则反射,对应桩身缺陷如裂纹、混凝土离析、缩径1/3桩截面以上,桩身混凝土波速偏低,达不到设计强度等级,对单桩承载力有一定的影响。该类桩要求设计单位复核单桩承载力后提出是否处理的意见。

(4)不合格桩 动测波形严重畸变,对应桩身缺陷如裂缝、混凝土严重离析、夹泥、严重缩径、断裂等。这类桩一般不能使用,需进行工程处理。

工程上还习惯于将上述四种判定类别按Ⅰ类桩、Ⅱ类桩、Ⅲ类桩、Ⅳ类桩划分。但不管怎样划分,其划分标准基本上是一致的。

3.6.2.2 钻芯检验法

钻芯验桩就是利用专用钻机,从混凝土结构中钻取芯样以检测混凝土强度的方法。它是大直径基桩工程质量检测的一种手段,是一种既简便,又直观的必不可少的验桩方法,它具有以下特点:

(1)可检查基桩混凝土胶结、密实程度及其实际强度,发现断桩、夹泥及混凝土稀释层等不良状况,检查桩身混凝土灌注质量;

(2)可测出桩底沉渣厚度并检验桩长,同时直观认定桩端持力层岩性;

(3)用钻芯钻孔对出现断桩、夹泥或稀释层等缺陷桩进行压浆补强处理。

由于具有以上特点,钻心验桩法广泛应用于大直径基桩质量检测工作中,它特别适用于大直径大载荷端承桩的质量检测。对于长径比比较大的摩擦桩,则易因孔斜使钻具中途穿出桩外而受限制。

3.6.3 桩身强度与单桩承载力检验

桩的承载力取决于桩身强度和地基强度。桩身强度检验除了保证上述桩的完整性外,还要检测桩身混凝土的抗压强度,预留试块的抗压强度应不低于设计采用混凝土相应的抗压强度,对于水下混凝土应高出20%。钻孔桩在凿平桩头后应抽查桩头混凝土质量检验抗压强度。对于大桥的钻孔桩有必要时尚应抽查,钻取桩身混凝土芯样检验其抗压强度。

单桩承载力的检测,在施工过程中,对于打入桩惯用最终贯入度和桩底标高进行控制,而钻孔灌注桩还缺少在施工过程中监测承载力的直接手段。成桩可做单桩承载力的检验,常采用单桩静载试验或高应变动力试验确定单桩承载力(试验与确定方法见本章第五节)。

　　国内外工程实践证明,用静力检验法测试单桩竖向承载力,尽管检验仪器、设备笨重、造价高、劳动强度大、试验时间长,但迄今为止还是其他任何动力检验法无法替代的基桩承载力检测方法,其试验结果的可靠性也是毋庸置疑的。而对于动力检验法确定单桩竖向承载力,无论是高应变法还是低应变法,均是近几十年来国内外发展起来的新的测试手段,目前仍处于发展和继续完善阶段。大桥与重要工程,地质条件复杂或成桩质量可靠性较低的桩基工程,均需做单桩承载力的检验。

第4章 桩基础的设计计算

横向荷载作用下桩身内力与位移的计算方法国内外已有不少,我国普遍采用的是将桩作为弹性地基上的梁,按文克尔假定(梁身任一点的土抗力和该点的位移成正比)进行求解,简称弹性地基梁法。根据求解的方法不同,通常有半解析法(幂级数解、积分方程解、微分算子解等)、有限差分法和有限元解等。以文克尔假定为基础的弹性地基梁解法从土力学的观点认为不够严密。但其基本概念明确,方法较简单,所得结果一般较安全,故国内外使用较为普遍。我国铁路、水利、公路及房屋建筑等领域在桩的设计中常用的"m"法以及"K"法、"常数"法(或称张有龄法)、"C"法等均属于此种方法。

4.1 单排桩基桩内力和位移计算

4.1.1 基本概念

4.1.1.1 土的弹性抗力及其分布规律

1. 土的弹性抗力

桩基础在荷载(包括轴向荷载、横轴向荷载和力矩)作用下产生位移(包括竖向位移、水平位移和转角),桩的竖向位移引起桩侧土的摩阻力和桩底土的抵抗力。桩身的水平位移及转角使桩挤压桩侧土体,桩侧土必然对桩产生一横向土抗力 σ_{zx}(见图4−1及图4−2),它起抵抗外力和稳定桩基础的作用,土的这种作用力称为土的弹性抗力。σ_{zx} 即指深度为 Z 处的横向(X 轴向)土抗力,其大小取决于土体性质、桩身刚度、桩的入土深度、桩的截面形状、桩距及荷载等因素。假定土的横向土抗力符合文克尔假定,即

$$\sigma_{zx} = Cx_z \qquad (4-1)$$

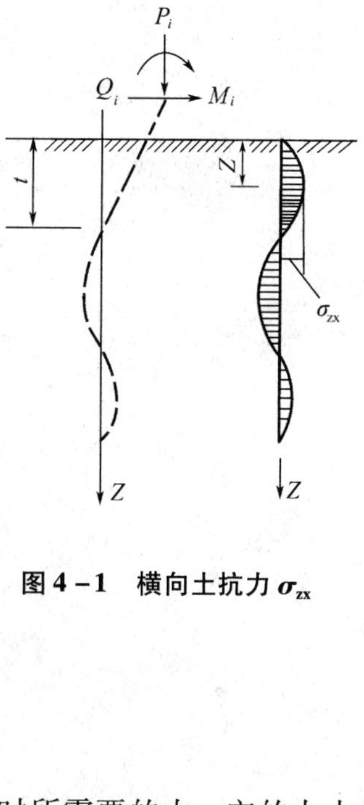

图4−1 横向土抗力 σ_{zx}

式中 σ_{zx}——横向土抗力,kN/m^2;

C——地基系数,kN/m^3;

x_z——深度 Z 处桩的横向位移,m。

2. 地基系数

地基系数 C 表示单位面积土在弹性限度内产生单位变形时所需要的力。它的大小与地基土的类别、物理力学性质有关。如能测得 x_z 并知道 C 值,σ_{zx} 值即可解得。

地基系数 C 值是通过对试桩在不同类别土质及不同深度进行实测 x_z 及 σ_{zx} 后反算得到。大量试验表明,地基系数 C 值不仅与土的类别及其性质有关,而且也随深度而变化。由于实测的客观条件和分析方法不尽相同等原因,所采用的 C 值随深度的分布规律也各有不同。常用的几种地基系数分布规律如图4−2所示,相应的基桩内力和位移计算方法为:

（1）"m"法：

假定地基系数 C 随深度呈线性增长，即 $C = mZ$，如图 4-2(a) 所示。m 称为地基系数随深度变化的比例系数（kN/m^4）。

（2）"K"法

假定地基系数 C 随深度呈折线变化，即在桩身第一挠曲变形零点（图 4-2(b) 所示深度 t 处）以上地基系数 C 随深度呈凹形抛物线增加；该点以下，地基系数 $C = K(kN/m^3)$ 为常数。

（3）"C"法

假定地基系数 C 随深度呈抛物线增加，

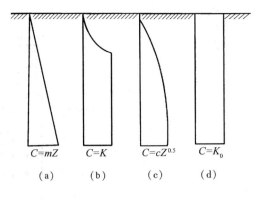

图 4-2　地基系数变化规律

即 $C = cZ^{0.5}$，当无量纲入土深度达 4 后为常数，如图 4-2(c) 所示。C 为地基系数的比例系数（kN/m^3）。

（4）"常数"法，又称"张有龄法"

假定地基系数 C 沿深度为均匀分布，不随深度而变化，即 $C = K_0(kN/m^3)$ 为常数，如图 4-2(d) 所示。

上述四种方法各自假定的地基系数随深度分布规律不同，其计算结果有所差异。实测资料分析表明，对桩的变位和内力起主要影响的为上部土层，故宜根据土质特性来选择恰当的计算方法。对于超固结黏土和地面为硬壳层的情况，可考虑选用"常数"法；对于其他土质一般可选用"m"法或"C"法；当桩径大、容许位移小时宜选用"C"法。由于"K"法误差较大，现较少采用。本节介绍目前应用较广并列入《公桥基规》中的"m"法。

按"m"法计算时，地基系数的比例系数 m 值可根据试验实测决定，无实测数据时可参考表 4-1 中的数值选用；对于岩石地基系数 C_0，认为不随岩层面的埋藏深度而变，可参考表 4-2 采用。

表 4-1　非岩石类土的比例系数 m 值

序　号	土　的　分　类	m 或 $m_0/(MN/m^4)$
1	流塑黏性土 $I_L > 1$、淤泥	3～5
2	软塑黏性土 $1 > I_L > 0.5$、粉砂	5～10
3	硬塑黏性土 $0.5 > I_L > 0$、细砂、中砂	10～20
4	坚硬、半坚硬黏性土 $I_L < 0$、粗砂	20～30
5	砾砂、角砾、圆砾、碎石、卵石	30～80
6	密实粗砂夹卵石，密实漂卵石	80～120

表 4-2　岩石 C_0 值

R_c/MPa	$C_0/(MN/m^3)$
1	3×10^2
25	150×10^2

注：R_c 为岩石的单轴向抗压极限强度。当 R_c 为中间值时，采用内插法。

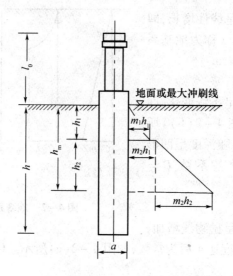

图 4 - 3　比例系数 m 的换算

3. 关于"m"值

（1）由于桩的水平荷载与位移关系是非线性的，即 m 值随荷载与位移增大而有所减少，因此，m 值的确定要与桩的实际荷载相适应。一般结构在地面处最大位移不超过 10 mm，对位移敏感的结构及桥梁结构为 6 mm。位移较大时，应适当降低表列 m 值。

（2）当基础侧面为数种不同土层时，将地面或局部冲刷线以下 h_m 深度内各土层的 m_i，根据换算前后地基系数图形面积在深度 h_m 内相等的原则，换算为一个当量 m 值，作为整个深度的 m 值。

当 h_m 深度内存在两层不同土时（见图 4 - 3）

$$m = \frac{m_1 h_1^2 + m_2(2h_1 + h_2)h_2}{h_m^2} \qquad (4 - 2)$$

式中　$h_m = \begin{cases} 2(d+1) & h > 2.5/\alpha; \\ h & h \leqslant 2.5/\alpha; \end{cases}$

　　　　d——桩的直径；

　　　　α——桩 - 土变形系数（见后述）。

按上述换算方法将存在如下问题：

①根据 m 法假定，土的弹性抗力与位移成正比，而此换算忽视了桩身位移这一重要影响因素；

②换算土层厚 h_m 仅与桩径有关而与地基土类、桩身材料等因素无关，显然过于简单。

为了克服按地基系数面积换算所存在的不足，可采用按桩身挠曲线的大概形状并考虑深度影响建立综合权函数进行换算。（该法可参见有关资料）

（3）桩底面地基土竖向地基系数 C_0 为

$$C_0 = m_0 h \qquad (4 - 3)$$

式中　m_0——桩底面地基土竖向地基系数的比例系数，近似取 $m_0 = m$；

　　　　h——桩的入土深度，当 $h \leqslant 10$ m 时，按 10 m 计算。

4.1.1.2　单桩、单排桩与多排桩

计算基桩内力先应根据作用在承台底面的外力 N,H,M,计算出作用在每根桩顶的荷载 P_i,Q_i,M_i 值,然后才能计算各桩在荷载作用下的各截面的内力与位移。桩基础按其作用力 H 与基桩的布置方式之间的关系可归纳为单桩、单排桩及多排桩两类来计算各桩顶的受力,如图 4-4 所示。

所谓单桩、单排桩是指在与水平外力 H 作用面相垂直的平面上,由单根或多根桩组成的单根(排)桩的桩基础,如图 4-4(a),(b)所示,对于单桩来说,上部荷载全由它承担。对于单排桩(如图 4-5 所示桥墩作纵向验算时),若作用于承台底面中心的荷载为 N,H,M_y,当 N 在承台横桥向无偏心时,则可以假定它是平均分布在各桩上的,即

$$P_i = \frac{N}{n}; \quad Q_i = \frac{H}{n}; \quad M_i = \frac{M_y}{n} \tag{4-4}$$

式中　n——桩的根数。

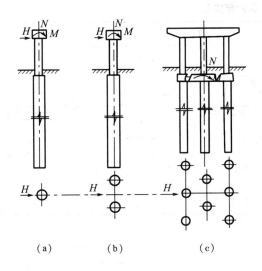

图 4-4　单桩、单排桩及多排桩

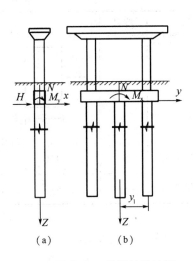

图 4-5　单排桩的计算

当竖向力 N 在承台横桥向有偏心距 e 时,如图 4-5(b)所示即 $M_x = Ne$,因此每根桩上的竖向作用力可按偏心受压计算,即

$$p_i = \frac{N}{n} \pm \frac{M_x \cdot y_i}{\sum y_i^2} \tag{4-5}$$

当按上述公式求得单排桩中每根桩桩顶作用力后,即可以单桩形式计算桩的内力。

多排桩如图 4-4(c)所示,指在水平外力作用平面内有一根以上的桩的桩基础(对单排桩作横桥向验算时也属此情况),不能直接应用上述公式计算各桩顶作用力,须应用结构力学方法另行计算(见后述),所以另列一类。

4.1.1.3　桩的计算宽度

试验研究分析可得,桩在水平外力作用下,除了桩身宽度范围内桩侧土受挤压外,在桩身宽度以外的一定范围内的土体都受到一定程度的影响(空间受力),且对不同截面形状的

桩,土受到的影响范围大小也不同。为了将空间受力简化为平面受力,并综合考虑桩的截面形状及多排桩桩间的相互遮蔽作用,将桩的设计宽度(直径)换算成相当实际工作条件下,矩形截面桩的宽度 b_1,b_1 称为桩的计算宽度。根据已有的试验资料分析,现行规范认为计算宽度的换算方法可用下式表示

$$b_1 = K_f \cdot K_0 \cdot K \cdot b(\text{或} d) \qquad (4-6)$$

式中　$b(\text{或} d)$——与外力 H 作用方向相垂直平面上桩的宽度(或直径);

　　　　K_f——形状换算系数,即在受力方向将各种不同截面形状的桩宽度,乘以 K_f 换算为相当于矩形截面宽度,其值见表 4-2;

　　　　K_0——受力换算系数,即考虑到实际上桩侧土在承受水平荷载时为空间受力问题,简化为平面受力时所给的修正系数,其值见表 4-3;

　　　　K——桩间的相互影响系数,当桩基有承台联结,在外力作用平面内有数根桩时,各桩间的受力将会相应产生影响,其影响与桩间的净距 L_1 的大小有关。

表 4-3　计算宽度换算

名称	符号	基　础　形　状			
形状换算系数	K_f	1.0	0.9	$1 - 0.1\dfrac{d}{B}$	0.9
受力换算系数	K_0	$1 + \dfrac{1}{b}$	$1 + \dfrac{1}{d}$	$1 + \dfrac{1}{B}$	$1 + \dfrac{1}{d}$

当 $L_1 \geqslant 0.6 h_1$ 时(图 4-6)

$$K = 1.0$$

$L_1 < 0.6 h_1$ 时

$$K = b' + \frac{(1-b)}{0.6} \cdot \frac{L_1}{h_1}$$

式中　L_1——沿水平力 H 作用方向上的桩间净距;

　　　　h_1——桩在地面或最大冲刷线下的计算深度,可按 $h_1 = 3(d+1)(\text{m})$,但不得大于 h;关于 d 值,对于钻孔桩为设计直径,对于矩形桩可采用受力面桩的边宽;

　　　　b'——为与一排中的桩数 n 有关的系数;当 $n=1$ 时,$b' = 1.0$;$n=2$ 时,$b' = 0.6$;$n=3$ 时,$b' = 0.5$;$n \geqslant 4$ 时,$b' = 0.45$。

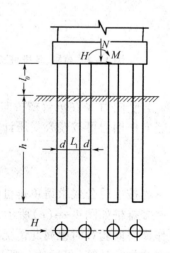

图 4-6　相互影响系数计算

当桩径 $d < 1$ m 时,可不考虑相互影响系数,取 $K=1$。

但每个墩台基础的每一排桩的计算总宽度 nb_1 不得大于 $(B'+1)$,当 nb_1 大于 $(B'+1)$

时,取$(B'+1)$。B'为一排桩两边桩外侧边缘的距离。

当桩基础平面布置中,与外力作用方向平行的每排桩数不等,并且相邻桩中心距$\geqslant$$(b+1)$时,则可按桩数最多一排桩计算其相互影响系数$K$值。

为了不致使计算宽度发生重叠现象,要求以上综合计算得出的$b_1 \leqslant 2b$。

4.1.1.4　刚性桩与弹性桩

为了计算方便,可根据桩与土的相对刚度将桩划分为刚性桩和弹性桩。当桩的入土深度$h > \dfrac{2.5}{\alpha}$时,桩的相对刚度小,必须考虑桩的实际刚度,按弹性桩来计算。其中α称为桩–土变形系数,$\alpha = \sqrt[5]{\dfrac{mb_1}{EI}}$(详见后述)。一般情况下,桥梁桩基础的桩多属弹性桩。当桩的入土深度$h \leqslant \dfrac{2.5}{\alpha}$时,则桩的相对刚度较大,可按刚性桩计算(第5章介绍的沉井基础就可看作刚性桩构件),其内力位移计算方法详见第5章。

4.1.2　"m"法弹性单排桩基桩内力和位移计算

如前所述,"m"法的基本假定是认为桩侧土为文克尔离散线性弹簧,不考虑桩土之间的黏着力和摩阻力,桩作为弹性构件考虑,当桩受到水平外力作用后,桩土协调变形,任一深度z处所产生的桩侧土水平抗力与该点水平位移x_z成正比,即$\sigma_{zx} = Cx_z$,且地基系数C随深度成线性增长,即$C = mz$。

基于这一基本假定,进行桩的内力与位移的理论公式推导和计算。

在公式推导和计算中,取图4–7和图4–8所示的坐标系统,对力和位移的符号作如下规定:横向位移顺x轴正方向为正值;转角逆时针方向为正值;弯矩当左侧纤维受拉时为正值;横向力顺x轴方向为正值,如图4–8所示。

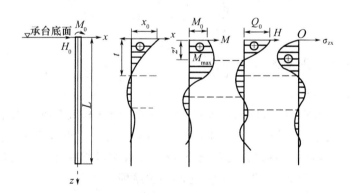

图4–7　桩身受力图示

4.1.2.1　桩的挠曲微分方程的建立及其解

桩顶若与地面平齐($z = 0$),且已知桩顶作用有水平荷载Q_0及弯矩M_0,此时桩将发生弹性挠曲,桩侧土将产生横向抗力σ_{zx},如图4–7所示。从材料力学中知道,梁轴的挠度与梁

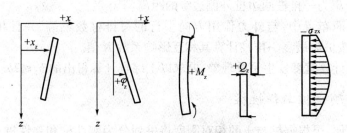

图 4-8 力与位移的符号规定

上分布荷载 q 之间的关系式，即梁的挠曲微分方程为

$$EI\frac{\mathrm{d}^4x}{\mathrm{d}z^4} = -q \tag{4-7}$$

式中 E, I ——梁的弹性模量及截面惯矩。

因此，可以得到图 4-7 所示桩的挠曲微分方程为

$$EI\frac{\mathrm{d}^4x_z}{\mathrm{d}z^4} = -q = -\sigma_{zx} \cdot b_1 = -mzx_z \cdot b_1 \tag{4-8}$$

式中 E, I ——桩的弹性模量及截面惯矩；

σ_{zx} ——桩侧土抗力，$\sigma_{zx} = Cx_z = mzx_z$，$C$ 为地基系数；

b_1 ——桩的计算宽度；

x_z ——桩在深度 z 处的横向位移（即桩的挠度）。

将上式整理可得：

$$\frac{\mathrm{d}^4x_z}{\mathrm{d}z^4} + \frac{mb_1}{EI}zx_z = 0$$

或

$$\frac{\mathrm{d}^4x_z}{\mathrm{d}z^4} + \alpha^5zx_z = 0 \tag{4-9}$$

式中 α —— 桩 - 土变形系数，$\alpha = \sqrt[5]{\dfrac{mb_1}{EI}}$。

其余符号同式(4-8)。

从桩的挠曲微分方程(4-9)中，不难看出桩的横向位移与截面所在深度、桩的刚度（包括桩身材料和截面尺寸）以及桩周土的性质等有关，α 是与桩土变形相关的系数。

式(4-9)为四阶线性变系数齐次常微分方程，在求解过程中注意运用材料力学中有关梁的挠度 x_z 与转角 φ_z、弯矩 M_z 和剪力 Q_z 之间的关系即

$$\left.\begin{aligned}\varphi_z &= \frac{\mathrm{d}x_z}{\mathrm{d}z} \\ M_z &= EI\frac{\mathrm{d}^2x_z}{\mathrm{d}z^2} \\ Q_z &= EI\frac{\mathrm{d}^3x_z}{\mathrm{d}z^3}\end{aligned}\right\} \tag{4-10}$$

可用幂级数展开的方法求解桩挠曲微分方程，（具体解法可参考有关专著）。若地面处

（$z=0$）桩的水平位移、转角、弯矩和剪力分别以 x_0，φ_0，M_0 和 Q_0 表示，则基桩挠曲微分方程（式4-9）的水平位移 x_z 的表达式为：

$$x_z = x_0 A_1 + \frac{\varphi_0}{\alpha}B_1 + \frac{M_0}{\alpha^2 EI}C_1 + \frac{Q_0}{\alpha^3 EI}D_1 \qquad (4-11)$$

利用式（4-10）关系，对 x_z 求导，并通过归纳整理后，便可求得桩身任一截面的转角 φ_z、弯矩 M_z，及剪力 Q_z 的计算公式：

$$\frac{\varphi_z}{\alpha} = x_0 A_2 + \frac{\varphi_0}{\alpha}B_2 + \frac{M_0}{\alpha^2 EI}C_2 + \frac{Q_0}{\alpha^3 EI}D_2 \qquad (4-12)$$

$$\frac{M_z}{\alpha^2 EI} = x_0 A_3 + \frac{\varphi_0}{\alpha}B_3 + \frac{M_0}{\alpha^2 EI}C_3 + \frac{Q_0}{\alpha^3 EI}D_3 \qquad (4-13)$$

$$\frac{Q_z}{\alpha^3 EI} = x_0 A_4 + \frac{\varphi_0}{\alpha}B_4 + \frac{M_0}{\alpha^2 EI}C_4 + \frac{Q_0}{\alpha^3 EI}D_4 \qquad (4-14)$$

根据土抗力的基本假定 $\sigma_{zx} = Cx_z = mzx_z$，可求得桩侧土抗力的计算公式：

$$\sigma_{zx} = mzx_z = mz\left(x_0 A_1 + \frac{\varphi_0}{\alpha}B_1 + \frac{M_0}{\alpha^2 EI}C_1 + \frac{Q_0}{\alpha^3 EI}D_1\right) \qquad (4-15)$$

在式（4-11），（4-12），（4-13），（4-14），（4-15）中，A_1，B_1，C_1，D_1，…A_4，B_4，C_4，D_4 为16个无量纲系数，根据不同的无量纲深度 $\bar{z} = \alpha z$ 可将其制成表格供查用（参见《公桥基规》）。

以上求算桩的内力位移和土抗力的式（4-11）～式（4-15）五个基本公式中均含有 x_0，φ_0，M_0，Q_0 这四个参数。其中 M_0，Q_0 可由已知的桩顶受力情况确定，而另外两个参数 x_0，φ_0 则需根据桩底边界条件确定。由于不同类型桩，其桩底边界条件不同，现根据不同的边界条件求解 x_0，φ_0 如下。

（1）摩擦桩、支承桩 x_0，φ_0 的计算

摩擦桩、支承桩在外荷作用下，桩底将产生位移 x_h，φ_h。当桩底产生转角位移 φ_h 时，桩底的土抗力情况如图4-9所示，与之相应的桩底弯矩值 M_h 为

$$M_h V = \int_{A0} x \mathrm{d}N_x = -\int_{A0} x \cdot x \cdot \varphi_h \cdot C_0 \mathrm{d}A_0$$

$$= -\varphi_h C_0 \int_{A0} x^2 \mathrm{d}A_0 = -\varphi_h C_0 I$$

式中　A_0——桩底面积；

　　I_0——桩底面积对其重心轴的惯性矩；

　　C_0——基底土的竖向地基系数，$C_0 = m_0 h$。

这是一个边界条件，此外由于忽略桩与桩底土之间的摩阻力，所以认为 $Q_h = 0$，这为另一个边界条件。

将 $M_h = -\varphi_h C_0 I_0$ 及 $Q_h = 0$ 分别代入式（4-13）、式（4-14）中得

$$M_h = \alpha^2 EI\left(x_0 A_3 + \frac{\varphi_0}{\alpha}B_3 + \frac{M_0}{\alpha^2 EI}C_3 + \frac{Q_0}{\alpha^3 EI}D_3\right) = -C_0\varphi_h I_0$$

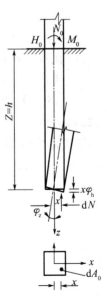

图4-9　桩底抗力分析

$$Q_h = \alpha^3 EI\left(x_0 A_4 + \frac{\varphi_0}{\alpha}B_4 + \frac{M_0}{\alpha^2 EI}C_4 + \frac{Q_0}{\alpha^3 EI}D_4\right) = 0$$

又

$$\varphi_h = \alpha\left(x_0 A_2 + \frac{\varphi_0}{\alpha}B_2 + \frac{M_0}{\alpha^2 EI}C_2 + \frac{Q_0}{\alpha^3 EI}D_2\right)$$

解以上联立方程,并令 $\dfrac{C_0 I_0}{\alpha EI} = K_h$,则得

$$\left.\begin{array}{l} x_0 = \dfrac{Q_0}{\alpha^3 EI}A_x^0 + \dfrac{M_0}{\alpha^2 EI}B_x^0 \\[3mm] \varphi_0 = -\left(\dfrac{Q_0}{\alpha^2 EI}A_\varphi^0 + \dfrac{M_0}{\alpha EI}B_\varphi^0\right) \end{array}\right\} \tag{4-16}$$

式中 $A_x^0 = \dfrac{(B_3 D_4 - B_4 D_3) + K_h(B_2 D_4 - B_4 D_2)}{(A_3 B_4 - A_4 B_3) + K_h(A_2 B_4 - A_4 B_2)}$;

$\qquad B_x^0 = \dfrac{(B_3 C_4 - B_4 C_3) + K_h(B_2 C_4 - B_4 C_2)}{(A_3 B_4 - A_4 B_3) + K_h(A_2 B_4 - A_4 B_2)}$;

$\qquad A_\varphi^0 = \dfrac{(A_3 D_4 - A_4 D_3) + K_h(A_2 D_4 - A_4 D_2)}{(A_3 B_4 - A_4 B_3) + K_h(A_2 B_4 - A_4 B_2)}$;

$\qquad B_\varphi^0 = \dfrac{(A_3 C_4 - A_4 C_3) + K_h(A_2 C_4 - A_4 C_2)}{(A_3 B_4 - A_4 B_3) + K_h(A_2 B_4 - A_4 B_2)}$。

根据分析,摩擦桩且 $ah > 2.5$ 或支承桩且 $ah \geqslant 3.5$ 时,M_h 几乎为零,且此时 K_h 对 A_x^0,B_x^0,等影响极小,可以认为 $K_h = 0$,则式(4-16)可简化为

$$\left.\begin{array}{l} x_0 = \dfrac{Q_0}{\alpha^3 EI}A_{x_0} + \dfrac{M_0}{\alpha^2 EI}B_{x_0} \\[3mm] \varphi_0 = -\left(\dfrac{Q_0}{\alpha^2 Ei}A_{\varphi_0} + \dfrac{M_0}{\alpha EI}B_{\varphi_0}\right) \end{array}\right\} \tag{4-17}$$

式中,$A_{x_0} = \dfrac{B_3 D_4 - B_4 D_3}{A_3 B_4 - A_4 B_3}$;$B_{x_0} = \dfrac{B_3 C_4 - B_4 C_3}{A_3 B_4 - A_4 B_3}$;$A_{\varphi_0} = \dfrac{A_3 D_4 - A_4 D_3}{A_3 B_4 - A_4 B_3}$;$B_{\varphi_0} = \dfrac{A_3 C_4 - A_4 C_3}{A_3 B_4 - A_4 B_3}$。

A_{x_0},B_{x_0},A_{φ_0},A_{φ_0} 均为 αz 的函数,已根据 αz 值制成表格,可参考《公桥基规》。

(2)嵌岩桩 φ_0,x_0 的计算

如果桩底嵌固于未风化岩层内有足够的深度,可根据桩底 x_h,φ_h 等于零这两个边界条件,将式(4-11)、式(4-12)写成

$$x_h = x_0 A_1 + \frac{\varphi_0}{\alpha}B_1 + \frac{M_0}{\alpha^2 EI}C_1 + \frac{Q_0}{\alpha^3 EI}D_1 = 0$$

$$\varphi_h = \alpha\left(X_0 A_2 + \frac{\varphi_0}{\alpha}B_2 + \frac{M_0}{\alpha^2 EI}C_2 + \frac{Q_0}{\alpha^3 EI}D_2\right) = 0$$

联解得

$$\left.\begin{array}{l} x_0 = \dfrac{Q_0}{\alpha^3 EI}A_{x_0}^0 + \dfrac{M_0}{\alpha^2 EI}B_{x_0}^0 \\[3mm] \varphi_0 = -\left(\dfrac{Q_0}{\alpha^2 EI}A_{\varphi_0}^0 + \dfrac{M_0}{\alpha EI}B_{\varphi_0}^0\right) \end{array}\right\} \tag{4-18}$$

式中, $A_{x_0}^0 = \dfrac{B_2 D_1 - B_1 D_2}{A_2 B_1 - A_1 B_2}$; $B_{x_0}^0 = \dfrac{B_2 C_1 - B_1 C_2}{A_2 B_1 - A_1 B_2}$; $A_{\varphi_0}^0 = \dfrac{A_2 D_1 - A_1 D_2}{A_2 B_1 - A_1 B_2}$; $B_{\varphi_0}^0 = \dfrac{A_2 C_1 - A_1 C_2}{A_2 B_1 - A_1 B_2}$ 。

$A_{x_0}^0 , B_{x_0}^0 , A_{\varphi_0}^0 , B_{\varphi_0}^0$ 也都是 αz 的函数,根据 αz 值制成表格,可查阅有关规范。

大量计算表明, $\alpha h \geq 4.0$ 时,桩身在地面处的位移 x_0 、转角 φ_0 与桩底边界条件无关,因此 $\alpha h \geq 4.0$ 时,嵌岩桩与摩擦桩(或支承桩)计算公式均可通用。

求得 x_0 , φ_0 后,便可连同已知的 M_0 , Q_0 一起代入式(4-11)、式(4-12)、式(4-13)、式(4-14)及式(4-15),从而求得桩在地面以下任一深度的内力、位移及桩侧土抗力。

4.1.2.2 计算桩身内力及位移的无量纲法

按上述方法,用基本公式(4-11)、式(4-12)、式(4-13)、式(4-14)计算 $x_z , \varphi_z , M_z ,$ Q_z 时,计算工作量相当繁重。若桩的支承条件及入土深度符合一定要求,可采用无量纲法进行计算,即直接由已知的 M_0 , Q_0 求解。

1. $\alpha h > 2.5$ 的摩擦桩及 $\alpha h \geq 3.5$ 的支承桩

将式(4-17)代入式(4-11)得

$$
\begin{aligned}
x_z &= \left(\frac{Q_0}{\alpha^3 EI} A_{x_0} + \frac{M_0}{\alpha^2 EI} B_{x_0} \right) A_1 - \frac{B_1}{\alpha} \left(\frac{Q_0}{\alpha^2 EI} A_{\varphi_0} + \frac{M_0}{\alpha EI} B_{\varphi_0} \right) + \frac{M_0}{\alpha^2 EI} C_1 + \frac{Q_0}{\alpha^3 EI} D_1 \\
&= \frac{Q_0}{\alpha^3 EI} (A_1 A_{x_0} - B_1 A_{\varphi_0} + D_1) + \frac{M_0}{\alpha^2 EI} (A_1 B_{x_0} - B_1 B_{\varphi_0} + C_1) \\
&= \frac{Q_0}{\alpha^3 EI} A_x + \frac{M_0}{\alpha^2 EI} B_x
\end{aligned}
\tag{4-19a}
$$

式中, $A_x = (A_1 A_{x_0} - B_1 A_{\varphi_0} + D_1)$; $B_x = (A_1 B_{x_0} - B_1 B_{\varphi_0} + C_1)$ 。

同理,将式(4-17)分别代入式(4-12)、式(4-13)、式(4-14)再经整理归纳即可得

$$
\varphi_z = \frac{Q_0}{\alpha^2 EI} A_\varphi + \frac{M_0}{\alpha EI} B_\varphi
\tag{4-19b}
$$

$$
M_z = \frac{Q_0}{\alpha} A_m + M_0 B_m
\tag{4-19c}
$$

$$
Q_z = Q_0 A_Q + \alpha M_0 B_Q
\tag{4-19d}
$$

2. $\alpha h > 2.5$ 的嵌岩桩

将式(4-18)分别代入式(4-11)、(4-12)、(4-13)、(4-14)再经整理得

$$
x_z = \frac{Q_0}{\alpha^3 EI} A_x^0 + \frac{M_0}{\alpha^2 EI} B_x^0
\tag{4-20a}
$$

$$
\varphi_z = \frac{Q_0}{\alpha^2 EI} A_\varphi^0 + \frac{M_0}{\alpha EI} B_\varphi^0
\tag{4-20b}
$$

$$
M_z = \frac{Q_0}{\alpha} A_m^0 + M_0 B_m^0
\tag{4-20c}
$$

$$
Q_z = Q_0 A_Q^0 + \alpha M_0 B_Q^0
\tag{4-20d}
$$

式(4-19)、式(4-20)即为桩在地面下位移及内力的无量纲计算公式,其中 $A_x , B_x , A_\varphi ,$ $B_\varphi , A_m , B_m , A_Q , B_Q$ 及 $A_x^0 , B_x^0 , A_\varphi^0 , B_\varphi^0 , A_m^0 , B_m^0 , A_Q^0 , B_Q^0$ 为无量纲系数,均为 αh 和 αz 的函数,已将其制成表格供查用(见《公桥基规》附表1~12)。使用时,应根据不同的桩底支承条件,选择不同的计算公式,然后按 $\alpha h , \alpha z$ 查出相应的无量纲系数,再将这些系数代入式(4-19)、

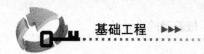

式(4－20)求出所需的未知量。

当 $\alpha h \geqslant 4$ 时,无论桩底支承情况如何,均可采用式(4－19)或式(4－20)及相应的系数来计算。其计算结果极为接近。

由式(4－19)及式(4－20)可较迅速地求得桩身各截面的水平位移、转角、弯矩、剪力,以及桩侧土抗力。从而就可验算桩身强度、决定配筋量,验算桩侧土抗力及桩上墩台位移等。

3. 桩身最大弯矩位置 $Z_{M\max}$ 和最大弯矩 $M_{\max}$ 的确定

计算桩身各截面处弯矩 M_z,主要用于检验桩的截面强度和配筋计算(关于配筋的具体计算方法,见结构设计原理教材内容)。为此要找出弯矩最大的截面所在的位置 $Z_{M\max}$ 及相应的最大弯矩 $M_{\max}$ 值。一般可将各深度 Z 处的 M_z 值求出后绘制 $Z-M_z$ 图,即可从图中求得,也可用数解法求得 $Z_{M\max}$ 及 $M_{\max}$ 值如下:

在最大弯矩截面处,其剪力 Q 等于零,因此 $Q_z=0$ 处的截面即为最大弯矩所在的位置 $Z_{M\max}$。

由式(4－19d)令

$$Q_z = Q_0 A_Q + \alpha M_0 B_Q = 0$$

则

$$\frac{\alpha M_0}{Q_0} = -\frac{A_Q}{B_Q} = C_Q \tag{4-21}$$

式中,C_Q 为与 αz 有关的系数,可按《公桥基规》中附表13采用。C_Q 值从式(4－21)求得后即可从附表13中求得相应的 αz 值,因为 $\alpha = \sqrt[5]{\dfrac{mb_1}{EI}}$ 为已知,所以最大弯矩所在的位置 $Z=Z_{M\max}$ 值即可求得。

由式(4－21)可得

$$\frac{Q_0}{\alpha} = M_0 D_Q \quad \text{或} \quad M_0 = \frac{Q_0}{\alpha} C_Q \tag{4-22}$$

将式(4－22)代入式(4－19c)则得

$$M_{\max} = M_0 D_Q A_m + M_0 B_m = M_0 K_m \tag{4-23}$$

式中,$K_m = A_m D_Q + B_m$,亦为无量纲系数,同样可由《公桥基规》中附表13查取,$K_Q = A_m + B_m C_Q$。

4. 桩顶位移的计算公式

如图4－10为置于非岩石地基中的桩,已知桩露出地面长 l_0,若桩顶为自由,其上作用了 Q 及 M,顶端的位移可应用叠加原理计算。设桩顶的水平位移为 x_1,它是由:桩在地面处的水平位移 x_0、地面处转角 φ_0 所引起在桩顶的位移 $\varphi_0 l_0$、桩露出地面段作为悬臂梁桩顶在水平力 Q 作用下产生的水平位移 x_Q 以及在 M 作用下产生的水平位移 x_m 组成,即

$$x_1 = x_0 - \varphi_0 l_0 + x_Q + x_m \tag{4-24a}$$

因 φ_0 逆时针为正,故式中用负号。

桩顶转角 φ_1 则由:地面处的转角 φ_0,桩顶在水平力 Q 作用下引起的转角 φ_Q 及弯矩作用下所引起的转角 φ_m 组成即

$$\varphi_1 = \varphi_0 + \varphi_Q + \varphi_m \tag{4-24b}$$

上两式中的 x_0 及 φ_0 可按计算所得的 $M_0 = Ql_0 + M$ 及 $Q_0 = Q$ 分别代入式(4－19a)及式(4－19b)(此时式中的无量纲系数均用 $z=0$ 时的数值)求得,即

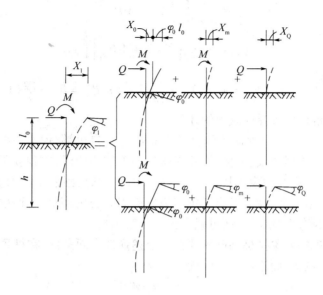

图 4 - 10　桩顶位移计算

$$x_0 = \frac{Q}{\alpha^3 EI} A_x + \frac{M + Q l_0}{\alpha^2 EI} B_x \qquad (4-24c)$$

$$\varphi_0 = -\left(\frac{Q}{\alpha^2 EI} A_\varphi + \frac{M + Q l_0}{\alpha EI} B_\varphi \right) \qquad (4-24d)$$

式(4-24a)、(4-24b)中的 $x_Q, x_m, \varphi_Q, \varphi_m$ 是把露出段作为下端嵌固、跨度为 l_0 的悬臂梁计算而得,即

$$\left. \begin{array}{l} x_Q = \dfrac{Q l_0^3}{3EI}; \quad x_m = \dfrac{M l_0^2}{2EI} \\[3mm] \varphi_Q = \dfrac{-Q l_0^2}{2EI}; \quad \varphi_m = \dfrac{-M l_0}{EI} \end{array} \right\} \qquad (4-25)$$

由式(4-24c)、(4-24d)及式(4-25)算得 x_0, x_m 及 $x_Q, x_m, \varphi_Q, \varphi_m$ 代入式(4-24a)、(4-24b)再经整理归纳,便可写成如下表达式

$$\left. \begin{array}{l} x_1 = \dfrac{Q}{\alpha^3 EI} A_{x_1} + \dfrac{M}{\alpha^2 EI} B_{x_1} \\[3mm] \varphi_1 = -\left(\dfrac{Q}{\alpha^2 EI} A_{\varphi_1} + \dfrac{M}{\alpha EI} B_{\varphi_1} \right) \end{array} \right\} \qquad (4-26)$$

式中, $A_{x_1}, B_{x_1} = A_{\varphi_1}, B_{\varphi_1}$ 均为 $\bar{h} = \alpha h$ 及 $\bar{l}_0 = \alpha l_0$ 的函数,列于《公桥基规》附表 14 ~ 16。

对桩底嵌固于岩基中,桩顶为自由端的桩顶位移计算,只要按式(4-20a)、(4-20b)计算出 $z = 0$ 时的 x_0, φ_0 即可按上述方法求出桩顶水平位移 x_1 及转角 φ_1,其中 $x_Q, x_m, \varphi_Q, \varphi_m$ 仍可按式(4-25)计算。

当桩露出地面部分为变截面,其上部截面抗弯刚度为 $E_1 I_1$ (直径为 d_1,高度为 h_1),下部截面抗弯刚度为 EI (直径 d,高度 h_2)。设 $n = \dfrac{E_1 I_1}{EI}$,则桩顶 x_1 和 φ_1 分别为

$$x_1 = \frac{1}{a^2 EI}\left[\frac{Q}{a}A'_{x_1} + MB'_{x_1}\right]$$

$$\varphi_1 = -\frac{1}{aEI}\left[\frac{Q}{a}A'_{\varphi_1} + MB'_{\varphi_1}\right]$$

$$(4-27)$$

式中　$A'_{x_1} = A_{x_1} + \dfrac{\bar{h}_2^3}{3n}(1-n)$；$B'_{x_1} = A'_{\varphi_1} = A_{\varphi_1} + \dfrac{\bar{h}_2^2}{2n}(1-n)$；$B'_{\varphi_1} = B_{\varphi_1} + \dfrac{\bar{h}_2}{n}(1-n)$；$\bar{h}_2 = ah_2$。

5. 单桩及单排桩桩顶按弹性嵌固的计算

前述的单桩、单排桩露出地面段的桩顶点是假定为自由端，但对一些中小跨径的简支梁或板式桥梁其支座采用切线、平板、橡胶支座或油毛毡垫层时，桩顶就不应作为完全自由端考虑，由于梁或板的弹性约束作用，在受水平外力作用时，限制了桩墩盖梁转动，甚至不能产生转动，而仅产生水平位移，形成了所谓弹性嵌固。若采用桩顶弹性嵌固的假定，则可使桩入土部分的桩身弯矩减少，从而可减少桩身钢筋用量。

如所要计算的单桩或单排桩基础桩顶符合上述弹性嵌固条件，在桩顶受水平力 H 作用时，它就只产生水平位移，而不产生转动则

$$\varphi_a = 0 \quad x_a \neq 0$$

式中　x_a——A 截面的水平位移；

　　　φ_a——A 截面的转角。

可将弹性嵌固端用双联杆支点表示，并以未知弯矩 M_a（使顶端不产生转动的弯矩）代替联杆的约束转动作用后，利用前述的无量纲法，即可求出 M_a 和 x_a。

令式（4-27）中 $\varphi_1 = 0$，其相应的 M 即为 M_a，故

$$M_a = -\frac{HA'_{\varphi_1}}{\alpha B'_{\varphi_1}}$$

$$(4-28)$$

同理

$$x_a = \frac{H}{\alpha^3 EI}\left(A'_{x_1} - \frac{A'_{\varphi_1} \cdot B'_{x_1}}{B'_{\varphi_1}}\right)$$

$$(4-29)$$

当桩墩为等截面时

$$x_a = \frac{H}{\alpha^3 EI}A_{x_a}$$

$$(4-30)$$

式中，$A_{x_a} = A_{x_1} - \dfrac{A_{\varphi_1}B_{x_1}}{B_{\varphi_1}}$ 亦为无量纲系数，可由《公桥基规》中附表 20 查取。

6. 单桩、单排桩计算步骤及验算要求

综上所述，对单桩及单排桩基础的设计计算，首先应根据上部结构的类型，荷载性质与大小，地质与水文资料，施工条件等情况，初步拟定出桩的直径、承台位置、桩的根数及排列等，然后进行如下计算：

（1）计算各桩桩顶所承受的荷载 $P_i，Q_i，M_i$；

（2）确定桩在最大冲刷线下的入土深度（桩长的确定），一般情况可根据持力层位置，荷载大小，施工条件等初步确定，通过验算再予以修改；在地基土较单一，桩底端位置不易根据土质判断时，也可根据已知条件用单桩容许承载力公式计算桩长；

（3）验算单桩轴向承载力；

（4）确定桩的计算宽度 b_1；

（5）计算桩－土变形系数 α 值；

（6）计算地面处桩截面的作用力 Q_0，M_0，并验算桩在地面或最大冲刷线处的横向位移 x_0 不大于 6 mm。然后求算桩身各截面的内力，进行桩身配筋及桩身截面强度和稳定性验算；

（7）计算桩顶位移和墩台顶位移，并进行验算；

（8）弹性桩桩侧最大土抗力 $\sigma_{ZX\max}$ 是否验算，目前无一致意见，现行《公桥基规》对此也未作要求。

4.1.3　单排桩基础算例（双柱式桥墩钻孔灌注桩基础）

4.1.3.1　设计资料（参阅图4–11）

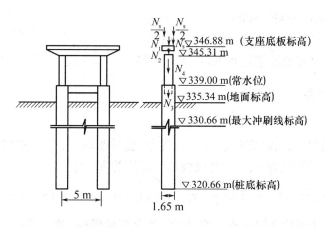

图4–11　设计资料

1. 地质与水文资料

地基土为密实细砂夹砾石，地基土比例系数 $m = 10\ 000$ kN/m^4；

地基土的极限摩阻力 $\tau = 70$ kPa；

地基土内摩擦角 $\varphi = 40°$，内聚力 $c = 0$；

地基土容许承载力 $[\sigma_0] = 400$ kPa；

土容重 $\gamma' = 11.80$ kN/m^3（已考虑浮力）；

地面标高为335.34 m，常水位标高为339.00 m，最大冲刷线标高为330.60 m，一般冲刷线标高为335.34 m。

2. 桩、墩尺寸与材料

墩帽顶标高为346.88 m，桩顶标高为339.00 m，墩柱顶标高为345.31 m；

墩柱直径1.50 m，桩直径1.65 m；

桩身混凝土用20号，其受压弹性模量 $E_h = 2.6 \times 10^4$ MPa。

3. 荷载情况

桥墩为单排双柱式，桥面宽7 m，设计荷载汽车–15级，挂–80，人行荷载3 kN/m^2，两侧人行道各宽1.5 m。

上部为30 m预应力钢筋混凝土梁，每一根柱承荷载为：

两跨恒载反力 $N_1 = 1\ 376.00$ kN。

盖梁自重反力 $N_2 = 256.50$ kN。

系梁自重反力 $N_3 = 76.40$ kN。

一根墩柱(直径 1.5 m)自重 $N_4 = 279.00$ kN。

桩(直径 1.65 m)自重每延米 $q = \dfrac{\pi \times 1.65^2}{4} \times 15 = 32.10$ kN(已知除浮力)。

两跨活载反力 $N_5 = 558.00$ kN。

一跨活载反力 $N_6 = 403.00$ kN。

车辆荷载反力已按偏心受压原理考虑横向分布的分配影响。

N_6 在顺桥向引起的弯矩 $M = 120.90$ kN。

制动力 $H = 30.00$ kN。

纵向风力:

盖梁部分 $W_1 = 3.00$ kN,对桩顶力臂 7.06 m;

墩身部分 $W_2 = 2.70$ kN,对桩顶力臂 3.15 m;

桩基础采用冲抓锥钻孔灌注桩基础,为摩擦桩。

4.1.3.2　计算

1. 桩长的计算

由于地基土层单一,用确定单桩容许承载力《公桥基规》经验公式初步反算桩长,该桩埋入最大冲刷线以下深度为 h,一般冲刷线以下深度为 h_3,则

$$N_h = [P] = \frac{1}{2}U \sum l_i \tau_i + \lambda m_0 A \{ [\sigma_0] + K_2 \gamma_2 (h_3 - 3) \}$$

式中,N_h 为一根桩受到的全部竖直荷载,kN。其余符号同前,最大冲刷线以下(入土深度)的桩重的一半作外荷计算。

当两跨活载时

$$
\begin{aligned}
N_h &= N_1 + N_2 + N_3 + N_4 + N_5 + l_0 q + \frac{1}{2} q h \\
&= 1\,376.00 + 256.50 + 76.40 + 279.00 + 558.00 + (339.00 - 330.66) \times \\
&\quad 32.10 + \frac{1}{2} \times 32.10 \times h = 2813.61 + 16.05 h \quad (\text{kN})
\end{aligned}
$$

计算 $[P]$ 时取以下数据:

桩的设计桩径 1.65 m,冲抓锥成孔直径 1.80 m,桩周长 $U = \pi \times 1.80$ m $= 5.65$ m,$A = \dfrac{\pi (1.65)^2}{4} = 2.14$ m^2,$\lambda = 0.7$,$m_0 = 0.8$,$K_2 = 4.0$,$[\sigma_0] = 400.00$ kPa,$\gamma_2 = 11.80$ kN/m^3(已扣除浮力),$\tau = 70$ kPa,所以得

$$
\begin{aligned}
[P] &= \frac{1}{2} (\pi \times 1.8 \times h \times 70) + 0.7 \times 0.8 \times 2.14 \times \\
&\quad [400 + 4.0 \times 11.8(h + 4.68 - 3)] \\
&= N_h = 2813.61 + 16.05 h
\end{aligned}
$$

所以 $h = 9.40$ m。

现取 $h = 10$ m,桩底标高为 320.66;上式计算中 4.68 为一般冲刷线到最大冲刷线的高度。取 $h = 10$ m,桩的轴向承载力符合要求。

2. 桩的内力及位移计算

(1)确定桩的计算宽度 b_1

$$b_1 = K_f(d + 1) = 0.9(1.65 + 1) = 2.385 \text{ m}$$

(2)计算桩 – 土变形系数 α

$$\alpha = \sqrt[5]{\frac{mb_1}{EI}} = \sqrt[5]{\frac{10\ 000 \times 2.385}{0.67 \times 2.6 \times 10^7 \times 0.364}} = 0.327 \text{ m}^{-1}$$

其中 $I = 0.049\ 087 \times 1.65^4 = 0.364 (\text{m}^4)$；$EI = 0.67E_h I$。

桩的换算深度 $\bar{h} = \alpha h = 0.327 \times 10 = 3.27 (> 2.5)$，所以按弹性桩计算。

(3)计算墩柱顶外力 P_i, Q_i, M_i 及最大冲刷线处桩上外力 P_0, Q_0, M_0

墩帽顶的外力(按一跨活载计算)

$$P_i = 1\ 376.00 + 403.00 = 1\ 779.00 \text{ kN}$$

$$Q_i = 30.00 + 3.00 = 33.00 \text{ kN}$$

$$M_i = 120.90 + 30.00 \times 1.57 + 3.00 \times (7.06 - 6.31) = 170.25 \text{ kN} \cdot \text{m}$$

换算到最大冲刷线处

$$P_0 = 1779.00 + 256.50 + 76.40 + 279.00 + (32.1 \times 8.34) = 2\ 658.60 \text{ kN}$$

$$Q_0 = 30.00 + 3.00 + 2.70 = 35.70 \text{ kN}$$

$$M_0 = 120.90 + 30.00(346.88 - 330.66) + 3 \times 15.40 + 2.7 \times 11.49$$
$$= 684.70 \text{ kN} \cdot \text{m}$$

(4)桩身最大弯矩位置及最大弯矩计算

$Q_z = 0$ 得

$$C_q = \frac{\alpha M_0}{Q_0} = \frac{0.327 \times 684.70}{35.7} = 6.272$$

由 $C_q = 6.272$ 及 $\bar{h} = 3.27$ 查《公桥基规》中附表 13 得

$$\bar{Z}_{M_{max}} = 0.463$$

故

$$Z_{M_{max}} = \frac{0.463}{0.327} = 1.42 \text{ m}$$

由 $\bar{Z}_{M_{max}} = 0.463$ 及 $\bar{h} = 3.27$ 查《公桥基规》中附表 13 得

$$K_m = 1.051$$

故

$$M_{max} = K_m M_0 = 1.051 \times 684.70 = 719.62 \text{ kN} \cdot \text{m}$$

(5)配筋计算及桩身材料截面强度验算

最大弯矩发生在最大冲刷线以下 $Z = 1.42$ m 处，该处 $M_{max} = 719.62$ kN·m。

$$N_j = 1.26 \times \left[(2\ 658.60 - 403.00) + \frac{1}{2}(32.1 \times 1.42) - 70\pi \times 1.8 \times 1.42 \times \frac{1}{2} \right] +$$
$$1.47 \times 403.0 = 3\ 109.06 \text{ kN}$$

$$M_j = 1.365 \times 120.9 + 1.3 \times (30 \times 17.64 + 3 \times 16.82 + 2.7 \times 12.91)$$
$$= 963.9 \text{ kN} \cdot \text{m}$$

$$e_0 = \frac{M_j}{N_j} = \frac{963.9}{3109.06} = 0.31 \text{ m}; \quad \frac{e_0}{d} = \frac{0.31}{1.65} = 0.188;$$

$$\alpha_e = \frac{0.1}{0.3 + \dfrac{e_0}{d}} + 0.143 = 0.348; l_p = l_0 + h = 8.34 + 10 = 18.34 \text{ m}$$

$$E_h = 2.6 \times 10^7 \text{ kPa}; I_h = \frac{\pi d^4}{64} = 0.364$$

因为 $\dfrac{l_p}{d} = 11.12 > 7$，所以应考虑偏心距增大系数 η。

$$\eta = \frac{1}{1 - \dfrac{\gamma_c \cdot N_j l_p^2}{10\alpha_e E_h I_h \gamma_b}} = \frac{1}{1 - \dfrac{1.25 \times 3\,109.06 \times 18.34^2}{10 \times 0.348 \times 2.6 \times 10^7 \times 0.364 \times 0.95}} = 1.72$$

$\eta e_0 = 1.72 \times 0.31 = 0.533 \text{ m}; r = 1.65/2 = 0.825 \text{ m}$

若桩身采用 20# 砼，I 级钢筋，则 $R_a = 11$ MPa，$R_g = 240$ MPa。

按《公路桥涵设计手册》"墩台与基础"圆截面配筋表进行配筋设计：

偏心距系数

$$E_r = \frac{\eta e_0}{r} = \frac{0.533}{0.825} = 0.646\,1$$

轴力系数

$$N_r = \frac{N_j}{r^2} = 4\,567.94$$

弯矩系数

$$EN_r = \frac{M_j}{r^3} = 1\,716.6$$

若取 $g = 0.9$，由《公路桥涵设计手册》附表 E – 2 查得 $\mu = 0.002$ 时，$E = 0.648\,1 \approx E_r = 0.646\,1$，此时 $\xi = 0.46$。

由《公路桥涵设计手册》附表 N – 2 及 EN – 2 查得：在 $g = 0.9$；$\mu = 0.002$，$\xi = 0.46$ 时，$N = 8\,703.2 \gg N_r$，$EN = 5\,640.8 \gg EN_r$，故桩身只需按构造要求进行配筋。

若取 $\mu = 0.002$，桩身材料足够安全，桩身裂缝宽不需进行验算。

(6)桩在最大冲刷线以下各截面的横向土抗力计算

计算式为

$$\sigma_{zx} = \frac{\alpha Q_0}{b_1} \overline{Z} \cdot A_x + \frac{\alpha^2 M_0}{b_1} \overline{Z} B_x \tag{4 – 31}$$

无量纲系数 A_x，B_x 由《公桥基规》中附表 1，4 查得，σ_{zx} 值计算列于表4 – 4。

表4 – 4

Z	$\overline{Z} = \alpha Z$	A_x	B_x	$\dfrac{\alpha}{b_1} Q_0 \overline{Z} A_x$	$\dfrac{\alpha^2}{b^2} M_0 \overline{Z} B_x$	σ_{zx}/kPa
0	0	0	0	0	0	0

表 4 – 4（续）

Z	$\overline{Z} = \alpha Z$	A_x	B_x	$\dfrac{\alpha}{b_1}Q_0\overline{Z}A_x$	$\dfrac{\alpha^2}{b^2}M_0\overline{Z}B_x$	σ_{zx}/kPa
0.615	0.2	2.275 66	1.361 58	2.23	8.36	10.59
1.23	0.4	1.944 95	1.063 87	3.81	13.069	16.87
2.15	0.7	1.478 82	0.690 80	5.07	14.84	19.91
3.08	1.0	1.065 42	0.401 50	5.21	12.33	17.54
4.62	1.5	0.513 92	0.081 32	3.77	3.74	7.51
6.15	2.0	0.132 01	− 0.086 28	1.29	− 5.30	− 4.01
7.38	2.4	− 0.082 84	− 0.153 12	− 0.97	− 11.28	− 12.25
9.23	3.0	− 0.329 46	− 0.205 92	− 4.83	− 18.96	− 23.79

（7）桩顶纵向水平位移验算

桩在最大冲刷线处水平位移 x_0 和转角 φ_0 的计算

$$x_0 = \frac{Q_0}{\alpha^3 EI}A_x + \frac{M_0}{\alpha^2 EI}B_x = \frac{35.70}{0.67 \times 2.6 \times 10^7 \times 0.327^2 \times 0.364} \times 2.614 +$$

$$\frac{684.70}{0.67 \times 2.6 \times 10^7 \times 0.327^2 \times 0.364} \times 1.699$$

$$= 2.14 \times 10^{-3}\ \mathrm{m} = 2.14\ \mathrm{mm} < 6\ \mathrm{mm}（符合规范要求）$$

$$\varphi_0 = \frac{Q_0}{\alpha^2 EI}A_\varphi + \frac{M_0}{\alpha EI}B_\varphi = \frac{35.70}{0.67 \times 2.6 \times 10^7 \times 0.327^2 \times 0.364} \times (-1.699) +$$

$$\frac{684.70}{0.67 \times 2.6 \times 10^7 \times 0.327 \times 0.364} \times (-1.788)$$

$$= -6.80 \times 10^{-4}\ \mathrm{rad}$$

由

$$I_1 = \pi \times \frac{(1.5)^4}{64} = 0.248\ \mathrm{m}^4,\ E_1 = E,\ I = \frac{\pi 1.65^4}{64} = 0.364\ \mathrm{m}^4$$

得

$$n = \frac{E_1 I_1}{EI} = \frac{(1.5)^4}{(1.65)^4} = 0.683$$

墩顶纵桥向水平位移的计算

$$l_0 = 14.5\ \mathrm{m}, \quad \alpha l_0 = 4.8, \quad h_2 = 8.34\ \mathrm{m}, \quad \alpha h_2 = 2.73$$

查《公桥基规》中附表14和附表15得

$$A_{x1} = 96.873, \quad A_{\varphi1} = 21.785$$

由式（4 – 27）中计算得

$$A'_{x_1} = 100.021, \quad B'_{x_1} = 23.515$$

故由

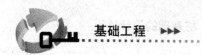

$$x_1 = \frac{1}{\alpha^2 EI}\left(\frac{\varphi}{\alpha}A'_{x_1} + MB'_{x_1}\right)$$

得

$$x_1 = 0.020\ 8\ \text{m} = 20.8\ \text{mm}$$

水平位移容许值

$$[\Delta] = 0.5\sqrt{30} = 2.74\ \text{cm} = 27.4\ \text{mm} > x_1$$

墩顶位移符合要求。

4.2 多排桩基桩内力与位移计算

如图 4-15 所示多排桩基础,其具有一个对称面的承台,且外力作用于此对称平面内,在外力作用面内由几根桩组成,并假定承台与桩头的联结为刚性的。由于各桩与荷载的相对位置不尽相同,桩顶在外荷载作用下其变位也就不同,外荷载分配到桩顶上的 P_i, Q_i, M_i 也各异,因此,P_i, Q_i, M_i 的值就不能用简单的单排桩计算方法进行计算。此时,可将外力作用平面内的桩作为一平面框架,用结构位移法解出各桩顶上的作用力 P_i, Q_i, M_i 后,再应用单桩的计算方法来进行桩的承载力与位移验算。

4.2.1 桩顶荷载的计算

4.2.1.1 计算公式及其推导

为计算群桩在外荷载 N, H, M 作用下各桩桩顶的 P_i, Q_i, M_i 的数值,先要求得承台的变位,并确定承台变位与桩顶变位的关系,然后再由桩顶的变位来求得各桩顶受力值。

假设承台为一绝对刚性体,桩头嵌固于承台内,当承台在外荷载作用下产生变位后,各桩顶之间的相对位置不变,各桩桩顶的转角与承台的转角相等,现设承台底面中心点 0 在外荷载 N, H, M 作用下,产生横轴向位移 a_0,竖轴向位移 b_0 及转角 β_0(a_0, b_0 以坐标轴正方向为正,β_0 以顺时针转动为正),则可得第 i 排桩桩顶(与承台联结处)沿 x 轴和 z 轴方向的线位移 a_{i0}, b_{i0} 和桩顶的转角 β_{i0} 分别为

$$\left.\begin{aligned} a_{i0} &= a_0 \\ b_{i0} &= b_0 + x_i\beta_0 \\ \beta_{i0} &= \beta_0 \end{aligned}\right\} \tag{4-32}$$

式中,x_i 为第 i 排桩桩顶的 x 坐标。

若以 b_i, a_i, β_i 分别代表第 i 排桩桩顶处沿桩轴向的轴向位移、横轴向位移及转角,则它们的值为

$$\left.\begin{aligned} b_i &= a_{i0}\sin\alpha_i + b_{i0}\cos\alpha_i = a_0\sin\alpha_i + (b_0 + x_i\beta_0)\cos\alpha_i \\ a_i &= a_{i0}\cos\alpha_i - b_{i0}\sin\alpha_i = a_0\cos\alpha_i - (b_0 + x_i\beta_0)\sin\alpha_i \\ \beta_i &= \beta_{i0} = \beta_0 \end{aligned}\right\} \tag{4-33}$$

式中,α_i 为第 i 根桩桩轴线与竖直线夹角即倾斜角,见图 4-12 所示。

若第 i 根桩桩顶产生的作用力 P_i, Q_i, M_i,如图 4-13,则可以利用图 4-14 中桩的变位图式计算 P_i, Q_i, M_i 值,若令:

① 当第 i 根桩桩顶处仅产生单位轴向位移(即 $b_i = 1$)时,在桩顶引起的轴向力为 ρ_1;

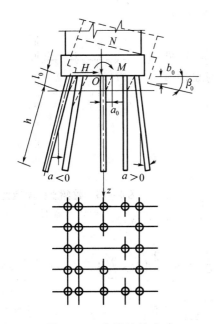

图 4 – 12　多排桩基础

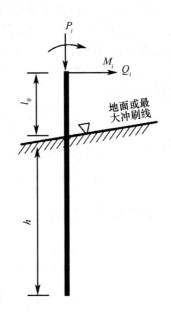

图 4 – 13　受力图

②当第 i 根桩桩顶处仅产生单位横轴向位移（即 $a_i = 1$）时，在桩顶引起的横轴向力为 ρ_2；

③当第 i 根桩桩顶处仅产生单位横轴向位移（即 $a_i = 1$）时，在桩顶引起的弯矩为 ρ_3；或当桩顶产生单位转角（即 $\beta_i = 1$）时，在桩顶引起的横轴向力为 ρ_3；

④当第 i 根桩桩顶处仅产生单位转角（即 $\beta_i = 1$）时，在桩顶引起的弯矩为 ρ_4。

由此，当承台产生变位 a_0 , b_0 , β_0 时，第 i 根桩桩顶引起的轴向力 P_i、横轴向力 Q_i 及弯矩 M_i 值为

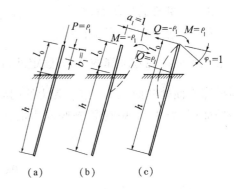

图 4 – 14　单桩刚度系数示意图

$$\left. \begin{aligned} P_i &= \rho_1 b_i = \rho_1 \left[a_0 \sin\alpha_i + (b_0 + x_i\beta_0)\cos\alpha_i \right] \\ Q_i &= \rho_2 a_i - \rho_3 \beta_i = \rho_2 \left[a_0 \cos\alpha_i - (b_0 + x_i\beta_0)\sin\alpha_i \right] - \rho_3 \beta_0 \\ M_i &= \rho_4 \beta_i - \rho_3 a_i = \rho_4 \beta_0 - \rho_3 \left[a_0 \cos\alpha_i - (b_0 + x_i\beta_0)\sin\alpha_i \right] \end{aligned} \right\} \quad (4-34)$$

只要解出 a_0 , b_0 , β_0 及 $\rho_1 , \rho_2 , \rho_3 , \rho_4$（单桩的桩顶刚度系数）后，即可从式（4 – 37）求解出任意一根桩桩顶的 P_i , Q_i , M_i 值，然后就可以利用单桩的计算方法求出桩的内力与位移。

1. ρ_1 的求解

桩顶受轴向力 P 而产生的轴向位移包括：桩身材料的弹性压缩变形 δ_C 及桩底地基土的沉降 δ_K 两部分。

计算桩身弹性压缩变形时应考虑桩侧土的摩阻力影响。对于打入摩擦桩和振动下沉摩擦桩，考虑到由于打入和振动会使桩侧土愈往下愈挤密，所以可近似地假设桩侧土的摩阻力随深度成三角形分布，如图 4 – 15（a）所示。对于钻、挖孔桩则假定桩侧土摩阻力在整

个人土深度内近似地沿桩身成均匀分布,如图 4-15(b)所示。对端承桩则不考虑桩侧土摩阻力的作用。

当桩侧土的摩阻力按三角形分布时,设桩底平面 A_0 处的摩阻力为 τ_h,桩身周长为 U,令桩底承受的荷载与总荷载 P 之比值为 γ',则

$$\tau_h = \frac{2P(1-\gamma')}{Uh}$$

作用于地面以下深度 z 处桩身截面上的轴向力 P_z 为

$$P_z = P - \frac{z^2}{h^2}P(1-\gamma')$$

因此桩身的弹性压缩变形 δ_c 为

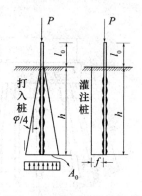

图 4-15 桩侧土的摩阻力变化示意图

$$\delta_c = \frac{Pl_0}{EA} + \frac{1}{EA}\int_0^h P_z dz = \frac{Pl_0}{EA} + \frac{P}{EA}\cdot h \cdot \frac{2}{3}\left(1+\frac{\gamma'}{2}\right)$$

$$= \frac{P}{EA}\left[l_0 + \frac{2}{3}h\left(1+\frac{\gamma'}{2}\right)\right] = \frac{l_0+\xi h}{EA}\cdot P \tag{4-35}$$

式中　ξ——系数,$\xi = \frac{2}{3}\left(1+\frac{\gamma'}{2}\right)$,摩阻力均匀分布时 $\xi = \frac{1}{2}(1+\gamma')$;

　　　　A——桩身的横截面积;

　　　　E——桩身的受压弹性模量。

桩底平面处地基沉降的计算,假定外力借桩侧土的摩阻力和桩身作用自地面以 $\frac{\varphi}{4}$ 角扩散至桩底平面处的面积 A_0 上(φ 为土的内摩擦角),如此面积大于以相邻底面中心距为直径所得的面积,则 A_0 采用相邻桩底面中心距为直径所得的面积。因此桩底地基土沉降 δ_K 即为

$$\delta_K = \frac{P}{C_0 A_0}$$

式中,C_0 为桩底平面的地基土竖向地基系数,$C_0 = m_0 h$,比例系数 m_0 按"m"法规定取用。

因此桩顶的轴向变形

$$b_i = \delta_0 + \delta_K$$

$$b_i = \frac{P(l_0+\xi h)}{AE} + \frac{P}{C_0 A_0} \tag{4-36}$$

式(3-35)中 γ' 一般认为可暂不考虑。《公桥基规》对于打入桩和振动桩由于桩侧摩阻力假定为三角形分布取 $\xi = \frac{2}{3}$,钻挖孔桩采用 $\xi = \frac{1}{2}$,柱桩则取 $\xi = 1$。

由式(3-36)知当 $b_i = 1$ 时,求得的 P 值即为 ρ_1,因此可得

$$\rho_1 = \frac{1}{\dfrac{l_0+\xi h}{AE} + \dfrac{1}{C_0 A_0}} \tag{4-37}$$

2. ρ_2,ρ_3,ρ_4 的求解

从单桩的计算公式中得知桩顶的横轴向位移 x_1 及转角 φ_1 为

$$a_i = x_1 = \frac{Q}{\alpha^3 EI} A_{x_1} + \frac{M}{\alpha^2 EI} B_{x_1}$$

$$\beta_i = \varphi_1 = \frac{Q}{\alpha^2 EI} A_{\varphi_1} + \frac{M}{\alpha EI} B_{\varphi_1}$$

解此两式,得

$$Q = \frac{\alpha^3 EI B_{\varphi_1} a_i - \alpha^2 EI B_{x_1} \beta_i}{A_{x_1} B_{\varphi_1} - A_{\varphi_1} B_{x_1}}$$

$$M = \frac{\alpha EI A_{x_1} \beta_i - \alpha^2 EI A_{\varphi_1} a_i}{A_{x_1} B_{\varphi_1} - A_{\varphi_1} B_{x_1}} \qquad (4-38)$$

当桩顶仅产生单位横向位移 $a_i = 1$ 而转角 $\beta_i = 0$ 时,代入上式得

$$\rho_2 = Q = \frac{\alpha^3 EI B_{\varphi_1}}{A_{x_1} B_{\varphi_1} - A_{\varphi_1} B_{x_1}} \qquad (4-39\text{a})$$

$$-\rho_3 = M = \frac{-\alpha^2 EI A_{\varphi_1}}{A_{x_1} B_{\varphi_1} - A_{\varphi_1} B_{x_1}} \qquad (4-39\text{b})$$

又当桩顶仅产生单位转角 $\beta_i = 1$ 而横轴向位移 $a_i = 0$ 时,代入式(4-38)得

$$\rho_4 = M = \frac{\alpha EI A_{x_1}}{A_{x_1} B_{\varphi_1} - A_{\varphi_1} B_{x_1}} \qquad (4-39\text{c})$$

如令

$$x_Q = \frac{B_{\varphi_1}}{A_{x_1} B_{\varphi_1} - A_{\varphi_1} B_{x_1}}$$

$$x_m = \frac{A_{\varphi_1}}{A_{x_1} B_{\varphi_1} - A_{\varphi_1} B_{x_1}}$$

$$\varphi_m = \frac{A_{x_1}}{A_{x_1} B_{\varphi_1} - A_{\varphi_1} B_{x_1}}$$

则式(4-39a)、(4-39b)、(4-39c)为

$$\left. \begin{array}{l} \rho_2 = \alpha^3 EI x_Q \\ \rho_3 = \alpha^2 EI x_m \\ \rho_4 = \alpha EI \varphi_m \end{array} \right\} \qquad (4-39\text{d})$$

上列式中 x_Q, x_m, φ_m 也是无量纲系数,均是 $\bar{h} = \alpha h$ 及 $\bar{l}_0 = \alpha l_0$ 的函数,当设计的桩符合下列条件之一时可查用:①$ah > 2.5$ 的摩擦桩;②$ah \geq 3.5$ 的支承桩;③$ah \geq 4$ 的嵌岩桩。对于 $2.5 \leq ah \leq 4$ 的嵌岩桩另有表格,可在有关设计手册中查用。

3. a_0, b_0, β_0 的计算

a_0, b_0, β_0 可按结构力学的位移法求得。沿承台底面取隔离体(如图4-16所示)考虑作用力的平衡,即 $\sum N = 0, \sum H = 0, \sum M = 0$(对0点取矩),可列出位移法的典型方程如下:

$$\left. \begin{array}{l} a_0 \gamma_{ba} + b_0 \gamma_{bb} + \beta_0 \gamma_{b\beta} - N = 0 \\ a_0 \gamma_{aa} + b_0 \gamma_{ab} + \beta_0 \gamma_{a\beta} - H = 0 \\ a_0 \gamma_{\beta a} + b_0 \gamma_{\beta b} + \beta_0 \gamma_{\beta\beta} - M = 0 \end{array} \right\} \qquad (4-40)$$

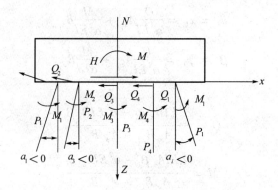

图 4 - 16　承台脱离体

式中，γ_{ba}，γ_{aa}，$\cdots$，$\gamma_{\beta\beta}$九个系数为桩群刚度系数，即当承台产生单位横轴向位移时$(a_0 = 1)$，所有桩顶对承台作用的竖轴向反力之和、横轴向反力之和及反弯矩之和为γ_{ba}，γ_{aa}，$\gamma_{\beta a}$。

$$\left.\begin{array}{l} \gamma_{ba} = \sum\limits_{i=1}^{n}(\rho_1 - \rho_2)\sin\alpha_i\cos\alpha_i \\[2mm] \gamma_{aa} = \sum\limits_{i=1}^{n}(\rho_1\sin^2\alpha_i + \rho_2\cos^2\alpha_i) \\[2mm] \gamma_{\beta a} = \sum\limits_{i=1}^{n}\left[(\rho_1 - \rho_2)x_i\sin\alpha_i\cos\alpha_i - \rho_3\cos\alpha_i\right] \end{array}\right\} \quad (4-41)$$

式中，n 表示桩的根数。

承台产生单位竖向位移时$(b_0 = 1)$，所有桩顶对承台作用的竖轴向反力之和、横轴向反力之和及反弯矩之和为γ_{bb}，γ_{ab}，$\gamma_{\beta b}$

$$\left.\begin{array}{l} \gamma_{bb} = \sum\limits_{i=1}^{n}(\rho_1\cos^2\alpha_i + \rho_2\sin^2\alpha_i) \\[2mm] \gamma_{ab} = \gamma_{ba} \\[2mm] \gamma_{\beta b} = \sum\limits_{i=1}^{n}\left[(\rho_1\cos^2\alpha_i + \rho_2\sin^2\alpha_i)x_i + \rho_3\sin\alpha_i\right] \end{array}\right\} \quad (4-42)$$

承台绕坐标原点产生单位转角$(\beta_0 = 1)$，所有桩顶对承台作用的竖轴向反力之和、横轴向反力之和及反弯矩之和为γ_{bb}，γ_{ab}，$\gamma_{\beta b}$

$$\left.\begin{array}{l} \gamma_{b\beta} = \gamma_{\beta b} \\[2mm] \gamma_{a\beta} = \gamma_{\beta a} \\[2mm] \gamma_{\beta\beta} = \sum\limits_{i=1}^{n}\left[(\rho_1\cos^2\alpha_i + \rho_2\sin^2\alpha_i)x_i^2 + 2x_i\rho_3\sin\alpha_i + \rho_4\right] \end{array}\right\} \quad (4-43)$$

联解式(4-40)则可得承台位移 a_0，b_0，β_0 各值。

求得 a_0，b_0，β_0 及 ρ_1，ρ_2，ρ_3，ρ_4 后，可一并代入式(4-34)即可求出各桩桩顶所受作用力 P_i，Q_i，M_i 值，然后则可按单桩来计算桩身内力与位移。

4.2.1.2　竖直对称多排桩的计算

上面讨论的桩可以是斜的，也可以是直的。目前钻孔灌注桩常采用全部为竖直桩，且设置成对称型，这样计算就可简化。将坐标原点设于承台底面竖向对称轴上，此时

$$\gamma_{ab} = \gamma_{ba} = \gamma_{b\beta} = \gamma_{\beta b} = 0 \text{ 代入式}(4-40)\text{ 可得}$$

$$b_0 = \frac{N}{\gamma_{bb}} = \frac{N}{\sum_{i=1}^{n} \rho_1} \tag{4-44}$$

$$a_0 = \frac{\gamma_{bb}H - \gamma_{a\beta}M}{\gamma_{aa}\gamma_{\beta\beta} - \gamma_{a\beta}^2} = \frac{\left(\sum_{i=1}^{n}\rho_4 + \sum_{i=1}^{n}x_i^2\rho_1\right)H + \sum_{i=1}^{n}\rho_3 M}{\sum_{i=1}^{n}\rho_2\left(\sum_{i=1}^{n}\rho_4 + \sum_{i=1}^{n}x_i^2\rho_1\right) - \left(\sum_{i=1}^{n}\rho_3\right)^2} \tag{4-45}$$

$$\beta_0 = \frac{\gamma_{aa}M - \gamma_{a\beta}H}{\gamma_{aa}\gamma_{\beta\beta} - \gamma_{a\beta}^2} = \frac{\sum_{i=1}^{n}\rho_2 M + \sum_{i=1}^{n}\rho_3 H}{\sum_{i=1}^{n}\rho_2\left(\sum_{i=1}^{n}\rho_4 + \sum_{i=1}^{n}x_i^2\rho_1\right) - \left(\sum_{i=1}^{n}\rho_3\right)^2} \tag{4-46}$$

当桩基中各桩直径相同时,则

$$b_0 = \frac{N}{n\rho_1} \tag{4-47}$$

$$a_0 = \frac{\left(n\rho_4 + \rho_1\sum_{i=1}^{n}x_i^2\right)H + n\rho_3 M}{n\rho_2\left(n\rho_4 + \rho_1\sum_{i=1}^{n}x_i^2\right) - n^2\rho_3^2} \tag{4-48}$$

$$\beta_0 = \frac{n\rho_2 M + n\rho_3 H}{n\rho_2\left(n\rho_4 + \rho_1\sum_{i=1}^{n}x_i^2\right) - n^2\rho_3^2} \tag{4-49}$$

因为桩均为竖直且对称,式(4-34)可写成

$$\left.\begin{array}{l} P_i = \rho_1 b_i = \rho_1(b_0 + x_i\beta_0) \\ Q_i = \rho_2 a_0 - \rho_3\beta_0 \\ M_i = \rho_4\beta_0 - \rho_3 a_0 \end{array}\right\} \tag{4-50}$$

求得桩顶作用力后,桩身任一截面内力与位移即可按前述单桩计算方法计算。

4.2.2　多排桩算例

如图4-17所示为双排式钢筋混凝土钻孔灌注桩桥墩基础。

4.2.2.1　设计资料

1. 地质及水文资料

河床土质为卵石,粒径50~60 mm约占60%,20~30 mm约占30%,石质坚硬,孔隙大部分由砂密实填充,卵石层深度达58.6 m。

地基系数的比例系数 $m = 120\,000$ kN/m^4(密实卵石);

地基基本容许承载力$[\sigma_0] = 1\,000$ kPa;

桩周土极限摩阻力 $\tau = 400$ kPa;

土的容重 $\gamma = 20.00$ kN/m^3(未计浮力);

土内摩擦 $\varphi = 40°$

地面(河床)标高69.54 m;一般冲刷线标高63.54 m;最大冲刷线标高60.85 m;承台底

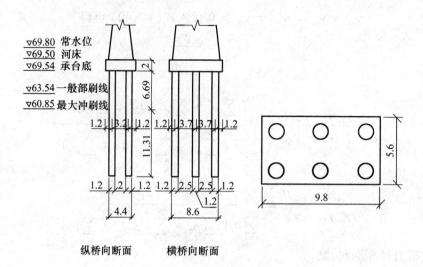

纵桥向断面　　横桥向断面

图 4 – 17　双排桩计算例题图

标高 67.54 m;常水位标高 69.80 m。

2. 荷载

上部为等跨 30 m 的钢筋混凝土预应力梁桥,荷载为纵向控制设计,作用于混凝土桥墩承台顶面纵桥向的荷载如下:

恒载及一孔活载时

$$\sum N = 6\ 791.40\ \text{kN}$$

$$\sum H = 358.60\ \text{kN(制动力及风力)}$$

$$\sum M = 4\ 617.30\ \text{kN} \cdot \text{m(竖直反力偏心距、制动力、风力等引起的弯矩)}$$

恒载及二孔活载时

$$\sum N = 7\ 798.00\ \text{kN}$$

承台用 20 号混凝土,尺寸为 $2.0 \times 4.5 \times 8.0$ m

作用在承台底面中心的荷载为

恒载加一孔活载(控制桩截面强度荷载)时

$$\sum N = 6\ 791.40 + 2.0 \times 4.5 \times 8.0 \times 25.00 = 8\ 591.40\ \text{kN}$$

$$\sum H = 358.60\ \text{kN}$$

$$\sum M = 4\ 617.30 + 358.60 \times 2.0 = 5\ 334.50\ \text{kN} \cdot \text{m}$$

恒载加二孔活载(控制桩入土深度荷载)时

$$\sum N = 7\ 798.00 + (2.0 \times 4.5 \times 8.0 \times 25) = 9\ 598.00\ \text{kN}$$

3. 桩基础采用高桩承台式摩擦桩

根据施工条件,桩拟采用直径 $d = 1.0$ m,以冲抓锥施工。

桩群布置经初步计算拟采用 6 根灌注桩,其排列见图 4 – 17 所示,为对称竖直双排桩基础,经试算桩底标高拟采用 50.54 m。

4.2.2.2　计算

1. 桩的计算宽度 b_1

$$b_1 = K_f \cdot K_0 \cdot K \cdot d = 0.9(d+1)K$$

$$K = b' + \frac{1-b'}{0.6} \times \frac{L_1}{h_1} = 0.6 + \frac{0.4}{0.6} \times \frac{1.5}{6} = 0.767$$

$$(L_1 = 1.5\ \text{m};\quad h_1 = 3(d+1) = 6\ \text{m};\quad n = 2;\quad b' = 0.6)$$

所以　　　　　　　　　$b_1 = 0.9(1+1) \times 0.767 = 1.38\ \text{m}$

2. 桩–土变形系数 α

$$\alpha = \sqrt[5]{\frac{mb_1}{EI}};\quad m = 120\ 000\ \text{kN/m}^4$$

$$E = 0.67E_h = 0.67 \times 2.6 \times 10^7\ \text{kN/m}^2;$$

$$I = \frac{\pi d^4}{64} = 0.049\ 1\ \text{m}^4$$

所以

$$\alpha = \sqrt[5]{\frac{120\ 000 \times 1.38}{0.67 \times 2.6 \times 10^7 \times 0.049\ 1}} = 0.72\ \text{m}^{-1}$$

桩在最大冲刷线以下深度 $h = 10.31\ \text{m}$，其计算长度则为：$\bar{h} = \alpha h = 0.72 \times 10.31 = 7.42$（$>2.5$），故按弹性桩计算。

3. 桩顶刚度系数 $\rho_1, \rho_2, \rho_3, \rho_4$ 值计算

$$\rho_1 = \frac{1}{\dfrac{l_0 + \xi h}{AE_h} + \dfrac{1}{C_0 A_0}}$$

$$l_0 = 6.69\ \text{m};\quad h = 10.31\ \text{m};\quad \xi = \frac{1}{2};\quad A = \frac{\pi d^2}{4} = 0.785\ \text{m}^2$$

$$C_0 = m_0 h = 120\ 000 \times 10.31 = 1.237 \times 10^6\ \text{kN/m}^3$$

$$A_0 = \pi \left(\frac{1.0}{2} + 10.31 \times \tan\frac{40°}{4}\right)^2 = 16.88\ \text{m}^2$$

按桩中心距计算面积，故取 $A_0 = \dfrac{\pi}{4} \times 2.5^2 = 4.91\ \text{m}^2$，所以

$$\rho_1 = \left[\frac{6.69 + \dfrac{1}{2} \times 10.31}{0.785 \times 2.6 \times 10^7} + \frac{1}{1.237 \times 10^6 \times 4.91}\right]^{-1}$$

$$= 1.34 \times 10^6 = 1.567EI$$

已知：$\bar{h} = \alpha h = 0.72 \times 10.31 = 7.42$（$>4$），取用 4；

$$\bar{l}_0 = \alpha l_0 = 0.72 \times 6.69 = 4.82。$$

查《公桥基规》中附表 4–17,4–18,4–19 得：$x_Q = 0.040\ 74$；$x_m = 0.134\ 33$，$\varphi_m = 0.595\ 26$。由式（4–42d）得

$$\rho_2 = \alpha^3 EI x_Q = 0.015\ 2EI$$

$$\rho_3 = \alpha^2 EI x_m = 0.069\ 6EI$$

$$\rho_4 = \alpha EI \varphi_m = 0.429EI$$

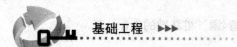

4. 计算承台底面原点 0 处位移 a_0, b_0, β_0（单孔活载 + 恒载 + 制动力等）

由式（4 – 44）、（4 – 45）、（4 – 46）得

$$b_0 = \frac{N}{n\rho_1} = \frac{8\,591.40}{6 \times 1.567EI} = \frac{913.78}{EI}$$

$$a_0 = \frac{\left(n\rho_4 + \rho_1 \sum_{i=1}^n x_i^2\right)H + n\rho_3 M}{n\rho_2\left(n\rho_4 + \rho_1 \sum_{i=1}^n x_i^2\right) - n^2\rho_3^2}$$

$$n\rho_4 + \rho_1 \sum_{i=1}^n x_i^2 = 6 \times 0.429EI + 1.567EI \times 6 \times 1.25^2 = 17.26EI$$

$$n\rho_2 = 6 \times 0.015\,2EI = 0.091\,2EI$$

$$n\rho_3 = 6 \times 0.069\,6EI = 0.417\,6EI, \quad n^2\rho_3^2 = 0.174\,4(EI)^2$$

所以

$$a_0 = \frac{17.26EI \times 358.60 + 0.417\,6EI \times 5\,334.50}{0.091\,2EI \times 17.64EI - 0.174\,4(EI)^2} = \frac{6\,011.61}{EI}$$

$$\beta_0 = \frac{n\rho_2 M + n\rho_3 H}{n\rho_2\left(n\rho_4 + \rho_1 \sum_{i=1}^n x_i^2\right) - n^2\rho_3^2} = \frac{454.42}{EI}$$

5. 计算作用在每根桩顶上作用力 P_i, Q_i, M_i

按式（4 – 50）计算

竖向力

$$P_i = \rho_1(b_0 + x_i\beta_0) = 1.567EI\left(\frac{913.78}{EI} \pm 1.25\,\frac{454.42}{EI}\right) = \begin{cases} 2\,321.99 \text{ kN} \\ 541.80 \text{ kN} \end{cases}$$

水平力

$$Q_i = \rho_2 a_0 - \rho_3\beta_0 = 0.015\,2EI \cdot \frac{6011.61}{EI} - 0.069\,6EI \cdot \frac{454.42}{EI} = 59.75 \text{ kN}$$

弯矩

$$M_i = \rho_4\beta_0 - \rho_3 a_0 = 0.429EI \cdot \frac{454.42}{EI} - 0.069\,6EI \cdot \frac{6\,011.61}{EI} = -224.74 \text{ kN} \cdot \text{m}$$

校核

$$nQ_i = 6 \times 59.75 = 358.50 \text{ kN} \approx \sum H = 358.60 \text{ kN}$$

$$\sum_{i=1}^n x_i P_i + nM_i = 3 \times (2321.99 - 541.80) \times 1.25 + 6 \times (-223.46)$$

$$= 5\,334.95 \text{ kN} \cdot \text{m} \approx \sum M = 5334.50 \text{ kN} \cdot \text{m}$$

$$\sum_{i=1}^n nP_i = 3(2\,321.99 + 541.80) = 8\,591.37 \text{ kN} \approx 8\,591.40 \text{ kN}$$

6. 计算最大冲刷线处桩身弯矩 M_0、水平力 Q_0 及轴向力 P_0。

$$M_0 = M_i + Q_i l_0 = 223.46 + 59.75 \times 6.69 = 176.27 \text{ kN} \cdot \text{m}$$

$$Q_0 = 59.75 \text{ kN}, P_0 = 2\,321.99 + 0.786 \times 6.69 \times 15 = 2\,400.76 \text{ kN}$$

求得 M_0,Q_0,P_0 后就可按单桩进行计算和验算,然后进行群桩基础承载力和沉降(需要时)验算(方法见本章第三节)。

4.2.3　基桩自由长度承受土压力时的计算

如图 4-18 所示这种桥台图式,应考虑桥头路堤填土直接作用于露出地面段桩身 l_0 上的土压力影响,除此之外,它基本上与前述形式的高桩承台桩基础的受力情况一样。因此,同样可应用式(4-40)来计算各桩的受力值,而不同之处仅是式中外力这一项多了路堤填土土压力及其引起的弯矩,式(4-40)可改用下式来表达:

$$\left.\begin{array}{l} a_0\gamma_{ba} + b_0\gamma_{bb} + \beta_0\gamma_{b\beta} - \left(N + \sum\limits_{i=1}Q_q\sin\alpha_i\right) = 0 \\[2mm] a_0\gamma_{aa} + b_0\gamma_{ab} + \beta_0\gamma_{a\beta} - \left(H - \sum\limits_{i=1}Q_q\cos\alpha_i\right) = 0 \\[2mm] a_0\gamma_{\beta a} + b_0\gamma_{\beta b} + \beta_0\gamma_{\beta\beta} - \left(M - \sum M_q + \sum\limits_{i=1}x_iQ_q\sin\alpha_i\right) = 0 \end{array}\right\} \qquad (4-51)$$

式中　M_q,Q_q——由于土压力作用于桩身露出段 l_0 上而在桩顶(即承台与桩连接处)产生的弯矩与剪力,如图 4-19,图中所示各值均为正值;

　　　　n'——第 i 排桩承受侧向土压力的桩数。

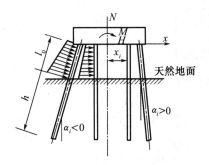

图 4-18　桥台图式

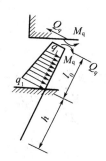

图 4-19　受力示意图

M_q,Q_q 的计算:

认为桩顶与承台为刚性连接,下端与土的联结为弹性嵌固,如图 4-20 所示,按力学原

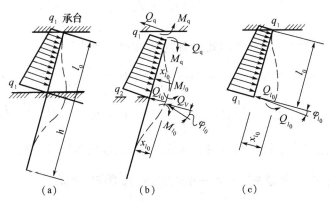

(a)　　　　　　　(b)　　　　　　　(c)

图 4-20　弹性嵌固示意图

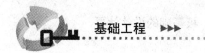

理则得

$$M_{l_0} = M_q + Q_q l_0 + \left(\frac{q_1}{2!} + \frac{q_2 - q_1}{3!} \right) l_0^2 \left. \right\}$$

$$Q_{l_0} = Q_q + \left(q_1 + \frac{q_2 - q_1}{2!} \right) l_0 \qquad (4-52)$$

式中,q_1,q_2 为桩顶及地面处作用土压力值。

由图 4 – 23(c)按材料力学变位计算及将式(4 – 52)代入可得

$$x_{l_0} = \frac{M_{l_0} l_0^0}{2EI} - \frac{Q_{l_0} l_0^3}{3EI} + \frac{q_1 l_0^4}{8EI} + \frac{11(q_2 - q_1) l_0^4}{120EI}$$

$$= \left[\frac{M_q l_0^2}{2!} + \frac{Q_q l_0^3}{3!} + \frac{q_1 l_0^4}{4!} + \frac{(q_2 - q_1) l_0^4}{5!} \right] \times \frac{1}{EI} \right\}$$

$$\varphi_{l_0} = \frac{M_{l_0} l_0}{EI} - \frac{Q_{l_0} l_0^2}{2EI} + \frac{q_1 l_0^3}{6EI} + \frac{(q_2 - q_1) l_0^3}{8EI} \qquad (4-53)$$

$$= \left[M_q l_0 + \frac{Q_q l_0^2}{2!} + \frac{q_1 l_0^3}{3!} + \frac{(q_2 - q_1) l_0^3}{4!} \right] \times \frac{1}{EI} \right\}$$

桩在地面以下部分,由于地面处作用 M_{l_0}、Q_{l_0},则地面处桩的位移根据式(4 – 19a)、(4 – 19b)为

$$x_{l_0} = \frac{M_{l_0}}{\alpha^2 EI} B_x + \frac{Q_{l_0}}{\alpha^3 EI} A_x \left. \right\}$$

$$\varphi_{l_0} = \frac{M_{l_0}}{\alpha EI} B_\varphi + \frac{Q_{l_0}}{\alpha^2 EI} A_\varphi \qquad (4-54)$$

由于变形连续条件,将式(4 – 53)代入式(4 – 54)可得

$$\frac{M_q l_0^2}{2!} + \frac{Q_q l_0^3}{3!} + \frac{q_1 l_0^4}{4!} + \frac{(q_2 - q_1) l_0^4}{5!} = \frac{M_{l_0}}{\alpha^2} B_x + \frac{Q_{l_0}}{\alpha^3} A_x \left. \right\}$$

$$M_q l_0 + \frac{Q_q l_0^3}{2!} + \frac{q_1 l_0^3}{3!} + \frac{(q_2 - q_1) l_0^3}{4!} = \frac{M_{l_0}}{\alpha} B_\varphi + \frac{Q_{l_0}}{\alpha^2} A_\varphi \qquad (4-55)$$

联解式(4 – 52)和式(4 – 55)即可得 M_{l_0},Q_{l_0},M_q,Q_q,将这些数据代入式(4 – 51),并利用式(4 – 41)、(4 – 42)、(4 – 43)便可解出各桩顶(与承台联结处)的轴向力 P_i、横轴向力 Q_i 和弯矩 M_i;对于直接承受土压力的桩,只要再加上求得 Q_q,M_q,即得桩顶的 Q 和 M

$$Q = Q_i + Q_q \qquad (4-56)$$

$$M = M_i + M_q \qquad (4-57)$$

在求得桩顶的 Q 和 M 之后,地面处的剪力 Q_0 和弯矩 M_0 即为

$$Q_0 = Q + \left(q_1 + \frac{q_2 - q_1}{2!} \right) l_0 = Q + \left(\frac{q_2 + q_1}{2!} \right) l_0 \qquad (4-58)$$

$$M_0 = M + Q l_0 + \left(\frac{q_1}{2!} + \frac{q_2 - q_1}{3!} \right) l_0^2 = M + Q l_0 + \frac{(q_2 + 2q_1)}{3!} l_0^2 \qquad (4-59)$$

然后就可按前述的方法计算出桩身各截面的剪力、弯矩和侧向土抗力等。

4.2.4 低桩承台考虑桩—土—承台共同作用的计算

承台埋入地面或最大冲刷线以下时(见图 4 – 21),可考虑承台侧面土的水平抗力与桩

和桩侧土共同作用抵抗和平衡水平外荷载的作用。

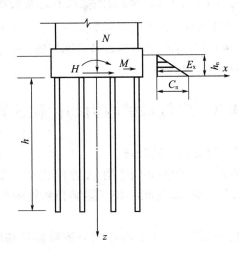

图4 – 21 承台受力图

若承台埋入地面或最大冲刷线的深度为 h_n，Z 为承台侧面任一点距底面距离（取绝对值），则 Z 点的位移为 $a_0 + \beta_0 Z$（a_0 为承台底面中心的水平位移，β_0 为转角），承台侧面（宽 B）土作用在单位宽度上的水平抗力 E_x，及其对垂直于 xoz 平面 y 轴的弯矩 M_{Ex} 为

$$E_x = \int_0^{h_n} (a_0 + \beta_0 Z) C \mathrm{d}Z = \int_0^{h_n} (\alpha_0 + \beta_0 Z) \frac{C_n}{h_n} (h_n - Z) \mathrm{d}Z$$

$$= a_o \frac{C_n h_n}{2} + \beta_0 \frac{C_n h_n^2}{6} = a_o F^c + \beta_0 S^c$$

$$M_{Ex} = \int_0^{h_n} (a_0 + \beta_0 Z) C Z \mathrm{d}Z = a_0 \frac{C_n h_n^2}{6} + \beta_0 \frac{C_n h_n^3}{12}$$

$$= a_0 S^c + \beta_0 I^c$$

式中 C_n——承台底面处侧向土的地基系数；

F^c——承台 B_1 侧面、地基系数 C 图形的面积，$F^c = \dfrac{C_n h_n}{2}$；

S^c——承台 B_1 侧面、地基系数 C 图形面积对其底面的面积矩，$S^c = \dfrac{C_n h_n^2}{6}$；

I^c——承台 B_1 侧面、地基系数 C 图形面积对其底面的惯性矩，$I^c = \dfrac{C_n h_n^3}{12}$。

考虑低桩承台侧面土的水平土抗力参与共同作用时，桩的内力与位移计算仍旧可按前述方法，只需在力系平衡中考虑承台侧面土的抗力因素。

因此，式(4 – 40)中的相关项需增加承台侧土抗力相应作用项，即

$$\gamma_{aa} = \sum_{i=1}^n (\rho_1 \sin^2 \alpha_i + \rho_2 \cos^2 \alpha_i) + B_1 F^c$$

$$\gamma_{\beta a} = \gamma_{\alpha\beta} = \sum_{i=1}^n [(\rho_1 - \rho_2) x_i \sin\alpha_i \cos\alpha_i - \rho_3 \cos\alpha_i] + B_1 S^c$$

$$\gamma_{\beta\beta} = \sum_{i=1}^n [(\rho_1 \cos^2 \alpha_i + \rho_s \sin\alpha_i) x_i^2 + 2 x_i \rho_3 \sin\alpha_i + \rho_4] + B_1 I^c$$

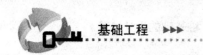

式中，$B_1 = B + 1$，为承台侧面的计算宽度。

其余 γ_{ba}，γ_{bb}，$\gamma_{\beta b}$ 仍按式（4 − 41）、（4 − 42）计算，所有各系数在计算 ρ_1，ρ_2，$\cdots$，ρ_4 时可用式（4 − 37）、（4 − 39d），并令 $l_0 = 0$。查无量纲系数时 $\bar{h} = \alpha h$ 中，h 应自承台底面算起。P_i，Q_i，M_i 的计算仍按式（4 − 34）。如基桩全为竖直且对称布置，则 γ_{aa}，$\gamma_{\beta a}$，$\gamma_{\beta \beta}$ 等 9 个系数由于 $\alpha_i = 0$，也可按前述方法导得其简化计算公式。

4.3　群桩基桩内力与位移计算

群桩基础：由基桩群与承台组成的桩基础。

群桩：基桩间的相互影响与承台的共同作用，工作性状与单桩不同。

水平荷载（包括弯矩）作用时，基桩间的相互影响和基桩的受力分析与计算，上节有关部分作了论述。

本节主要讨论群桩基础在荷载作用下的竖向分析和群桩基础的竖向承载力与变形验算问题。

4.3.1　群桩基础的工作性状及其特点

4.3.1.1　柱桩群桩基础

柱桩群桩基础通过承台分配到各基桩桩顶的荷载，绝大部分或全部由桩身直接传递到桩底，由桩底岩层（或坚硬土层）支承。由于桩底持力层刚硬，桩的贯入变形小，低桩承台的承台底面地基反力与桩侧摩阻力和桩底反力相比所占比例很小，可忽略不计。因此承台分担荷载的作用和桩侧摩阻力的扩散作用一般均不予考虑。桩底压力分布面积较小，各桩的压力叠加作用也小（R 可能发生在持力层深部），群桩基础中的各基桩的工作状态近同于单桩，如图 4 − 22 所示，可以认为柱桩群桩基础的承载力等于各单桩承载力之

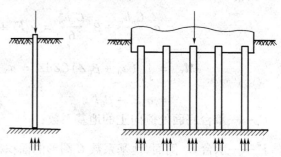

图 4 − 22　柱桩桩底平面的应力分布

和，其沉降量等于单桩承载量，即不考虑群桩效应。因此，群桩效应是针对摩擦桩群桩基础而言。

4.3.1.2　摩擦桩群桩基础

由摩擦桩组成的群桩基础，在竖向荷载作用下，桩顶上的作用荷载主要通过桩侧土的摩阻力传递到桩周土体。由于桩侧摩阻力的扩散作用，使桩底处的压力分布范围要比桩身截面积大得多（如图 4 − 23 所示），以使群桩中各桩传布到桩底处的应力可能叠加，群桩桩底处地基土受到的压力比单桩大；且由于群桩基础的基础尺寸大，荷载传递的影响范围也比单桩深（图 4 − 24 所示），因此桩底下地基土层产生的压缩变形和群桩基础的沉降比单桩大。在桩的承载力方面：群桩基础的承载力也绝不是等于各单桩承载力总和的简单关系。

工程实践也说明,群桩基础的承载为常小于各单桩承载力之和,但有时也可能会大于或等于各单桩承载力之和。群桩基础除了上述桩底应力的叠加和扩散影响外,桩群对桩侧土的摩阻力也必然会有影响。摩擦桩群的工作性状与单桩相比有显著区别。群桩不同于单桩的工作性状所产生的效应,可称群桩效应,它主要表现在对桩基承载力和沉降的影响。

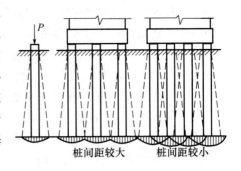

图4-23 柱摩擦桩桩底平面的应力分布

影响群桩基础承载力和沉降的因素很复杂,与土的性质、桩长、桩距、概数、群桩的平面排列和大小等因素有关。通过模型试验研究和野外测定表明,上述诸因素中,桩距大小的影响是主要的,其次是桩数。发现当桩距较小,土质较坚硬时,在荷载作用下,桩间土与桩群作为一个整体而下沉,桩底下士层受压缩,破坏时呈"整体破坏";而当桩距足够大、土质较软时,桩与土之间产生剪切变形,桩辞呈"刺入破坏"。在一般情况下群桩基础兼有这两种性状。现通常认为当桩间中心距离至6倍桩径时,可不考虑群桩效应。

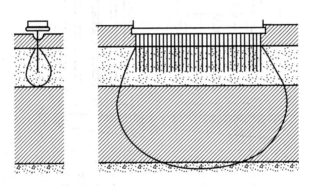

图4-24 群桩和单桩应力传布深度比较

4.3.2 群桩基础承载力验算

正如上述,当桩距较大,单桩荷载传到桩底处的压力叠加影响较小时,可不考虑群桩效应。《公桥基规》规定:当桩距不小于6倍桩径时,不须验算群桩基础承载力,只要验算单桩容许承载力即可;当桩距小于6倍桩径时,需验算桩底持力层土的容许承载力,持力层下有软弱土层时,还应验算软弱下卧层的承载力。

4.3.2.1 桩底持力层承载力验算

摩擦桩群桩基础当桩间中心距小于6倍桩径时,如图4-25所示,将桩基础视为相当于 $cdef$ 范围内的实体基础,桩侧外力认为以 $\varphi/4$ 角向下扩散,可按下式验算桩底平面处土层的承载力

$$\sigma_{\max} = \overline{\gamma}l + \gamma h - \frac{BL\gamma h}{A} + \frac{N}{A}\left(1 + \frac{eA}{W}\right) \leqslant \left[\sigma_{h+1}\right] \qquad (4-60)$$

式中 $\sigma_{\max}$ ——桩底平面处的最大压应力,kPa;

$\bar{\gamma}$——桩底以上土的平均容重(包括桩的重力在内),kN/m；

γ——承台底面以上土的容量,kN/m；

N——作用于承台底面合力的竖直分力,kN；

e——作用于承台底面合力的竖直分力对桩底平面处计算面积重心轴的偏心距,m；

A——假想的实体基础在桩底平面处的计算面积 $a \times b$,a,b 为承台底面处桩基平面轮廓的长度、宽度(m)(见图4-25),m^2；

W——假想的实体基础在桩底平面处的截面模量,m^3；

L,B——承台的长度、宽度,m；

φ——基桩所穿过各土层范围内摩擦角的加权平均值；

σ_{h+1}——桩底平面处土的容许承载力,kPa。

其中 $h + i$ 属承台置于地面(或最大冲刷线)以下的情况,如承台高出地面则 $h = 0$,其深度即为(见图4-25)。

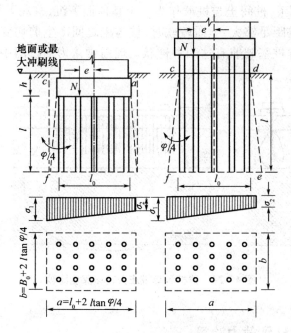

图4-25 群桩作为整体基础计算示意图

注:①框图内"计算和确定参数"是指须参与计算的各常数及单排桩、多排桩计算需用的各种参数；

②x_0 是指地面或最大冲刷深度处桩的横向位移。

4.3.2.2 软弱下卧层强度验算

软弱下卧层验算方法是按土力学中土内应力分布规律计算出软弱土层顶面处的总应力不得大于该处地基土的容许承载力,可参见第2章有关部分。

4.3.3 群桩基础沉降验算

超静定结构桥梁或建于软土、湿陷性黄土地基或沉降较大的其他土层的静定结构桥梁墩台的群桩基础应计算沉降量并进行验算。

当柱桩或桩的中心距大于6倍桩径的摩擦桩群桩基础,可以认为其沉降量等于在同样土层中静载试验的单桩沉降量。

当桩的中心距小于6倍桩径的摩擦桩群桩基础,则作为实体基础考虑,可采用分层总和法计算沉降量。具体计算可参阅有关规范或设计手册。

由以上的介绍可见,桩基础设计计算的工作量是相当大的,因此,许多单位已经编制有计算软件可供使用。其基本步骤概括于图4-26所示的计算框图中。

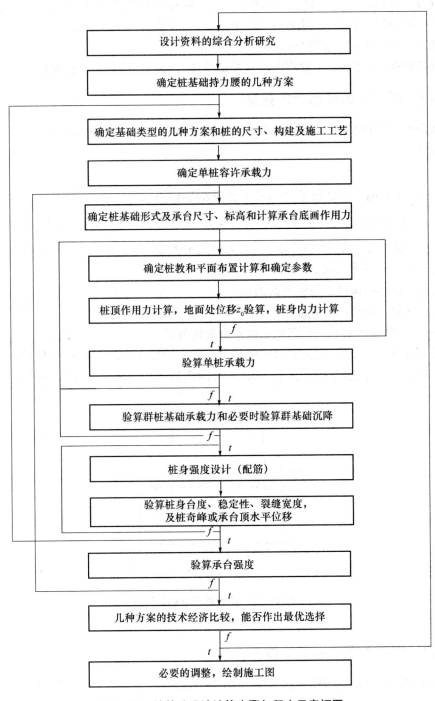

图4-26 桩基础设计计算步骤与程序示意框图

4.4 承台计算

承台是桩基础的一个重要组成部分,承台应有足够的强度和刚度,以便把上部结构的荷载传递给各桩,并将各单桩联结成整体。

承台设计包括确定承台材料、形状、高度、底面标高和平面尺寸以及强度验算,并符合构造要求。除强度验算外,上述各项均可根据本章前叙有关内容初步拟定确定,经验算后若不能满足有关要求时,仍须修改设计,直至满足为止。

承台按极限状态设计,一般均应进行局部受压、抗冲剪、抗弯和抗剪验算。

4.4.1 桩顶处的局部受压验算

桩顶作用于承台混凝土的压力,如不考虑桩身与承台混凝土间的黏着力,局部承压时,按下式计算:

$$P_i' \leqslant \beta A_c R_a^j / \gamma_m$$

式中 P_i'——承台内一根基桩承受的最大计算的轴向力(kN),$P_i' = \gamma_{so}\psi \sum \gamma_{si} P_i$,其中结构重要性系数 γ_{so}、荷载组合系数 ψ、荷载安全系数 $\sum \gamma_{si}$ 可查《公路砖石及混凝土桥涵设计规范》取用,P_i 为桩的最大轴向力;

γ_m——材料安全系数,凝土为 1.54;

A_c——承台内基裤桩顶横截面面积;

R_a^j——凝土抗压椒限强度此;

β——局部承压时吧的提高系数规范有规定计算方法。

结果不符合上式要求,应在承台内桩的顶面以上设置 1~2 层钢筋网,钢筋网的边长应大于桩径的 2.5 倍,钢筋直径不宜小于 12 mm,网孔为 100×100 mm 左右如图 4-27 所示。

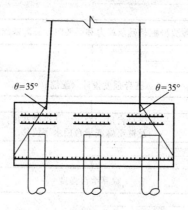

图 4-27 承台桩顶处钢筋网

4.4.2 桩对承台的冲剪验算

桩顶到承台顶面 t_0,应根据桩顶对承台的冲剪强度,按下式近似计算确定:

$$t_0 \geqslant P_j' \gamma_m / u_m R_j^j$$

式中,u_m 承台受桩冲剪,破裂锥体的平均周长,$u_m = (u_1 + u_2)/2$,u_1 承台内桩顶周长,如图 4-28,当采用破桩头联结时可按喇叭口周长计,m;u_2 为承台顶面受桩冲剪后预计破裂面周长(m),桩顶承台冲剪破裂线按35°向上扩张,如图4-28所示。R_j^l 为混凝土抗剪极限强度(kN/m²)。t_0 一般不应小于 0.5 ~ 1.0 m,如不符上式要求,也应如图4-27所示,在桩顶设钢筋网。如基桩在承台的布置范围不超过墩台边缘以刚性角(α_{max})向外扩散范围(如图4-28所示),可不验算桩对承台的冲剪强度。

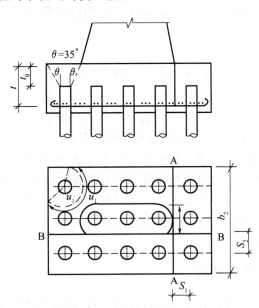

图4-28　承台冲剪验算截面

4.4.3　承台抗弯及抗剪强度验算

承台应有足够的厚度及受力钢筋以保证其抗弯及抗剪切强度。承台在桩反力作用下,作为双向受弯构件尚无统一验算方法,现以图4-28,桩基础重力式桥墩为例,说明常采用的承台内力在两个方向上分别进行单向受力的近似计算方法。

1. 承台抗弯验算

按照图4-28所示桩及桥墩在承台布置情况,承台最大弯矩将发生在墩底边缘截面 Ⅰ-Ⅰ 及 Ⅱ-Ⅱ。按单向受弯计算,该截面弯矩计算公式为

$$M_{Ⅰ-Ⅰ} = m_1 S_1 P_1$$
$$M_{Ⅱ-Ⅱ} = m_2 S_2 P_2$$

式中　$M_{Ⅰ-Ⅰ}$,$M_{Ⅱ-Ⅱ}$——分别为承台 Ⅰ-Ⅰ 及 Ⅱ-Ⅱ 截面所产生的弯矩,kN·m;

m_1,m_2——对 Ⅰ-Ⅰ 及 Ⅱ-Ⅱ 截面作用的基桩数,在图中 $m_1 = 3$,$m_2 = 5$;

S_1,S_2——每排桩中心到截面 Ⅰ-Ⅰ 及 Ⅱ-Ⅱ 的距离(m),如襟边范围内对计算截面作用的桩超过一排时,各排桩的 S,m 应分别计算后叠加;

P_1,P_2——对 Ⅰ-Ⅰ 及 Ⅱ-Ⅱ 截面作用的各排桩的单桩在设计荷载作用下平均轴向受力,kN。

在确定承台的验算截面弯矩后,可根据钢筋混凝土矩形截面受弯构件按极限状态设计

法进行承台纵桥向及横桥向配筋计算或验算截面抗弯强度。

2. 承台抗剪切强度验算

承台应有足够的厚度,防止沿墩身底面边缘Ⅰ-Ⅰ及Ⅱ-Ⅱ截面处产生剪切破坏。在各截面剪切力分别为 m_1P_1 及 m_2P_2,按此验算承台厚度,必要时在承台纵桥向及横桥向配置抗剪钢筋网或加大承台厚度。

在验算承台强度时,承台厚度可自顶面算至承台底层钢筋网。桩柱式墩台,一般应将桩柱上盖梁视为支承在桩柱的单跨或多跨连续受弯构件计算并配筋和验算截面强度,以保证其抗弯、抗剪结构强度和位移、裂缝等。

4.5　桩基础的设计

设计桩基础应根据上部结构的形式与使用要求,荷载的性质与大小,地质和水文资料,以及材料供应和施工条件等,确定适宜的桩基类型和各组成部分的尺寸,保证承台、基桩和地基在强度、变形和稳定性方面,满足安全和使用上的要求,并应同时考虑技术和经济上的可能性和合理性。桩基础的设计方法与步骤一般先根据收集的必要设计资料,拟定出设计方案(包括选择桩基类型、桩长、桩径、桩数、桩的布置、承台位置与尺寸等,,然后进行基桩和承台以及桩基础整体的强度、稳定、变形检验,经过计算、比较、修改直至符合各项要求,最后确定较佳的设计方案。

4.5.1　桩基础类型的选择

选择桩基础类型时应根据设计要求和现场的条件,同时要考虑到各种类型桩和桩基础具用的不同特点(如本章第二节所述),注意扬长避短,给予综合考虑选定。

1. 承台底面标高的考虑

承台底面的标高应根据桩的受力情况,桩的刚度和地形、地质、水流、施工等条件确定。承台低稳定性较好,但在水中施工难度较大,因此可用于季节性河流,冲刷小的河流或岸滩上墩台及旱地上其他结构物基础。当承台埋于冻胀土层中时,为了避免由于土的冻胀引起桩基础的损坏,承台底面应位于冻结线以下不少于 0.25 m。对于常年有流水、冲刷较深,或水位较高,施工排水困难,在受力条件允许时,应尽可能采用高桩承台。承台如在水中、在有流冰的河道,承台底面应位于最低冰层底面以下不少于 0.25 m;在有其他漂流物或通航的河道,承台底面也应适当放低,以保证基桩不会直接受到撞击,否则应设置防撞装置。采用木桩时,由于木材在湿度经常变化的环境容易腐朽,承台内木桩顶应位于最低水位以下至少 0.3 m。当作用在桩基础上的水平力和弯矩较大,或桩侧土质较差,为减少桩身所受的内力可适当降低承台底面,为节省墩合身圬工数量,则可适当提高承台底面。

2. 柱桩桩基和摩擦桩桩基的考虑

柱桩与摩擦桩的选择主要根据地质和受力情况确定。柱桩桩基础承载力大,沉降量小,较为安全可靠,因此当基岩埋深较浅时应考虑采用柱桩桩基。若适宜的岩层埋置较深或受到施工条件的限制不宜采用柱桩时,则可采用摩擦桩,但在同一桩基础中不宜同时采用柱桩和摩擦桩,同时也不宜采用不同材料、不同直径和长度相差过大的桩,以避免桩基产生不均匀沉降或丧失稳定性。

当采用柱桩时,除桩底支承在基岩上(即柱承桩)外,如覆盖层较薄,或水平荷载较大时,还需将桩底端嵌入基岩中一定深度成为嵌岩桩,以增加桩基的稳定性和承载能力。为保证嵌岩桩在横向荷载作用下的稳定性,需嵌入基岩的深度与桩嵌固处的内力及桩周岩石强度有关,应分别考虑弯矩和轴向力要求,由要求较大的来控制设计深度。考虑弯矩时,可用下述近似方法确定。

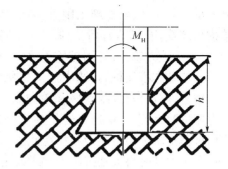

如图4-29所示的假设,即忽略嵌固处水平剪力影响,桩在岩层表面处弯矩 M_B 作用下,绕嵌入深度 h 的 1/2 处转动;偏安全地不计桩底与岩石的摩阻力;不考虑桩底抵抗弯矩,M_B 由桩侧岩层产生的水平抗力平衡。并考虑到桩侧为圆性状曲面,其四周受力不均匀,假定最大应力为平均应力的 1.27 倍。

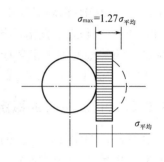

图4-29　嵌入岩层最小深度计算图式

由以上假设,根据静力平衡条件($\sum M = 0$),便可列出下式

$$M_H = \frac{1}{2} \cdot \frac{\sigma_{max}}{1.27} \cdot d \cdot \frac{h}{2} \cdot \frac{2h}{3} \tag{4-61}$$

因此

$$h = \sqrt{\frac{M_H}{\dfrac{\sigma_{max} d}{6 \times 1.27}}} \tag{4-62}$$

为了保证桩在岩层中嵌固牢靠,对桩周岩层产生的最大侧向压应力 σ 不应超过岩石的侧向容许抗力 $[\sigma] = 1/K \cdot \beta \cdot R_c$($K$ 为安全系数,$K = 2$),所以得圆形截面柱桩嵌入岩层的最小深度计算公式如下:

$$h = \sqrt{\frac{M_H}{0.066 \beta R_c d}} \tag{4-63}$$

式中　h——桩嵌入岩层的最小深度,m;

d——嵌岩桩嵌岩部分的设计直径,m;

M_H——在岩层顶面处的桩身弯矩(计算方法见本章第五节),kN·m;

β——岩石垂直极限抗压强度换算为水平极限抗压强度的折减系数 $\beta = 0.5 \sim 1.0$,岩层侧面节理发达的取小值,节理不发达的取大值;

R_c——天然湿度的岩石单轴极限抗压强度,kPa。

由于式(4-63)中作了如上一些简化假设,且 R_c 值规定取法也偏安全,因此使用此式时,可结合具体情况考虑。考虑桩底轴向力计算嵌岩深度时,可按前面计算。为保证嵌固牢靠,在任何情况下均不计风化层,嵌入岩层最小深度不应小于 0.5 m。

3.单排桩桩基础和多排桩桩基础的考虑

单排桩桩基与多排桩桩基的确定主要根据受力情况,并与桩长、桩数的确定密切相关。多排桩稳定性好,抗弯刚度较大,能承受较大的水平荷载,水平位移小,但多排桩的设置将会增大承台的尺寸,增加施工困难,有时还影响航道;单排桩与此相反,能较好地与柱式墩台结构形式配用,可节省圬工,减小作用在桩基的竖向荷载。因此,当桥跨不大、桥高较矮时,或单桩承载力较大,需用桩数不多时常采用单排排架式基础。公路桥梁自采用了具有较大刚度的钻孔灌注桩后,选用盖梁式承台双柱或多柱式单排墩台桩柱基础也较广泛,对较高的桥台,拱桥桥台,制动墩和单向水平推力墩基础则常需用多排桩。在桩基受有较大水平力作用时,无论是单排桩还是多排桩,若能选用斜桩或竖直桩配合斜桩的形式则将明显增加桩基抗水平力的能力和稳定性。

4. 至于设计时将桩基按施工方式或按材科从打入桩、震动沉入桩、沉管灌注桩、钻(挖)孔灌注桩、管柱基础、钢筋混凝土桩、预应力混凝土桩、钢管桩等桩型的选择应根据地质情况、上部结构要求和施工技术设备条件等确定。

所选定的桩型的施工工艺应适用于该地质条件,确保桩的质量,并具有技术合理性和经济优越性(参阅本章第二、三节)。

4.5.2 桩径、桩长的拟定

桩径与桩长的设计即基桩的外部尺寸的设计,它应综合考虑荷载的大小、土层性质及桩周土阻力状况、桩基类型与结构特点、桩的长径比以及施工设备与技术条件等因素优选确定,力求做到既满足使用要求又造价经济,最有效地利用和发挥地基土和桩身材料的承载性能。设计时常先拟定尺寸,然后通过基桩计算和验算,视所拟定的尺寸是否经济合理,再作最后确定。

1. 桩径拟定

当桩的类型选定后,桩的横截面(桩径)可根据各类桩的特点与常用尺寸(见本章第二节),并考虑上述因素选择确定。

2. 桩长拟定

桩长确定的关键在于选择桩底持力层,因为桩底持力层对于桩的承载力和沉降有着重要影响,设计时可先根据地质条件选择适宜的桩底持力层初步确定惦长,并应考虑施工的可能性(如打桩设备能力或钻进的最大深度等)。一般总希望把惦底置于岩层或坚实的土层上,以得到较大的承载力和较小的沉降量。如在施工条件容许的深度内没有坚实土层存在,应尽可能选择压缩性较低、强度较高的土层作为持力层,要避免把桩底坐落在软土层上或离软弱下卧层的距离太近,以免桩基础发生过大的沉降。对于摩擦桩,有时桩底持力层可能有多种选择,此时确定桩长与桩数两者相互牵连,遇此情况,可通过试算比较,选用较合理的桩长。摩擦桩的桩长不应拟定太短,一般不宜小于 4 m。因为桩长过短则达不到设置桩基把荷载传递到深层或减小基础下沉量的目的,且必然增加桩数很多、扩大了承台尺寸。也影响施工的进度。此外,为保证发挥摩擦桩桩底土层支承力,桩底端部应插入桩底持力层一定深度(插入深度与持力层土质、厚度及桩径等因素有关)一般不宜小于 1 m。

4.5.3 确定基桩的根数及其在平面的布置

1. 桩的根数估算

一个基础所需桩的根数可根据承台底面上的竖向荷载和单桩容许承载力按下式估算:

$$n = \mu N/[P] \tag{4-64}$$

式中 n——桩的根数;

N——作用在承台底面上的竖向荷载,kN;

　　　$[P]$——单桩容许承载力,kN;

　　　μ——考虑偏心荷载时各桩受力不均而适当增加桩数的经验系数,可取 $\mu = 1.1 \sim$
　　　　　1.2。

　　估算的桩数是否合适,尚待验算各桩的受力状况后验证确定。桩数的确定理应还须考虑满足桩基础水平承载力要求的问题。若有水平静载试验资料,可用各单桩水平承载力之和作为桩基础的水平承载力(为偏安全考虑)来验核按式(4-64)估算的桩数,但一般情况下,桩基水平承载为是由基桩的材料强度所控制,可对基桩的结构强度设计(如钢筋混凝土桩的配筋设计与截面强度验算)来满足,所以桩数仍以式(4-64)来估算。此外,桩数的确定与承台尺寸、桩长和桩的间距的确定相关联,确定时应综合考虑。

　　2. 桩的间距确定

　　考虑桩与桩侧土的共同作用条件和施工的需要,对桩轴线中心距离(桩的间应有一定的要求。

　　钻(挖)孔灌注桩的摩擦桩中心距不得小于2.5倍成孔直径,支承或嵌固在岩层的柱桩中心距不得小于2倍的成孔直径(矩形桩为边长),桩的最大中心距一般也不超过5~6倍桩径。打入桩的中心距不应小于桩径(或边长)的从3倍,在软土地区尚宜适当增加。如设有斜桩,桩的中心距在桩底处不应小于桩径的3倍,在承台底面不小于桩径的1.5倍;若用振动法沉入砂土内的桩,在桩底处的中心距不应小于桩径的4倍。管柱的中心距一般为管柱外径的2~3倍(摩擦桩)或2倍(柱桩)。为了避免承台边缘距桩身边近而发生破裂,并考虑桩顶位置允许的偏差,边桩外侧到承台边缘的距离,对于桩径小于或等于1.0 m的桩不应小于0.5倍桩径,且不小于0.25 m对于桩径大于1.0 m的桩不应小于0.3倍桩径并不小于0.5 m(盖梁不受此限)。

　　3. 桩的平面布置

　　桩数确定后,可根据桩基受力情况选用单排桩桩基或多排桩桩基。多排桩的排列形式常采用行列式(图4-30(a))和梅花式(图4-30(b)),在相同的承台底面积,后者可排列较多的基桩,而前者有利于施工。

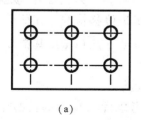
(a)

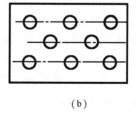
(b)

图4-30　桩的平面布置

　　桩基础中基桩的平面布置,除应满足上述的最小桩距等构造要求外,还应考虑基桩布置对桩基受力有利。为使各桩受力均匀,充分发挥每根桩的承载能力,设计布置时应尽可能使桩群横截面的重心与荷载合力作用点重合或接近,通常桥墩桩基础中基桩采取对称布置,而桥台多排桩桩基础视受力情况在纵桥向采用非对称布置,当作用于桩基的弯矩较大时,宜尽量将桩布置在离承台形心较远处,采用外密内疏的布置方式,以增大基桩对承台形

心或合力作用点的惯性矩,提高桩基的抗弯能力。

此外,基桩布置还应考虑使承台受力较为有利,例如桩柱式墩台应尽量使墩柱轴线与基桩轴线重合,盖梁式承台的桩柱布置应使盖梁发生的正负弯矩接近或相等,以减小承台所承受的弯曲应力,

4.5.4　桩基础设计方案检验

根据上述原则所拟定的桩基础设计方案应进行检验,即对桩基础的强度、变形和稳定性进行必要的验算,以验证所拟订的方案是否合理,需否修改,能否优选成为较佳的设计方案。为此,应计算基础及其组成部件(基桩与承台)在与验算项目相应的最不利荷载组合下所受到的作用力及相应产生的内力与位移(计算方法见本章第五节),作下列各项验算。

1.单根基桩的检验

(1)单桩轴向承载力检验

①按地基土的支承力确定和验算单桩轴向承载力。目前通常仍采用单一安全系数即容许应力法进行验算。首先根据地质资料确定单桩轴向容许承载力,对于一般性桥梁和结构物,或在各种工程的初步设计阶段可按经验(规范)公式计算;而对于大型、重要桥梁或复杂地基条件还应通静载试验或其他方法,并作详细分析比较,较准确合理地确定。随后,验算单桩容许承载力,应以最不利荷载组合计算出受轴向力最大的一根基桩进行验算。

②按桩身材料强度确定和检验单桩承载力。检验时,把桩作为一根压弯构件,按概率极限状态设计方法以承载能力极限状态验算桩身压屈稳定和截面强度,以正常使用极限状态验算桩身裂缝宽度。

(2)单桩横向承载检验

当有水平静载试验资料时可以直接检验桩的水平容许承载是否满足地面处水平力作用,一般情况下桩身还作明有弯矩,或无水平静载试验资料时,均应验算相身截面强度。

(3)单桩水平位移检验

现行规范未直接提及桩的水平位移验算,但规范规定需作墩台顶水平位移验算,在荷载作用下,墩台水平位移值的大小,除了与墩台本身材料受力变位外,取抉柱桩的水平位移及转角,因此墩台顶水平位移验算包含了对单桩水平位移检验。在荷载作用下,墩台顶水平位移 Δ 不应超过规定的容许值$[\Delta]$即 $\Delta \leqslant [\Delta] = 0.5\sqrt{L}$(cm),其中 L 为桥孔跨径(以 m 计)。

(4)弹性桩单桩桩侧土的水平向土抗力强度检验

正如前述此项需否检验目前尚无一致意见,考虑此项检验的目的在于保证桩侧土的稳定

而不发生塑性破坏,予以安全储备,并确保桩侧土处于弹性状态,符合弹性地基梁法理论上的假设要求。检验时要求是桩侧土产生的最大土抗力不应超过其容许值。

2.群桩基础承载力和沉降量的检验

当摩擦桩群桩基础的基桩中心距小于6倍桩径时,需检验群桩基础的承载力,包括桩底持力层承载力验算及软弱下卧层的强度验算;必要时还须验算桩基沉降量,包括总沉降量和相邻墩台的沉降差。

3. 承台强度检验

承台作为构件,一般应进行局部受压、抗冲剪、抗弯和抗剪强度验算。

4.6　综合习题

4.6.1　单桩承载力

条件:有一批桩,经单桩竖向静载荷试验得三根试桩的单桩竖向极限承载力分别为 830 kN,860 kN 和 880 kN。

要求:单桩竖向承载力容许值。

参考答案:

根据《建筑地基与基础规范》附录 Q(6),(7)进行计算。其单桩竖向极限承载力平均值为

$$\frac{830 + 860 + 880}{3} = \frac{2\,575}{3} = 858.3 \text{ kN}$$

极差 $880 - 830 = 50$ kN。$\frac{50}{858.3} = 5.82\% < 30\%$,极差小于平均值的 30%。

$$R_a = \frac{858.3}{2} = 429.3 \text{ kN}$$

4.6.2　单桩竖向极限承载力

条件:某工程柱下桩基础,采用振动沉管灌注桩,桩身设计直径为 377 mm,桩身有效计算长度 13.6 m。地质资料如图 4-31 所示。

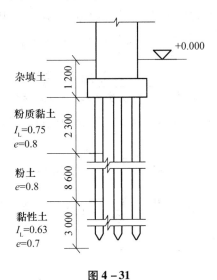

图 4-31

要求:确定单桩竖向承载力容许值。

参考答案:

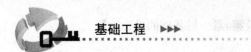
$$[R_a] = \frac{1}{2}(u \sum_{i=1}^{n} \alpha_i l_i q_{ik} + \alpha_r A_p q_{rk})$$

查表粉质黏土,粉土,黏性土摩阻力标准值分别为 45 kPa、55 kPa、53 kPa。

$$[R_a] = \frac{1}{2}(u \sum_{i=1}^{n} \alpha_i l_i q_{ik} + \alpha_r A_p q_{rk})$$

$$= \frac{1}{2}[3.14 \times 0.377(0.7 \times 2.3 \times 45 + 0.9 \times 8.6 \times 55 + 0.6 \times 2.7 \times 53) +$$

$$0.6 \times 3.14 \times \frac{0.377^2}{4} \times 2\,200]$$

$$= \frac{1}{2}[1.18 \times (72.45 + 425.7 + 85.86) + 147.27] = 418.2 \text{ kPa}$$

4.6.3　单排桩桩基算例

设计资料:某直线桥的排架桩墩由 2 根 1.0 m 钢筋混凝土钻孔桩组成,混凝土采用 C20,承台底部中心荷载:$\sum N = 5\,000$ kN, $\sum H = 100$ kN, $\sum M = 320$ kN·m。其他有关资料如图所示,桥下无水。试求出桩身弯矩的分布、桩顶水平位移及转角(已知地基比例系数 $m = 8\,000$ kPa/m², $m_0 = 50\,000$ kPa/m²)

参考答案:

(1)桩的计算宽度 b_1

$$b_1 = k k_f(d + 1) = 1.0 \times 0.9(1 + 1) = 1.8, \text{m}$$

(2)桩的变形系数

$$\alpha = \sqrt[5]{\frac{m b_1}{EI}}$$

$m = 8\,000$ kPa/m², $b_1 = 1.8$,m,$E_c = 2.7 \times 10^7$ kN/m²

$$I = \frac{d^4 \pi}{64} = \frac{1.0^4 \times \pi}{64} = 0.049 \text{ m}^4$$

$$\alpha = \sqrt[5]{\frac{m b_1}{EI}} = \sqrt[5]{\frac{m b_1}{0.8 E_c I}} = \sqrt[5]{\frac{80\,000 \times 1.8}{0.8 \times 2.7 \times 10^7 \times 0.049}} = 0.423\,4$$

桩的换算深度 $\bar{h} = \alpha h = 0.423\,4 \times 16 = 6.76 > 2.5$,属弹性桩。

(3)桩顶受力

$$P_i = \frac{N}{n} = \frac{5\,000}{2} = 2\,500 \text{ kN}$$

$$M_i = \frac{M_y}{n} = \frac{320}{2} = 160 \text{ kN·m}$$

$$Q_i = \frac{H}{n} = \frac{100}{2} = 50 \text{ kN}$$

(4)地面处桩的内力

$$P_0 = P_i = 2\,500 \text{ kN}$$

$$M_0 = M_i + Q_i l_0 = 160 + 50 \times 4 = 360 \text{ kN·m}$$

$$Q_0 = Q_i = 50 \text{ kN}$$

(5)桩在地面处的横向位移和转角

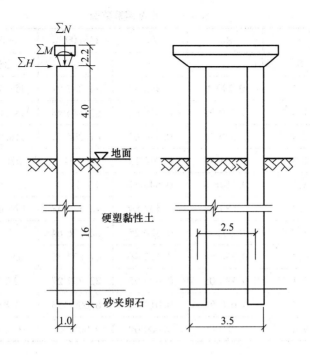

图 4 – 32

$$x_z = \frac{M_0}{\alpha^2 EI}B_x + \frac{Q_0}{\alpha^3 EI}A_x$$

$$\varphi_z = \frac{M_0}{\alpha EI}B_\varphi + \frac{Q_0}{\alpha^2 EI}A_\varphi$$

其中无量纲系数查《公桥基规》中附表 1,2,5,6。

$A_x = 2.440\ 66, A_\varphi = -1.621\ 00, B_x = 1.621\ 00, B_\varphi = -1.750\ 58$

$$x_z = \frac{M_0}{\alpha^2 EI}B_x + \frac{Q_0}{\alpha^3 EI}A_x = \frac{360}{0.423\ 4^2 \times 864\ 000} \times 1.621\ 00 + \frac{50}{0.423\ 4^3 \times 864\ 000} \times 2.440\ 66$$

$$= 0.003\ 76 + 0.001\ 86 = 0.005\ 6\ \text{m}$$

$$\varphi_z = \frac{M_0}{\alpha EI}B_\varphi + \frac{Q_0}{\alpha^2 EI}A_\varphi = -\left(\frac{360}{0.423\ 4 \times 864\ 000} \times 1.750\ 58 + \frac{50}{0.423\ 4^2 \times 864\ 000} \times 1.621\ 00\right)$$

$$= -(0.001\ 72 + 0.000\ 52) = -0.002\ 24\ \text{rad}$$

（6）底面以下深度 z 处桩截面的弯矩 M_z

$$M_z = M_0 B_M + \frac{Q_0}{\alpha}A_M = 360 B_M + \frac{50}{0.423\ 4}A_M = 360 B_M + 118.09 A_M$$

无量纲系数 A_M, B_M 查表 4 – 5。

表 4-5　无量纲系数表

$\bar{z}=\alpha z$	z	A_M	B_M	$118.09A_M$	$360B_M$	M
0	0	0	1	0	360	360
0.3	0.7	0.290 1	0.993 82	34.257 91	357.775 2	392.033 1
0.6	1.4	0.529 38	0.958 61	62.514 48	345.099 6	407.614 1
0.9	2.1	0.689 26	0.886 07	81.394 71	318.985 2	400.379 9
1.2	2.8	0.761 83	0.774 15	89.964 5	278.694	368.658 5
1.5	3.5	0.7546 6	0.640 81	89.117 8	230.691 6	319.809 4
1.8	4.3	0.684 88	0.498 89	80.877 48	179.600 4	260.477 9
2.2	5.2	0.531 6	0.320 25	62.776 64	115.29	178.066 6
2.6	6.1	0.354 58	0.175 46	41.872 35	63.165 6	105.038
3	7.1	0.193 05	0.075 95	22.797 27	27.342	50.139 27
3.5	8.3	0.050 81	0.013 54	6.000 153	4.874 4	10.874 55
4	9.4	0.000 05	0.000 09	0.005 905	0.032 4	0.038 305

(7)桩顶水平位移及转角

$$\begin{cases} x_1 = \dfrac{M}{\alpha^2 EI}B_{x_1} + \dfrac{Q}{\alpha^3 EI}A_{x_1} \\ \varphi_1 = -\left(\dfrac{M}{\alpha EI}B_{\varphi_1} + \dfrac{Q}{\alpha^2 EI}A_{\varphi_1}\right) \end{cases}$$

其中 $A_{x_1}=A_{\varphi_1}$，$B_{x_1}=B_{\varphi_1}$ 查《公桥基规》中附表 14~16 可得

$\bar{h}=\alpha h=0.4234\times16=6.76>2.5$，取 $\bar{h}=4$，$\bar{l}_0=\alpha l_0=0.4234\times4.0=1.692$

$A_{x_1}=14.586\,71$，$B_{x_1}=A_{\varphi_1}=6.019\,38$；$B_{\varphi_1}=3.442\,58$

$EI=0.8E_cI=0.8\times2.7\times10^7\times0.049=864\,000\ \mathrm{m}^2$

$x_1 = \dfrac{M}{\alpha^2 EI}B_{x_1} + \dfrac{Q}{\alpha^3 EI}A_{x_1} = \dfrac{160}{0.423\,4^2\times864\,000}\times6.019\,38 + \dfrac{50}{0.423\,4^3\times864\,000}\times14.586\,71$

$=0.006\,21+0.011\,12=0.017\,33\ \mathrm{m}$

$\varphi_1 = -\left(\dfrac{M}{\alpha EI}B_{\varphi_1} + \dfrac{Q}{\alpha^2 EI}A_{\varphi_1}\right) = -\left(\dfrac{160}{0.423\,4\times864\,000}\times3.442\,58 + \dfrac{50}{0.4234^2\times864\,000}\times6.019\,38\right)$

$= -(0.001\,51+0.001\,94) = -0.003\,45\ \mathrm{rad}$

(8)桩身最大弯矩 M_{max} 及最大弯矩位置计算

由公式(4-70)得

$$C_Q = \dfrac{\alpha M_0}{Q_0} = \dfrac{0.423\,4\times360}{50} = 3.048\,5$$

由 $C_Q = 3.0485$ 及 $\bar{h} = \alpha h = 0.4234 \times 16 = 6.7744$ 查《公桥基规》中附表13得 $\bar{z}_{M_{max}} = 0.658$ ，故 $z_{M_{max}} = \dfrac{0.658}{0.4234} = 1.554 \text{ m}$。

由 $\bar{z}_{M_{max}} = 0.658$ 及 $\bar{h} = 6.7744$ 查表得 $K_M = 1.1022$。

$$M_{max} = K_M M_0 = 1.1022 \times 360 = 396.80 \text{ kN} \cdot \text{m}$$

（9）桩身配筋计算及桩身材料截面强度验算

①纵向钢筋面积

桩内竖向钢筋按含筋率0.2%配置：

$$A_g = \frac{\pi}{4} \times 1.0^2 \times 0.2\% = 15.7 \times 10^{-4} \text{ m}^2$$

现选用 10 根 $\phi22$ 的 HRB335 级钢筋：

$$A_g = 37.9 \times 10^{-4} (\text{m}^2), \quad f'_{sd} = 280 \text{ MPa}$$

桩柱采用的 C_{20} 混凝土，$f_{cd} = 9.2 \text{ MPa}$。

②计算偏心距增大系数 η

因为长细比

$$\frac{l_0}{i} = \frac{16}{0.5} = 32 < 17.5$$

所以偏心距增大系数

$$\eta \neq 1$$

③计算截面实际偏心距 e_0

$$e_0 = \frac{\eta M_{max}}{N_{max}} = \frac{720.17}{3\,017.11} = 0.239 \text{ m}$$

④根据《公桥基规》（JTG D63—2007）求得轴向力的偏心距 e_0

$$e_0 = \frac{B f_{cd} + D \rho g f'_{sd}}{A f_{cd} + C \rho f'_{sd}} \cdot r$$

其中，$r = 825 \text{ mm}$，$\rho = 0.002$；并设 $g = 0.9$，则

$$e_0 = \frac{9.2B + 0.002 \times 0.9 \times 280 D}{9.2A + 0.002 \times 280 C} \times 825 = \frac{9.2B + 0.504 D}{9.2A + 0.56 C} \times 825$$

以下采用试算法列表计算（表4-6）：

表4-6

ξ	A	B	C	D	e_0	e_0	$(e_0)/e_0$
0.79	2.0926	0.5982	1.5938	1.1496	249	239	1.041841
0.8	2.1234	0.5898	1.6381	1.1212	242	239	1.012552
0.81	2.154	0.581	1.6811	1.0934	234	239	0.979079

表4-6可见，当 $\xi = 0.80$ 时，$(e_0) = 242 \text{ mm}$ 与实际的 $e_0 = 239 \text{ mm}$ 很接近，故去0.80为计算值。

⑤计算截面抗压承载力

$$N_{\mathrm{u}} = Ar^2 f_{\mathrm{cd}} + C\rho r^2 f'_{\mathrm{sd}} = 2.1234 \times 825^2 \times 9.2 + 1.6381 \times 0.002 \times 825^2 \times 280$$
$$= 13\ 920.56\ \mathrm{kN} > N_j = 3\ 017.11\ \mathrm{kN}$$

$$M_{\mathrm{u}} = Br^3 f_{\mathrm{cd}} + C\rho g r^3 f'_{\mathrm{sd}} = 0.5898 \times 825^3 \times 9.2 + 1.1212 \times 0.002 \times 0.9 \times 825^3 \times 280$$
$$= 3\ 364.18\ \mathrm{kN \cdot m} > M_j = 720.17\ \mathrm{kN \cdot m} \quad 满足要求$$

4.6.4 钻孔灌注桩基础

某桥台为多排桩钻孔灌注桩基础,承台及桩基尺寸如图。纵桥向作用于承台底面中心处的设计荷载为:$N = 6\ 400\ \mathrm{kN}$;$H = 1\ 365\ \mathrm{kN}$;$M = 714\ \mathrm{kN \cdot m}$。桥台处无冲刷。地基土为砂性土,土的内摩擦角 $\varphi = 36°$;土的重度 $\gamma = 19\ \mathrm{kN/m^3}$;桩侧土摩阻力标准值 $q = 45\ \mathrm{kN/m^2}$,地基比例系数 $m = 8\ 200\ \mathrm{kPa/m^2}$;桩底土基本承载力容许值 $[f_{a0}] = 250\ \mathrm{kN/m^2}$;计算参数取 $\lambda = 0.7$,$m_0 = 0.6$,$k_2 = 4.0$。试确定桩长并进行配筋设计(图 4 – 33)。

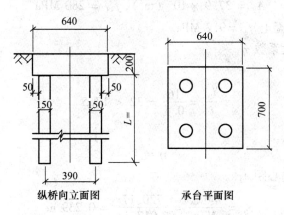

纵桥向立面图　　　　承台平面图

图 4 – 33

参考答案:

1. 桩长的计算

桩(直径 1.5 m)自重每延米

$$q = \frac{\pi \times 1.5^2}{4} \times 15 = 26.49\ \mathrm{kN}$$

$$N_{\mathrm{h}} = [R_{\mathrm{a}}] = \frac{1}{2} u \sum_{i=1}^{n} q_{ik} l_i + \lambda m_0 A_{\mathrm{P}} \{ [f_{a0}] + k_2 \gamma_2 (h_3 - 3) \}$$

$$N_{\mathrm{h}} = \frac{N}{4} + \frac{1}{2} qh = \frac{6\ 400}{4} + \frac{1}{2} \times 26.49 \times h = 1\ 600 + 13.25h$$

计算 $[R_{\mathrm{a}}]$ 时取以下数据:桩的设计桩径 1.5 m,桩周长

$$u = \pi \times 1.5 = 4.71\ \mathrm{m},\ A_{\mathrm{P}} = \frac{\pi(1.5)^2}{4} = 1.77\ \mathrm{m^2},\ \lambda = 0.7,\ m_0 = 0.6,\ k_2 = 4,$$

$$[f_{a0}] = 250.00\ \mathrm{kPa},\ \gamma_2 = 19.00\ \mathrm{kN/m^3},\ q_{\mathrm{k}} = 45\ \mathrm{kPa}$$

所以得

$$[R_{\mathrm{a}}] = \frac{1}{2} (\pi \times 1.5 \times h \times 45) + 0.7 \times 0.6 \times 1.77 \times [250 + 4.0 \times 19 \times (h-3)]$$

$$= 105.98h + 0.7434(22 + 76h)$$

$$= N_{\mathrm{h}} = 1\ 600 + 13.25h$$

所以，$h = 10.61$ m，现取 $h = 11$ m。

2. 桩的内力计算

（1）桩的计算宽度 b_1

$$b_1 = k k_f (d + 1)$$

已知 $k_f = 0.9, d = 1.5$ m，

$$L_1 = 2.4 \text{ m} < 0.6 h_1 = 0.6 \times 3(d+1) = 0.6 \times 7.5 = 4.5 \text{ m}$$

则系数 k 按照此式计算：

$$k = b_2 + \frac{1 - b_2}{0.6} \cdot \frac{L_1}{h_1}$$

$$n = 2, b_2 = 0.6$$

$$k = b_2 + \frac{1 - b_2}{0.6} \cdot \frac{L_1}{h_1} = 0.6 + \frac{1 - 0.6}{0.6} \times \frac{2.4}{3 \times (1.5 + 1)} = 0.813$$

$$b_1 = k k_f (d + 1) = 0.813 \times 0.9(1.5 + 1) = 1.829 \leqslant 2d = 3$$

（2）桩的变形系数 α

$$I = \frac{\pi \times 1.5^4}{64} = 0.248\ 4 \text{ m}^4; E = 0.8 E_c = 0.8 \times 2.55 \times 10^7 \text{ kN/m}^2$$

$$\alpha = \sqrt[5]{\frac{m b_1}{EI}} = \sqrt[5]{\frac{8\ 200 \times 1.829}{0.8 \times 2.55 \times 10^7 \times 0.248\ 4}} = 0.312\ 1 \text{ m}^{-1}$$

其计算长则为：$\bar{h} = \alpha h = 0.312\ 1 \times 11 = 3.4 > 2.5$，故按弹性桩计算。

（3）桩顶刚度系数 $\rho_{PP}, \rho_{HH}, \rho_{MH}, \rho_{MM}$ 值计算

$$\rho_{PP} = \frac{1}{\dfrac{l_0 + \xi h}{AE} + \dfrac{1}{C_0 A_0}}$$

$$l_0 = 0 \text{ m}, h = 11 \text{ m}, \xi = \frac{1}{2}, A = \frac{\pi d^2}{4} = \frac{\pi \times 1.5^2}{4} = 1.77 \text{ m}^2,$$

$$C_0 = m_0 h = 8\ 200 \times 11 = 9.02 \times 10^4 \text{ kN/m}^3$$

$$A_0 = \begin{cases} \pi \left(\dfrac{d}{2} + h \tan \dfrac{\bar{\varphi}}{4} \right)^2 = \pi \left(\dfrac{1.5}{2} + 11 \times \tan \dfrac{36°}{4} \right)^2 = 19.50 \text{ m}^2 \\ \dfrac{\pi}{4} S^2 = \dfrac{\pi}{4} \times 3.9^2 = 11.94 \text{ m}^2 \end{cases}$$

故取 $A_0 = 11.94$ m^2。

$$\rho_{PP} = \frac{1}{\dfrac{l_0 + \xi h}{AE} + \dfrac{1}{C_0 A_0}} = \left[\frac{0 + \dfrac{1}{2} \times 11}{1.77 \times 0.8 \times 2.55 \times 10^7} + \frac{1}{9.02 \times 10^4 \times 11.94} \right]^{-1}$$

$$= 9.25 \times 10^5 = 0.182\ 6 EI$$

已知

$$\bar{h} = \alpha h = 0.312\ 1 \times 11 = 3.4, \bar{l}_0 = \alpha l_0 = 0.312\ 0 \times 0 = 0$$

查《公桥基规》中附表 17,18,19 得

$$x_Q = 1.019\ 50, x_M = 0.958\ 28, \varphi_M = 1.466\ 14$$

由式（4 - 86d）得

$$\rho_{HH} = \alpha^3 EI x_Q = 0.031\ 0EI$$

$$\rho_{MH} = \alpha^2 EI x_M = 0.093\ 3EI$$

$$\rho_{MM} = \alpha EI \varphi_M = 0.457\ 58EI$$

（4）计算承台底面原点 O 处位移 a_0,c_0,β_0，式（4 –92）、式（4 –93）得

$$c_0 = \frac{N}{n\rho_{PP}} = \frac{6\ 400}{4 \times 0.182\ 6EI} = \frac{8\ 762.32}{EI}$$

$$a_0 = \frac{\left(n\rho_{MM} + \rho_{PP}\sum_{i=1}^{n} x_i^2\right)H + n\rho_{MH}M}{n\rho_{HH}\left(n\rho_{MM} + \rho_{PP}\sum_{i=1}^{n} x_i^2\right) - n^2\rho_{MH}^2}$$

$$n\rho_{MM} + \rho_{PP}\sum_{i=1}^{n} x_i^2 = 4 \times 0.457\ 58EI + 0.182\ 6EI \times 4 \times 1.95^2 = 4.607\ 7EI$$

$$n\rho_{MH} = 4 \times 0.093\ 3EI = 0.373\ 2EI, n^2\rho_{MH}^2 = 0.139\ 28(EI)^2$$

$$a_0 = \frac{\left(n\rho_{MM} + \rho_{PP}\sum_{i=1}^{n} x_i^2\right)H + n\rho_{MH}M}{n\rho_{HH}\left(n\rho_{MM} + \rho_{PP}\sum_{i=1}^{n} x_i^2\right) - n^2\rho_{MH}^2}$$

$$= \frac{4.607\ 7EI \times 1\ 365 + 0.373\ 2EI \times 714}{0.124\ 0EI \times 4.607\ 7EI - 0.139\ 28(EI)^2} = \frac{15\ 173.24}{EI}$$

$$\beta_0 = \frac{n\rho_{HH}M + n\rho_{MH}H}{n\rho_{HH}\left(n\rho_{MM} + \rho_{PP}\sum_{i=1}^{n} x_i^2\right) - n^2\rho_{MH}^2}$$

$$= \frac{0.124\ 0EI \times 714 + 0.373\ 2EI \times 1\ 365}{0.124\ 0EI \times 4.607\ 7EI - 0.139\ 28(EI)^2} = \frac{1\ 383.913}{EI}$$

（5）计算作用在每根桩顶上作用力 P_i,Q_i,M_i

按式（4 –97）计算

竖向力

$$P_i = \rho_{PP}c_i = \rho_{PP}(c_0 + x_i\beta_0)$$

$$= 0.182\ 6EI\left(\frac{8\ 762.32}{EI} \pm 1.95 \times \frac{1\ 383.913}{EI}\right) = \begin{cases} 2\ 092.77\ \text{kN} \\ 1\ 107.23\ \text{kN} \end{cases}$$

水平力

$$Q_i = \rho_{HH}a_0 - \rho_{MH}\beta_0$$

$$= 0.031\ 0EI \cdot \frac{15\ 173.24}{EI} - 0.093\ 3EI \cdot \frac{1\ 383.913}{EI}$$

$$= 341.25\ \text{kN}$$

弯矩

$$M_i = \rho_{MM}\beta_0 - \rho_{MH}a_0$$

$$= 0.457\ 58EI \cdot \frac{1\ 383.913}{EI} - 0.093\ 3EI \cdot \frac{15\ 173.24}{EI}$$

$$= -782.41\ \text{kN} \cdot \text{m}$$

（6）桥台处无冲刷桩身内力 M_0,Q_0,P_0 与桩顶 P_i,Q_i,M_i 相等。

$$M_0 = M_i = -782.41 \ \text{kN.m}$$

$$Q_0 = 341.25 \ \text{kN}$$

$$P_0 = 2\,092.77 \ \text{kN}$$

(7)深度 z 处桩截面的弯矩 M_z 及桩身最大弯矩 M_{max} 计算

①局部冲刷线以下深度 z 处桩截面的弯矩 M_z 计算

$$M_z = M_0 B_M + \frac{Q_0}{\alpha} A_M = 782.41 B_M + \frac{341.25}{0.312\,1} A_M = 782.41 B_M + 1\,093.40 A_M$$

无量纲系数查表 4 - 7 得。

表 4 - 7 无量纲系数表

$\bar{z} = \alpha z$	z	A_M	B_M	$1\,093.40 A_M$	$782.41 B_M$	M_z
0	0	0	1	0	782.41	782.41
0.3	0.96	0.289 65	0.993 63	316.703 31	777.426	1 094.129
0.6	1.92	0.526 03	0.957 26	575.161 202	748.969 8	1 324.131
0.9	2.88	0.678 74	0.879 87	742.134 316	688.419 1	1 430.553
1.2	3.84	0.738 8	0.765 03	807.803 92	598.567 1	1 406.371
1.5	4.81	0.713 54	0.624 69	780.184 636	488.763 7	1 268.948
1.8	5.77	0.620 92	0.474 11	678.913 928	370.948 4	1 049.862
2.2	7.05	0.434 2	0.283 34	474.754 28	221.688	696.442 3
2.6	8.33	0.231 81	0.130 62	253.461 054	102.198 4	355.659 4
3	9.61	0.076 28	0.036 94	83.404 552	28.902 23	112.306 8
3.5	11.21	0.000 01	0.000 04	0.010 934	0.031 296	0.042 23
4	9.4	0	0	0	0	0

②桩身最大弯矩 M_{max} 及最大弯矩位置

由 $Q_z = 0$ 得

$$C_Q = \frac{\alpha M_0}{Q_0} = \frac{0.3\,121 \times 782.41}{341.25} = 0.715\,6$$

由 $C_Q = 0.715\,6$ 及 $\bar{h} = \alpha h = 0.312\,1 \times 11 = 3.433\,1$ 查《公桥基规》中附表 13 得

$$\bar{z}_{max} = 1.135$$

故

$$z_{M_{max}} = \frac{1.135}{0.312\,1} = 3.64$$

由 $\bar{h} = 3.433\,1$，$\bar{z}_{max} = 1.135$ 查《公桥基规》中附表 13 得

$$K_M = 2.143$$

$$M_{max} = K_M M_0 = 2.143 \times 308.18 = 660.43$$

$$B_M = 0.792\,2, A_M = 0.746\,4, K_M = \frac{A_M}{C_Q} + B_M = \frac{0.746\,4}{0.281\,9} + 0.792\,2 = 3.440$$

$$M_{max} = K_M M_0 = 3.440 \times 308.18 = 1\,060.14$$

（8）桩身配筋计算及桩身材料截面强度验算

按照 $h = 13$ m 计算。

①纵向钢筋面积

桩内竖向钢筋按含筋率 0.2% 配置：

$$A_g = \frac{\pi}{4} \times 1.5^2 \times 0.2\% = 35 \times 10^4 \text{ m}^2$$

选用 12 根直径 20 的 HRB335 级钢筋。

$$A_g = 37 \times 10^4 \text{ m}^2, \quad f'_{sd} = 280 \text{ MPa}$$

桩柱采用 C20 混凝土，

$$f_{cd} = 9.2 \text{ MPa}$$

②计算偏心距增大系数 η

因为长细比

$$\frac{l_0}{i} = \frac{13}{1.5} = 13.56 < 17.5$$

所以偏心距增大系数

$$\eta = 1$$

③计算截面实际偏心距 e_0

$$e_0 = \frac{\eta M_{max}}{N_{max}} = \frac{714}{6\,400} = 0.112 \text{ m}$$

④根据《公桥基规》（JTG D63—2007）求得轴向力的偏心距 e_0：

$$e_0 = \frac{Bf_{cd} + D\rho g f'_{sd}}{Af_{cd} + C\rho f'_{sd}} \cdot r$$

其中 $r = 750$ mm，$\rho = 0.002$，并设 $g = 0.2$，则

$$e_0 = \frac{Bf_{cd} + D\rho g f'_{sd}}{Af_{cd} + C\rho f'_{sd}} \cdot r = \frac{9.2B + 0.002 \times 0.9 \times 280D}{9.2A + 0.002 \times 280C} \times 750 = \frac{9.2B + 0.504D}{9.2A + 0.56C} \times 750$$

由表 4-8 可见，当 $\xi = 0.98$ 时 $(e_0) = 110.72$ mm 与 $e_0 = 112$ mm 很接近，故取 $\xi = 0.98$ 为计算值

表 4-8

ξ	A	B	C	D	(e_0)	e_0	$(e_0)/e_0$
0.97	2.615 8	0.386 5	2.229	0.725 1	116.180 1	112	1.037 323
0.98	2.642 4	0.371 7	2.256 1	0.706 1	110.725 4	112	0.988 62
0.99	2.668 5	0.356 6	2.282 5	0.387 4	100.934 5	112	0.901 201

⑤计算截面抗压承载力

$$N_u = Ar^2 f_{cd} + C\rho r^2 f'_{sd} = 2.6424 \times 750^2 \times 9.2 + 2.2561 \times 0.002 \times 750^2 \times 280$$
$$= 14\,385\ kN > N_j = 6\,400\ kN$$

$$M_u = Br^3 f_{cd} + C\rho gr^3 f'_{sd} = 2.6424 \times 750^3 \times 9.2 + 2.2561 \times 0.002 \times 0.9 \times 750^3 \times 280$$
$$= 10\,736\ kN \cdot m > M_j = 714\ kN \cdot m$$

满足要求。

⑥裂缝宽度验算

根据《公路钢筋混凝土及预应力钢筋混凝土桥涵设计规范》(JTG D62—2004),截面相对受压区高度 $\xi_b = 0.56 < \xi = 0.98$,则构件为小偏心受压,无需验算裂缝宽度。

(9)桩顶纵向水平位移计算

$$c_0 = \frac{7\,827.79}{EI} = 0.001\,5$$

$$a_0 = \frac{14\,221.13}{EI} = 0.002\,8$$

$$\beta_0 = \frac{1\,244.63}{EI} = 0.000\,25$$

4.6.5 设计实例1

1. 设计资料

某多层建筑一框架柱截面为 400×800 mm,承担上部结构传来的荷载设计值为:轴力 $F = 2\,800$ kN·m,弯矩 $M = 420$ kN·m,剪力 $H = 50$ kN。经勘察地基土依次为:0.8 m 厚人工填土,1.5 m 厚黏土;9.0 m 厚淤泥质黏土;6 m 厚粉土。各层物理力学性质指标如下表所示。地下水位离地表1.5 m。试设计桩基础。表4-9中是各土层物理力学指标。

表4-9 各土层物理力学指标

土层号	土层名称	土层厚度/m	含水量/%	重度/(kN/m³)	孔隙比	液性指数	压缩模量/MPa	内摩擦角/°	黏聚力/kPa
①	人工填土	0.8		18					
②	黏土	1.5	32	19	0.864	0.363	5.2	13	12
③	淤泥质黏土	9.0	49	17.5	1.34	1.613	2.8	11	16
④	粉土	6.0	32.8	18.9	0.80	0.527	11.07	18	3
⑤	淤泥质黏土	12.0	43	17.6	1.20	1.349	3.1	12	17
⑥	风化砾石	5.0							

(1)形状:正方形,矩形,三角形,多边形,圆形(图4-34)。

(2)最小宽度≥50 cm。

(3)最小厚度≥30 cm。

(4)桩外缘距离承台边≥15 cm;

边桩中心距离承台边≥1.0 d。

(5)桩嵌入承台 大桩横向荷载≥10 cm;

小桩不小于 5 cm,钢筋伸入承台 30 d。

(6)混凝土标号≥C15 cm,保护层 7 cm。

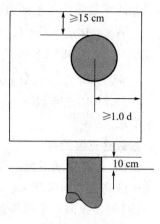

2.设计计算

(1)桩基持力层、桩型、承台埋深和桩长的确定

由勘察资料可知,地基表层填土和 1.5 m 厚的黏土以下为厚度达 9 m 的软黏土,而不太深处有一层形状较好的粉土层。分析表明,在柱荷载作用下天然地基难以满足要求时,考虑采用桩基础。根据地质情况,选择粉土层作为桩端的持力层。

图 4-34 示意图

根据工程地质情况,在勘察深度范围内无较好的持力层,故桩为摩擦型桩。选择钢筋混凝土预制桩,边长350 mm×350 mm,桩承台埋深1.2 m,桩进入持力层④层粉土层2 d,伸入承台100 mm,则桩长为10.9 m。

(2)单桩承载力确定

①单桩竖向极限承载力标准值 Q_{uk} 的确定

查相关表格:

第②黏土层:

$$q_{sik} = 75 \text{ kPa}, \quad l_i = 0.8 + 0.5 - 1.2 = 1.1 \text{ m}$$

第③黏土层:

$$q_{sik} = 23 \text{ kPa}, \quad l_i = 9 \text{ m}$$

第④粉土层:

$$q_{sik} = 55 \text{ kPa}, \quad l_i = 2d = 2 \times 0.35 = 0.7 \text{ m}$$

$$q_{pk} = 1\ 800 \text{ kPa}$$

$$Q_{uk} = u \sum q_{sik} l_i + A_p q_{pk} = 679 \text{ kN}$$

②桩基竖向承载力设计值 R。桩数超过 3 根的非端承桩复合桩基,应考虑桩群、土、承台的相互作用效应,由下式计算:

$$R_a = \frac{Q_{uk}}{2} = 339.5 \text{ kN}$$

因承台下有淤泥质黏土,不考虑承台效应。查表时取 $B_c/l \leqslant 0.2$ 一栏的对应值。因桩数位置,桩距 s_a 也未知,先按 $s_a/l = 3$ 查表,待桩数及桩距确定后,再验算基桩的承载力设计值是否满足要求。

$$R_a = \frac{Q_{uk}}{2} + \eta_c f_{ak} A_c$$

(3)桩数、布桩及承台尺寸(图 4-35)

①桩数

由于桩数未知,承台尺寸未知,先不考虑承台质量,初步确定桩数,待布置完桩后,再计承台质量,验算桩数是否满足要求。

$$n = (1.1 \sim 1.2) \frac{F+G}{R} = 7.87 \sim 8.59 \quad 取\ n = 8$$

②桩距 s_a

根据规范规定,摩擦型桩的中心矩,不宜小于桩身直径的 3 倍,又考虑到穿越饱和软土,相应的最小中心矩为 $4d$,故取 $s_a = 4d = 4 \times 350 = 1\ 400$ mm,边距取 350 mm。

③桩布置形式采用长方形布置,承台尺寸

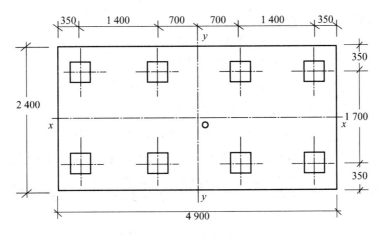

图 4 – 35　布置图

(4)计算单桩承受的外力

①桩数验算

承台及上覆土重

$$G = \gamma_G Ad = 20 \times 2.4 \times 4.8 \times 1.2 = 282.2\ \text{kN}$$

$$\frac{F+G}{R} = \frac{2\ 800 + 282.2}{480.4} = 7.55 < 8$$

满足要求。

②桩基竖向承载力验算

基桩平均竖向荷载设计值

$$N = \frac{F+G}{n} = \frac{2\ 800 + 282.2}{8} = 385.3\ \text{kN} < R = 391.0\ \text{kN}$$

基桩最大竖向荷载设计值:

作用在承台底的弯矩

$$M_x = M + Hd = 420 + 50 \times 1.2 = 480\ \text{kN} \cdot \text{m}$$

$$\left.\begin{array}{c} N_{\max} \\ N_{\min} \end{array}\right\} = \frac{F+G}{n} \pm \frac{M_x y_{\max}}{\sum y_i^2} = \begin{cases} 436.7\ \text{kN} \\ 333.9\ \text{kN} \end{cases}$$

$$N_{\max} = 436.7 < 1.2R = 1.2 \times 391.0 = 469.2\ \text{kN}$$

均满足要求。

(5)软弱下卧层承载力验算

因为 $s_a = 1.4$ m < 6.0,$d = 2.1$ m。

按如下公式验算

$$\sigma_z = \frac{\gamma_0(F+G) - 2(A_0 + B_0)\sum q_{sik}l_i}{(A_0 + 2t\tan\theta)(B_0 + 2t\tan\theta)}$$

$$\sigma_z + \gamma_i z \leqslant q_{uk}^w / \gamma_q$$

各参数确定如下

$$E_{s1} = 11.07 \text{ MPa}, E_{s2} = 3.1 \text{ MPa}, E_{s1}/E_{s2} = 3.57$$

持力层厚度 $\qquad t = 6 - 0.7 = 5.3 \text{ m}$

A_0, B_0 分别为桩群外缘矩形面积的长和宽。

$$A_0 = 4.9 - 0.35 = 4.55 \text{ m}$$

$$A_0 = 2.4 - 0.35 = 2.05 \text{ m}$$

$$t = 5.3 \text{ m} > 0.5B_0 = 0.5 \times 2.05 = 1.03 \text{ m}$$

由《建筑地基基础设计规范》查得：$\theta \approx 23.5°$

$$\sum q_{sik}l_i = Q_{sk}/u = 459.3/(4 \times 0.35) = 326.0 \text{ kPa}$$

下卧层顶以上的土的加权平均有效重度，$\gamma_i = 9.01 \text{ kN/m}^3$，下卧层软土层埋深 $d = 17.3 \text{ m}$。

$$\sigma_z + \gamma_i z = \frac{(2\,800 + 282.2) - 2(4.55 + 2.05) \times 328.0}{(4.55 + 2 \times 5.3\tan 23.57°)(2.05 + 2 \times 5.3\tan 23.57°)} + 9.01 \times 17.3$$

$$= 135.5 \text{ kPa}$$

软弱下卧层经深度修正后的地基承载力标准值按下式计算

$$q_{uk}^w = f_k + \gamma_1\eta_b(b-3) + \gamma_2\eta_d(d-0.5)$$

本题中地基承载力标准值取 84 kPa，基础底面以下土的有效重度为 $\gamma_1 = 7.8 \text{ kN/m}^3$，基础底面以上土加权平均重度 $\gamma_2 = 9.01 \text{ kN/m}^3$，基础宽度和埋深修正系数查《建筑地基基础设计规范》，$\mu_b = 0$，$\eta_d = 1.0$，地基承载力修正系数 $\gamma_q = 1.65$。

基础底面宽度

$$b_0 = B_0 + 2l\tan\frac{\varphi_0}{4}$$

净桩长 $l = 10.8 - 1.2 = 9.6 \text{ m}$，内摩擦角 $\varphi_0 = 18°$，则

$$b_0 = B_0 + 2l\tan\frac{\varphi_0}{4} = 3.56 \text{ m}$$

$$q_{uk}^w = 84 + 7.8 \times 0(3.56 - 3) + 9.01 \times 1.0(17.3 - 0.5) = 235.4 \text{ kPa}$$

$$q_{uk}^w = 84 + 7.8 \times 0(3.56 - 3) + 9.01 \times 1.0(17.3 - 0.5) = 235.4 \text{ kPa}$$

$$\sigma_z + \gamma_i z = 135.5 \text{ kPa} < \frac{q_{sk}^w}{\gamma_q} = \frac{234.5}{1.65} = 142.6 \text{ kPa}$$

满足要求。

(6)承台板设计

承台的平面尺寸为 4 900 mm × 2 400 mm，厚度由冲切、弯曲、局部承压等因素综合确定，初步拟定承台厚度 800 mm，其中边缘厚度 600 mm，其承台顶平台边缘离柱边距离 300 mm，混凝土采用 C30，保护层取 100 mm，钢筋采用 HRB335 级钢筋。其下做 100 mm 厚 C7.5 素混凝土垫层，如 4 - 36 图所示。

①抗弯验算

计算各排桩竖向反力及净反力

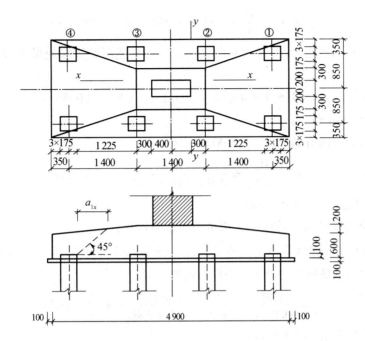

图 4-36 承台结构示意图

a. 桩

$$N_1 = \frac{2\,800 + 282.2}{8} + \frac{480 \times 2.1}{4 \times (0.7^2 + 2.1^2)} = 436.7 \text{ kN}$$

净反力

$$N_1' = N_1 - \frac{G}{8} = 436.7 - 282.2/8 = 401.4 \text{ kN}$$

b. 桩

$$N_2 = \frac{2\,800 + 282.2}{8} + \frac{480 \times 0.7}{4 \times (0.7^2 + 2.1^2)} = 402.4 \text{ kN}$$

净反力

$$N_2' = N_2 - \frac{G}{8} = 402.4 - 282.2/8 = 367.1 \text{ kN}$$

c. 桩

$$N_3 = \frac{2\,800 + 282.2}{8} - \frac{480 \times 0.7}{4 \times (0.7^2 + 2.1^2)} = 368.1 \text{ kN}$$

净反力

$$N_3' = N_3 - \frac{G}{8} = 368.1 - 282.2/8 = 332.9 \text{ kN}$$

d. 桩

$$N_4 = \frac{2\,800 + 282.2}{8} - \frac{480 \times 2.1}{4 \times (0.7^2 + 2.1^2)} = 333.8 \text{ kN}$$

净反力

$$N'_4 = N_4 - \frac{G}{8} = 333.8 - 282.2/8 = 298.6 \text{ kN}$$

因承台下有淤泥质土,即不考虑承台效应,故 $x - x$ 截面桩边缘处最大弯矩应采用桩的净反力计算

$$\begin{aligned} M_x &= \sum N_i y_i = (436.7 + 402.4 + 368.1 + 33.8) \times (0.85 - 0.4/2 - 0.35/2) \\ &= 732.5 \text{ kN} \cdot \text{m} \end{aligned}$$

承台计算截面处的有效高度 $h_0 = 700 \text{ mm}$,有

$$A_s = \frac{\gamma_0 M_x}{0.9 f_y h_0} = \frac{732 \times 10^6}{0.9 \times 310 \times 700} = 3\ 748 \text{ mm}^2$$

配置 $8\Phi25$ 钢筋($A_s = 3\ 927 \text{ mm}^2$)。

$y - y$ 截面桩边缘处最大弯矩应采用桩的净反力计算:

$$M_y = \sum N_i x_i = 2 \times 436.7 \times (2.1 - 0.8/2) + 2 \times 402.4 \times (0.7 - 0.8/2) = 1\ 725.2 \text{ kN} \cdot \text{m}$$

承台计算截面处的有效高度 $h_0 = 700 \text{ mm}$,有

$$A_s = \frac{\gamma_0 M_y}{0.9 f_y h_0} = \frac{1\ 726.2 \times 10^6}{0.9 \times 310 \times 700} = 8\ 839 \text{ mm}^2$$

配置 $9\Phi36$ 钢筋($A_s = 8\ 839 \text{ mm}^2$)。

②冲切验算

a. 柱对承台的冲切验算

柱截面为 $400 \text{ mm} \times 800 \text{ mm}$,柱短边到最近桩内边缘的水平距离为

$$\alpha_{0x} = 2\ 100 - 800/2 - 350/2 = 1525 \text{ mm} > h_0 = 700 \text{ mm}$$

取 $\alpha_{0x} = h_0 = 700 \text{ mm}$

柱长边到最近桩内边缘水平距离:

$$\alpha_{0x} = 850 - 400/2 - 350/2 = 475 \text{ mm} > 0.2 h_0 = 140 \text{ mm}$$

充跨比

$$\lambda_{0x} = \frac{\alpha_{0x}}{h_0} = \frac{700}{700} = 1$$

$$\lambda_{0y} = \frac{\alpha_{0y}}{h_0} = \frac{475}{700} = 0.675$$

$\lambda_{0x}, \lambda_{0y}$ 满足 $0.2 \sim 1.2$。

冲切系数:

$$\beta_{0x} = \frac{0.84}{\lambda_{0x} + 0.2} = \frac{0.84}{1.0 + 0.2} = 0.700$$

$$\beta_{0y} = \frac{0.84}{\lambda_{0y} + 0.2} = \frac{0.84}{0.679 + 0.2} = 0.956$$

柱截面短边 $b_c = 400 \text{ mm}$,长边 $h_c = 800 \text{ mm}$。

根据《建筑地基基础设计规范》,受冲切承载力截面高度影响系数 β_{hp} 在 h 不大于 800 mm 时取 1.0,查《混凝土结构设计规范》, $f_t = 1.43 \text{ MPa}$。

作用于柱底竖向荷载设计值 $F = 2\ 800 \text{ kN} \cdot \text{m}$。

冲切破坏锥体范围内各基桩净反力设计值之和 $\sum N_i = 367.1 + 332.9 = 700 \text{ kN}$。

作用于冲切破坏锥体上的冲切力设计值:

$$F_l = F - \sum N = 2\ 800 - 700 = 2\ 100\ \text{kN}$$

$$2[\beta_{0x}(b_c + \alpha_{0y}) + \beta_{0y}(h_c + \alpha_{0x})]\beta_{hp}f_th_0 = 4\ 097.1\ \text{kN} > F_l = 2\ 100\ \text{kN}$$

满足要求。

②角桩对承台的冲切验算

角桩内边缘至承台外缘距离：$c_1 = c_2 = 350 + 350/2 = 525$ mm。

在 x 方向，从角桩内缘引 45° 冲切线，与承台顶面交点到角桩内缘水平距离 $a_{1x} = 632$ mm。

在 y 方向，因柱子在该 45° 冲切线内，取柱边缘至角桩内缘水平距离 $a_{1x} = 475$ mm。

角桩充跨比

$$\lambda_{1x} = \frac{a_{1x}}{h_0} = \frac{632}{700} = 0.903$$

$$\lambda_{1y} = \frac{a_{yx}}{h_0} = \frac{475}{700} = 0.679$$

角桩冲切系数

$$\beta_{1x} = \frac{0.56}{\lambda_{1x} + 0.2} = 0.508$$

$$\beta_{1y} = \frac{0.56}{\lambda_{1y} + 0.2} = 0.632$$

角桩竖向净反力 $F_l = 401.4$ kN，有

$$2[\beta_{1x}(c_2 + \alpha_{1y}/2) + \beta_{1y}(c_1 + \alpha_{1x}/2)]\beta_{hp}f_th_0 = 924.0\ \text{kN} > F_l = 401.1\ \text{kN}$$

满足要求。

③承台斜截面抗剪强度验算

a. $y - y$ 截面

柱边至边桩内缘水平距离 $a_x = 1\ 525$ mm；

承台计算宽度 $b_0 = 2\ 400$ mm；

计算截面处的有效高度 $h_0 = 700$ mm。

剪垮比

$$\lambda_x = \frac{a_x}{h_0} = \frac{1\ 525}{700} = 2.179$$

剪切系数

$$\beta = \frac{1.75}{\lambda_x + 1.0} = 0.550$$

受剪承载力截面高度影响系数

$$\beta_{hs} = \left(\frac{800}{h_0}\right)^{1/4} = 1.34$$

查规范混凝土的 $f_t = 1.43$ MPa。

斜截面最大剪力设计值：

$$V = 2 \times 401.4 + 2 \times 367.1 = 1\ 537\ \text{kN}$$

$$\beta_{hs}\beta f_c b_0 h_0 = 1\ 366.2\ \text{kN} < V = 1\ 537\ \text{kN}$$

不满足斜截面抗剪强度要求。说明承台厚度不足或者承台混凝土强度等级不够，可以采用以下两种方案：一是承台厚度不变，增加混凝土等级，如改为 C40，则

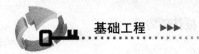

$$f_t = 1.71 \text{ MPa}$$
$$\beta_{hs}\beta f_t b_0 h_0 = 1\ 633.7 \text{ kN} > V = 1\ 537 \text{ kN}$$

满足要求。

二是混凝土等级不变,增加承台厚度,如厚度增加为 900 mm,则有

计算截面处的有效高度 $h_0 = 900 - 100 = 800$ mm。

剪垮比

$$\lambda_x = \frac{a_x}{h_0} = \frac{1\ 525}{800} = 1.906$$

剪切系数

$$\beta = \frac{1.75}{\lambda_x + 1.0} = 0.602$$

受剪承载力截面高度影响系数

$$\beta_{hs} = \left(\frac{800}{h_0}\right)^{1/4} = 1.0$$

查规范混凝土的 $f_t = 1.43$ MPa。

斜截面最大剪力设计值:

$$\beta_{hs}\beta f_t b_0 h_0 = 1\ 652.9 \text{ kN} > V = 1\ 537 \text{ kN}$$

满足要求。

两种方案均满足斜截面抗剪强度要求,可以通过技术经济比较确定采用何种方案。

b. $x - x$ 截面

柱边至边桩内缘水平距离 $a_y = 475$ mm;

承台计算宽度 $b_0 = 4\ 900$ mm;

计算截面处的有效高度 $h_0 = 700$ mm。

剪垮比

$$\lambda_y = \frac{a_y}{h_0} = \frac{475}{700} = 0.679$$

剪切系数

$$\beta = \frac{1.75}{\lambda_y + 1.0} = 1.042$$

受剪承载力截面高度影响系数

$$\beta_{hs} = \left(\frac{800}{h_0}\right)^{1/4} = 1.034$$

查规范混凝土的 $f_t = 1.43$ MPa,斜截面最大剪力设计值:

$$V = 401.4 + 367.1 + 332.9 + 298.6 = 1\ 400 \text{ kN}$$
$$\beta_{hs}\beta f_t b_0 h_0 = 5\ 284.7 \text{ kN} < V = 1\ 400 \text{ kN}$$

满足要求。

④承台的局部承压验算

a. 承台在柱下局部承压

柱子局部受压收押面积边长 $b_x = 800$ mm,$b_y = 400$ mm,根据规定局部受压面积的边至相应的计算底面积的边的距离,其值不应大于各柱的边至承台边最小距离且不大于局部受压面积的边长,因此 c 取柱边至承台边的最小距离,即 $c = 300$ mm。

计算底面积:

$$A_b = (b_x + 2c)(b_y + 2c) = 1\,400\,000\ \text{mm}^2$$

受压面积:

$$A_1 = 400 \times 800 = 320\,000\ \text{mm}^2$$

局部受压时的强度提高系数: $\beta = \sqrt{\dfrac{A_b}{A_1}} = 2.092$, 查 $f_c = 14.3\ \text{MPa}$。

$$0.95\beta f_c A_1 = 9\,094.3\ \text{kN} > 2\,800\ \text{kN}\quad 满足要求$$

②承台在边桩上局部受压

方桩边长 $b_p = 350\ \text{mm}$, 桩的外边至承台边缘的距离

$$c = 350 - 350/2 = 175\ \text{mm}$$

承台在边桩上局部受压的计算面积:

$$A_b = 3b_p(b_p + 2c) = 735\,000\ \text{mm}^2$$

局部受压时的强度提高系数:

$$\beta = \sqrt{\dfrac{A_b}{A_1}} = \sqrt{\dfrac{735\,000}{350 \times 350}} = 2.449$$

局部荷载设计值: $F_1 = 401.4\ \text{kN}$。

$$0.95\beta f_c A_1 = 4\,075.5\ \text{kN} > 401.4\ \text{kN}\quad 满足要求$$

c. 承台在角桩上局部受压

$$c = 300\ \text{mm}, A_b = (b_p + 2c)^2 = (350 + 2 \times 175)^2 = 765\,625\ \text{mm}^2$$

$$\beta = \sqrt{\dfrac{A_b}{A_1}} = \sqrt{\dfrac{765\,625}{350 \times 350}} = 2.5$$

$$0.95\beta f_c A_1 = 4\,160.4\ \text{kN} > 401.4\ \text{kN}\quad 满足角桩局部受压要求$$

3. 施工图(略)

4.6.6 设计实例2

1. 设计资料

(1)建筑场地土层按其成因土的特征和力学性质的不同自上而下划分为四层,物理力学指标见下表。勘查期间测得地下水混合水位深为 $2.0\ \text{m}$, 地下水水质分析结果表明,本场地下水无腐蚀性。

建筑安全等级为2级,已知上部框架结构由柱子传来的荷载:

$$V = 3\,200\ \text{kN}, \quad M = 400\ \text{kN/m}, \quad H = 50\ \text{kN};$$

柱的截面尺寸: $400 \times 400\ \text{mm}$;

承台底面埋深: $D = 2.0\ \text{m}$。

(2)根据地质资料,以黄土粉质黏土为桩尖持力层,钢筋混凝土预制桩断面尺寸为 300×300, 桩长为 $10.0\ \text{m}$。

(3)桩身资料:混凝土为C30,轴心抗压强度设计值 $f_c = 15\ \text{MPa}$, 弯曲强度设计值为 $f_m = 16.5\ \text{MPa}$, 主筋采用:4Φ16,强度设计值: $f_y = 310\ \text{MPa}$

(4)承台设计资料:混凝土为C30,轴心抗压强度设计值为 $f_c = 15\ \text{MPa}$, 弯曲抗压强度设计值为 $f_m = 1.5\ \text{MPa}$。

附:①土层主要物理力学指标如表 4-10 所示;②桩静载荷试验曲线如图 4-37 所示。

表 4 – 10

土层代号	名称	厚度/m	含水量/%	天然重度/(kN/m³)	孔隙比	P_s/MPa	塑性指数	液性指数	直剪试验（快剪）		压缩模量/kPa	承载力标准值/kPa
									内摩擦角/°	黏聚力/kPa		
1 – 2	杂填土	2.0		18.8								
2 – 1	粉质黏土	9.0	38.2	18.9	1.02	0.34	19.8	1.0	21	12	4.6	120
2 – 2	粉质黏土	4.0	26.7	19.6	0.75	0.6	15	0.60	20	16	7.0	220
3	粉沙夹粉质黏土	>10	21.6	20.1	0.54	1.0	12	0.4	25	15	8.2	260

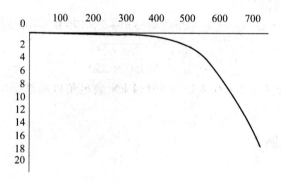

桩静载荷试验曲线

图 4 – 37　桩静荷载试验曲线图

2. 设计要求

（1）单桩竖向承载力标准值和设计值的计算；

（2）确定桩数和桩的平面布置图；

（3）群桩中基桩的受力验算

（4）承台结构设计及验算；

（5）桩及承台的施工图设计：包括桩的平面布置图，桩身配筋图，承台配筋和必要的施工说明；

（6）需要提交的报告：计算说明书和桩基础施工图。

3. 桩基础设计

（1）必要资料准备

①建筑物的类型机规模：住宅楼；

②岩土工程勘察报告：见表 4 – 10；

③环境及检测条件:地下水无腐蚀性,$Q-S$曲线见图 4-37 所示。

(2)外部荷载及桩型确定

①柱传来荷载:$V=3\,200$ kN,$M=400$ kN·m,$H=50$ kN。

②桩型确定

a. 由题意选桩为钢筋混凝土预制桩。

b. 构造尺寸:桩长 $L=10.0$ m,截面尺寸:300×300 mm。

c. 桩身:混凝土强度 C30,$f_c=15$ MPa,$f_m=16.5$ MPa,$f_y=310$ MPa。

d. 承台材料:混凝土强度 C30,$f_c=15$ MPa,$f_m=16.5$ MPa,$f_t=1.5$ MPa。

(3)单桩承载力确定

①单桩竖向承载力的确定:

a. 根据桩身材料强度($\varphi=1.0$ 按 0.25 折减,配筋 $\phi16$)

$$R=\varphi(f_c A_p+f'_y A'_s)=1.0\times(15\times0.25\times300^2+310\times803.8)=586.7\text{ kN}$$

b. 根据地基基础规范公式计算:

(a)桩尖土端承载力计算

粉质黏土,$I_L=0.60$,入土深度为 12.0 m。

$$q_{pa}=\left(\frac{100-800}{5}\times800\right)=880\text{ kPa}$$

(b)桩侧土摩擦力

粉质黏土层 1:$I_L=1.0$,$q_{sa}=17\sim24$ kPa,取 18 kPa;

粉质黏土层 2:$I_L=0.60$,$q_{sa}=24\sim31$ kPa,取 28 kPa。

$$R_a=q_{pa}A_p+\mu_p\sum q_{sia}l_i=880\times0.3^2+4\times0.3\times(18\times9+28\times1)=307.2\text{ kPa}$$

c. 根据静载荷试验数据计算:

根据静载荷单桩承载力试验 $Q-s$ 曲线,按明显拐点法得单桩极限承载力

$$Q_u=550\text{ kN}$$

单桩承载力标准值

$$R_k=\frac{Q_u}{2}=\frac{550}{2}=275\text{ kN}$$

根据以上各种条件下的计算结果,取单桩竖向承载力标准值

$$R_a=275\text{ kN}$$

单桩竖向承载力设计值

$$R=1.2R_k=1.2\times275=330\text{ kN}$$

d. 确桩数和桩的布置:

初步假定承台的尺寸为 2 m×3 m。

上部结构传来垂直荷载:$V=3\,200$ kN。

承台和土自重:

$$G=2\times(2\times3)\times20=240\text{ kN}$$

$$n=1.1\times\frac{F+G}{R}=1.1\times\frac{3\,200+240}{330}=11.5,\text{取}\quad n=12\text{ 根}$$

桩距

$$S=(3\sim4)d=(3\sim4)\times0.3=0.9\sim1.2\text{ m},\text{取}\quad S=1.0\text{ m}$$

承台平面尺寸及柱排列如图 4 - 38 所示。

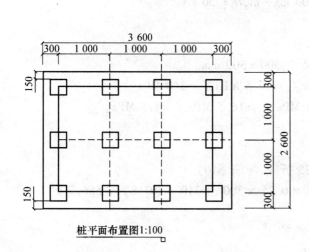

桩平面布置图1:100

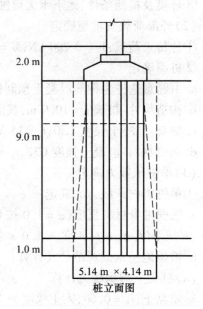

桩立面图

图 4 - 38　承台平面尺寸及柱排列图

（4）单桩受力验算

①单桩所受平均力

$$N = \frac{F + G}{n} = \frac{3\ 200 + 2.6 \times 3.6 \times 2 \times 20}{12} = 297.9 \text{ kPa} < R$$

②单桩所受最大及最小力：

$$N^{max}_{min} = \frac{F + G}{n} \pm \frac{Mx_{max}}{\sum x_i} = 297.9 \pm \frac{(400 + 50 \times 1.5) \times 1.5}{6 \times (0.5^2 \times 1.5^2)} = \begin{cases} 345.4 \text{ kN} < R \\ 250.4 \text{ kN} < R \end{cases}$$

③单桩水平承载力计算：

$$H_i = \frac{H}{n} = \frac{150}{12} = 4.2 \text{ kPa}, \quad V_i = \frac{3\ 200}{12} = 266.7 \text{ kN}$$

因为

$$\frac{H}{V} = \frac{4.2}{266.7} = \frac{1}{63.5} \ll \frac{1}{12}, 即 V_i 与 H_i 合力与 V_i 的夹角小于 5°$$

所以,单桩水平承载力满足要求,不需要进一步的验算。

（5）群桩承载力验算：

①根据实体基础法进行验算

a. 实体基础底面尺寸计算

桩所穿过的土层的摩擦角：$\varphi_1 = 21°(9 \text{ m}), \varphi_2 = 20°(1 \text{ m})$。

取 $\alpha = \frac{\varphi_1}{4} = \frac{21°}{4} = 5.25°, \tan\alpha = 0.919$。

边桩外围之间的尺寸为：2.3 × 3.3 m

实体基础底面宽：2.3 + 2 × 10 × 0.091 9 = 4.14 m。

实体基础底面长：3.3 + 2 × 10 × 0.091 9 = 5.14 m。

b. 桩尖土承载力设计值

（a）实体基础埋深范围内的土的平均重度（地下水位下取有效重度）

$$\gamma_0 = \frac{18.8 \times 2 + (18.9 - 10) \times 9 + (19.6 - 10) \times 1}{12} = 10.6 \text{ kN/m}^3$$

（b）实体基础底面粉质黏土修正后的承载力特征值为

根据书上表 2-5 所示，取 $\eta_b = 0.3$，$\eta_d = 1.6$。

$$\begin{aligned} f_a &= f_{ak} + \eta_b \gamma (b - 3) + \eta_d \gamma_m (12 - 0.5) \\ &= 220 + 0.3 \times 0.9 \times (4.14 - 3) + 1.6 \times 10 \times (12 - 0.5) \\ &= 407.3 \text{ kPa} \end{aligned}$$

（c）取 $\gamma_G = 20 \text{ kN/m}^3$，$\gamma_m = 10 \text{ kN/m}^3$，基础自重为

$$G = 4.14 \times 5.14 \times (2 \times 20 + 10 \times 10) = 2\,979 \text{ kN}$$

（d）实体基础底面压力计算

当仅有轴力作用时

$$\begin{aligned} p_a &= \frac{F + G}{A} = \frac{3\,200 + 2\,979}{4.14 \times 5.14} = 290.4 \text{ kPa} < f_a \\ &= 407.3 \text{ kPa} \end{aligned}$$

考虑轴力和弯矩时计算

$$\begin{aligned} P_{\max} &= \frac{F + G}{A} + \frac{M}{W} = \frac{3\,200 + 2\,979}{4.14 \times 5.14} + \frac{400 + 50 \times 1.5}{4.14 \times 5.14} \times 6 \\ &= 424.3 \text{ kPa} < 1.2 f_a = 1.2 \times 407.3 \text{ kPa} \\ &= 488.8 \text{ kPa} \end{aligned}$$

由以上验算，单桩及整体承载力满足要求。

（6）承台设计

承台尺寸由图 4-38 所示，无垫层，钢筋保护层厚取 100 mm。

①单桩净反力的计算

单桩净反力，即不考虑承台及覆土重量时桩所受的力

a. 单桩净反力的最大值

$$Q_{\max} = 345.4 - \frac{2.6 \times 3.6 \times 2 \times 20}{12} = 314.2 \text{ kN}$$

b. 平均单桩净反力

$$Q' = \frac{F}{n} = \frac{3\,200}{12} = 266.7 \text{ kN}$$

②承台冲切验算

a. 柱边冲切

冲切力

$$F_l = F - \sum N_i = 3\,200 \times 1.35 - 0 = 4\,320 \text{ kN}$$

受冲切承载力截面高度影响系数 β_{hp} 的计算

$$\beta_{hp} = 1 - \frac{1 - 0.9}{2\,000 - 800} \times (900 - 800) = 0.992$$

冲夸比 λ 与系数 α 的计算：

$$\lambda_{0x} = \frac{a_{0x}}{h_0} = \frac{0.525}{1\,000} = 0.525(\,<0.1)$$

$$\beta_{0x} = \frac{0.84}{\lambda_{0x} + 0.2} = \frac{0.84}{0.525 + 0.2} = 1.16$$

$$\lambda_{0y} = \frac{a_{0y}}{h_0} = \frac{0.225}{1\,000} = 0.225(\,>0.2)$$

$$\beta_{0y} = \frac{0.84}{\lambda_{0y} + 0.2} = \frac{0.84}{0.225 + 0.2} = 1.98$$

$$2[\beta_{0x}(b_c + a_{0y}) + \beta_{0y}(h_c + a_{0x})]\beta_{hp}f_t h_0$$
$$= 2 \times [1.16 \times (0.4 + 0.225) + 1.98 \times (0.6 + 0.525)] \times 0.992 \times 1\,500 \times 1.0$$
$$= 8\,786\ \text{kN} > F_1 = 4\,320\ \text{kN}(\text{满足要求})$$

③角桩向上冲切

$$c_1 = c_2 = 0.45\ \text{m}, a_{1x} = a_{0x}, \lambda_{1x} = \lambda_{0x}, a_{1y} = a_{0y}, \lambda_{1y} = \lambda_{0y}$$

$$\beta_{1x} = \frac{0.56}{\lambda_{1x} + 0.2} = \frac{0.56}{0.525 + 0.2} = 0.772$$

$$\beta_{1y} = \frac{0.56}{\lambda_{1y} + 0.2} = \frac{0.56}{0.225 + 0.2} = 1.32$$

$$[\beta_{1x}(c_2 + a_{1y} - 2) + \beta_{1y}(c_1 + a_{1x} - 2)]\beta_{hp}f_t h_0$$
$$= [0.772 \times (0.45 + 0.225 - 2) + (0.45 + 0.525 - 2)] \times 0.992 \times 1\,500 \times 1$$
$$= 2\,045\ \text{kN} > N_{\max} = 345.4\ \text{kN}$$

满足要求。

④承台抗剪验算

斜截面受剪承载力可按下面公式计算:

$$V \leqslant \beta_{hs}\beta f_t b_0 h_0, \beta = \frac{1.75}{\lambda + 1.0}, \beta_{hs} = \left(\frac{800}{h_0}\right)^{\frac{1}{4}} = \left(\frac{800}{1\,000}\right)^{\frac{1}{4}} = 0.946$$

Ⅰ-Ⅰ截面处承台抗剪验算:

边上一排桩净反力最大值 $Q_{\max} = 314.2\ \text{kN}$,按3根桩进行计算。

剪力　　　　　　　$V = 3Q_{\max} = 3 \times 314.2 = 942.6\ \text{kN}$

承台抗剪时的截面尺寸近似的定为:平均宽度 $b = 1.93\ \text{m}, h_0 = 1.0\ \text{m}$。

$$\beta = \frac{1.75}{\lambda + 1.0} = \frac{1.75}{0.525 + 1.0} = 1.147$$

$$V_c = \beta_{hs}\beta f_t b_0 h_0 = 0.946 \times 1.147 \times 1\,500 \times 1.93 \times 1.0 = 3\,141\ \text{kN} > V(\text{可以})$$

Ⅱ-Ⅱ截面处承台抗剪验算:

边排桩单桩净反力平均值 $Q_i = 266.7\ \text{kN}$,按4根桩计算。

剪切力　　　　　　$V = 4Q = 4 \times 266.7 = 1\,066.8\ \text{kN}$

承台抗剪时的截面尺寸:平均宽度 $b = 2.63\ \text{m}, h_0 = 1.0\ \text{m}$

斜截面上受压区混凝土的抗剪强度为

$$\beta = \frac{1.75}{\lambda + 1.0} = \frac{1.75}{0.525 + 1.0} = 1.147$$

$$V_c = \beta_{hs}\beta f_t b_0 h_0 = 0.946 \times 1.147 \times 1\,500 \times 2.63 \times 1.0 = 4\,280\ \text{kN} > V(\text{可以})$$

⑤承台弯矩计算及配筋计算:

a. 承台弯矩计算：多桩承台的弯矩可在长,宽两个方向分别按单向受弯计算:

Ⅰ－Ⅰ截面,按3根桩计算:

$$M_{\mathrm{I}} = 3 \times 314.2 \times (0.975 - 0.3) = 636.3 \ \mathrm{kN \cdot m}$$

Ⅱ－Ⅱ截面,按4根桩计算:

$$M_{\mathrm{II}} = 4 \times 266.7 \times (0.675 - 0.3) = 400 \ \mathrm{kN \cdot m}$$

b. 承台配筋计算:取 $h_0 = 1.0 \ \mathrm{m}, K = 1.4$。

长向配筋:

$$A_s = \frac{M_{\mathrm{I}}}{0.9 h_0 f_y} = \frac{636.3 \times 10^6}{0.9 \times 1\,000 \times 310} = 2\,281 \ \mathrm{mm}^2$$

选配 $\phi 16@200$

$$A_s = 201.1 \times 13 = 2\,614 \ \mathrm{mm}^2$$

短向配筋:

$$A_s = \frac{M_{\mathrm{II}}}{0.9 h_0 f_y} = \frac{400 \times 10^6}{0.9 \times 1\,000 \times 310} = 1\,434 \ \mathrm{mm}^2$$

选配 $\phi 14@200$

$$A_s = 153.9 \times 18 = 2\,700 \ \mathrm{mm}^2 (构造要求)$$

承台配筋图,如图 4－39 所示。

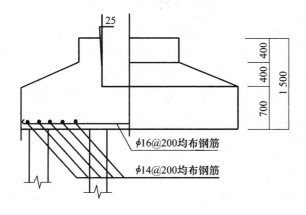

图 4－39 承台配筋图

⑥桩的强度验算

桩的截面尺寸为 300 mm×300 mm,桩长为 10.0 m,配筋为 4ϕ16,为通长配筋,钢筋保护层厚度选40 mm。

因桩的长度不大,桩吊运及吊立时的吊点位置宜采用同一位置,控制弯矩为吊立时的情况:

$$\lambda = \frac{2.0}{8.0} = 0.25$$

取动力系数为 2.0 m,则

$$M_{\max} = \frac{ql^2}{8}(1 - \lambda^2)^2 = \frac{1}{8} \times 0.3^2 \times 24 \times 8^2 \times (1 - 0.25^2) \times 1.5 = 22.8 \ \mathrm{kN \cdot m}$$

$$\alpha_s = \frac{M}{bh_0^2 f_{\mathrm{cm}}} = \frac{22.8 \times 10^6}{300 \times 265^2 \times 150} = 0.072$$

由钢筋混凝土结构设计规范得 $\gamma_s = 0.949$。

$$A_s = \frac{M}{\gamma_s h_0 f_y} = \frac{22.8 \times 10^6}{0.949 \times 260 \times 310} = 298 \text{ mm}^2$$

选用 $2\phi18$

$$A_s = 2 \times 254.5 = 509 \text{ mm}^2$$

桩的配筋构造(略)。

4.6.7 基础工程课程设计任务书

设计题目:某住宅楼桩基础设计。

1. 荷载情况

该建筑物为丙级建筑物,桩基设计等级乙级,抗震设防烈度为 6 度(可不考虑地震作用)。已知荷载效应标准组合条件下,作用于承台顶面的竖向荷载和荷载效应基本组合条件下,作用于承台顶面的竖向荷载见表 1,柱截面尺寸见表 4 - 11。桩和承台军采用 C30DE 混凝土,取抗拉强度取 $f_t = 1\,430$ kPa,受力钢筋采用 HPR325 钢筋,取抗拉强度取 $f_y = 645$ MPa,非受力钢筋 HPB235。

试设计柱下钢筋混凝土独立承台桩基础。

表 4 - 11　各柱的截面和荷载情况

柱序	分组人员	柱截面 /mm	荷载效应标准组合			荷载效应基本组合		
			竖向力 F /kN	弯矩 M_x /kN·m	弯矩 M_y /(kN·m)	竖向力 F /kN	弯矩 M_x /(kN·m)	弯矩 M_y /(kN·m)
1		600×650	4 230	190	570	5 710	260	770
2		600×600	4 150	220	660	5 600	300	900
3		600×500	3 760	290	570	5 080	440	760
4		600×450	2 540	180	540	3 810	280	730
5		600×700	3 260	130	390	3 510	180	530
6		800×600	5 400	290	570	7 290	400	770
7		800×750	5 080	550	210	6 860	750	290
8		700×700	4 040	200	600	5 450	270	810
9		600×400	3 120	190	560	4 220	290	760
10		600×550	4 030	200	620	5 450	280	390
11		600×400	2 910	200	580	3 920	270	870
12		700×750	4 900	600	230	6 620	810	280
13		700×500	4 380	310	600	5 910	420	800
14		600×800	4 580	300	700	7 540	420	1 000
15		600×800	3 500	300	690	7 500	410	930
16		600×600	3 360	340	580	5 400	460	780
17		400×400	3 200	310	620	4 320	470	930

表 4-11（续）

柱序	分组人员	柱截面/mm	荷载效应标准组合			荷载效应基本组合		
			竖向力 F/kN	弯矩 M_x/kN·m	弯矩 M_y/(kN·m)	竖向力 F/kN	弯矩 M_x/(kN·m)	弯矩 M_y/(kN·m)
18		350×350	3 200	500	200	4 300	670	270
19		300×300	3 000	600	320	4 050	810	440
20		400×400	3 400	450	190	4 600	610	260
21		350×350	3 000	500	230	4 050	680	320
22		500×500	3 500	560	220	4 730	810	300
23		500×400	3 300	550	190	4 460	830	260
24		400×350	2 800	560	280	3 780	840	380
25		350×350	2 600	500	260	3 900	670	390
26		400×400	3 000	560	300	4 500	840	450
27		500×500	2 800	500	270	3 780	670	360
28		550×550	4 200	610	310	6 300	820	420
29		400×400	3 100	650	330	4 180	970	500
30		600×650	4 200	190	610	5 670	230	820
31		600×600	4 250	320	640	6 370	270	960
32		600×500	3 800	320	580	5 130	480	780
33		600×450	2 560	200	590	3 330	260	770
34		600×700	3 260	160	480	3 470	220	650
35		800×600	5 610	280	630	6 890	380	940
36		800×750	5 180	550	210	6 900	830	290
37		700×700	4 060	210	610			
38		600×400	3 180	190	610	4 290	260	820
39		600×550	4 030	220	590	5 440	300	800
40		600×400	2 900	240	600	3 910	320	630
41		700×750	4 980	560	190	6 700	750	150
42		700×500	4 400	180	570	5 900	240	770

2. 建筑场地的工程地质条件

建筑场地地层分布均匀简单，各土层的物理力学性质指标见表 4-12，场地的地震烈度为 6 度，不需考虑地震作用。场地地下水位埋深为 2.5 m，地下水对混凝土没有腐蚀作用。

表 4 – 12　土层的物理力学性质

序号	土层名称	厚度/m	天然重度/(g/cm³)	含水率/%	相对密度	液限/%	塑限/%	内聚力/kPa	内摩擦角/°	压缩模量/MPa	承载力特征值/kPa
1	杂填土	1.6	16.0								
2	粉质黏土	6.0	18.5	28.3	2.70	31	19	10	18	4.6	120
3	黏土	8.0	20.5	27.0	2.70	32.5	12.5	18	20	13.0	200
4	饱和软土	4.0	18.1	51.0	2.70	42.6	24.1	8	10	4.0	90
5	粉质黏土	6.0	19.8	26.8	2.70	34.0	14.5	16	22	7.0	180

3. 设计要求

在老师指导下,根据设计任务书的要求,收集相关资料,熟悉并应用相关规范、标准和图集,独立完成课程设计的全部内容。

(1)提交完整的设计计算书和桩基础施工图;

(2)桩基础设计要求:经济合理、技术先进、施工方便;

(3)设计计算书要求:计算依据充分(所有参数选择要有规范或标准条文的支持,计算公式要注明来自何种规范的那个公式(注明公式编号)),文理通顺,计算结果正确,数字准确,图文并茂(要有必要的计算示意图),排版工整美观。

(4)施工图要求:布置合理美观、线条粗细合理、标注清楚完整,达到单独看一幅图能很容易看懂。

强调:计算过程清楚,计算过程中,要先写出计算公式,然后必须代入数据,每个数据要有明确的交代。为确保施工质量和施工方面,对计算结果(基础截面尺寸、钢筋规格、数量、间距等)进行调整,使之符合规范对桩基础的构造要求。

4.6.8　基础工程课程设计指导书

1. 选择桩基础的类型

《公桥基规》3.3.2 条规定,桩型选择要考虑的因素有:建筑结构类型。

荷载性质、桩的使用功能、穿越土层、桩端持力层、地下水位、施工设备、施工工艺、制桩材料供应等。具体选择可参考《公桥基规》附录 A。

选择的原则是:合适、经济合理。

2. 选定桩长、截面形状和尺寸

桩长的选择可参考《公桥基规》3.3.3 条的第 5 款的规定,"应选择较硬的土层作为持力层。桩端全断面进入持力层的深度,对于黏性土和粉土不宜小于 $2d$,砂土不宜小于 $1.5d$,碎石土不宜小于 $1.0d$。当存在软弱下卧层时,桩端以下硬持力层的厚度不宜小于 $3d$(d 为桩的直径或变长)"。

桩的截面形状多为圆形,预制桩有方形和三角形的。

桩的截面尺寸要复合施工工艺要求。按《公桥基规》4.1 条规定选择合理的桩截面尺寸。

3. 定单桩竖向承载力

（1）确定竖向单桩承载力标准值

在确定桩的界面形状和桩长的基础上，(1)由表1中各土层的物理性质指标，依据《公桥基规》中表5.3.5 – 1和表5.3.6 – 1查出桩的极限侧膜阻力和端阻力值。(2)依据《公桥基规》5.3.5条规定，按土的物理指标与承载力的经验关系确定单桩竖向极限承载力标准值（经验法），计算公式为

$$Q_{uk} = Q_{sk} + Q_{pk} = u \sum q_{sik} l_i + \sum \alpha \cdot q_c \cdot A_p$$

公式各字符含义及所需要的相关表格见《公桥基规》公式(5.3.5)（电子规范第19页）。

（2）确定单桩竖向承载力特征值

单 a 桩竖向承载力特征值按《公桥基规》第5.2.2条确定，计算公式为

$$R_a = \frac{1}{K} Q_{uk}$$

公式具体见《公桥基规》中式(5.2.2)。

4. 确定基桩数量、间距和平面布置

基本步骤：依据土层性质确定承台埋置深度；依据桩的承载力和桩顶荷载初步确定桩的数量；依据桩的布置原则初步确定承台的长度和宽度，

①初步确定基桩数量

按轴心受荷情况确定基桩数量 n_0，计算公式见《公桥基规》第5.1.1条的公式(5.1.1 – 1)即

$$n_0 = \frac{F + G}{R}$$

因为偏心荷载作用，将基桩数量放大 $1.1 \sim 1.4$ 倍，取整数作为所需基桩数量 n。

$$n = (1.1 \sim 1.4) n_0$$

根据基桩布置的要求，重新确定承台的长度和宽度。《公桥基规》对基桩布置的要求见3.3.3条第1款基桩布置（表3.3.3.1，桩的最小中心距），同时要符合4.2.1条规定。

（2）初步确定承台的长度和宽度

（3）考虑承台效应情况，重新确定单桩承载力

不考虑地震作用，考虑承台效应的符合基桩竖向承载力特征值计算公式为

$$R = R_a + \eta_{\sqrt{}} f_{ak} A_c$$
$$A_c = A - n A_{ps}$$

具体公式及各字符含义见《公桥基规》中的公式(5.2.5 – 1)和(5.2.5 – 3)。

5. 桩基验算

（1）承载力验算

由于是偏心受荷情况，基桩桩顶平均竖向力应满足《公桥基规》5.2.1条的公式(5.2.1 – 1)和(5.2.1 – 2)的规定，具体计算公式为

$$N_k \leq R$$
$$N_{kmzx} \leq 1.2R$$

具体公式和各字符含义见电子规范第16页。

各基桩桩顶竖向力计算应符合《公桥基规》5.1.1条的规定。具体公式为规范的(5.1.1 – 1)和(5.1.1 – 2)。

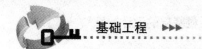

基桩桩顶平均竖向力计算公式（适合轴心受荷和偏心受荷）

$$N_k = \frac{F + G}{n}$$

偏心受荷情况，基桩桩顶竖向用用力计算公式

$$N_{ik} = \frac{F_k + G_k}{n} \pm \frac{M_x \cdot y_i}{\sum y_j^2} \pm \frac{M_y \cdot x_i}{\sum x_j^2}$$

具体公式和各字符含义见《公桥基规》15 页。

（2）软弱下卧层承载力验算

对于桩距不超过 6 倍桩径时，桩端持力层下存在承载力低于桩端持力层 1/3 的弱弱下卧层时，需要进行软弱下卧层承载力验算，具体计算公式见《公桥基规》5.4.1 条（电子规范 24 页）。

由于本设计场地的饱和软土的承载力为 90 kPa，桩端持力层承载力 200 kPa，两者相比超过 1/3 可以不进行软弱下卧层承载力验算。

（3）桩基沉降计算

本次课程设计的桩基沉降计算不考虑相邻基础影响，认为桩基中心点的总沉降量不应大于 0.003 倍的承台长度。

计算方法按《公桥基规》5.5.6 条进行，即采用等效分层总和法，等效作用面位于桩端平面，等效总用面积为桩承台投影面积，等效作用附加压力近似取承台底平均附加压力。等效作用面以下的应力分布采用各相同性均值直线变形体理论。计算示意图见《公桥基规》29 页图5.5.6所示，计算公式见《公桥基规》(5.5.6)。

6. 承台设计

（1）承台埋深和及面积确定

承台的埋深和面积在基桩桩数的确定过程中已经确定。

（2）承台厚度确定

《公桥基规》5.9.6 条规定，桩基承台厚度应满足柱对承台的冲切要求和基桩对承台的冲切要求。

设计时，首先初步假定一个较为合理的承台厚度 h_0 值。然后分别验算是否满足柱对承台的承载力要求、角桩对承台的冲切承载力要求和承台斜截面的受剪承载力要求。

①假定承台厚度、计算桩的净反力

假定承台厚度值，承台高度可初步假定为柱边到桩中心的距离。然后减去桩嵌入承台的深度和保护层厚度，得到承台的有效厚度 h_0。

不计承台重量和上覆土重情况下，计算没一根桩的桩顶荷载

$$N_{ik} = \frac{F_k}{n} \pm \frac{M_x \cdot y_i}{\sum y_j^2} \pm \frac{M_y \cdot x_i}{\sum x_j^2}$$

②柱对承台的冲切承载力要求

依据《公桥基规》5.9.7 条的第 3 款，柱下矩形独立承台受柱冲切的承载力可按下列公式计算，即

$$F_l \leq 2[\beta_{ox}(b_c + a_{oy}) + \beta_{oy}(h_c + a_{ox})]\beta_{hp}f_t h_0$$
$$F_L = F - \sum Q_I$$

$$\beta_{0x} = \frac{0.568\,4}{\lambda_{0x} + 0.2}, \quad \beta_{0y} = \frac{0.84}{\lambda_{0y} + 0.2}$$

具体公式和字符含义见电子规范第 42 页公式(5.9.7－2)、式(5.9.7－3)。

③角桩对承台的冲切承载力要求

依据《公桥基规》5.9.8 条第 1 款规定,四桩以上(含四桩)承台受角桩的冲切承载力按下式计算,即

$$N_l \leqslant \left[\beta_{1x}(C_2 + a_{1y}/2) + \beta_{1y}(h_c + a_{1x}/2)\right]\beta_{hp}f_t h_0$$

$$\beta_{1x} = \frac{0.56}{\lambda_{1x} + 0.2}, \quad \beta_{1y} = \frac{0.56}{\lambda_{1y} + 0.2}$$

具体公式和字符含义见电子规范第 42 页公式(5.9.8－1)、公式(5.9.8－2)、公式(5.9.8－3)。

④承台的受剪计算

《公桥基规》5.9.9 条规定,柱下桩基承台,应分别对柱边、变阶面处和桩边连线形成的贯通承台的斜截面的受剪承载力进行验算。当承台悬挑边有多排基桩形成多个斜截面时,应对每个斜截面的受剪承载力进行验算。

《公桥基规》2.9.10 条规定,柱下独立桩基承台斜截面受剪承载力按下列要求计算

承台斜截面受剪承载力计算公式见电子规范公式(5.9.10－1)、公式(5.9.10－2)。

$$V \leqslant \beta_{hs}\alpha f_t b_0 h_0$$

$$\alpha = \frac{1.75}{\lambda + 1}, \quad \beta_{hs} = \left(\frac{800}{h_0}\right)^{1/4}$$

具体公式和字符含义见电子规范 44 页和 45 页的 5.9.10 条的第 1 款。

⑤承台弯矩计算公式

《公桥基规》5.9.1 条规定,桩基承台应进行正截面的受弯承载力计算,受弯承载力和配筋计算可按混凝土结构设计规程进行

《公桥基规》5.9.2 条规定,柱下对立桩基承台正截面弯矩按下式计算

$$M_x = \sum N_i \cdot y_i$$

$$M_y = \sum N_i \cdot x_i$$

具体公式和字符含义见电子规范 40 页公式(5.9.2－1)、(5.9.2－2)。

⑥承台钢筋面积计算公式

承台配筋面积按下式计算

$$A_s = \frac{M}{0.9f_y h_0}$$

式中　f_y——钢筋的抗拉强度值;

　　　h_0——承台的有效厚度。

承台的配筋要符合《公桥基规》4.2.3 条规定。

7. 例题

某大城市中心城区旧城区改造工程中,拟建一栋 16 层高、内筒外框楼房。建筑物对差异沉降没有特殊要求。舱底位于拆迁区的居中部位。场地底层层位稳定,底层剖面和桩基设计参数指标如表 4－13 所示。已知荷载效应标准组合条件下,作用于承台顶面的竖向荷载 $F = 5\,800$ kN,$M_x = 180$ kN·m,$M = 680$ kN·m。荷载效应基本组合条件下,作用于承台

顶面的竖向荷载 $F = 7\ 830\ \text{kN}$，$Mx = 2\ 430\ \text{kN} \cdot \text{m}$，$M = 918\ \text{kN} \cdot \text{m}$。试设计柱下独立承台桩基础。

表 4-13 底层剖面和桩基设计参数指标

土层	厚度	单桩布置	桩基计算指标/kPa					
			预制桩		沉管桩		冲钻孔桩	
	/m	地下水位埋深2.5 m	q_{sk}	q_{pk}	q_{sk}	q_{pk}	q_{sk}	q_{pk}
黏土	3.0			50		40		44
淤泥	10.4			10		12		10
黏质粉土	3.5		2 600	50	2 000	40	1 200	44
淤泥质土	9.3			16		14		14
卵石	3.0		9 000	120	5 600	100	2 400	120
强风化层	未见底		6 000	100	4 400	72	2 000	100

设计：按规定确定桩基设计等级为乙级。

第一步：桩型选择与桩长确定

（1）选择桩型

①对人工挖孔灌注桩：由于黏土层厚度 3.5 m，不足以作为 16 层建筑物的持力层，以卵石维持理想鞲，深度大 26 m 以上，又因为卵石层透水性强，地下水位高，故不予采用。

②对沉管灌注桩：承载力较高的卵石层的埋深超过 26 m，当地施工机械步伐施打。若以埋深较浅粉质黏土为持力层，单桩承载力在 240~400 kPa，对 16 层的建筑，需要基桩数量较多，布桩密度会很大，不予采用。

③对冲孔灌注桩：当地缺乏反循环清渣设备，桩底沉渣得不到保证，极大影响成桩质量，不予采用。

④对底层分布和当地施工经验，决定采用混泥土预制桩。预制桩为边长为 400 mm 的方桩，桩端进入卵石层 0.5 m。

（2）确定桩长

初选承台埋深 $d = 2$ m，桩顶入承台 0.05 m（《公桥基规》4.2.4 条第 1 款：桩嵌入承台的长度对中等直径桩不宜小于 50 mm，对大直径桩不宜小于 100 mm。），桩端全断面进入卵石层0.5 m（依据《公桥基规》3.3.3 第 5 款，第 8 页）对于碎石土桩基全断面进入层不宜小于 1d（边长或直径），锥形桩尖长 0.5 m。

计算桩的总长度 $L = (3-2) + 10.4 + 3.5 + 9.3 + 0.5 + 0.5 = 25.3$ m。

第二步：确定单桩竖向承载力特征值 R

①按经验公式确定单桩极限承载力标准值。

$$Q_{uk} = Q_{sk} + Q_{pk} = u \sum a_{aki} l_i + q_{pki} A$$

$$= 4 \times 0.4 \times (50 \times 1.0 + 12 \times 10.4 + 50 \times 3.5 + 16 \times 9.3 + 120 \times 0.5) + 9\ 000 \times 0.4^2$$

$$= 894 + 1\ 440 = 2\ 334$$

②单桩竖向载荷试验确定。

Q_u 的大小为 2 600 ~ 3 000 kN 之间。

对上述两种方法的承载力比较,单桩承载力特征值 R_a 取值

$$R_z = \frac{Q_u}{2} = \frac{2\ 334}{2} = 1\ 167\ \text{kPa}$$

该桩端阻力比摩阻力大很多,属于摩擦端承桩,淤泥达 10.4 m,承载力较低,故不考虑承台效应基桩承载力 R 取单桩竖向承载力特征值 R_a,即

$$R = R_a = 1\ 167\ \text{kPa}$$

第三步:桩数估算和平面布置

①桩数估算

a. 估算桩数 $n = \frac{F + G}{R} = 5\frac{800 + G}{1\ 167} = 5 \sim 6$ 根桩。

初步设计承台大小,初步设计承台为 4.0 × 2.4 m。(《公桥基规》中 3.3.3 条第 1 款,桩的中心距不小于 $4d = 1.6$ m,4.2.1 条第 1 款,桩的外边缘至承台边缘的距离小于 150 mm,按 6 根桩布置,长边为 200 + 200 + 1.600 + 120 062 00) = 4 000 = 4.0 m,短边 200 + 200 + 1 600 + 200 + 200 = 2 400 mm = 2.4 m)

重新确定基桩数量。

承台和上覆土重(取重度为 24 kN/m³)

$$G = 4.0 \times 2.4 \times 2.0 \times 24 = 460.8\ \text{kN}$$

计算基桩数量

$$n = \frac{F + G}{R} = \frac{5\ 800 + 460.8}{1\ 176} = 5.32\ \text{根,取 6 根}$$

b. 单桩承载力验算

轴心竖向荷载作用,要求:

$$N_k < R$$

$$\left(N_k = \frac{F + G}{n}\right) = \frac{5\ 800 + 460.8}{6} = 1\ 043.4\ \text{kN} < R = 1\ 176\ \text{kN}$$

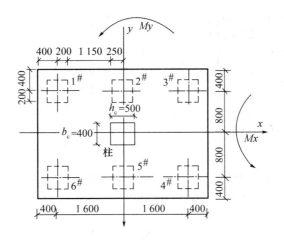

图 4 - 40 承台计算平面尺寸详图

由于是偏心受荷情况,还要满足:

$$N_{k\max} < 1.2R \text{ 满足要求}$$

基桩桩顶竖向用用力计算公式

$$N_{ik\max} = \frac{F_k + G_k}{n} + \frac{M_x \cdot y_i}{\sum y_j^2} + \frac{M_y \cdot x_i}{\sum x_j^2}$$

$$N_{ik\max} = N_{6k} = \frac{F_k + G_k}{n} + \frac{M_x \cdot y_i}{\sum y_j^2} + \frac{M_y \cdot x_i}{\sum x_j^2}$$

$$= \frac{5\,800 + 460.8}{6} + \frac{680 \times 1.6_i}{4.0 \times 1.6^2} + \frac{180 \times 0.8}{6 \times 0.8^2}$$

$$= 1\,187.1 \text{ kN} < 1.2R$$

$$= 1.2 \times 1176 = 1\,411 \text{ kN}$$

满足要求。

第四步:沉降计算

该工程为乙级建筑桩基,对沉降要求一般,且体型简单,持力层为承载力较高变形较小的卵石层,并且无软弱下卧层,故不进行沉降计算。

第五步:桩身配筋计算

按便准图集选用。

第六步:承台设计

承台设计采用荷载效应基本组合条件下,作用于承台顶面的竖向荷载 $F = 7\,830$ kN,$M_x = 2\,430$ kN·m,$M = 918$ kN·m。

计算基桩的净反力(不计承台和尚覆土重)。

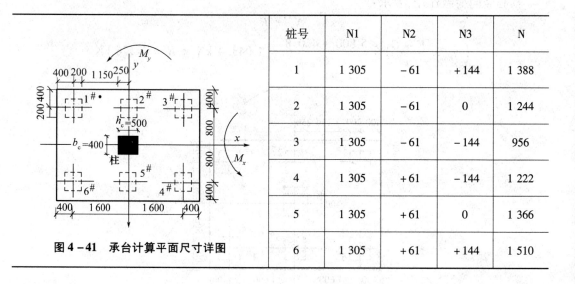

图 4-41 承台计算平面尺寸详图

桩号	N1	N2	N3	N
1	1 305	−61	+144	1 388
2	1 305	−61	0	1 244
3	1 305	−61	−144	956
4	1 305	+61	−144	1 222
5	1 305	+61	0	1 366
6	1 305	+61	+144	1 510

$$N_i = \frac{F}{n} \pm \frac{M_x \cdot y_i}{\sum y_j^2} \pm \frac{M_y \cdot x_i}{\sum x_j^2}$$

$$N_1 = \frac{F}{n} = \frac{7\,830}{6} = 1\,305 \text{ kN}$$

$$N_2 \frac{M_x \cdot y_i}{\sum = y_j^2} = \frac{243 \times 0.8}{6 \times 0.8^2} = 60.6 = 61 \text{ kN}$$

$$N_3 = \frac{M_y \cdot x_i}{\sum x_j^2} = \frac{9\ 181.6}{4 \times 1.6^2} = 143.4 = 144 \text{ kN}$$

假定承台的高度。

承台的高度通常初步假定约柱边与桩中心的距离，或稍小，见图 4 - 42 所示。

现在初步假定承台高度 $h = 1\ 400$ mm，保护层厚度要大于桩嵌入承台的深度 50 mm，本项目取 50 mm，（规范 4.2.3 条第 5 款，第 14 页），承台有效厚度为 $h_0 = 1\ 400 - 50 - 50 = 1\ 300$ mm。

承台冲切承载力计算

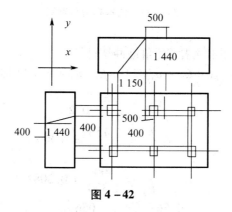

图 4 - 42

①柱对承台的冲切承载力盐酸

$$F_l \leqslant 2[\beta_{ox}(b_c + a_{oy}) + \beta_{oy}(h_c + a_{ox})]\beta_{hp}f_t h_0$$

$$F = F - \sum Q_1$$

$$\beta_{0x} = \frac{0.568\ 4}{\lambda_{0x} + 0.2}$$

$$\beta_{0y} = \frac{0.84}{\lambda_{0y} + 0.2}$$

$$\lambda_{0x} = \frac{a_{0x}}{h_0} = \frac{1\ 150}{1\ 300} = 0.884$$

$$\lambda_{0y} = \frac{a_{0y}}{h_0} = \frac{400}{1\ 300} = 0.308$$

$$\beta_{0x} = \frac{0.84}{\lambda_{0x} + 0.2} = \frac{0.84}{0.884 + 0.2} = 0.775$$

$$\beta_{0y} = \frac{0.84}{\lambda_{0y} + 0.2} = \frac{0.84}{0.308 + 0.2} = 1.653$$

$$2[\beta_{1x}(b_c + a_{y)}) + \beta_{1y}(h_c + a_x)]\beta_{hp}f_t h_0$$

$$= 2[0.75(0.4 + 0.4) + 1.65(0.5 + 1.15) \times 0.9 \times 1\ 430 \times 1.3]$$

$$= 11\ 143 \text{ kN}$$

$$F_l = F - \sum Q_i = 7\ 800 - 0 = 7\ 800 \text{ kN}$$

可见，$F_l \leqslant 2[\beta_{ox}(b_c + a_{oy}) + \beta_{oy}(h_c + a_{ox})]\beta_{hp}f_t h_0$，承台冲切承载力满足要求（图 4 - 43）。

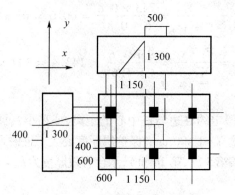

图 4 - 43　结构布置示意图

②基桩对承台的冲切承载力盐酸（角桩冲切计算）

$$N_l \leqslant [\beta_{1x}(C_2 + a_{1y}/2) + \beta_{1y}(h_c + a_{1x}/2)]\beta_{hp}f_t h_0$$

$$\beta_{1x} = \frac{0.56}{\lambda_{1x} + 0.2}$$

$$\lambda_{0x} = \frac{a_{0x}}{h_0} = \frac{1\,150}{1\,300} = 0.884$$

$$\lambda_{0y} = \frac{a_{0y}}{h_0} = \frac{400}{1\,300} = 0.308$$

$$\beta_{0x} = \frac{0.56}{\lambda_{0x} + 0.2} = \frac{056}{0.884 + 0.2} = 0.577$$

$$\beta_{0y} = \frac{0.56}{\lambda_{0y} + 0.2} = \frac{0.56}{0.308 + 0.2} = 1.28$$

$$\left[\beta_{1x}\left(c_2 + \frac{a_y}{2}\right) + \beta_{1y}\left(c_1 + \frac{a_{1x}}{2}\right)\right]\beta_{hp}f_t h_0$$

$$= \left[0.577\left(0.6 + \frac{0.4}{2}\right) + 1.28\left(0.6 + \frac{1.15}{2}\right) \times 0.9 \times 1\,430 \times 1.3\right]$$

$$= 3\,209 \text{ kN}$$

$$N = 1\,510 \text{ kN}$$

可见 $N_1 \leqslant [\beta_{1x}(C_2 + a_{1y}/2) + \beta_{1y}(h_c + a_{1x}/2)]\beta_{hp}f_t h_0$，满足基桩对承台的冲切要求。

受剪承载力：

柱边与桩边联成的斜截面受剪计算（图 4 - 44）。

$$V \leqslant \beta_{hs}\alpha f_t b_0 h_0$$

$$\alpha = \frac{1.75}{\lambda + 1}, \quad \beta_{hs} = \left(\frac{800}{h_0}\right)^{1/4}$$

$$\beta_{hs} = \left(\frac{800}{1300}\right)^{1/4} = 0.886$$

a. 短边方向

$$\lambda_x = \frac{a_{0x}}{h_0} = \frac{1\,150}{1\,300} = 0.884$$

$$\alpha = \frac{1.75}{\lambda + 1} = \frac{1.75}{0.885 + 1.0} = 0.928$$

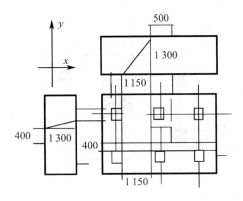

图 4 － 44　承台布置示意图

$$\beta_{hs}\alpha f_t b_0 h_0 = 0.886 \times 0.928 \times 1\,430 \times 2.4 \times 1.3 = 3\,668\ kN$$
$$V = 1\,388 + 1\,510 = 2\,898\ kN$$

可见，$V \leqslant \beta_{hs}\alpha f_t b_0 h_0$，承台短边方向满足受剪承载力要求

b. 长边方向

$$\lambda_x = \frac{a_{0y}}{h_0} = \frac{0.4}{1\,300} = 0.308$$

$$\alpha = \frac{1.75}{\lambda + 1} = \frac{1.75}{0.3.8 + 1.0} = 1.338$$

$$\beta_{hs}\alpha f_t b_0 h_0 = 0.886 \times 1.338 \times 1\,430 \times 4.2 \times 1.3 = 9\,255\ kN$$
$$V = 1\,222 + 1\,366 + 1\,510 = 4\,098\ kN$$

可见，$V \leqslant \beta_{hs}\alpha f_t b_0 h)_0$，承台长边方向满足受剪承载力要求
弯矩及配筋
计算弯矩

$$M_x = \sum N_i \cdot y_i = (1510 + 1366 + 1222) \times 0.6 = 2459\ kN \cdot m$$

$$M_y = \sum N_i \cdot x_i = (1\,510 + 1\,388) \times 1.35 = 3\,913\ kN \cdot m$$

承台钢筋面积计算公式
承台配筋面积按下式计算，$f_y = 300\ N/mm^2$，$h_0 = 1\,300\ mm$

$$A_s = \frac{M}{0.9 f_y h_0}$$

$$A_{sx} = \frac{M_y}{0.9 f_y h_0} = \frac{3\,913 \times 10^6}{0.9 \times 300 \times 1\,300} = 11\,148\ mm^2$$

规范规定，承台钢筋不宜小于 12 mm，间距不宜大于 200 mm，(不宜小于 100 mm)，已知直径 12 mm，18 mm，20 mm，25 mm，30 mm 的钢筋面积分别 113 mm^2，254.4 mm^2，314 mm^2，490.6 mm^2，706.5 mm^2）

选择 X 方向的钢筋，见图 4 － 45 所示。

11 148/190.6 = 22.8，取 23，间距 2 400/23 = 105，间距偏小，重选，11 148/706.5 = 15.8，取 16，间距 2 400/16 = 150，在 100 ~ 200 之间。所以选择 16ϕ30 @ 150，$A_{sy} = 11\,304\ mm^2$。

$$A_{sy} = \frac{M_x}{0.9 f_y h_0} = \frac{2\,459 \times 10^6}{0.9 \times 300 \times 1\,300} = 7\,006\ mm^2$$

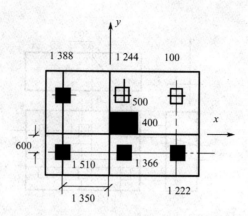

图 4 - 45   布置示意图

选择 Y 方向的钢筋。

7 006/254. 6 = 27. 6,取 28,间距 4 200/28 = 150,在 100 ~ 200 之间。所以选择 $28\phi18@$ 150,A_{sy} = 7 121 mm^2。

第5章　沉井基础及地下连续墙

5.1　沉井的概述

5.1.1　概念

沉井是井筒状的结构物(图5-1)。它是以井内挖土,依靠自身重力克服井壁摩阻力后下沉到设计标高,然后经过混凝土封底并填塞井孔,使其成为桥梁墩台或其他结构物的基础(图5-2)。

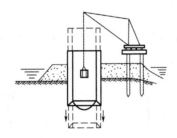

图5-1　沉井下沉示意图

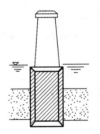

图5-2　沉井基础

5.1.2　沉井的优点

埋置深度可以很大,整体性强、稳定性好,有较大的承载面积,能承受较大的垂直荷载和水平荷载;沉井既是基础,又是施工时的挡土和挡水围堰结构物,施工工艺并不复杂(图5-3)。同时,沉井施工时对邻近建筑物影响较小且内部空间可资利用,因而常用作为工业建筑物尤其是软土中地下建筑物的基础,也常用作为矿用竖井、地下油库等。

5.1.3　沉井的缺点

施工期较长,对粉细砂类土在井内抽水易发生流砂现象,造成沉井倾斜,沉井下沉过程中遇到的大孤石、树干或井底岩层表面倾斜过大,均会给施工请来一定困难。

5.1.4　沉井的适用范围

1. 上部荷载较大,而表层地基土的容许承载力不足,做扩大基础开挖工作量大,以及支撑困难,但在一定深度

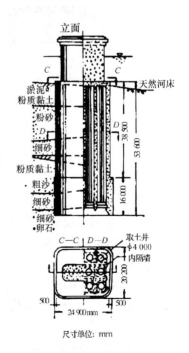

图5-3　跨越长江大桥
桥墩沉井基础

下有好的持力层,采用沉井基础与其他深基础相比较,经济上较为合理时;

2. 在山区河流中,虽然土质较好,但冲刷大,或河中有较大卵石不便桩基础施工时;

3. 岩层表面较平坦且覆盖层薄,但河水较深;采用扩大基础施工围堰有困难时。

5.2 沉井的类型和构造

5.2.1 沉井分类

1. 按沉井的建筑材料的分类

(1)混凝土沉井;

(2)钢筋混凝土沉井;

(3)竹筒混凝土沉井(赣江大桥);

(4)钢沉井。

2. 按沉井的平面形状分类

圆形、方形、矩形、椭圆形、圆端形、多边形及多孔井字形等,如图 5-4 所示。

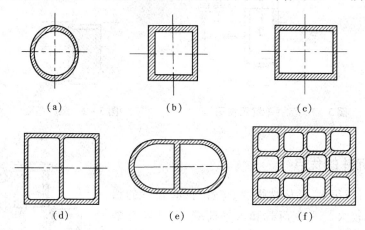

图 5-4 沉井平面图

(a)圆形单孔沉井;(b)方形单孔沉井;(c)矩形单孔沉井

(d)矩形双孔沉井;(e)椭圆形双孔沉井;(f)矩形多孔沉井

3. 按沉井的竖向剖面形状分类

圆柱形、阶梯形及锥形等,如图 5-5 所示。

4. 按沉井施工方法的分类

(1)一般沉井

指就地制造下沉的沉井,这种沉井是在基础设计的位置上制造,然后挖土靠沉井自重下沉。如基础位置在水中,需先在水中筑岛,再在岛上筑井下沉。

(2)浮运沉井

在深水地区筑岛有困难或不经济,或有碍通航,当河流流速不大时,可采用岸边浇筑浮运就位下沉的方法,这类沉井称为浮运沉井或浮式沉井。

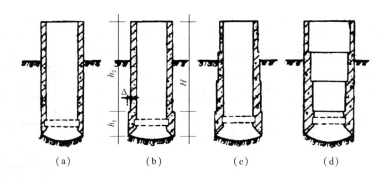

图 5 – 5　沉井剖面图

(a)圆柱形;(b)外壁单阶形;(c)外壁多阶梯形;(d)内壁多阶梯形

5.2.2　沉井一般构造

沉井由井壁(侧壁)、刃脚、内隔墙、井孔、封底和顶盖板等组成,如图 5 – 6 所示。

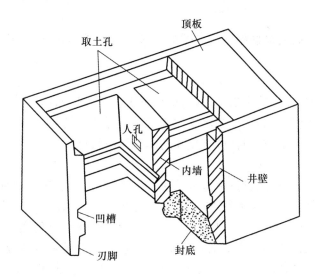

图 5 – 6　沉井构造图

1. 井壁

井壁是沉井的主要部分,应有足够的厚度与强度,以承受在下沉过程中各种最不利荷载组合(水土压力)所产生的内力,同时要有足够的重量,使沉井能在自重作用下顺利下沉到设计标高。

设计时通常先假定井壁厚度,再进行强度验算。井壁厚度一般为 0.4 ~ 1.2 m 左右。

对于薄壁沉井,应采用触变泥浆润滑套、壁外喷射高压空气等措施,以降低沉井下沉时的摩阻力,达到减薄井壁厚度的目的。但对于这种薄壁沉井的抗浮问题,应谨慎核算,并采取适当、有效的措施。

2. 刃脚

井壁最下端一般都做成刀刃状的"刃脚"。其主要功用是减少下沉阻力。刃脚还应具有一定的强度，以免在下沉过程中损坏。刃脚底的水平面称为踏面，如图 5 - 7 所示。刃脚的式样应根据沉井下沉时所穿越土层的软硬程度和刃脚单位长度上的反力大小决定，沉井重、土质软时，踏面要宽些。相反，沉井轻，又要穿过硬土层时，踏面要窄些，有时甚至要用角钢加固的钢刃脚。

3. 内隔墙

根据使用和结构上的需要，在沉井井筒内设置内隔墙。内隔墙的主要作用是增加沉井在下沉过程中的刚度，减小井壁受力计算跨度。同时，又把整个沉井分隔成多个施工井孔（取土井），使挖土和下沉可以较均衡地进行，也便于沉井偏斜时的纠偏。内隔墙因不承受水土压力，所以，其厚度较沉井外壁要薄一些。

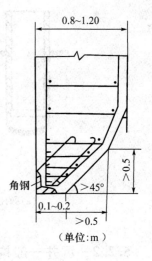

图 5 - 7 刃脚构造

4. 井孔

沉井内设置的内隔墙或纵横隔墙或纵横框架形成的格子称作井孔，井孔尺寸应满足工艺要求。

5. 射水管

当沉井下沉深度大，穿过的土质又较好，估计下沉会产生困难时，可在井壁中预埋射水管组。射水管应均匀布置，以利于控制水压和水量来调整下沉方向。一般不小于 600 kPa。如使用触变泥浆润滑套施工方法时，应有预埋的压射泥浆管路。

6. 封底及顶盖

当沉井下沉到设计标高，经过技术检验并对井底清理整平后，即可封底，以防止地下水渗入井内。为了使封底混凝土和底板与井壁间有更好的联结，以传递基底反力，使沉井成为空间结构受力体系，常于刃脚上方井壁内侧预留凹槽，以便在该处浇筑钢筋混凝土底板和楼板及井内结构。凹槽的高度应根据底板厚度决定，主要为传递底板反力而采取的构造措施。凹槽底面一般距刃脚踏面 2.5 m 左右。槽高约 1.0 m，接近于封底混凝土的厚度，以保证封底工作顺利进行。凹入深度约为 150 ~ 250 mm。

5.2.3 浮运沉井的构造

1. 不带气筒的浮运沉井

适用：水下太深、流速不大、河床较平、冲刷较小的自然条件。

施工：一般在岸边制造，通过滑道拖拉下水，浮运到墩位，再接高下沉到河床。这种沉井可用钢、木、钢筋混凝土、钢丝网及水泥等材料组合。

钢丝网水泥薄壁沉井：是由内、外壁组成的空心井壁沉井，这是制造浮运沉井较好的方法，具有施工方便、节省钢材等优点。沉井的内壁、外壁及横隔板都是钢筋钢丝网水泥制成。做法是将若干层钢丝网均匀地铺设在钢筋网的两侧，外面涂抹不低于 40 号的水泥砂浆，使它充满钢筋网和钢丝网之间的间隙并形成厚 1 ~ 3 mm 的保护层。图 5 - 8 是钢丝网水泥薄壁浮运沉井的一种形式。

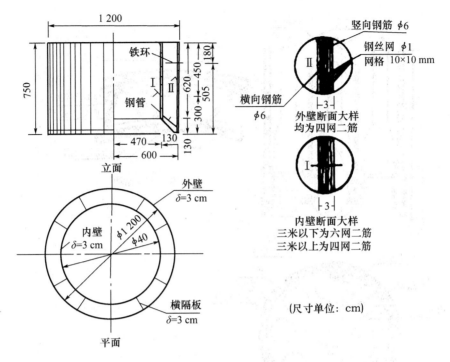

图 5-8　钢丝网水泥薄壁沉井

带临时底板的浮运沉井:底板一般是在底节的井孔下端刃脚处设置的木质底板及其支撑,底板的结构应保证其水密性、能承受工作水压并便于拆除。带底板的浮运沉井就位后,即可接高井壁使其逐渐下沉,沉到河床后向井孔充水到与外面水面齐平,即可拆除临时底板。这种带底板的浮运沉井与筑马法、围堰法施工相比,可以节省大量工程量,施工速度也较快。

2. 带钢气筒的浮运沉井

适用:水深流急的巨型沉井。

图 5-9 为一带钢气筒的圆形浮运沉井构造图。它主要由权壁的沉井底节、单壁钢壳、钢气筒等组成。双壁钢沉井底节是一个可以自浮于水中的壳体结构;底节以上的井壁采用单壁钢壳,它一般由 6 mm 厚的钢板及若干竖向肋骨角钢构成,并以水平圆环作承受壁外水压时的支撑,钢壳沿高度可分为几节,在接高时拼焊,单壁钢壳既是防水结构,又是接高时灌注沉井外圈混凝土的模板一部分;钢气筒是沉井内部的防水结构,它依据压缩空气排开气筒内的水提供浮式沉井在接高过程中所需的浮力。同时在悬浮下沉中可以通过在气筒充气或放气及不同气筒内的气压调节使沉井可以上浮、下沉及调正偏斜,落入河床后如偏移过大还可将气筒全部充气,使沉井重新浮起,定位下沉。

当采用低桩承合而围水挖基浇筑承台有困难时;当沉井刃脚遇到倾斜较大的岩层或在沉井范围内地基土软硬不均而水深较大时,可采用上面是沉井下面是桩基的混合式基础,或称组合式沉井。施工时按设计尺寸做成沉井,下沉到预定标高后,进行浇筑封底混凝土和承台,在井内其上预留孔位钻孔灌注成桩。这种混合式沉井既有围水挡土作用,又可作为钻孔惦的护筒,还可作为桩基的承台。

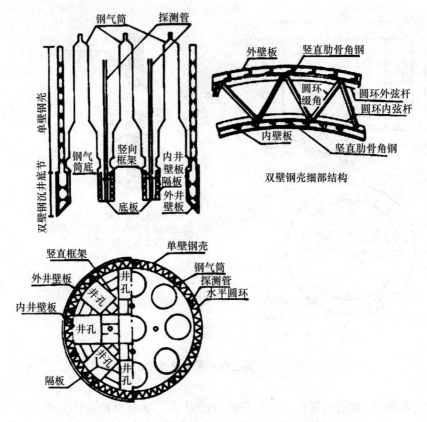

图 5-9 带钢气筒的圆形浮运沉井构造

5.3 沉井的施工

沉井基础施工一般可分为旱地施工、水中筑岛施工及浮运沉井施工三种,现分别简介如下。

5.3.1 旱地上沉井的施工

桥梁墩台位于旱地时,沉井可就地制造、挖土下沉、封底、充填井孔以及浇筑顶板。在这种情况下,一般较容易施工,工序如下。

（1）整平场地;

（2）制造第一节沉井;

（3）拆模及抽垫;

（4）挖土下沉;

（5）接高沉井;

（6）筑井顶围堰;

（7）地基检验和处理;

（8）封底、充填井孔及浇筑顶盖。

5.3.2　水中沉井的施工

1. 筑岛法

水流速不大,水深在 3 m 或 4 m 以内,可用水中筑岛的方法。筑岛材料为砂或砾石,周围用草袋围护,如水深较大可作围堰防护。岛面应比沉井周围宽出 2 m 以上,作为护道,并应高出施工最高水位 0.5 m 以上。砂岛地基强度应符合要求,然后在岛上浇筑沉井。如筑岛压缩水面较大,可采用钢板桩围堰筑岛。

2. 浮运法

水深较大,如超过 10 m 时,筑岛法很不经济,且施工也困难,可改用浮运法施工。沉井在岸边做成,利用在岸边铺成的滑道滑入水中,然后用绳索引到设计墩位。沉井井壁可做成空体形式或采用其他措施(如带木底或装上钢气筒)使沉井浮于水上,也可以在船坞内制成用浮船定位和吊放下沉或利用潮汐,水位上涨浮起,再浮运至设计位置。

沉井就位后,用水或混凝土灌入空怀、徐徐下沉直至河底。或依靠在悬浮状态下接长沉井及填充混凝土使它逐步下沉,这时每个步骤均需保证沉井本身足够的稳定性。沉井刃脚切入河床一定深度后,可按前述下沉方法施工。

5.3.3　沉井下沉过程中遇到的问题及处理

1. 沉井发生倾斜和偏移

(1)偏斜主要原因

土岛表面松软,使沉井下沉不均,河底土质软硬不匀;挖土不对称;井内发生流砂,沉井突然下沉;刃脚被障碍物挡住而未及时发现和清除;井内挖除的土堆压在沉井外一侧,沉井受压偏移或水流将沉井一侧土冲空等。沉井偏斜大多数发生在沉井下沉不深的时候,下沉较深时,只要控制得好,发生倾斜较少。

(2)沉井发生倾斜纠正方法

在沉井高的一侧集中挖土;在低的一侧回填砂石;在沉井高的一侧加重物或用高压射水冲松土层;必要时可在沉井顶面施加水平力扶正。纠正沉井中心位置发生偏移的方法是先使沉井倾斜,然后均匀除土,使沉井底中心线下沉至设计中心线后,再进行纠偏。

在刃脚遇到障碍物的情况,必须予以清除后再下沉。清除方法可以是人工排除,如遇树根或钢材可锯断或烧断,遇大孤石宜用少量炸药炸碎,以免损坏刃脚。在不能排水的情况下,由潜水工进行水下切割或水下爆破。

(3)沉井发生偏移纠正方法

纠正沉井中心位置发生偏移的方法是先使沉井倾斜,然后均匀除土,使沉井底中心线下沉至设计中心线后,再进行纠偏。

2. 沉井下沉困难

(1)原因

沉井自身重力克服不了井壁摩阻力,或刃脚下遇到大的障碍物所致。

(2)解决方法

①增加沉井自重。可提前浇筑上一节沉井,以增加沉井自重,或在沉井顶上压重物(如钢轨、铁块或砂袋等,迫使沉井下沉。对不排水下沉的沉井,可以抽出井内的水以增加沉井自重,用这种方法要保证土不会产生流砂现象。

②减小沉井外壁的摩阻力。减小沉井外壁摩阻力的方法是:可以将沉井设计成阶梯形、钟形,或在施工中尽量使外壁光滑;亦可在井壁内埋设高压射水管组,利用高压水流冲松井壁附近的土,且水流沿井壁上升而润滑井壁,便沉井摩阻力减小;以上几项措施在设计时就应考虑。在刃脚下挖空的情况,可采用炸药,利用炮震使沉井下沉,这种方法对沉井快沉至设计标高时效果较好,但要避免震坏沉井,放用药量要少,次数不宜太多。

5.3.4 泥浆润滑套与壁后压气沉井施工法

1. 泥浆润滑套

泥浆润滑套是把配置的泥浆灌注在沉井井壁周围,形成井壁与泥浆接触。选用的泥浆配合比应使泥浆性能具有良好的固壁性、触变性和胶体稳定性。一般采用的泥浆配合比(重量比)为黏土 35% ~45% ,水 55% ~65% ,另加分散剂碳酸钠 0.4% ~0.6% ,其中黏土或粉质黏土要求塑性指数不小于 15,含砂率小于 6% (泥浆的性能指标以及检测方法可参见有关施工技术手册)。这种泥浆对沉井壁起润滑作用,它与井壁间摩阻力仅 3 ~5 kPa 大大降低了井壁摩阻力(一般黏性土对井壁摩阻力为 25 ~50 kPa),因而有提高沉井下沉的施工效率,减少井壁的坏土数量,加大了沉井的下沉深度,施工中沉井稳定性好等优点。

泥浆润滑套的构造主要包括:射口挡板,地表围圈及压浆管。

沉井下沉过程中要勤补浆,勤观测,发现倾斜、漏浆等问题要及时纠正。当沉井沉到设计标高时,若基底为一般土质,因井壁摩阻力较小,会形成边清基边下沉的现象,为此,应压入水泥砂浆换置泥浆,以增大井壁的摩阻力。另外,在卵石、砾石层中采用泥浆润滑套效果一般较差。

2. 壁后压气沉井法

壁后压气沉井法也是减少下沉时井壁摩阻力的有效方法。它是通过对沿井壁内周围预埋的气管中喷射高压气流,气流沿喷气孔射出再沿沉井外壁上升,形成一圈压气层(又称空气幕),使井壁周围土松动,减少井壁摩阻力,促使沉井顺利下沉。

施工时压气管分层分布设置,竖管可用塑料管或钢管,水平环管则采用直径 25 mm 的硬质聚氯乙烯管,沿井壁外缘埋设。每层水平环管可按四角分为四个区,以便分别压气调整沉井倾斜。压气沉井所需的气压可取静水压力的 2.5 倍。

与泥浆润滑套相比,壁后压气沉井法在停气后即可恢复土对井壁的摩阻力,下沉量易于控制,且所需施工设备简单,可以水下施工,经济效果好。现认为在一般条件下较泥浆润滑套更为方便,它适用于细、粉砂类土的黏性土中。

5.4 沉井的设计与计算

5.4.1 沉井作为整体深基础的设计与计算

沉井作为整体深基础时的基本假定条件:

(1)地基土作为弹性变形介质,水平向地基系数随深度成正比例增加;

(2)不考虑基础与土之间的黏着力和摩阻力;

(3)沉井基础的刚度与土的刚度之比可认为是无限大。

1.非岩石地基上沉井基础的计算

沉井基础受到水平力 H 及偏心竖向力 N 作用时(图5-10(a)),为了讨论方便,可以把这些外力转变为中心荷载和水平力的共同作用,转变后的水平力 H 距离基底的作用高度(图5-10(b))为

$$\lambda = \frac{Ne + Hl}{H} = \frac{\sum M}{H} \qquad (5-1)$$

先讨论沉井在水平力 H 作用下的情况。由于水平力的作用,沉井将围绕位于地面下 Z_0 深度处的 A 点转动角(图5-11),地面下深度 Z 处深井基础产生的水平位移 Δx 和土的横向抗力 σ_{zx} 分别为

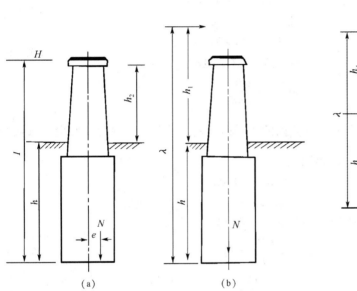

图5-10 荷载作用情况

图5-11 水平及竖直荷载作用下的应力分布

$$\Delta x = (z_0 - z)\tan\omega \qquad (5-2)$$

$$\sigma_{zx} = \Delta x \cdot C_z(z_0 - z)\tan\omega \qquad (5-3a)$$

式中 Z_0——转动中心 A 离地面的距离;

     C_z——深度 z 处水平向的地基系数,$C_z = mz_0(\text{kN/m}^3)$,其中 m 为地基比例系数(kN/m^4)。

将 C_z 值代入(5-3a)得

$$\sigma_{zx} = mz(z_0 - z)\tan\omega \qquad (5-3b)$$

从(5-3b)中可见,土的横各抗力沿深度为二次抛物线变化。

基础底面处的压应力,考虑到该水平面上的竖向地基系数 C_0 不变,故其压应力图形与基础竖向位移图相似。故

$$\sigma_{\frac{d}{2}} = C_0\delta_1 = C_0 \frac{d}{2}\tan\omega \qquad (5-4)$$

式中,C_0(见桩基础)不得小于 $10m_0$,d 为基底宽度或直径。

在上述三个公式中,有两个未知数 z_0 和 ω,要求解其值,可建立两个平衡方程式,即

$$\sum x = 0$$

$$H - \int_0^h \sigma_{zx} b_1 \mathrm{d}z = H - b_1 m \tan\omega \int_0^h z(z_0 - z)\mathrm{d}z = 0 \qquad (5-5)$$

$$\sum x = 0$$

$$Hh_1 - \int_0^h \sigma_{zx} b_1 z \mathrm{d}z - \sigma_{\frac{d}{2}} W = 0 \qquad (5-6)$$

式中, b_1 为基础计算宽度,按第4章中"m 法"计算;W 为基底的截面模量。对上二式进行联立解,可得

$$Z_0 = \frac{\beta b_1 h^2(4\lambda - h) + 6dW}{2\beta b_1 h^2(3\lambda - h)} \qquad (5-7)$$

$$\tan\omega = \frac{12\beta H(2h + 3h_1)}{mh(\beta b_1 h^3 + 18Wd)} \qquad (5-8)$$

$$\tan\omega = \frac{6H}{Amh}$$

式中, $\beta = \dfrac{C_h}{C_0} = \dfrac{mh}{C_0}$, β 为深度 h 处沉井侧面的水平向地基系数与沉井底面的竖向地基系数的比值,其中 m, m_0 按第3章有关规定采用。

$$A = \frac{\beta b_1 h^3 + 18Wd}{2\beta(3\lambda - h)}$$

将式(5-7),(5-8)代入式(5-3)及式(5-4)得

$$\sigma_{zx} = \frac{6H}{Ah}z(z_0 z) \qquad (5-9)$$

$$\sigma_{\frac{d}{2}} = \frac{3Hd}{A\beta} \qquad (5-10)$$

当有竖向荷载 N 及水平力 H 同时作用时则基底边缘处的压应力为

$$\sigma_{\min}^{\max} = \frac{N}{A_0} \pm \frac{3Hd}{A\beta} \qquad (5-11)$$

式中, A_0 为基础底面积。

离地面或最大冲刷线以下 Z 深度处基础截面上的弯矩,为

$$M_z = H(\lambda - h + z) - \int_0^h \sigma_{zx} b_1(z - z_1)\mathrm{d}z_1$$

$$= H(\lambda - h + z) - \frac{Hb_1 z^3}{2hA}(2A_0 - z) \qquad (5-12)$$

2. 基底嵌入基岩内的计算方法

若基底嵌入基岩内,在水平力和竖直偏心荷载作用下,可以认为基底不产生水平位移,则基础的旋转中心 A 与基底中心相吻合,即 $z_0 = h$,为一已知值(图5-12)。这样,在基底嵌入处便存在一水平阻力 P,由于 P 力对基底中心轴的力臂很小,一般可忽略 P 对 A 点的力距。当基础有水平力 H 作用时,地面下 z 深度处产生的水平位移 Δx 和土的横向抗力 σ_{zx} 分别为

$$\Delta x = (h - z)\tan\omega \qquad (5-13)$$

$$\sigma_{zx} = mz\Delta x = mz(h - z)\tan\omega \qquad (5-14)$$

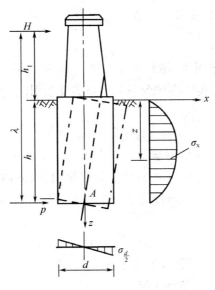

图 5 – 12　水平力作用下的应力分布

基底边缘处的竖向应力为

$$\sigma_{\frac{d}{2}} = C_0 \frac{d}{2}\tan\omega = \frac{mhd}{2\beta}\tan\omega \tag{5 – 15}$$

上述公式中只有一个未知数 ω，故只需建立一个弯矩平衡方程便可解出 ω 值。

$$\sum M_A = 0$$

$$H(h + h_1) - \int_0^h \sigma_{zx} b_1(h - z)\mathrm{d}z - \sigma_{\frac{d}{2}}W = 0 \tag{5 – 16}$$

解上式得

$$\tan\omega = \frac{H}{mhD} \tag{5 – 17}$$

式中

$$D = \frac{b_1\beta h^3 + 6Wd}{12\lambda\beta}$$

将 $\tan\omega$ 代入式(5 – 14)，(5 – 15) 得

$$\sigma_{zx} = (h - z)z \frac{H}{Dh} \tag{5 – 18}$$

$$\sigma_{\frac{d}{2}} = \frac{Hd}{2\beta D} \tag{5 – 19}$$

基底边缘处的应力为

$$\sigma_{\min}^{\max} = \frac{N}{A_0} \pm \frac{Hd}{2\beta D} \tag{5 – 20}$$

根据 $\sum x = 0$，可以求出嵌入处未知的水平阻力 P

$$P = \int_0^h b_1\sigma_{zx}\mathrm{d}z - H = H\left(\frac{b_1 h^2}{6D} - 1\right) \tag{5 – 21}$$

地面以下 Z 深度处基础截面上的变矩为

$$M_z = H(\lambda - h + z) - \frac{b_1 H z^3}{12Dh}(2h - z) \qquad (5-22)$$

3. 墩台顶面的水平位移

基础在水平力和力矩作用下,墩台顶面会产生水平位移 δ,它由地面处的水平位移 $z_0 \tan\omega$,地面到墩台顶范围 h_2 范围内墩台身弹性挠曲变形引起的墩台顶水平位移 δ_2,三部分组成。

$$\delta = (z_0 + h_2)\tan\omega + \delta_0 \qquad (5-23)$$

考虑到转角一般均很小,令 $\tan\omega = \omega$ 不会产生多大的误差。另一方面,由于基础的实际刚度并非无穷大,而刚度对墩台顶的水平位移是有影响的。故需考虑实际刚度对地面处水平位移的影响及对地面处转角的影响,用系数 K_1 及 K_2 表示。K_1, K_2 是 $\alpha h, \lambda/h$ 的函数,因此,式(5-23)可写成

$$\delta = (z_0 K_1 + K_2 h_2)\omega + \delta_0 \qquad (5-24)$$

或对支承在岩石地基上的墩台顶面水平位移为

$$\delta = (h K_1 + h_2 K_2)\omega + \delta_0 \qquad (5-25)$$

4. 验算

(1)基底应力验算

式(5-11)及式(5-20)所计算出的最大压应力不应超过沉井底面处土的容许压应力。

$$\sigma_{max} \leqslant [\sigma]_h \qquad (5-26)$$

(2)横向抗力验算

由式(5-9),(5-18)计算出的 σ_{zx} 值应小于沉井周围土的极限抗力值,否则不能考虑基础侧向上的弹性抗力,其计算方法如下:

当基础在外力作用下产生位移时,在深度 z 处基础一侧产生主动上压力强度 P_a 而被挤压一侧土就受到被动土压力强度 P_p,故其极限抗力,以土压力表达为

$$\sigma_{zx} \leqslant P_p - P_a \qquad (5-27)$$

由朗金土压力理论可知

$$P_p = \gamma z \tan g^2\left(45° + \frac{\varphi}{2}\right) + 2\cot\left(45° + \frac{\varphi}{2}\right) \qquad (5-28)$$

$$P_a = \gamma z \tan^2\left(45° + \frac{\varphi}{2}\right) + 2\cot\left(45° + \frac{\varphi}{2}\right)$$

代入式(5-27)得

$$\sigma_{zx} \leqslant \frac{4}{\cos\varphi}(\gamma z \tan\varphi + c) \qquad (5-29)$$

式中,γ 为土的容重;φ 和 C 分别为土的内摩擦角和黏聚力。考虑到桥梁结构性质和荷载情况,并根据试验知道出现最大的横向抗力大致在和 $z = \frac{h}{3}$ 和 $z = h$ 处,将考虑的这些值代入便有下列不等式

$$\sigma_{\frac{h}{3}x} \leqslant \eta_1 \eta_2 \frac{4}{\cos\varphi}\left(\frac{\gamma h}{3}\tan\varphi + c\right) \qquad (5-30)$$

$$\sigma_{hx} \leqslant \eta_1 \cdot \eta_2 \frac{4}{\cos\varphi}\left(\frac{\gamma h}{3}\tan\varphi + c\right) \qquad (5-31)$$

式中 $\sigma_{\frac{h}{3}x}$——相应于 $z = \dfrac{h}{3}$ 深度处的土横向抗力;

$\qquad \sigma_{hx}$——相应于 $z = h$ 深度处的土横向抗力,h 基础的埋置深度;

$\qquad \eta_1$——取决于上部结构形式的系数,一般取 $\eta_1 = 1$,对于拱桥 $\eta_1 = 0.7$;

$\qquad \eta_2$——考虑恒载对基础重心所产生的变矩 M_g 在总弯矩 M 中所占百分比的系数,即

$$\eta_2 = 1 - 0.8\frac{M_g}{M}。$$

(3)墩台顶面水平位移验算

桥梁墩台设计时,除应考虑基础沉降外,往往还需要检验由于地基变形和墩合身的弹性水平变形所产生的墩台顶面的弹性水平位移。现行规范规定:墩台顶面的水平位移 δ 应符合下列公式要求:

$$\delta \leqslant 0.5\sqrt{L} \quad (cm)$$

式中,L 为相邻跨中最小跨的跨度,m,当跨度 $L < 25$ m 时,L 按 25 m 计算。

5.4.2 沉井施工过程中的结构强度计算

从底节沉井拆除垫木,直至上部结构修筑完成开始使用,以及营运过程中沉井均受到不同外力的作用。因此,沉井的结构强度必须满足各阶段最不利受力情况的要求。根据《公路钢筋混凝土及预应力混凝土桥涵设计规范》(JTJ 023—85),钢筋混凝土受弯构件施工阶段应力验算可采用容许应力法。因此在下列有关钢筋混凝土结构强度验算中除沉井封底与顶盖一部分计算外,均采用容许应力法。针对沉井各部分在施工过程中的最不利受力情况,首先拟出相应的计算图式,然后计算截面应力,进行必要的配筋,保证井体结构在施工各阶段中的强度和稳定。

1. 沉井自重下沉验算

为了使沉井能在自重下顺利下沉,沉井重力(不排水下沉者应扣除浮力)应大于土对井壁的摩阻力,将两者之比称为下沉系数,要求

$$K = \frac{Q}{T} > 1 \qquad (5-32)$$

式中 K——下沉系数,应根据土类别及施工条件取大于 1 的数值;

$\qquad Q$——沉井自重,kN;

$\qquad T$——土对井壁的总摩阻力,$T = \sum f_i h_i u_i$,其中 h_i,u_i 为沉井穿过第 i 层土的厚度,m,和该段沉井的周长,m,f_i 为第 i 层土对井壁单位面积的摩阻力,其值应根据试验确定。

当不能满足上式要求时,可选择下列措施直至满足要求:加大井壁厚度或调整取土井尺寸;如为不排水下沉者,则下沉到一定深度后可采用排水下沉;增加附加荷载或射水助沉;采用泥浆润滑套或壁后压气法等措施。

2. (底节)沉井的竖向挠曲验算

第一节沉井在抽除垫木及挖土下沉过程中,沉井可按承受自重的梁计算井壁产生的竖向挠曲应力。如挠曲应力超过了沉井材料的容许限值,就应增加第一节沉井高度或在井壁内设置横向钢筋,以防止沉井竖向开裂。

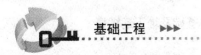

验算时应采用的第一节沉井的支承点位置与沉井的施工方法有关,现分别叙还如下:

(1)排水挖土下沉

由于沉井是排水挖土下沉,所以不论在抽除刃脚下垫木以及在整个挖土下沉过程中,都能很好地控制沉井的支承点。为了使井体挠曲应力尽可能小些,支点距离可以控制在最有利的位置处。对矩形及圆端形沉井而言,是使其支点和跨中点的弯矩大致相等。如沉井长宽比大于支点设在长边上,支点间距可采用 $0.7L$,L 为沉井长度,以此验算沉井井壁顶部和下部弯曲抗拉的强度,防止开裂。圆形沉井四个支点可布置在两个相互垂直线上的端点处。

(2)不排水挖土下沉

由于井孔中有水,挖土可能不均匀,支点设置也难控制,沉井下沉过程中可能会出现最不利的支承情况。对矩形及圆端形沉井,支点在长边的中点上。另一种情况支点在四个角上。对于圆形沉井,两个支点位于一直径上。在支点处,沉井顶部可能产生竖向开裂;使沉井成为一简支梁,跨中弯矩最大,可能沉井下部竖向开裂。两种情况均应对长边跨中附近最小截面上下缘进行验算。

若底节沉井内隔墙的跨度较大,还需验算内隔墙的抗拉强度。内隔墙最不利的受力情况是下部土已挖空,第二节沉井的内墙已浇筑,但未凝固,这时,内隔墙成为两端支承在井壁上的梁,承受了本身重量以及上部第二节沉井内隔墙如模板等重量。如验算结果可能使内隔墙下部产生竖向开裂,应采取措施,或布置水平向钢筋,或在浇筑第二节沉井时内隔墙底部回填砂石并夯实,使荷载传至填土上。

3.沉井刃脚受力计算

沉井在下沉过程中,刃脚受力较为复杂,刃脚切入土中时受到向外弯曲应力,挖空刃脚下的土时,刃脚又受到外部土、水压力作用而向内弯曲。从结构上来分析,可认为刃脚把一部分力通过本身作为悬壁梁的作田传到刃脚根部,另一部分由本身作为一个水平的闭合框架作用所负担,因此,可以把刃脚看成在平面上是一个水平闭合框架,在竖向是一个固定在井壁上的悬臂梁。水平外力的分配系数,如根据悬臂及水平框架两者的变位关系及其他一些假定得到:

刃脚悬臂作用的分配系数为

$$a = \frac{0.1L_1^4}{h_k^4 + 0.05L_1^4} \quad (a \leqslant 1.0) \qquad (5-33)$$

刃脚框架作用的分配系数为

$$\beta = \frac{h_k^4}{h_k^4 + 0.05L_2^4} \qquad (5-34)$$

式中 L_1——支承于隔墙间的井壁最大计算跨度;

L_2——支承于隔墙间的井壁最小计算跨度;

h_k——刃脚斜面部分的高度。

(1)刃脚竖向受力分析

刃脚竖向受力情况一般截取单位宽度井壁来分析,把刃脚视为固定在井壁上的悬臂梁,梁的跨度即为刃脚高度。由内力分析有下述两种情况。

①刃脚向外挠曲的内力计算

最不利情况：刃脚斜面上土的抵抗力最大，而井壁外的土压力及水压力最小一般近似认为在沉井下沉施工过程中，刃脚内侧切入土中深度约 1.0 m，上节沉井均已接上，且沉井上部露出地面或水面一节沉井高度时较符合需要条件，为最不利情况，以此来计算刃脚的向外挠曲弯矩。

刃脚高度范围内的外力：刃脚外侧的主动土压力及水压力，沉井自重，土对刃脚外侧的摩阻力，以及刃脚下土的抵抗力。

a. 作用在刃脚外侧单位宽度上的土压力及水压力的合力为

$$P_{e+w} = \frac{1}{2}(P_{e_2+w_2} + P_{e_3+w_3})h_k \qquad (5-35)$$

式中　$P_{e_2+w_2}$——作用在刃脚根部处的土压力及水压力强度之和；

　　　$P_{e_2+w_2}$——刃脚底面处的土压力及水压力强度之和；

　　　h_k——刃脚高度；

　　　P_{e+w}——力的作用点（离刃脚根部的距离）为

$$t = \frac{h_k}{3} \cdot \frac{2P_{e_3+w_3} + P_{e_2+w_2}}{P_{e_3+w_3} + P_{e_2+w_2}} \qquad (5-36)$$

地面下深度 h_i 处刃脚承受的土压力 e_i 可按朗金主动土压力公式计算，即

$$e_i = \lambda_i h_i \tan^2\left(45 - \frac{\varphi}{2}\right) \qquad (5-37)$$

式中，γ_i 为 h_i 高度范围内土的平均容重，在水位以下应考虑浮力；h_i 为计算位置至地面的距离。水压力 w_i 的计算为 $w_i = \gamma_w h_{wi}$，其中 γ_w 为水的容重，h_{wi} 为计算位置至水面的距离。水压力是应根据施工情况和土质条件计算的（可参考刃脚向内挠曲验算时有关说明），为了避免计算所得土、水压力值偏大而使验算方法偏于不安全，一般设计规范均规定了由式（5-35）算得的刃脚外侧土、水压力值不得大于静水压力的 70%，否则按静水压力的 70%。

b. 作用在刃脚外侧单位宽度上的摩阻力 T_i 可按下列二式计算，并取其较小者

$$T_1 = \tau h_k \qquad (5-38)$$

或　　　　　　　　　　　　$$T_1 = 0.5E \qquad (5-39)$$

式中　τ——土与井壁间单位面积上的摩阻力；

　　　h_k——刃脚高度；

　　　E——刃脚外侧总的主动土压力，即 $E = \frac{1}{2}h_k(e_3 + e_2)$。

c. 刃脚下抵抗力的计算。刃脚下竖向反力 R（取单位宽度）可按下式计算

$$R = q - T' \qquad (5-40)$$

式中　q——沿井壁周长单位宽度上沉井的自重，在水下部分应考虑水的浮力；

　　　T'——沉井入土部分单位宽度上的摩阻力。

$$R = v_1 + v_2 \qquad (5-41)$$

R 的作用点距井壁外侧的距离为

$$x = \frac{1}{R}\left[v_1 \frac{a_1}{2} + v_2\left(a_1 + \frac{b_2}{3}\right)\right] \qquad (5-42)$$

式中，b_2 为刃脚内侧入土斜面在水平面上的投影长度。

根据力的平衡条件,可知

$$v_1 = a_1\sigma = a_1 \frac{R}{a_1 + \frac{b_2}{2}} = \frac{2a_1}{2a_1 + b_2}R \qquad (5-43)$$

$$v_2 = \frac{b_2}{2a_1 + b_2}R \qquad (5-44)$$

$$H = v_2\tan(\theta - \delta_2) \qquad (5-45)$$

其中,δ_2 为土与刃脚斜面间的外摩擦角,一般定为30°,刃脚斜面上水平反力 H 作用点离刃脚底面 1/3 m。

d. 刃脚(单位宽度)自重 g 为

$$g = \frac{\lambda + a_1}{2}h_k \cdot \gamma_k \qquad (5-46)$$

式中 λ —— 井壁厚度;

λ_k —— 钢筋混凝土刃脚的容重,不排水施工时应扣除浮力。

刃脚自重量 g 的作用点至刃脚根部中心轴的距离为

$$x_1 = \frac{\lambda_2 + a_1\lambda - 2a_1^2}{6(\lambda + a_1)} \qquad (5-47)$$

求出以上各力的数值、方向及作用点后,再算出各力对刃脚根部中心轴的变矩总和值 M_0,竖向力 N_0 及剪力 Q,其算式为

$$M_0 = M_R + M_H + M_{e+w} + M_T + M_g \qquad (5-48)$$

$$N_0 = R + T_1 + g \qquad (5-49)$$

$$Q = p_{e+w} + H \qquad (5-50)$$

式中,$M_R, M_H, M_{e+w}, M_T, M_g$ 分别为反力 R、土压力及水压力 p_{e+w}、横向力 H、刃脚底部的外侧摩阻力 T_1 以及刃脚自重 g 对刃脚根部中心轴的弯矩,其中作用在刃脚部分的各水平力均应按规定考虑分配系数 a。上述各式数值的正负号视具体情况而定。

根据 M_0, N_0 及 Q 值就可验算刃脚根部应力并计算出刃脚内侧所需的竖向钢筋用量。一般刃脚钢筋截面积不宜少于刃脚根部截面积的 0.1%。刃脚的竖直钢筋应伸入根部以上 $0.5 L_1(L_1$ 为支承于隔墙间的井壁最大计算跨度)。

② 刃脚向内挠曲的内力计算

计算刃脚向内挠曲的最不利情况是沉井已下沉至设计标高,刃脚下的土已挖空而尚未浇筑封底混凝土,这时,将刃脚作为根部固定在井壁的悬臂梁,计算最大的向内弯矩。

(2)刃脚水平钢筋计算

刃脚水平向受力最不利的情况是沉井已下沉至设计标高,刃脚下的土已挖空,尚未浇筑封底混凝土的时候,由于刃脚有悬臂作用及水平闭合框架的作用,故当刃脚作为悬臂考虑时,刃脚所受水平力乘以 a,而作用于框架的水平力应乘以分配系数式 β 后,其值作为水平框架上的外力,由此求出框架的弯矩及轴向力值。再计算框架所需的水平钢筋用量。

根据常用沉井水平框架的平面形式,现列出其内力计算式,以供设计时参考。

① 单孔矩形框架(见图 5-13)

A 点处的弯矩

$$M_A = \frac{1}{24}(-2K^2 + 2K + 1)pb^2$$

B 点处的弯矩

$$M_B = -\frac{1}{12}(K^2 - K + 1)pb^2$$

C 点处的弯矩

$$M_C = \frac{1}{24}(K^2 + 2K - 2)pb^2$$

轴向力

$$N_1 = \frac{1}{2}pa$$

$$N_2 = \frac{1}{2}pb$$

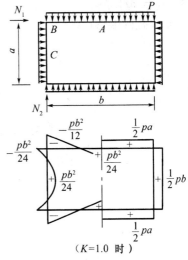

图 5 – 13　单孔矩形框架受力

式中，$K = a/b$，a 为短边长度，b 为长边长度。

②单孔圆端形(见图 5 – 14)

$$M_A = \frac{K(12 + 3\pi K + 2K^2)}{6\pi + 12K}pr^2$$

$$M_B = \frac{2K(3 - K^2)}{3\pi + 6K}pr^2$$

$$M_C = \frac{K(3\pi - 6 + 6K + 2K^2)}{3\pi + 16K}pr^2$$

$$N_1 = pr$$

$$N_2 = p(r + l)$$

式中，$K = L/r$，r 为圆心至圆端形井壁中心轴的距离。

③双孔矩形(见图 5 – 15)

$$M_A = \frac{K^3 - 6K - 1}{6\pi + 12K}pb^2$$

$$M_B = \frac{K^3 + 3K + 1}{24(2K + 1)}pb^2$$

$$M_C = -\frac{2K^3 + 1}{12(2K + 1)}pb^2$$

$$M_D = -\frac{2K^3 + 3K^2 - 2}{24(2K + 1)}pb^2$$

$$N_1 = \frac{1}{2}pb$$

$$N_2 = \frac{K^3 + 3K + 2}{4(2K + 1)}pb^2$$

$$N_3 = \frac{2 + 5K - K^3}{4(2K + 1)}pb^2$$

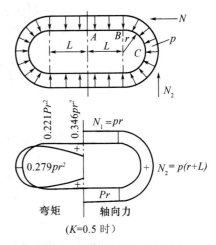

图 5 – 14　单孔圆形框架受力

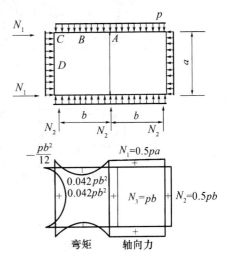

图 5 – 15　双孔矩形框架受力

式中，$K = a/b$。

④双孔圆端形(图 5 - 16)

$$M_A = \frac{\xi\delta_1 - \rho\eta}{\delta_1 - \eta}$$

$$M_C = M_A + NL - p\frac{L^2}{2}$$

$$M_D = M_A + N(L + r) - pL\left(\frac{L}{2} + r\right)$$

$$N = \frac{\xi\rho}{\eta - \delta_1}$$

$$N_1 = 2N$$

$$N_2 = pr$$

$$N_3 = p(K + r) - \frac{N_1}{2}$$

$$\xi = \frac{L\left(0.25L^3 + \frac{\pi}{2}rL^2 + 2r^2L + \frac{\pi}{2}r^2\right)}{L^2 + \pi rL + 2r^2}$$

$$\eta = \frac{\frac{2}{3}L^3 + \pi rL^2 + 4r^2L + \frac{\pi}{2}r^2}{L^2 + \pi rL + 2r^2}$$

$$\rho = \frac{\frac{1}{3}L^3 + \frac{\pi}{2}r^2L + 2r^2L}{2L + \pi r}$$

$$\delta_1 = \frac{L^2 + \pi L + 2r^2}{2L + \pi r}$$

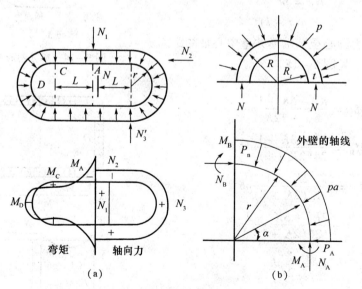

图 5 - 16　双孔圆端形沉井内力计算

(a)双孔圆端形框架受力；(b)圆形沉井壁的土压力

⑤圆形沉井

圆形沉井,如在均匀土中平稳下沉,受到周围均布的水平压力,则刃脚作为水平圆环,其任意截面上的内力弯矩 $M = 0$,剪力 $Q = 0$,轴向压力 $N = pR$,其中 R 为沉井刃脚外壁的半径。

如由于下沉过程中沉井发生倾斜或土质的不均匀,都将使刃脚截面产生弯矩。因此应根据实际情况考虑水平压力的分布。为了便于计算,可以对土压力的分布作如下的假设:设在井壁(刃脚)的横截面上互成 $90°$。两点处的径向压力为 P_A,P_B,计算 P_A 时土的内摩擦角可增大 $2.5 \sim 50$,计算 P_B 时减少 $2.5 \sim 5°$,并假设其他各点的土压力 P_a 按下式变化:

$$P_a = P_A(1 + \omega' \sin\alpha)$$

式中,$\omega' = \omega - 1$,$\omega = P_B/P_A$。也可根据土质不均匀情况,覆盖层厚度,直接确定 ω 值,一般取 $1.5 \sim 2.5$,则作用在 A,B 截面上的内力为

$$N_A = P_A \times r(1 + 0.785\omega')$$

$$M_A = -0.149P_A r^2 \omega'$$

$$N_B = P_A \times r(1 + 0.5\omega')$$

$$M_B = 0.137PA r^2 \omega'$$

式中　N_A,M_A——A 截面上的轴向力(kN)和弯矩(kN·m);

　　　N_B,M_B——B 截面(垂直于 A 截面)上的轴向力(kN)和弯矩(kN·m);

　　　r—— 井壁(刃脚)轴线的半径,m。

4.井壁受力计算

(1)井壁竖向拉应力验算

沉井在下沉过程中,刃脚下的土已被挖空,但沉井上部被摩擦力较大的土体夹住(这一般在下部土层比上部土层软的情况下出现),这时下部沉井呈悬挂状态,井壁就有在自重作用下被拉断的可能,因而应验算井壁的竖向拉应力。拉应力的大小与井壁摩阻力分布图有关,在判断可能夹住沉井的土层不明显时,可近似假定沿沉井高度成倒三角形分布(见图5-17)。在地面处摩阻力最大,而刃脚底面处为零。

该沉井自重为 G,h 为沉井的入土深度,U 为井壁的周长,τ 为地面处井壁上的摩阻力,τ_x 为距刃脚底 x 处的摩阻力。

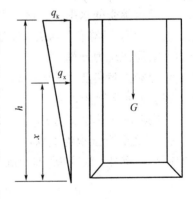

图5-17　井壁摩阻力分布图

$$G = \frac{1}{2}\tau h U$$

$$\tau = \frac{2G}{hU}$$

$$\tau_x = \frac{\tau}{h}x = \frac{2Gx}{h^2 U} \tag{5-51}$$

离刃脚底 x 处井壁的拉力为 S_x,其值为

$$S_x = \frac{Gx}{h} - \frac{\tau_x}{2}xU = \frac{Gx}{h} - \frac{Gx^2}{h^2} \tag{5-52}$$

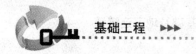

为求得最大拉应力令 $\dfrac{\mathrm{d}S_x}{\mathrm{d}x} = 0$

$$\frac{\mathrm{d}S_x}{\mathrm{d}x} = \frac{G}{h} - \frac{2Gx}{h^2} = 0$$

所以

$$x = \frac{1}{2}h$$

$$S_{\max} = \frac{G}{h} \cdot \frac{h}{2} - \frac{G}{h^2} \cdot \left(\frac{h}{2}\right)^2 = \frac{1}{4}G \qquad (5-53)$$

除沉井障碍物卡住的情况以外,可用式(5-53)算出的拉应力进行验算,当 $S_{\max}$ 大于井壁污工材料容许限值时,应布置必要的竖向受力钢筋。对每市井壁接缝处的竖直拉力验算,可假定该处混凝土不承受拉应力,全部由接缝处钢筋承受。钢筋的应力应小于 0.75 钢筋标准强度,并须验算钢筋锚固长度。

(2)井壁横向受力计算

沉井下沉过程中,井壁始终受到水平向的土压力及水压力作用,因而应验算井壁材料的强度。验算时是将井壁水平向截取一段作为水平框架来考虑,然后计算该框架的受力情况(计算方法与刃脚框架计算同)。

对于分布浇筑的沉井,整个沉井高度范围的井壁厚度可能不一致,而依厚度变化分成数段。因此,除了应验算靠近刃脚根部以上处的井壁材料强度外,同时还应验算备厚度变化段最下端处的单位高度的井壁作为水平框架的强度。并以此来控制该段全高的设计。这些水平框架所承受的水平力为该水平框架高度范围内的土压力及水压力,并不需乘以分配系数 β。采用泥浆润滑套的沉井,若台阶以上泥浆压力大于上述土压力和水压力之和,则井壁压力应按泥浆压力计算。

5. 混凝土封底及顶盖的计算

(1)封底混凝土计算

封底混凝土厚度,可按下列两种方法计算并取其控制者。

①封底混凝土视为支承在凹槽或隔墙底面和刃脚上的底板,按周边支承的双向板(矩形或圆端形沉井)或圆板(圆形沉井)计算

$$h_t = \sqrt{\frac{\sigma \times \gamma_{si} \times \gamma_m \times M_m}{bR_w^s}} \qquad (5-54)$$

式中　　h_t——封底混凝土的厚度,m。

　　　　M_m——在最大均布反力作用下的最大计算变(kN·m),按支承条件考虑的荷载系数可由结构设计手册查取;

　　　　R_w^j——混凝土弯曲抗拉极限强度;

　　　　γ_{si}——荷载安全系数,此处 $\gamma_{si} = 1.1$;

　　　　γ_m——材料安全系数,此处 $\gamma_m = 2.31$;

　　　　b——计算宽度,此处取 1 m。

②封底混凝土按受剪计算,即计算封底混凝土承受基底反力后是否有沿井孔范围内周边剪断的可能性。若剪应力超过其抗剪强度则应加大封底混凝土的抗剪面积。

（2）钢筋混凝土盖板的计算

对于空心沉井或井孔填以砾砂石的沉井，必须在井顶筑钢筋混凝土盖板，用以支承墩台的全部荷载。盖板厚度一般是预先拟定的，只需进行配筋计算，计算时考虑盖板作为承受最不利组合传来均布荷载的双向板，然后以此计算结果来进行配筋计算。如墩身全部位于井孔内，还应验算盖板的剪应力和井壁支承压力。如墩身较大，部分支承在井壁上则不需进行盖板的剪力验算，只进行井壁压应力的验算。

5.4.3 浮运沉井的计算要点

设计浮运沉井，除了按前述方法计算外，还应考虑沉井浮运过程中的受力情况。在根据基础结构的需要拟订出沉井的基本尺寸后，先要拟定浮运沉井的浮体构造，进行施工步骤计算，准确计算各施工步骤的沉井重量，入土深度，浮体稳定性，井壁内外水头差，井壁露出水面高度等。

1. 浮运沉井稳定性验算

浮运沉井由于其浮运阶段和就位后接高下沉至河床阶段中均属一个悬浮于水中的浮体，它必须是一个稳定的浮体，故对悬浮状态下沉井，根据每一个施工步骤中的受力情况，必须核算其稳定性。在稳定性验算中，主要是决定沉井的重心、浮心及定倾半径，然后将它们的数值进行比较，便可判断沉井在浮运和下沉过程中是否稳定。现以带临时底板的浮运沉井为例，进行稳定性验算如下。

（1）计算浮心位置

$$h_0 = \frac{V_0}{A_0} \qquad (5-55)$$

式中，V_0 为沉井底板以上部分排水体积；A_0 为沉井吃水的截面积（见图 5-18），对圆端形沉井

$$A_0 = 0.785\,4d^2 + Ld \qquad (5-56)$$

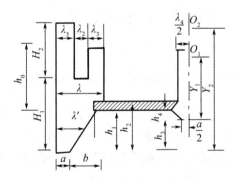

图 5-18 计算浮心位置示意图

其中，d 为圆端形直径或沉井的宽度；L 为沉井矩形部分的长度。

浮心的位置，以刃脚底面起算为 $h_3 + Y_1$ 时，Y_1 可由下式求得

$$Y_1 = \frac{M_1}{V} - h_3 \qquad (5-57)$$

式中，M_1 为各排水体积（沉井底板以上部分排水体积 V_0、刃脚体积 V_1、底板下隔墙体积 V_2）

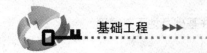

对其中心到刃脚底距离的乘积。

如各部分的乘积分别以 M_0,M_2,M_3 表示则

$$M_1 = M_0 + M_2 + M_3 \tag{5 - 58}$$

$$M_0 = V_0\left(h_1 + \frac{h_0}{2}\right) \tag{5 - 59}$$

$$M_2 = V_1\left(\frac{h_1 2\lambda' + a}{3\pi' + a}\right) \tag{5 - 60}$$

$$M_3 = V_2\left(\frac{h_4 2\lambda_1 + a_1}{3\lambda_1 + a_1} + h_3\right) \tag{5 - 61}$$

式中　h_1——底板至刃脚底面的距离,m;

　　　h_3——隔墙底距刃脚踏面的距离,m;

　　　h_4——底板下的隔墙高度,m;

　　　λ'——底板下井壁的厚度,m;

　　　λ_1——隔墙厚度,m;

　　　a_1——隔墙底踏面的宽度,m;

　　　a——刃脚踏面的宽度,m。

（2）重心位置的计算

设重心位置 O_2 离刃脚底面的距离为 Y_2,则

$$Y_2 = \frac{M_{\text{II}}}{V} \tag{5 - 62}$$

式中,M_{II} 为沉井各部分体积对其中心到刃脚底面距离的乘积,并假定了沉井圬工单位重相同。

令重心与浮心的高差为 Y,则

$$Y = Y_2 - (h_3 + Y_1) \tag{5 - 63}$$

（3）定倾半径的计算

定倾半径 ρ 为定倾中心到浮心的距离,由下式计算

$$\rho = \frac{I_{x-x}}{V_0} \tag{5 - 64}$$

式中,I_{x-x} 为吃水截面积的惯性矩,对圆端形沉井而言其值为

$$I_{x-x} = 0.049d^4 + \frac{1}{12}Ld^3 \tag{5 - 65}$$

对带气筒的浮运沉井,应根据气筒布置、各阶段气筒的使用、连通情况分别确定定倾半径 ρ。

（4）浮运沉井的稳定性应满足重心到浮心的距离小于定倾中心到浮心的距离,即

$$\rho - Y > 0 \tag{5 - 66}$$

2. 浮运沉井露出水面最小高度的验算

沉井在浮运过程中受到牵引力、风力等作用,不免使沉井产生一定的倾斜,这就要求沉井倾斜后顶面露出水面 0.5 ~ 1.0 m 作为安全高度或沉井露出水面的最小高度,以保证沉井在拖运中的安全。拖引力及风力等对浮心产生弯矩 M,因而使沉井旋转(倾斜) 角度 θ 其值为

$$\theta = \arctan\frac{M}{\gamma_{\text{w}} V(\rho - Y)} \leqslant 6° \tag{5 - 67}$$

式中,γ_{w} 为水的容重,取为 10 kN/m³。在一般情况下不允许 θ 值大于 6°。

沉井浮运时露出水面的最小高度 h 按下列式计算

$$h = H - h_0 - h_1 - d\tan\theta \geq f \tag{5-68}$$

式中 H——浮运时沉井的高度;

f——浮运沉井发生最大的倾斜时,顶面露出水面的安全距离,其值为 $0.5\sim1.0$ m。

上式中用了 $d\tan\theta$,d 为圆端形的直径,即假定由于弯矩作用使沉井没入水中的深度为计算值的 $\dfrac{d}{2}\tan\theta$ 两倍。

5.5 地下连续墙

5.5.1 地下连续墙的概念、特点及其应用与发展

1. 概念

地下连续墙是在地面上用抓斗式或回转式等的成槽机械,沿着开挖工程的周边,在泥浆护壁的情况下开挖一条狭长的深槽,形成一个单元槽段后,在槽内放大预先在地面上制作好的钢筋笼,然后用导管法浇灌混凝土,完成一个单元的墙段,各单元墙段之间以特定的接头方式相互连接,形成一条地下连续墙壁(见图 5-19)。随着地下连续墙技术的发展也可在挖好深槽后直接放置预制的钢筋混凝土或预应力混凝土墙板。

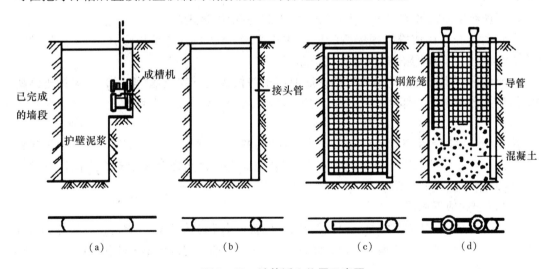

图 5-19 计算浮心位置示意图

(a)成槽;(b)放入接头管;(c)放入钢筋笼;(d)浇筑混凝土

2. 优点

结构刚度大;整体性、防渗性和耐久性好;施工时基本上无噪声、无振动、施工速度快、建造深度大,能适应较复杂的地质条件;可以做为地下主体结构的一部分、节省挡土结构的造价等优点。

3. 应用范围

市政工程的各种地下工程、房屋基础,竖井、船坞船闸,码头堤坝等。近20年来,地下墙技术在我国有了较快的发展和应用。

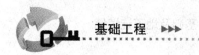

4.应用类型

(1)作为地下工程基坑的挡土防渗墙,它是施工用的临时结构;

(2)在开挖期作为基坑施工的挡土防渗结构,以后与主体结构侧墙以某种形式结合,作为主体结构侧墙的一部分;

(3)在开挖期作为挡土防渗结构,以后单独作为主体结构侧墙使用;

(4)作为建筑物的承重基础、地下防渗墙、隔振墙等。

5.发展的趋势

(1)逐渐广泛地应用预制桩式及板式连续墙,这种连续墙墙面光滑、质量好、强度高;

(2)地下连续墙技术向大深度、高精度方向发展;国外已有将连续墙用于桥梁深基础施工的报导;

(3)聚合物泥浆已实用化,高分子聚合物泥浆已得到愈来愈多的应用,这种泥浆与传统的膨润土泥浆相比,可减少废浆量,增加泥浆重复使用次数;

(4)废泥浆处理技术得到广泛采用,有些国家达到全部处理后排放。

5.5.2　地下连续墙的类型和接头构造

1.地下连续墙的类型

地下连续墙按其填筑材料分为:土质墙、混凝土墙、钢筋混凝土墙(现浇、预制)、组合墙(预制和现浇)。

地下连续墙按成墙方式可分为:桩式、壁板式、桩壁组合式。

本章主要介绍用成槽机械成槽的壁板式连续墙,有关桩式连续墙设计、施工内容请参阅第3章,预制的及现浇的桩壁组合式不介绍。

目前我国应用得较多的是现浇的钢筋混凝土壁板式地下连续墙,多用为防渗挡土结构并常作为主体结构的一部分,这时按其支护结构方式,又有以下四种类型:

(1)自立式地下墙挡土结构

在开挖修建过程中不需设置锚杆或支撑系统,其最大的自立高度与墙体厚度和土质条件有关。一般在开挖深度较小情况下应用,在开挖深度较大又难以采用支撑或锚杆支护的工程,可采用 T 型或 I 型断面以提高自立高度。

(2)锚定式地下墙挡土结构

一般锚定方式采用斜拉锚杆,锚杆层次数及位置取决于墙体的支点、墙后滑动棱体的条件及地质情况。在软弱土层或地下水位较高处,也可在地下墙顶附近设置拉杆和锚定块体或墙。

(3)支撑式地下墙挡土结构

它与板桩挡土的支撑结构相似。常采用 H 型钢、钢管等构件支撑地下墙,目前包广泛采用钢筋混凝土支撑,因其取材,有时较方便,且水平位移较少,稳定性好,缺点是拆除时较困难和开挖时需待混凝土强度达到要求后才可进行。有时也可采用主体结构的钢筋混凝土结构梁兼作为施工支撑。当基坑开挖较深,则可采用多层支撑方式。

(4)逆筑法地下墙挡土结构

逆筑法是利用地下主体结构梁板体系作为挡土结构的支撑,逐层逆行开挖,逐层进行梁板性体系的施工,形成地下墙挡土结构的一种方法。

其工艺原理是:先沿建筑物地下室轴线(地下连续墙也是结构承重墙)或周围(地下墙只作为支护结构)施工地下连续墙,同时在建筑内部的有关位置浇筑或打下中间支承柱,作为施工期间底板封底前承受上部结构自重和施工荷载的支撑,然后施工地面一层的梁板楼面结构,作为地下连续墙刚度很大的支撑,再逐层向下开挖土方和浇筑各层地下结构直至底板封底。根据工程的具体情况,上述各种类型可灵活地组合应用。

2.地下连续墙的接头构造

地下墙一般分段浇筑,墙段间需设接头,另外地下墙与内部结构也需要接头,后者又称墙面接头。

(1)墙段接头

墙段接头的要求随工程目的而异,作为基坑开挖时的防渗挡土结构,要求接头密合不夹泥;作为主体结构侧墙或结构一部分时,除了要求接头防渗挡土外,还要求有抗剪能力。

常用的墙段接头有以下几种:

①接头管接头(图5-20)这是目前应用最普遍的墙段接头形式。

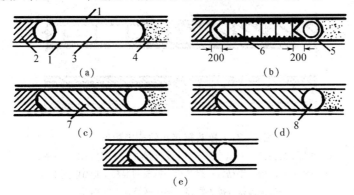

图5-20　接头管接头的施工程序

1—止浆片;2—先行槽段;3—水平钢筋;4—后续槽段;
5—纵向钢筋;6—加强筋;7—填充物;8—圆形锁扣管

②接头箱接头

可以使地下墙形成整体接头,接头的刚度较好,具有抗剪能力。施工程序与构造如图5-21所示,此外还有隔板式接头等。

(2)墙面接头

地下连续墙与内部结构的楼板、柱、梁、底板等连接的墙身接头,既要承受剪力或弯矩又应考虑施工的局限性。目前常用的有预埋连接钢筋、预埋连接钢板、预埋剪力连接构件等方法。可根据接头受力条件选用,并参照钢筋混凝土结构规范对构件接头构造要求布设钢筋(钢板)。

5.5.3　地下连续墙的施工

现浇钢筋混凝土壁板式连续墙的主要施工程序有:修筑导墙,泥浆制备与处理,深槽挖掘,钢筋笼制备与吊装,以及浇筑混凝土。

1.修筑导墙

在地下连续墙施工以前,必须沿着地下墙的墙面线开挖导沟,修筑导墙,导墙是临时结构,主要作用是:挡土作用,防止槽口坍陷;作为连续墙施工的基准;作为重物的支承;存蓄泥浆等。导墙常采用钢筋混凝土制筑(现浇或预制),也有用钢的。常用的钢筋混凝土墙断面如图5-

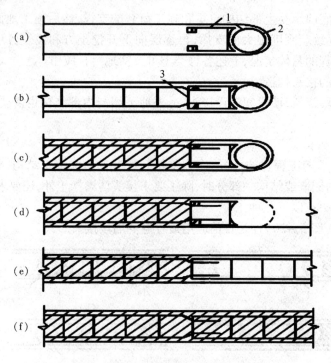

图 5 - 21　接头箱接头的施工程序

(a)插入接头箱;(b)吊放钢筋笼;(c)浇筑混凝土;(d)吊出接头管;

(e)吊放后一段槽的钢筋;(f)浇筑后一槽段的混凝土形成整体接头

1—接头箱;2—接头管;3—焊在钢筋笼上的钢板

22 所示。导墙埋深一般为 1～2 m,墙顶宜高出地面 0.1～0.2 m,导墙的内墙面应垂直并与地下连续墙的轴线平行,内外导墙间的净距应比连续墙厚度大 3～5 cm,墙底应与密实的土面紧贴,以防止泥浆渗漏。墙的配筋多为句 φ12@200,水平钢筋应连接,使导墙形成整体。在导墙混凝土未达到设计强度前,禁止任何重型机械在其旁行驶或停置,以防导墙开裂或变形。

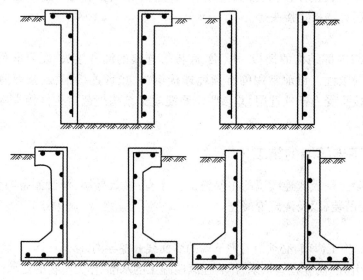

图 5 - 22　导墙的几种断面形式

2. 泥浆护壁

地下连续墙施工基本特点是利用泥浆护壁进行成槽。泥浆的主要作用除护壁外，还有携渣作用、冷却钻具和润滑作用。泥浆的质量对地下墙施工具有重要意义，控制泥浆性能的指标有相对密度、黏度、失水量、pH 值、稳定性、含砂量等。这些性能指标在泥浆使用前，在室内可用专用仪器测定。在施工过程中泥浆要与地下水、砂、土、混凝土接触，膨润土等掺和成分有所损耗，还会混入土渣等使泥浆质量恶化，要随时根据泥浆质量变化对泥浆加以处理或废弃。处理后的泥浆经检验合格后方可重复使用。

3. 挖掘深槽

挖深槽是地下连续墙施工中的关键工序，约占地下墙整个工期的一半。它是用专用的挖槽机来完成的。挖槽机械应按不同地质条件及现场情况来采用。目前国内外常用的挖槽机械：抓斗式、冲击式和回转式。

我国当前应用最多的是吊索式蚌式抓斗、导杆式蚌式抓斗及回转式多头钻等。挖槽是以单元槽段逐个进行挖掘的，单元槽段的长度考虑——设计要求和结构特点外，地质、地面荷载、起重能力、混凝土供应能力及泥浆池容量等因素。施工时发生槽壁坍塌是严重的事故，当挖槽过程中出现坍塌迹象时，如：泥浆大量漏失、泥浆内有大量泡沫上冒或出现异常扰动、排土量超过设计断面的土方量、导墙及附近地面出现裂缝沉陷等，应首先将成槽机械提至地面，然话迅速查请槽壁坍塌原因，采取抢救措施，以控制事态发展。

4. 混凝土墙体浇筑

槽段挖至设计标高进行清底后，应尽快进行墙段钢筋混凝土浇筑。它包括下列内容：

（1）吊放接头管或其他接头构件；

（2）吊放钢筋笼；

（3）插入浇注混凝土的导管，并将混凝土连续浇筑到要求的标高；

（4）拔出接头管。

对于长度超过 4 m 的槽段宜用双导管同时浇筑，其间距根据混凝土和易性及其浇筑有效半径确定，一般为 2.0～3.5 m，最大为 4.5 m。每个槽段混凝土浇筑速度一般为每小时上升 3～4 m。

5.5.4 地下连续墙设计计算简介

1. 地下连续墙的破坏类型

地下连续墙作为基坑开挖施工中的防渗挡土结构，是由墙体、支撑共同作用受力体系。墙前后土体它的受力变形状态与基坑形状、开挖深度、墙体刚度、支撑刚度、墙体入土深度、土体特性、施工程序等多种因素有关，地下连续墙的破坏可分为稳定性破坏（整体失稳、基坑底隆起、管涌、流砂）和强度破坏（支撑强度不足、压屈、墙体强度不足）。

2. 地下连续墙的设计计算

地下连续墙的设计首先应考虑地下墙的应用目的和施工方法，然后决定结构的类型和构造，使它具有足够的强度，刚度和稳定性。

（1）作用在地下墙上的荷载

①土压力（重要问题）

墙体的刚度，支承情况，开挖方法，土质条件及墙高等有关。

目前主要有下列三种计算方法：

a.古典土压力理论

我国大多数设计单位均采用朗金或库伦的主、被动土压力计算理论,即非开挖一侧均按主动土压力计算,而开挖一侧基坑底面以下部分则采用被动土压力;

b.静止土压力理论

对于刚度较大且设有可靠支撑时,墙体位移很小,所以非开挖侧的土压力接近静止土压力。

c.经验图式法

按各种土质条件下以上压力实测值为基础而提出的上压力分布图形计算。

②水压力

作用在地下连续墙上的水压力与土压力不同,它与墙的刚度及位移无关,按静水压力计算。在一般情况下地下水位以下土层上压力包括水压力在内,这时采用饱和容重,也可采用与土压力分算的方法,视具体土质条件而定。

③地下墙作为结构物基础或主体结构的荷载

地下连续墙作为结构物基础或承重结构时,其荷载根据上部结构的种类不同而有差异,在一般情况下,它与作用在桩基础或沉井基础上的荷载大致相同。

(2)墙体内力计算

地下连续墙的设计必须使墙体具有足够的强度与刚度。地下墙作为挡土结构时的内力计算理论是从钢板桩计算理论发展起来的。有的计算方法与板桩计算相似。

(3)地下连续墙挡土结构的稳定性验算

通过对地下连续墙挡土结构的墙体稳定,基坑稳定及抗渗稳定的验算,确定地下连续墙的插入土内深度,来保证挡土墙的稳定性。主要采用下列验算方法。

①土压力平衡的验算;

②基坑底面隆起的验算;

③管涌的验算。

有时也进行控制隆起位移量的墙体插入深度的计算。地下连续墙的插入土深度确定是非常重要的,若深度太浅将导致挡土结构物的失稳,而过深则不经济,也增加施工困难,应通过上述验算确定。

5.6 综合习题

5.6.1 沉井基础设计

1.设计资料

上部结构为跨径 25 + 2 = 27 m 的预应力混凝土 T 型钢构。桥梁为二级安全设计等级。下部结构为 C15 混凝土重力式桥墩,基础为钢筋混凝土沉井,沉井各部分采用 C25 混凝土,尺寸如图 5 – 23 所示。

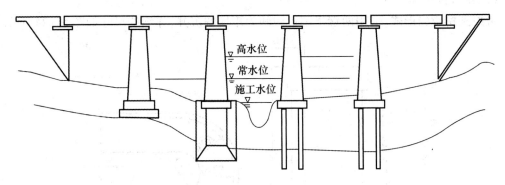

图5-23　结构示意图

地质情况：

1#钻孔					2#钻孔					3#钻孔				
土层编号	土的名称	图例	土层顶面标高/m	土层厚度/m	土层编号	土的名称	图例	土层顶面标高/m	土层厚度/m	土层编号	土的名称	图例	土层顶面标高/m	土层厚度/m
13#	黏砂土		138.0	1	13#	黏砂土		130.0	1	13#	黏砂土		133.0	1
4#	黏土		137.0	2.5	4#	黏土		129.0	2.5	4#	黏土		132.0	2.5
11#	黏土		134.5	↓	11#	黏土		126.5	↓	11#	黏土		129.5	↓

水文资料：常水位高程 132.00 m，潮水位高程 142.00 m，一般冲刷线高程为 128.5 m，局部冲刷线高程为 124.5 m。

施工方法：常水位时筑岛制作沉井，不排水下沉。

2.沉井高度及各部分尺寸拟定

(1)沉井高度

根据水文资料初步设计沉井的顶面高程为 131 m，按水文计算，大、中桥的基础埋置深度应在最大冲刷线以下 2.0 m，则沉井所需高度为：

$$H = 131 - 124.5 + 2 = 8.5 \text{ m}$$

按地质条件与地基容许承载力考虑，沉井底面应位于黏土层中，根据分析初拟采用沉井高度 $H = 13$ m，沉井的底面高程 118 m，顶节沉井高 6.0 m，底节沉井高 7.0 m。

（2）沉井的平面尺寸

考虑到桥墩的形式,采用两端半圆形中间为矩形的沉井,详细的尺寸如图5-24所示。

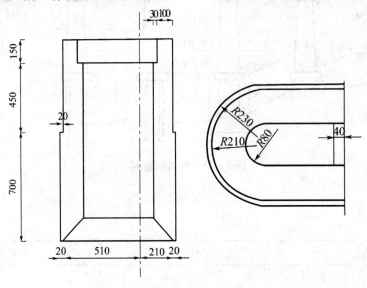

图 5-24

刃脚踏面的宽度为 0.2 m,刃脚高度为 1.5 m,则刃脚内侧倾角 $\tan\theta$ 为

$$\tan\theta = \frac{1.5}{1.5 - 0.2} = 49.09° > 45°$$

3. 作用效应计算

（1）梁、桥墩的计算

桥梁自重

$$P_1 = 27 \times 27 = 729 \text{ kN}$$

墩帽、墩身自重

$$b = (145.72 - 131) \times 2/20 = 3.672 \text{ m}$$

$$S_1 = \pi \times 2.2 + 3.06 \times 2.2 = 21.94 \text{ m}^2$$

$$S_2 = \pi \times 3.672^2 + (5.786 - 3.672) \times 3.672 = 50.12 \text{ m}^2$$

$$V = \frac{1}{3} \times (S_1 + S_2 + \sqrt{S_1 S_2})h$$

$$= \frac{1}{2}(21.94 + 50.12 + \sqrt{21.94 \times 50.12}) \times 14.72$$

$$= 516.28 \text{ m}^3 ;$$

$$P_2 = 24.5 \times [(\pi \times 1.2^2 + 3.06 \times 2.4) \times 0.52 + 516.28]$$

$$= 12\ 800.06 \text{ kN};$$

（2）车道荷载和人群荷载

二级公路的车道荷载取一级公路的车道荷载和集中荷载的 0.75 倍,所以

均布荷载

$$q_k = 0.75 \times 10.5 = 7.875 \text{ kN/m}$$

集中荷载

$$p_k = 0.75 \times 272 = 204 \text{ kN/m}$$

人群荷载为:3.0 kN/m^2。

①单孔布载:集中荷载和均布荷载的布载方式如图 5-25 所示。

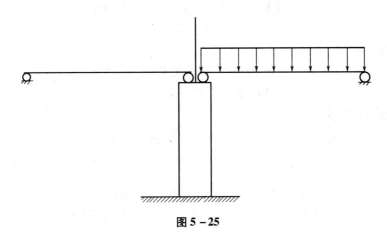

图 5-25

汽车荷载支座反力

$$P_3 = \left(7.875 \times \frac{1}{2} \times 27 + 204\right) \times 2 = 620.625 \text{ kN}$$

汽车荷载在顺桥向引起的弯矩

$$M_1 = 620.625 \times 0.35 = 217.219 \text{ kN} \cdot \text{m}$$

人群荷载支座反力

$$P_4 = \frac{1}{2} \times 3 \times 27 \times 2 = 81 \text{ kN}$$

人群荷载在顺桥向引起的弯矩

$$M_2 = 81 \times 0.35 = 28.35 \text{ kN} \cdot \text{m}$$

②两孔布载:集中荷载和均布荷载的布载方式如图 5-26 所示。

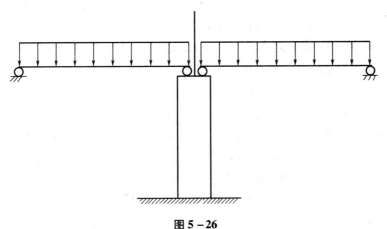

图 5-26

汽车荷载支座反力

$$P_5 = \left(27 \times 2 \times \frac{1}{2} \times 7.875 + 204\right) \times 2 = 833 \text{ kN}$$

人群荷载支座反力

$$P_6 = 2 \times 3 \times 27 = 162 \text{ kN}$$

（3）风荷载

梁上的风荷载

$$T_1 = 1.5 \times 27 \times 1.25 = 50.625 \text{ kN}$$

$$c_1 = 15.47 \text{ m}$$

墩帽所受的风荷载

$$T_2 = 1.25 \times 5.46 \times 0.52 = 3.5 \text{ kN}$$

$$c_2 = 14.72 - 0.52 \div 2 = 14.46 \text{ m}$$

桥墩上的风荷载（常水位最不利）

$$T_3 = (5.26 + 6.58) \times \frac{13.2}{2} \times 1.25 = 97.68 \text{ kN} \quad (c_3 = 7.35 \text{ m})$$

（4）汽车制动力

$$T = P_5 \times 10\% = 84.9 \text{ kN} < 90 \text{ kN}$$

$$T_1 = 90 \times 0.25 \times 2 = 45 \text{ kN} \quad (c_1 = 14.72 \text{ m})$$

（5）沉井自重

①刃脚自重（重度 $\gamma = 25.00 \text{ kN/m}^3$）

刃脚截面面积：$F_1 = (1.5 + 0.2) \times 1.5 \times \dfrac{1}{2} = 1.275 \text{ m}^2$。

形心到井壁外侧的距离：

$$X = [0.2 \times 1.5 \times 0.5 \times 0.2 + 0.5 \times 1.3 \times 1.5 \times (0.2 + 0.5 \times 1.3)] \times \frac{1}{1.275} = 0.674 \text{ m}_\circ$$

刃脚体积：$V_1 = 2 \times \pi \times (2.3 - 0.674) + 6 \times 2 \times 1.275 = 28.33 \text{ m}^3$。

刃脚自重：$Q_1 = 28.33 \times 25 = 708.25 \text{ kN}$。

②底节沉井的井壁自重（重度 $\gamma = 24.50 \text{ kN/m}^3$）

井壁截面面积：$F_2 = 1.5 \times 5.5 = 8.25 \text{ m}^2$。

体积：$V_2 = [(2.3 - 1.5/2) \times 2 \times \pi + 6 \times 2] \times 8.25 = 179.35 \text{ m}^3$。

自重：$Q_2 = 179.35 \times 24.5 = 4\,394.08 \text{ kN}$。

③底节沉井的隔墙自重（重度 $\gamma = 24.50 \text{ kN/m}^3$）

体积：$V_3 = 0.8 \times 10 \times 1.6 = 1.28 \text{ m}^3$。

自重：$Q_3 = 12.8 \times 24.5 = 313.6 \text{ kN}$。

④第二节沉井井壁自重（重度 $\gamma = 24.50 \text{ kN/m}^3$）

体积：$V_4 = 4.5 \times 1.3 \times (1.45 \times 2 \times \pi + 6 \times 2) + 1.5 \times 1 \times (1.6 \times 2 \times \pi + 6 \times 2) = 156.58 \text{ m}^3$。

自重：$Q_4 = 156.58 \times 24.5 = 3\,836.21 \text{ kN}$。

⑤盖板自重（重度 $\gamma = 24.50 \text{ kN/m}^3$）

体积：$V_5 = [(2.3 - 0.2 - 1)^2 \times \pi + 2.2 \times 6] \times 1.5 = 25.50 \text{ m}^3$。

自重：$Q_5 = 25.5 \times 24.5 = 624.75 \text{ kN}$。

⑥井孔填石自重（重度 $\gamma = 20.00 \text{ kN/m}^3$）

沉井自底面以上 5 m 用水泥混凝土封底，其上用砂卵石填筑，则：

体积：$V_6 = (\pi \times 0.8^2 + 1.6 \times 6 - 0.8 \times 1.6) \times 5.5 = 56.82 \text{ m}^3$。

自重：$Q_6 = 56.82 \times 20 = 1\,136.4 \text{ kN}$。

⑦封底混凝土自重(重度 $\gamma = 24.50$ kN/m³)

体积: $V_7 = 44.22 \times 13 - 28.33 - 179.35 - 12.8 - 156.58 - 25.5 - 56.82 = 115.47$ m³

自重: $Q_7 = 115.47 \times 24.5 = 2\,829.02$ kN。

⑧沉井总重:

$$G = Q_1 + Q_2 + Q_3 + Q_4 + Q_5 + Q_6 + Q_7 = 13\,842.31 \text{ kN}$$

⑨常水位时沉井的浮力

$$V_8 = (\pi \times 2.3^2 + 4.6 \times 6) \times 13 - 0.2 \times 6 \times (2 \times \pi \times 2.1 + 6 \times 2) = 544.61 \text{ m}^3$$

$$G' = 544.61 \times 10 = 5\,446.1 \text{ kN}$$

(6)作用效应组合

为验算地基强度,选取最不利作用效应组合汇总于表中:

力的名称	N	H	M
浮力/kN	5 446.14		
自重/kN	13 842.31		
恒载/kN	13 556.06		
两孔布载(竖直)/kN	1 017		
一孔布载(水平)/kN		198.68	249.38
制动力、风载			2 243.14
作用短期效应组合/kN	22 969.23	198.68	2 492.52

4. 基底应力验算

沉井最大冲刷线至井底的埋置深度为

$$h = 124.5 - 118 = 6.5 \text{ m} > 5 \text{ m}$$

考虑井壁侧面上的弹性抗力

$$P_{\min}^{\max} = \frac{N}{A_0} \pm \frac{3Hd}{A\beta} = \begin{cases} 557.18 \\ 481.68 \end{cases} \text{ kPa}$$

其中

$$N = \sum P = 22\,969.23 \text{ kN}$$

$$A_0 = \pi \times 2.3^2 + 4.6 \times 6 = 42.22 \text{ m}^2$$

$$b_1 = \left(1 - 0.1\frac{a}{b}\right)(b + 1) = \left(1 - 0.1 \times \frac{4.6}{10.6}\right) \times (10.6 + 1) = 11.10 \text{ m}$$

$$\beta = \frac{C_n}{C_0} \approx 0.65 \,(h < 10 \text{ m 时}, C_0 = 10\,m_0, C_n = mh, h = 6.5 \text{ m})$$

$$W_0 = \frac{\pi d^3}{32} + \frac{a^2 b}{6} = \frac{\pi \times 4.6^3}{32} + \frac{4.6^2 \times 6}{6} = 30.72 \text{ m}^3$$

$$\lambda = \frac{M}{H} = \frac{2\,492.52}{193.68} = 12.55 \text{ m}$$

$$A = \frac{\beta b_1 h^3 + 18 W_0 d}{2\beta(3\lambda - h)} = \frac{0.65 \times 11.10 \times 6.5^3 + 18 \times 30.72 \times 4.6}{2 \times 0.65 \times (3 \times 12.55 - 6.5)} = 111.74 \text{ m}^2$$

沉井底面处的地基容许承载力为

$$I_L = \frac{W - W_p}{W_L - W_p} = 0.00082 \left(\text{其中 } W = \frac{e}{d_s} = \frac{0.626}{2.72} = 0.23 \right)$$

按地质资料,基底土属于11#黏土,查表取

$$[f_{a0}] = 414.8 \text{ kPa} \quad K_1 = 0 \quad K_2 = 2.5$$

土的重度为

$$\gamma_1 = 20.17 \text{ kN/m}^3, \gamma_2 = \frac{18.8 \times 1 + 18.61 \times 2.5}{3.5} \text{ kN/m}^3$$

$$[f_a] = [f_{a0}] + K_1 r_1 (b - 2) + K_2 r_2 (h - 3) = 578.08 \text{ kPa} > 562.95 \text{ kPa}$$

5. 横向抗力验算

在地面下 z 深度处井壁承受的土横向抗力为:

$$P_z = \frac{6H}{Ah} z (z_0 - z)$$

$$z_0 = \frac{\beta b_1 h (4\lambda - h) + 6d w_0}{2\beta b_1 h (3\lambda - h)} = \frac{0.65 \times 11.1 \times 6.5^2 \times (4 \times 12.55 - 6.5) + 6 \times 4.6 \times 30.72}{2 \times 0.65 \times 11.1 \times 6.5 \times (3 \times 12.55 - 6.5)}$$

$$= 4.850 \text{ m}$$

当 $z = \dfrac{h}{3} = 2.167$ m 时

$$P_{\frac{h}{3}} = \frac{6 \times 198.68}{111.74 \times 6.5} \times 2.167 \times (4.85 - 2.167) = 9.543 \text{ kPa}$$

当 $z = h = 6.5$ m 时

$$P_h = \frac{6 \times 198.68}{111.74 \times 6.5} \times 6.5 \times (4.850 - 6.5) = -17.603 \text{ kPa}$$

当 $z = \dfrac{h}{3}$ 时

$$P_{\frac{h}{3}} \leqslant \frac{4}{\cos\varphi} \left(\frac{r}{3} h \tan\varphi + c \right) \eta_1 \eta_2$$

当 $z = h$ 时

$$P_h \leqslant \frac{4}{\cos\varphi} (\gamma h \tan\varphi + c) \eta_1 \eta_2$$

其中,$\eta_1 = 1.0$;$\eta_2 = 1 - 0.8 \dfrac{M_g}{M} = 1.0$

$$\frac{4}{\cos 18.5°} \left(\frac{20.17}{3} \times 6.5 \times \tan 18.5° + 60 \right) \times 1.0 \times 1.0 = 314.75 \text{ kPa} > 9.543 \text{ kPa}$$

$$\frac{4}{\cos 18.5°} (20.17 \times 6.5 \times \tan 18.5° + 60) \times 1.0 \times 1.0 = 438.11 \text{ kPa} > 17.603 \text{ kPa}$$

可见,井壁承受的侧面土的横向抗力均满足要求,计算时可以考虑沉井侧面土的横向抗力。

6. 沉井在施工过程中的强度验算(不排水下沉)

(1)沉井自重下沉验算

沉井自重

$$G = Q_1 + Q_2 + Q_3 + Q_4 = 708.25 + 4394.08 + 313.6 + 3836.21 = 9252.14 \text{ kN}$$

沉井浮力

$$G' = (V_1 + V_2 + V_3 + V_4)P_w = 377.06 \times 10 = 3\ 770.6\ \text{kN}$$

土与井壁间的摩阻力

$$T = (4.6 \times \pi + 12) \times 25 \times 7 + (4.2 \times \pi + 12) \times 24 \times 6 = 8\ 257.02\ \text{kN}$$

考虑井顶围堰(高出高水位)重力预计为 600 kN,则

$$\frac{G}{T} = \frac{9\ 252.14 - 3\ 770.6 + 600}{8\ 257.02} = 0.737 < 1$$

沉井自重小于摩阻力,在施工过程中,可以考虑在井壁外侧设置泥浆润滑套或者在井壁内埋设管道,以使用高压射水或喷射压缩空气等方法来降低沉井外壁的摩阻力,以及在施工过程中采用井壁压重或在井壁内降低水位等措施来帮助沉井下沉。

(2)刃脚受力验算

①刃脚向外挠曲

刃脚向外挠曲最不利的情况,经分析为刃脚下沉到中途,刃脚切入土中 1 m,第二节沉井已经接上,则刃脚悬臂作用的分配系数 α 为

$$\alpha = \frac{0.1 l_1^4}{h^4 + 0.05 l_1^4} = \frac{0.1 \times 3.4^4}{1.0^4 + 0.05 \times 3.4^4} = 1.74 > 1.0$$

所以,取 $\alpha = 1.0$。

计算各个力值如下:

$$\tan\left(45° - \frac{\varphi}{2}\right)^2 = \tan\left(45° - \frac{18.5°}{2}\right)^2 = 0.158$$

$$W_1 = (132 - 125.5) \times 10 = 65\ \text{kN/m}^2$$

$$W_2 = (132 - 124) \times 10 = 80\ \text{kN/m}^2$$

$$E_1 = 20.17 \times (130 - 125.5) \times 0.518 = 47.02\ \text{kN/m}^2$$

$$E_2 = 20.17 \times (130 - 124) \times 0.518 = 62.69\ \text{kN/m}^2$$

根据施工情况,从安全角度考虑,刃脚外侧的水压力按 50% 计算,作用在刃脚外侧的土压力和水压力为

$$P_{E_1 + W_1} = 65 \times 0.5 + 47.02 = 79.52\ \text{kN/m}^2$$

$$P_{E_2 + W_2} = 80 \times 0.5 + 62.67 = 102.67\ \text{kN/m}^2$$

合力

$$E + W = \frac{1}{2} \times (79.52 + 102.67) \times 1.5 = 136.64\ \text{kN}$$

如按静水压力的 70% 计算为

$$0.7 \times 10 \times 7.25 \times 1.5 = 76.125\ \text{kN} < 136.64\ \text{kN}$$

取 $E + W = 76.125\ \text{kN}$。

刃脚摩阻力按下面两式计算:

$$T = 0.5E = 0.5 \times 1 \times \frac{47.02 + 62.69}{2} = 27.43\ \text{kN}$$

$$T = q \cdot A = 25 \times 1 = 25\ \text{kN}$$

两者取大值,故摩阻力为 27.43 kN。

单位宽沉井自重为

$$G = 1.275 \times 25 + (1.3 \times 4.5 + 1.5 - 1.5 \times 5.5) \times 24.5$$

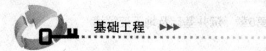

$$= 414.075 \text{ kN(未考虑沉井浮力及隔墙重力)}$$

刃脚斜面竖向反力为：

$$R_v = G - T = 414.075 - 27.43 = 386.65 \text{ kN}(T \text{ 按 } 0.5E \text{ 计算})$$

刃脚斜面横向力为

$$V_2 = \frac{b}{2a+b}R_v$$

$$U = V_2\tan(\alpha + \beta) = \frac{1.3 \times 386.65}{0.2 \times 2 + 1.3} \times \tan(49.09° - 18.5°)$$

井壁自重 G 的作用点至刃脚根部的距离为(见图 5 – 27)

$$x_1 = \frac{t^2 + at - 2a^2}{6(t+a)} = \frac{1.5^2 + 0.2 \times 1.5 - 2 \times 0.2^2}{6 \times (1.5 + 0.2)} = 0.242 \text{ m}$$

$$V_1 = a\frac{R_v}{a + \frac{b}{2}} = \frac{2aR_v}{2a+b} = \frac{2 \times 0.2 \times R_v}{2 \times 0.2 + 1.3} = 0.24R_v$$

$$V_2 = R_v - 0.24R_v = 0.76R_v$$

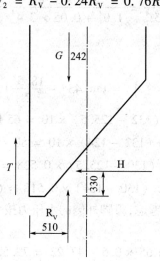

图 5 – 27

R_v 的作用点离井壁外侧的距离为

$$X = \frac{1}{R_v}\left[V_1\frac{a}{2} + V_2\left(a + \frac{b}{3}\right)\right] = 0.24 \times \frac{0.2}{2} + 0.76 \times \left(0.2 + \frac{1.3}{3}\right) = 0.51 \text{ m}$$

各力对刃脚根部截面中心的弯矩计算如下。

刃脚斜面水平反力引起的弯矩为

$$M_u = 174.79 \times (1 - 0.33) = 117.11 \text{ kN} \cdot \text{m}$$

水平水压力及土压力引起的弯矩为

$$M_p = \left[(E_1 + W_1) + (E_2 + W_2)\right] \cdot \frac{h}{3} \cdot \frac{2(E_2 + W_2) + (E_1 + W_1)}{(E_1 + W_1) + (E_2 + W_2)}$$

$$= 142.43 \text{ kN} \cdot \text{m}$$

反力 R_v 引起的弯矩为

$$M_{R_V} = 386.65 \times \left(\frac{1.5}{2} - 0.51\right) = 92.80 \text{ kN} \cdot \text{m}$$

刃脚自重引起的弯矩为

$$M_G = 1.275 \times 1 \times 25 \times 0.242 = 7.71 \text{ kN} \cdot \text{m}$$

刃脚侧面摩阻力引起的弯矩为

$$M_T = 27.43 \times \frac{1.5}{2} = 20.57 \text{ kN} \cdot \text{m}$$

总弯矩

$$M_0 = 117.11 - 42.43 + 92.80 - 7.71 + 20.57 = 80.34 \text{ kN} \cdot \text{m}$$

刃脚根部强度验算如下:

$$N_0 = R_V + T - G = 386.65 + 27.43 - 1.275 \times 1 \times 25 = 382.21 \text{ kN}$$

偏心距

$$e = \frac{M_0}{N_0} = \frac{80.34}{382.21} = 0.210 < \frac{1.5}{2} \times 0.6 = 0.45 \text{ m}$$

故按纯混凝土单向偏心受压进行验算。

由 $l_0/h = \frac{2 \times 1.5}{1.5} = 2$,查"Jtan 61—2005 公路圬工桥涵设计规范"得 $\varphi = 1.0$,则

$$\varphi f_{cd} b(h - 2e) = 1.0 \times 9\,780 \times 1 \times (1.5 - 2 \times 0.21) = 10\,562 \text{ kN} > \gamma_0 N_0$$
$$= 382.2 \text{ kN}$$

所以按受力条件可不设钢筋,只需按构造要求设置。

由于水平剪力较小,故验算时未考虑。

②刃脚向内挠曲

当沉井沉到设计高程,刃脚下的土已挖空,这时刃脚处于向内弯曲的不利情况。

计算各个力值如下:

a. 水压力及土压力

$$W_1 = (142 - 118 - 1.5) \times 10 = 225 \text{ kN/m}^2$$
$$W_2 = (142 - 118) \times 10 = 240 \text{ kN/m}^2$$
$$E_1 = (130 - 118 - 1.5) \times 20.17 = 211.85 \text{ kN/m}^2$$
$$E_2 = (130 - 118) \times 20.17 = 242.04 \text{ kN/m}^2$$
$$P = (225 + 240 + 211.85 + 242.04) \times \frac{1.5}{2} = 689.12 \text{ kN}$$

P 对刃脚根部形心轴的弯矩为

$$M_P = 689.12 \times \frac{1}{3} \times \frac{2 \times (240 + 242.04) + 225 + 211.785}{240 + 242.04 + 225 + 211.785} = 350.22 \text{ kN} \cdot \text{m}$$

b. 刃脚摩阻力产生的弯矩

$$T = 0.5E = 0.5 \times (211.785 + 242.04) \times \frac{1.5}{2} = 170.18 \text{ kN}$$
$$T = q \cdot A = 25 \times 1 \times 1.5 = 37.5 \text{ kN}$$

两者取小值,则

$$M_T = 37.5 \times \frac{1.5}{2} = 28.125 \text{ kN} \cdot \text{m}$$

c. 刃脚自重产生的弯矩

$$G = 1.275 \times 25 = 31.875 \text{ kN}$$

$$M_G = 31.875 \times 0.242 = 7.71 \text{ kN} \cdot \text{m}$$

d. 所有力对刃脚根部的弯矩轴向力、剪力

$$M = 350.22 - 28.125 + 7.71 = 329.805 \text{ kN} \cdot \text{m}$$

$$N = T - G = 37.5 - 31.875 = 5.625 \text{ kN}$$

$$Q = 689.12 \text{ kN}$$

③刃脚根部截面压力验算

a. 弯矩压力验算

$$\sigma_h = \frac{N_0}{A} \pm \frac{M_0}{W} = \frac{5.625}{1.5} \pm \frac{329.805 \times 6}{1.5^2 \times 1} = \begin{cases} 883.23 \\ -875.73 \end{cases} \text{ kPa}$$

$$883.23 < \frac{f_{cd}}{\gamma_0} = \frac{9.78 \times 10^3}{1.0} = 9\,780 \text{ kN}$$

$$875.73 < \frac{f_{vd}}{\gamma_0} = \frac{0.92 \times 10^3}{1.0} = 920 \text{ kN}$$

b. 剪力验算

$$\tau = \frac{689.12}{1.5} = 459.41 \text{ kPa} < \frac{f_{vd}}{\gamma_0} = \frac{1.85 \times 10^3}{1.0} = 1\,850 \text{ kPa}$$

计算表明刃脚外侧也只需按构造要求配筋。

（3）刃脚配筋计算

设置混凝土保护层厚度为 60 mm。

远离纵向力一侧的钢筋按最小配筋率确定所需钢筋面积：

$$A_s = \rho_{min} bh = 0.002 \times 1\,000 \times 1\,500 = 3\,000 \text{ mm}^2$$

所以选择 $8\Phi22$，$A_s = 3\,041 \text{ mm}^2$，受压区可以不配置钢筋。

7. 沉井井壁竖向抗力验算

$$P_{max} = \frac{1}{4}(Q_1 + Q_2 + Q_3 + Q_4) = \frac{1}{4} \times 9\,252.14 = 2\,313.04 \text{ kN（未考虑浮力）}$$

井壁受拉面积为

$$F_1 = \pi \times (2.3^2 - 0.8^2) + 6 \times 4.6 - 2 \times 0.8 \times 6 = 32.61 \text{ m}^2$$

混凝土受拉应力为

$$\sigma_h = \frac{P_{max}}{F_1} = \frac{2\,313.04}{32.61} = 70.93 \text{ kPa} < f_{td} = 1\,060 \text{ kPa}$$

满足要求，可只配置构造钢筋。

8. 井壁横向受力计算

（1）刃脚根部以上高度等于井壁厚度的一段井壁

井壁横向受力最不利的位置是在沉井设计高程时，这时刃脚根部以上一段井壁承受的外力最大，它不仅承受本身范围内的水平力，还要承受刃脚作为悬臂传来的剪力。

a. 常水位时单位宽度井壁上的水压力

$$W_1 = (132 - 118 - 3) \times 10 = 110 \text{ kN/m}^2$$

$$W_2 = (132 - 118 - 1.5) \times 10 = 125 \text{ kN/m}^2$$

$$W_3 = (132 - 118) \times 10 = 140 \text{ kN/m}^2$$

单位宽度井壁上的土压力为

$$E_1 = (130 - 118 - 3) \times 20.17 \times \tan\left(45° - \frac{18.5°}{2}\right)^2 = 94.03 \text{ kN/m}^2$$

$$E_2 = (130 - 118 - 1.5) \times 20.17 \times \tan\left(45° - \frac{18.5°}{2}\right)^2 = 109.70 \text{ kN/m}^2$$

$$E_3 = (130 - 118) \times 20.17 \times \tan\left(45° - \frac{18.5°}{2}\right)^2 = 125.38 \text{ kN/m}^2$$

刃脚及刃脚根部以上 1.5 m 井壁范围的外力为

$$P = (110 + 140 \times 1 + 94.03 + 125.38 \times 1) \times \frac{3}{2} = 704.12 \text{ kN/m}(\alpha = 1)$$

b. 圆端形沉井各部分受力为

$$L = 3 \text{ m}, r = \frac{2.3 + 0.8}{2} = 1.55 \text{ m}$$

$$\xi = \frac{L\left(0.25L^3 + \frac{\pi}{2}rL^2 + 3r^2L + \frac{\pi}{2}r^3\right)}{L^2 + \pi rL + 2r^2}$$

$$= \frac{3 \times \left(0.25 \times 3^3 + \frac{\pi}{2} \times 1.55 \times 3 + 3 \times 1.55^2 \times 3 + \frac{\pi}{2} \times 1.55^3\right)}{3^2 \times \pi \times 1.55 \times 3 + 2 \times 1.55^2}$$

$$= 5.93 \text{ m}$$

$$\eta = \frac{(0.67L^3 + \pi rL^2 + 4r^2L + 1.57\pi r^3)}{L^2 + \pi rL + 2r^2}$$

$$= \frac{0.67^3 + \pi \times 1.55 \times 3^2 + 4 \times 1.55^2 \times 3 + 1.57 \times 1.55^3}{3^2 + \pi \times 1.55 \times 3 + 2 \times 1.55^2}$$

$$= 3.40 \text{ m}$$

$$\rho = \frac{0.33L^3 + 1.57rL^2 + 2r^2L}{2L + \pi r} = \frac{0.33 \times 3^3 + 1.57 \times 1.55 \times 3^2 + 2 \times 1.55^2 \times 3}{2 \times 3 + \pi \times 1.55} = 4.16 \text{ m}$$

$$\delta_1 = \frac{L^2 + \pi rL + 2r^2}{2L + \pi r} = \frac{3^2 + \pi \times 1.55 \times 3 + 2 \times 1.55^2}{2 \times 3 + \pi \times 1.55} = 2.61 \text{ m}$$

$$N = P\frac{\xi - \rho}{\eta - \delta_1} = 704.12 \times \frac{5.93 - 4.16}{3.40 - 2.61} = 1\,577.59 \text{ kN}$$

$$N_1 = 2N = 3\,155.17 \text{ kN}$$

$$N_2 = Pr = 704.12 \times 1.55 = 1\,091.39 \text{ kN}$$

$$N_3 = P(L + r) - N = 704.12 \times (3 + 1.55) - 1\,577.59 = 1\,626.16 \text{ kN}$$

$$M_1 = P\frac{\xi\delta_1 - \rho\eta}{\delta_1 - \eta} = 704.12 \times \frac{5.93 \times 2.61 - 3.4 \times 4.16}{2.61 - 3.40} = -1\,188.36 \text{ kN} \cdot \text{m}$$

$$M_2 = M_2 + NL - P\frac{L^2}{2} = -1\,188.36 + 1\,577.59 \times 3 - 704.12 \times 4.5$$

$$= 375.87 \text{ kN} \cdot \text{m}$$

$$M_3 = M_1 + N(L + r) - PL\left(\frac{1}{2} + r\right) = 1\,659.34 \text{ kN} \cdot \text{m}$$

根据以上计算,井壁最不利的受力位置在长轴端点处,其弯矩 $M_3 = 1\,659.34$ kN·m,轴

向力 $N_1 = 3\ 155.17$ kN。

c.井壁配筋计算

$$f_{cd} = 9.2\ \text{MPa}, f_{sd} = f_{sd}' = 280\ \text{MPa}, \xi_b = 0.56, \gamma_0 = 1.0$$

截面设计：

轴向力计算值 $N = 3\ 155.17$ kN,弯矩计算值 $M = \gamma_0 M_d = 1\ 659.34$ kN·m,可得到偏心距(e_0)为

$$e_0 = \frac{M}{N} = \frac{1\ 659.34}{3\ 155.17} = 0.53\ \text{m}$$

弯矩作用平面内的长细比为 $\frac{l_0}{h} = \frac{2 \times 1.5}{1.5} = 2 < 5$,故可以不考虑偏心距增大系数 η。

设 $a_s = a_s = 60$ mm,则 $h_0 = h - a_s = 1\ 500 - 60 = 1\ 440$ mm。

大、小偏心受压的初步判定

$\eta e_0 = 1.0 \times 530 = 530$ mm $> 0.3h_0 (0.3 \times 1\ 440 = 432$ mm) 故可先按大偏心受压情况进行设计。

$$e_s = \eta e_0 + \frac{h}{2} - a_s = 530 + \frac{1\ 500}{2} - 60 = 1\ 220\ \text{mm}$$

计算所需的纵向钢筋面积

取 $\xi = \xi_b = 0.56$,可以得

$$A_s' = \frac{Ne_s - \xi_b(1 - 0.5\xi_b)f_{cd}bh_0^2}{f_{sd}(h_0 - a_s)}$$

$$= \frac{3\ 155.17 \times 10^3 \times 1\ 220 - 0.56 \times (1 - 0.5 \times 0.56) \times 9.2 \times 1\ 000 \times 1\ 440^2}{280 \times (1\ 440 - 60)} < 0$$

所以,应按照 $A_s' \geq \rho'_{min}bh = 0.002 \times 1\ 000 \times 1\ 500 = 3\ 000$ mm² 选择钢筋。现选取 $8\Phi22$,则实际受压钢筋面积,$A_s' = 3\ 041$ mm²,$a_s' = 60$ mm,$\rho' = 0.203\% > 0.2\%$。

截面受压区高度值为

$$X = h_0 - \sqrt{h_0^2 - \frac{2[Ne_s - f_{sd}A_s(h_0 - a_s)]}{f_{cd}}}$$

$$= 1\ 440 - \sqrt{1\ 440^2 - \frac{2 \times [3\ 155\ 170 \times 1\ 220 - 280 \times 3\ 041 \times (1\ 440 - 60)]}{9.2 \times 1\ 000}}$$

$$= 218\ \text{mm}$$

$$\xi_b h_0 = 0.56 \times 1\ 440 = 806\ \text{mm} > x > 2a_s (120\ \text{mm})$$

取 $\sigma_s = f_{sd}$,并代入公式,可得

$$A_s = \frac{f_{cd}bx + f_{sd}'A_s' - N}{f_{sd}} = \frac{9.2 \times 1\ 000 \times 218 + 280 \times 3\ 041 - 3\ 155.17 \times 10^3}{280} < 0$$

故仅需按照构造要求配置受拉钢筋,选取 $8\Phi22$。

(2)其他井壁控制截面强度验算。

取第二节沉井最下端单位高度进行强度验算,按此计算的水平钢筋布置于全段井壁上,作用在各框架的均布荷载为 $P = E + W$。

①常水位时单位宽度井壁上的水压力

$$W_1 = (132 - 125) \times 10 = 70\ \text{kN/m}^2$$

$$W_2 = (132 - 118 - 1.5) \times 10 = 125 \text{ kN/m}^2$$

$$W_3 = (132 - 118) \times 10 = 140 \text{ kN/m}^2$$

单位宽度井壁上的土压力为

$$E_1 = (130 - 125) \times 20.17 \times \tan\left(45° - \frac{18.5°}{2}\right)^2 = 52.24 \text{ kN/m}^2$$

$$E_2 = (130 - 118 - 1.5) \times 20.17 \times \tan\left(45° - \frac{18.5°}{2}\right)^2 = 109.70 \text{ kN/m}^2$$

$$E_3 = (130 - 118) \times 20.17 \times \tan\left(45° - \frac{18.5°}{2}\right)^2 = 125.38 \text{ kN/m}^2$$

刃脚及刃脚根部以上1.5 m井壁范围的外力为

$$P = (70 + 140 \times 1 + 52.24 + 125.38 \times 1) \times \frac{7}{2} = 1\,356.67 \text{ kN/m}(\alpha = 1)$$

②圆端形沉井各部分受力为

$$L = 3 \text{ m}, r = \frac{2.3 + 0.8}{2} = 1.55 \text{ m}$$

$$N = P\frac{\xi - \rho}{\eta - \delta_1} = 1\,356.67 \times \frac{5.93 - 4.16}{3.40 - 2.61} = 3\,039.63 \text{ kN}$$

$$N_1 = 2N = 6\,079.26 \text{ kN}$$

$$N_2 = Pr = 1\,356.67 \times 1.55 = 2\,102.84 \text{ kN}$$

$$N_3 = P(L + r) - N = 1\,356.67 \times (3 + 1.55) - 3\,039.63 = 3\,133.22 \text{ kN}$$

$$M_1 = P\frac{\xi\delta_1 - \rho\eta}{\delta_1 - \eta} = 1\,356.67 \frac{5.93 \times 2.61 - 3.4 \times 4.16}{2.61 - 3.40} = -2\,289.68 \text{ kN} \cdot \text{m}$$

$$M_2 = M_1 + NL - P\frac{L^2}{2} = -2\,289.68 + 3\,039.63 \times 3 - 1\,356.67 \times 4.5$$

$$= 724.19 \text{ kN} \cdot \text{m}$$

$$M_3 = M_1 + N(L + r) - PL\left(\frac{1}{2} + r\right) = 3\,197.12 \text{ kN} \cdot \text{m}$$

$$\sigma_{\min}^{\max} = \frac{N_1}{A} \pm \frac{M_3}{W} = \frac{6\,079.26}{1.5 \times 5.5} \pm \frac{3\,197.12 \times 6}{5.5^2 \times 1.5} = \begin{cases} 1\,159.64 < 7\,820 \text{ kPa} \\ 314.12 < 800 \text{ kPa} \end{cases}$$

计算表明,井壁只需按构造要求设置钢筋。即受压区和受拉区分别配置8Φ22钢筋。

9. 第一节沉井竖向挠曲验算

如果井壁截面不对称,则井壁截面形心轴的位置为

$$y_{下} = \frac{7 \times 1.5 \times 3.5 - 1.5 \times 1.3 \times \frac{1}{2} \times \frac{1}{3} \times 1.5}{7 \times 1.5 - \frac{1}{2} \times 1.5 \times 1.3} = 3.81 \text{ m}$$

$$y_{上} = 7 - 3.81 = 3.19 \text{ m}$$

$$x_{左} = \frac{7 \times 1.5 \times 0.75 - \frac{1}{2} \times 1.3 \times 1.5 \times \left(\frac{2}{3} \times 1.3 + 0.2\right)}{7 \times 1.5 - \frac{1}{2} \times 1.5 \times 1.3} = 0.72 \text{ m}$$

$$x_{右} = 1.5 - 0.72 = 0.78 \text{ m}$$

$$I_{x-x} = \frac{1}{12} \times 1.5 \times 7^3 + 1.5 \times 7 \times 0.31^2 - \frac{1}{36} \times 1.3 \times 1.5^3 - \frac{1}{2} \times 1.3 \times 1.5 \times 3.31^2$$

$$= 33.08 \text{ mm}^2$$

单位宽度井壁重力为

$$q = 1.275 \times 25 + 1.5 \times 5.5 \times 24.5 = 234 \text{ kN/m}$$

圆弧重心公式为

$$x_c = \frac{r\sin\alpha}{\alpha}$$

当沉井长宽比大于 1.5，设两支点的距离为 0.7L（L 为长边长度），使支点和跨中的弯矩大致相等，则支点处的弯矩为

$$0.35L = 0.35 \times (3 + 2.3) \times 2 = 3.71 \text{ m}$$

$$\sin\alpha = \frac{3.71 - 3}{2.3} = 0.308\,7$$

所以 $\alpha = 17°59'$。

$$x_c = \frac{2.3 \times \sin(90° - 17°59')}{\frac{\pi}{180°}(90° - 17°59')} = 1.74 \text{ m}$$

$$M_{支上} = \frac{\pi}{180°} \times (180° - 2 \times 17°59') \times 2.3 \times 234 \times (1.74 - 2.3 \times 0.308\,7)$$

$$= 1\,393.41 \text{ kN} \cdot \text{m}$$

井壁上端的弯曲拉应力为

$$\sigma = \frac{M_{支上} y_上}{2 I_{x-x}} = \frac{1\,393.41 \times 3.19}{2 \times 33.08} = 67.19 \text{ kPa} < \frac{800}{1.0} = 800 \text{ kPa}$$

计算结果安全。

按最不利荷载计算，假定长边中点搁住或长边两端点搁住，当长边中点搁住时，最危险的截面是离隔墙中点 0.8 m 处（弯矩大且截面小），该处的弯矩为

$$M_{中上} = \pi \times 2.3 \times 234 \times \left(\frac{2 \times 2.3}{\pi} + 2.2\right) + 234 \times 2.2^2 = 7\,328.05 \text{ kN} \cdot \text{m}$$

$$\sigma = \frac{M_{中上} y_上}{2 I_{x-x}} = \frac{7\,328.05 \times 3.19}{2 \times 33.08} = 353.33 \text{ kPa} < 800 \text{ kPa}$$

计算结果安全。

当长边两端点搁住时，沉井的支点反力为

$$R_1 = \frac{1}{2} \times (Q_1 + Q_2 + Q_3) = \frac{1}{2} \times (708.25 + 4\,394.08 + 313.6) = 2\,707.97 \text{ kN}$$

离隔墙中线 0.8m 处的弯矩为

$$M_{中下} = 2\,707.97 \times (2.3 + 3 - 0.8) - 7\,328.05 = 4\,857.82 \text{ kN} \cdot \text{m}$$

井壁下端的挠曲应力为

$$\sigma = \frac{M_{中下} y_下}{2 I_{x-x}} = \frac{4\,857.82 \times 3.31}{2 \times 33.08} = 279.75 \text{ kPa} < 800 \text{ kPa}$$

计算结果满足要求。

10. 封底混凝土验算

基底考虑弹性抗力的验算如下：

$$P_{\min}^{\max} = \frac{N}{A_0} \pm \frac{3Hd}{A\beta} = \begin{cases} 356.56 \text{ kPa} \\ 281.06 \text{ kPa} \end{cases}$$

填料和混凝土封底的重力为

$$1\ 392.05 + 2\ 828.95 = 4\ 221 \text{ kN}$$

水压力为

$$(132 - 118) \times 10 = 140 \text{ kPa}$$

混凝土封底承受的竖向反力(最不利情况)为

$$P = 356.56 + 140 - \frac{4\ 221}{\pi \times 2.3^2 + 4.6 \times 6} = 401.10 \text{ kPa}$$

(1)弯矩验算

按四周支承的双向板计算。计算跨度为 $4.45 \text{ m} \times 2.9 \text{ m}$(以刃脚高度一半处的跨度计算)

$$\frac{L_x}{L_y} = \frac{2.9}{4.45} = 0.65$$

查双向板弯矩计算表得系数 $M_x = 0.080\ 4, M_y = 0.042\ 1$。

$$M_x = 0.080\ 4 \times 401.10 \times 2.9^2 = 271.21 \text{ kN} \cdot \text{m}$$

$$M_y = 0.042\ 1 \times 401.10 \times 4.45^2 = 334.39 \text{ kN} \cdot \text{m}$$

当泊松比 $\mu = 0.2$ 时

$$M_x = 271.21 + 334.39 \times 0.2 = 338.09 \text{ kN} \cdot \text{m}$$

$$M_y = 271.21 \times 0.2 + 334.39 = 388.63 \text{ kN} \cdot \text{m}$$

封底混凝土中产生的拉应力为

$$\sigma = \frac{388.63}{\frac{1}{6} \times 5.5^2} = 77.08 \text{ kPa} < 800 \text{ kPa}$$

计算结果满足要求。

(2)剪力验算

井孔面积

$$\frac{\pi}{2} \times 0.8^2 + 1.6 \times 3 = 8.82 \text{ m}^2$$

井孔中周边混凝土的剪切面积为

$$(\pi \times 0.8 + 1.6 + 2 \times 3) \times 1.5 = 15.17 \text{ m}^2$$

则

$$\tau = \frac{401.10 \times 8.82}{15.17} = 233.20 \text{ kPa} < 1\ 590 \text{ kPa}$$

计算结果满足要求。

11. 板混凝土验算

$$q = \frac{墩身重力 + 梁的重力 + 盖板重力}{盖板面积} = \frac{12\ 800.06 + 756 + 624.75}{1.1^2 \times \pi + 2.2 \times 6}$$

$$= 834.10 \text{ kPa}$$

$$\frac{L_y}{L_x} = \frac{2.2}{4.1} = 0.54$$

按双面板计算查表得系数为: $M_x = 0.094\ 7, M_y = 0.038\ 4$。

$$M_x = 0.094\ 7 \times 834.10 \times 2.2^2 = 382.31\ \text{kN} \cdot \text{m}$$

$$M_y = 0.038\ 4 \times 834.10 \times 4.1^2 = 538.41\ \text{kN} \cdot \text{m}$$

当泊松比 $\mu = 0.2$ 时

$$M_x = 382.31 + 538.41 \times 0.2 = 489.99\ \text{kN} \cdot \text{m}$$

$$M_y = 382.31 \times 0.2 + 538.41 = 614.87\ \text{kN} \cdot \text{m}$$

$$\sigma = \frac{614.87}{\frac{1}{6} \times 1.5^2} = 1\ 639.65\ \text{kPa} > 800\ \text{kPa}$$

因此盖板要配置钢筋。

5.6.2　地下连续墙结构设计

1. 工程概况

拟建的钦州市妇幼保健医院住院大楼,项目地址位于钦州市安州大道与南珠东大街交叉路口东南侧。整个项目总用地净面积 12 702.98 m^2,使用面积 11 411.73 m^2,地上总建筑面积 49 273.94 m^2,地下总建筑面积 7 857.64 m^2,总建筑基底面积 3 815.92 m^2。该项目为 1 栋楼高 22～23 层的住院大楼,下设两层地下室,详细尺寸及布局见"总平面图"和"建筑物和勘探点平面位置图"。未进入设计条件,拟建建筑的荷载、上部结构及室内整平标高均未知、基础类型待定。受业主委托,由本院对拟建场地进行岩土工程详细勘察工作。

2. 工程地质条件

拟建工程场地位于钦州市安州大道与南珠东大街交叉路口东南侧,其北临南珠东大街,西侧为安州大道,南面为已建的 9 层妇幼保健医院门诊、办公楼。拟建场地几年前经过填土整平,场地内原有较多旧建筑物,部分已经拆除,现况场地总体地形平坦,相对高差不大,约 1.21 m。场地地貌上属于低丘缓坡地貌。

地基土在钻探深度范围内揭露的地层有:素填土①,第四系(Q_3)洪冲积黏土②、粗砂③、粉砂④;下伏基岩为侏罗系中统(J_2)的强风化砂岩⑤和中风化砂岩⑥,各层土的物理力学性质如下:

各种土的力学参数表

名称	h/m	$\varphi/(°)$	C/kPa	$\gamma/(\text{kN/m}^3)$
素填土①	2.4	5	35	21
黏土②	1.02	5.8	44.3	19.6
粗砂③	4.05	30	0	19.5
粉砂④	1.58	25	4	19.0
强风化岩⑤	6.67			21.0
中风化砂岩⑥	9.91			23.0

3. 支护方案选型

拟建工程场地位于钦州市安州大道与南珠东大街交叉路口东南侧,其北临南珠东大街,西侧为安州大道,南面为已建的9层妇幼保健医院门诊、办公楼。拟建场地几年前经过填土整平,场地内原有较多旧建筑物,部分已经拆除,现况场地总体地形平坦,相对高差不大,约1.21 m。场地地貌上属于低丘缓坡地貌。必须控制好施工对周围引起的振动和沉降

考虑该工程开挖深度10 m,较深,要保持深基坑支护结构万无一失的话,要求进入强分化岩。

综上所述,最佳支护方案是选择内支撑的地下连续墙围护。

地下连续墙工艺具有如下优点:

(1)墙体刚度大、整体性好,因而结构和地基变形都较小,既可用于超深围护结构,也可用于主体结构。

(2)试用各种地质条件。对砂卵石地层或要求进入风化岩层时,钢板桩就难以施工,但却可采用合适的成槽机械施工的地下连续墙结构。

(3)可减少工程施工时对环境的影响。施工时振动少,噪声低;对周围相邻的工程结构和地下管线的影响较低,对沉降及变位较易控制。

(4)可进行逆筑法施工,有利于加快施工进度,降低造价。

4. 地下连续墙结构设计

(1)确定荷载,计算土压力

地表超载 $q = 10$ kN/m²,地下水距地面3.3 m,用水土分算法计算主动土压力和水压力(图5-28)。

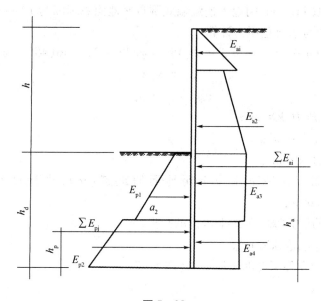

图5-28

①计算①②③④⑤⑥层土的平均重度 γ,平均黏聚力 c,平均内摩擦角 φ

$$\gamma = \frac{21 \times 2.4 + 19.6 \times 1.02 + 19.5 \times 4.05 + 19 \times 1.58 + 21 \times 6.67 + 23 \times 9.91}{7.47 + 1.58 + 6.67 + 9.91}$$

$$= \frac{547.39}{25.63} = 21.36 \text{ kN} \cdot \text{m}^3$$

$$\varphi = \frac{5 \times 2.4 + 5.8 \times 1.02 + 30 \times 4.05 + 25 \times 1.58}{2.4 + 1.02 + 4.05 + 1.58} = \frac{178.92}{46.97} = 3.81°$$

$$c = \frac{35 \times 2.4 + 44.3 \times 1.02 + 4 \times 1.58}{2.4 + 1.58 + 1.02} = \frac{135.51}{5} = 27.1 \text{ kPa}$$

（2）计算地下连续墙嵌固深度

由经验公式法计算嵌固深度，公式为

$$\frac{D}{H} = \frac{1}{[0.08(\delta) + 2.33 + 0.001\,34\gamma \cdot H' - 0.051\gamma \cdot c^{-0.04}(\tan\varphi)^{-0.54}]^2}$$

式中 D——墙体嵌固深度，m；

H——基坑开挖深度，$H' + H + \dfrac{q}{\gamma}$；

$[\delta]$——容许变形量；根据《建筑基坑工程技术规范》有 $[\delta] = 0.1\,H/100$。

$$H' = 10 + \frac{10}{21.836} = 10.47 \text{ m}$$

$$[\delta] = 0.1 \times \frac{10}{100} = 0.01 \text{ m}$$

$$D = \frac{H}{[0.08(\delta) + 2.33 + 0.001\,34\gamma \cdot H' - 0.051\gamma \cdot c^{-0.04}(\tan\varphi)^{-0.54}]^2}$$

$$= \frac{10}{[0.08 \times 0.01 + 2.33 + 0.001\,34 \times 21.36 \times 10.47 - 0.051 \times 21.36 \times 27.1^{-0.04} \times (\tan 3.8°)^{-0.54}]^2}$$

$$= 4.39 \text{ m}$$

为了方便施工取 11.5 m，则地下连续墙底到自然地面总埋深为 $10 + 4.5 = 14.5$ m。

（3）主动土压力与水土总压力计算

$$p_a = (q + \gamma h_1 + \gamma' h_2)\tan^2(45° - \varphi/2) - 2c \cdot \tan(45° - \varphi/2)$$

$$p_w = \gamma_w h_2$$

$$p = p_a + p_w$$

式中 p——水土总压力，kN/m^2；

p_a——土压力，kN/m^2；

p_w——水压力，kN/m^2；

h_1——计算深度在地下水位上距地面的距离（m），当计算深度在水位下时 $h_1 = 4.0$ m；

h_2——地下的计算深度距地下水位的距离，m；

γ'——土的浮容重，kN/m^3。

则利用上面公式可计算各深度的土压力为（图 5-29）

$z = 0$ m

$$p_a = 10 \times \tan^2(45° - 3.8°/2) - 2 \times 27 \times \tan(45° - 3.8°/2) = -41.9 \text{ kN/m}^2$$

$z = 2.3$ m

$$p_a = (10 + 21.36 \times 2.3)\tan^2(45° - 3.8°/2) - 2 \times 27 \times \tan(45° - 3.8°/2) = 1.3 \text{ kN/m}^2$$

可认为

$$p_a = 0$$

$z = 3.3$ m

$$p_a = (10 + 21.36 \times 3.3)\tan^2(45° - 3.8°/2) - 2 \times 27 \times \tan(45° - 3.8°/2)$$

$$= 20 \text{ kN/m}^2$$

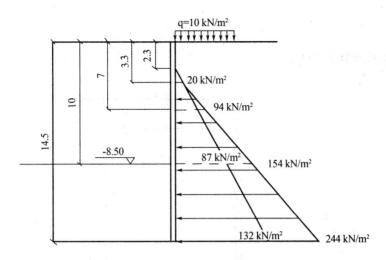

图 5 - 29 土压力分布图

$z = 7$ m

$$p_a = (10 + 21.36 \times 3.3 + 11.36 \times 3.7) \tan^2(45° - 3.8°/2) - 2 \times 27 \times \tan(45° - 3.8°/2)$$
$$= 57 \text{ kN/m}^2$$

$$p_w = \gamma_w h_2 = 10 \times 3.7 = 37 \text{ kN/m}^2$$

$$p = p_a + p_w = 94 \text{ kN/m}^2$$

$z = 10$ m

$$p_a = (10 + 21.36 \times 3.3 + 11.36 \times 6.7) \tan^2(45° - 3.8°/2) - 2 \times 27 \times \tan(45° - 3.8°/2)$$
$$= 87 \text{ kN/m}^2$$

$$p_w = \gamma_w h_2 = 10 \times 6.7 = 67 \text{ kN/m}^2$$

$$p = p_a + p_w = 154 \text{ kN/m}^2$$

$z = 14$ m

$$p_a = (10 + 21.36 \times 3.3 + 11.36 \times 11.2) \tan^2(45° - 3.8°/2) - 2 \times 27 \times \tan(45° - 3.8°/2)$$
$$= 132 \text{ kN/m}^2$$

$$p_w = \gamma_w h_2 = 10 \times 11.2 = 112 \text{ kN/m}^2$$

$$p = p_a + p_w = 244 \text{ kN/m}^2$$

（2）地下连续墙稳定性验算

①抗隆起稳定性验算

同时考虑 c, φ 的抗隆起,并按普朗特尔(Prandtl)地基承载力公式进行验算,如图 5 - 30 所示。公式为

$$K_L = \frac{\gamma_2 D N_q + c N_c}{\gamma_1 (H + D) + q}$$

式中　γ_1 ——坑外地表至墙底,各土层天然重度的加权平均值 kN/m³;

　　　γ_2 ——坑内开挖面以下至墙底,各土层天然重度的加权平均值 kN/m³;

　　　N_q, N_c ——地基极限承载力的计算系数;

$$N_q = \tan^2\left(45° + \frac{\varphi}{2}\right) \cdot e^{\pi \tan \varphi}$$

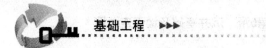

$$N_c = (N_q - 1)\frac{1}{\tan\varphi}$$

K_L——抗隆起稳定安全系数。

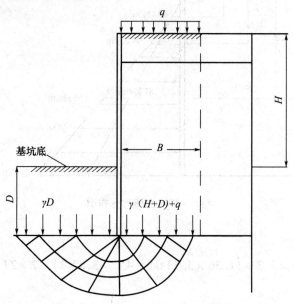

图 5 – 30 同时考虑 c, φ 的抗隆起计算示意图

则有

$$\gamma_1 = \frac{2.4 \times 21 + 1.02 \times 19.6 + 4.05 \times 19.5 + 1.58 \times 19 + 5.45 \times 21}{14.5} = 20.3 \text{ kN/m}^3$$

$$\gamma_2 = 21 \text{ kN/m}^3$$

$$N_q = \tan^2\left(45° + \frac{3.8°}{2}\right) \times e^{\pi\tan 3.8°} = 2.5 \text{ kN}$$

$$N_c = (1.4 - 1)\frac{1}{\tan 3.8°} = 6 \text{ kN}$$

$$K_L = \frac{21 \times 4.5 \times 3.1 + 27 \times 6}{20.3 \times 14.5 + 10} = 1.49$$

一般采用 $K_L \geq 1.2 \sim 1.3$。因此,地下连续墙埋深 $D = 4.5$ m 满足要求。

②基坑的抗渗流稳定性验算

如图 5 – 31 所示,作用在惯用范围 B 上的全部渗流压力 J 为

$$J = \gamma_w h B$$

式中 h—— 在 B 范围内从墙底到基坑地面的水头损失,一般可取 $h \approx h_w/2$;

γ_w—— 水的重度;

B—— 流砂发生的范围,根据试验结果,首先发生在离坑壁大约等于挡墙插入深度一半范围内,即 $B \approx D/2$。

抵抗渗透压力的土体水肿重力 W 为

$$W = \gamma' D B$$

式中 γ' ——土的浮重度;

D ——地下墙的插入深度。

若满足 $W > J$ 的条件,则管涌就不会发生,即必须满足下列条件:

$$K_s = \frac{\gamma' D}{\gamma_w h} = \frac{2\gamma' D}{\gamma_w h_w}$$

式中 K_s ——抗管涌的安全系数,一般取 $K_s \geqslant 1.5$;

$J = \gamma_w h B = \gamma_w h_w B / 2 = 10 \times 6.7 / 2 \times 4.5 / 2 = 75.4 \text{ kg}$

$W = \gamma' D B = 11.36 \times 4.5 \times 4.5 / 2 = 115 \text{ kg}$

满足 $W > J$,则

$$K_s = \frac{2 \times 11.36 \times 4.5}{10 \times 6.7} = 1.53 \geqslant 1.5 \quad \text{符合要求}$$

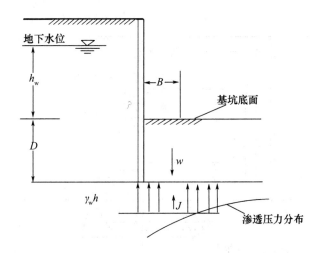

图 5 - 31 管涌验算示意图

(3)地下连续墙静力计算

①山肩邦男法

地下连续墙用于深基坑开挖的挡土结构,基坑内土体的开挖和支撑的设置是分层进行的,作用于连续墙上的水、土压力也是逐步增加的。实际上各工况的受力简图是不一样的。荷载结构法的各种计算方法是采用取定一种支承情况,荷载一次作用的计算图式,不能反映施工过程中挡土结构受力的变化情况。山肩邦男等提出的修正荷载结构法考虑了逐层开挖和逐层设置支撑的施工过程。

山肩邦男等提出的修正荷载结构法假定土压力是已知的,另外根据实测资料,又引入一些简化的假定:

a.下道横支撑设置以后,上道横支撑的轴力不变;

b.下道横支撑支点以上的挡土结构变位是在下道横支撑设置前产生的,下道横支撑支点以上的墙体仍保持原来的位置,因此下道横支撑支点以上的地下连续墙的弯矩不改变;

c.在黏土层中,地下连续墙为无限长弹性体;

d.地下连续墙背侧主动土压力在开挖面以上取为三角形,在开挖面以下取为矩形,是考虑了已抵消开挖面一侧的静止土压力的结果;

e.开挖面以下土体横向抵抗反力作用范围可分为两个区域,即高度为 l 的被动土压力塑性区以及被动抗力与墙体变位值成正比的弹性区。

应用山肩邦男法进行地下连续墙静力计算。

山肩邦男法的计算简图如图 5－32 所示。沿地下墙分成 3 个区域，即第 k 道横支撑到开挖面的区域、开挖面以下的塑性区域和弹性区域。建立弹性微分方程式后，根据边界条件及连续条件即可导出第 k 道横支撑轴力的计算公式及其变位和内力公式，该方法称为山肩邦男的精确解。为简化计算，山肩邦男又提出了近似解法，其计算简图如图 5－33 所示，不同之处为：

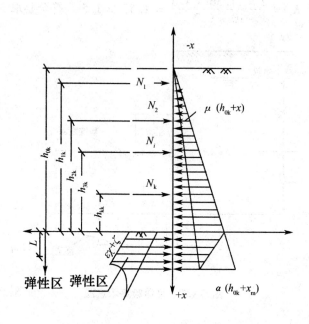

图 5－32　山肩邦男精确解计算简图

a. 在黏土地层中，地下连续墙作为底端自由的有限长梁；

b. 开挖面以下土的横向抵抗反力采用线性分布的被动土压力；

c. 开挖面以下地下连续墙弯矩为零的点假想为一个铰，忽略铰以下的挡土结构对铰以上挡土结构的剪力传递。

由作用于地下连续墙的墙前墙后所有水平作用力合力为零的平衡条件。根据静力平衡条件，可推导户计算 N_k 及 x_m 的公式：

$$N_k = \eta h_{0k} x_m + \frac{1}{2}\eta h_{0k}^2 - \frac{1}{2}w x_m^2 - v x_m - \sum_1^{k-1} N_i - \frac{1}{2}\beta h_{0k} x_m + \frac{1}{2}\alpha x_m^2$$

x_m 则需要通过求解方程：

$$\frac{1}{3}(w - \alpha)x_m^3 - \left(\frac{1}{2}\eta h_{0k} - \frac{1}{2}v - \frac{1}{2}w h_{kk} + \frac{1}{2}\alpha h_{kk} - \frac{1}{3}\beta h_{0k}\right)x_m^2 - \left(\eta h_{0k} v - \frac{1}{2}\beta h_{0k}\right)h_{kk} x_m$$

$$- \left[\sum_1^{k-1} N_i h_{ik} - h_{kk}\sum_1^{k-1} N_i + \frac{1}{2}\eta h_{0k}^2\left(h_{kk} - \frac{h_{0k}}{3}\right)\right] = 0$$

式中各符号意义见图 5－33 山肩邦男法近似解法的计算简图。

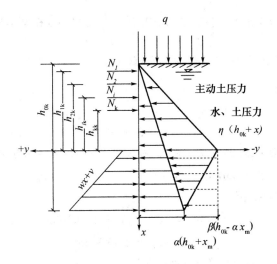

图 5－33　山肩邦男法近似解法的计算简图

②开挖计算

一次性开挖,并只设一道支撑,支撑系数 $k = 1$, $h_{0k} = 7.7$ m, $h_{kk} = h_{1k} = 5$ m。

$$N_k = N_1$$

$$z = 10 \text{ m}$$

$$p_a = 87 \text{ kN/m}^2, p_w = 67 \text{ kN/m}^2, p = 154 \text{ kN/m}^2$$

$$\eta = \frac{p}{10} = 15.4$$

$$\alpha = \frac{p_a}{10} = 8.7$$

$$\beta = \eta - \alpha = 15.4 - 8.7 = 6.7$$

计算墙前被动土压力

$$P_p = \gamma \times x \times \tan^2\left(45° + \frac{\varphi}{2}\right) + 2c\tan\left(45° + \frac{\varphi}{2}\right)$$

$$= 21.36x \times 1.14 + 2 \times 27 \times 1.07$$

$$= 24.4x + 57.8$$

则 $w = 24.4$, $v = 57.8$,求 x_m:

$$\frac{1}{3}(24.4 - 8.7)x_m^3 - \left(\frac{1}{2} \times 15.4 \times 7.7 - \frac{1}{2} \times 57.8 - \frac{1}{2} \times 24.4 \times 5 + \frac{1}{2} \times 8.7 \times 5 - \right.$$

$$\frac{1}{3} \times 6.7 \times 7.7\right)x_m^2 - \left(15.4 \times 7.7 - 57.8 - \frac{1}{2} \times 6.7 \times 7.7\right) \times 4 \cdot x_m -$$

$$\left[\frac{1}{2} \times 15.4 \times 7.7^2\left(5 - \frac{7.7}{3}\right)\right] = 0$$

$$5.2x_m^3 + 26x_m^2 - 177x - 1\ 264.6 = 0$$

求解方程得

$$x_m = 6.4 \text{ m}$$

求支撑轴力 N_1

$$N_1 = 15.4 \times 7.7 \times 6.4 + \frac{1}{2} \times 15.4 \times 7.7^2 - \frac{1}{2} \times 24.4 \times 6.4^2 - 57.8 \times 6.4 -$$

$$\frac{1}{2} \times 6.7 \times 7.7 \times 6.4 + \frac{1}{2} \times 8.7 \times 6.4^2$$

$$= 441.4 \ \text{kN}$$

墙体弯矩(图 5－34)：

$$z = 5 \ \text{m}$$

$$p_a = (10 + 21.36 \times 3.3 + 11.36 \times 1.7) \tan^2(45° - 3.8°/2) -$$

$$2 \times 27 \times \tan(45° - 3.8°/2)$$

$$= 37 \ \text{kN/m}^2$$

$$p_w = \gamma_w h_2 = 10 \times 1.7 = 17 \ \text{kN/m}^2$$

$$p = p_a + p_w = 54 \ \text{kN/m}^2$$

$$M_1 = \frac{2.7 \times 54}{2} \times \frac{2}{3} = 48.6 \ \text{kN} \cdot \text{m}$$

$$M_2 = 154 \times \frac{7.7}{2} \times \frac{7.7}{3} - 441.4 \times 5 \ \text{kN} \cdot \text{m} = -685.2 \ \text{kN} \cdot \text{m}$$

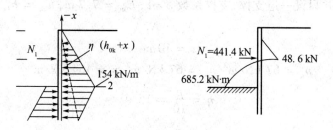

图 5－34　开挖计算简图

(4)地下连续墙配筋

①配筋计算

地下连续墙厚 700 mm,保护层为 50 mm,混凝土为 C30,受力钢筋,分布钢筋均采用Ⅱ级钢筋。C30 混凝土的 $f_c = 14.3$ MPa, $f_t = 1.43$ MPa, HRB 钢筋的设计强度 $f_y = 300$ MPa。墙开挖侧最大弯矩 $M = 685.2$ kN·m。

$$h_0 = 700 - 50 = 650 \ \text{mm}, b = 1 \ \text{m}, 查表 \ \alpha_1 = 1.0$$

受弯杆件强度设计安全系数 $K = 1.4$。

开挖侧配筋：

$$\alpha_s = \frac{KM}{bh_0^2 \alpha_1 f_c} = \frac{1.4 \times 685.2}{1.0 \times 14\,300 \times 1.0 \times 0.65^2} = 0.16 \ \text{mm}^2/\text{m}$$

查《钢筋混凝土结构设计规范》(沈蒲生主编 2002)附表 4－2 得 $\gamma_s = 0.716\,8$,

$$A_s = \frac{KM}{f_y \gamma_s h_0} = \frac{1.4 \times 685.2 \times 10^6}{300 \times 0.716\,8 \times 650} = 6\,851.5 \ \text{mm}^2$$

实配直径为 32 的 HRB335 钢筋 9 根($A_s = 7\,238 \ \text{mm}^2$)。

配筋率：

$$\rho = \frac{A_s}{bh} = \frac{6\,851.5}{1\,000 \times 650} \times 100\% = 1.05\% > 45\frac{f_t}{f_y} = 0.214\%$$

满足要求。

②墙迎土侧配筋

$$\alpha_s = \frac{KM}{bh_0^2 \alpha_1 f_c} = \frac{1.4 \times 48.6}{1.0 \times 14\,300 \times 1.0 \times 0.65^2} = 0.011 \ \text{mm}^2/\text{m}$$

查《钢筋混凝土结构设计规范》(沈蒲生主编2002)附表4-2得

$$\gamma_s = 0.999$$

$$A_s = \frac{KM}{f_y \gamma_s h_0} = \frac{1.4 \times 48.6 \times 10^6}{300 \times 0.999\,0 \times 0.65} = 3\,492.7 \ \text{mm}^2/\text{m}$$

实配直径为25的HRB 335钢筋7根($A_s = 3\,436 \ \text{mm}^2/\text{m}$)

配筋率：

$$A_s = \frac{A_s}{bh} = \frac{3\,492.7}{1\,000 \times 650} \times 100\% = 0.537\% > 45\frac{f_t}{f_y} = 0.214\%$$

③钢筋笼水平配筋

按墙体内力计算弯矩包络图确定最大弯矩配筋范围，以及沿墙体深度分段调整配筋数量。由于本工程采用围檩连接支撑与围护墙，因此墙体槽段钢筋笼按整体配置，不分段考虑。根据构造配筋，配筋为18@500。

(2)截面承载力计算

根据《混凝土结构设计规范》(GB 50010—2002)第7.2.1条，混凝土受压区高度x为

$$\alpha_1 f_c bx = f_y A_s - f_y' A_s'$$

则

$$x = \frac{f_y A_s - f_y' A_s'}{\alpha_1 f_c b} = \frac{300 \times 7\,238 - 300 \times 3\,436}{1.0 \times 14.3 \times 1\,000} = 79.76 \ \text{mm}$$

为了防止构件设计成超筋构件，要求构件截面的相对受压区高度ξ不得超过其相对界限受压区高度ξ_b

$$\xi = \frac{x}{h_0} = \frac{79.76}{650} = 0.12 < \xi_b = 0.55 \ \text{满足适用条件}$$

则截面承载力

$$\alpha_1 f_c bx(h_0 - x/2) + f_y' A_s'(h_0 - \alpha_s')$$
$$= 1.0 \times 14.3 \times 1\,000 \times 79.76 \times (650 - 79.76 \div 2) + 300 \times 3\,436 \times (650 - 35)$$
$$= 1\,329.8 \ \text{kN} \cdot \text{m} > M = 685.2 \ \text{kN} \cdot \text{m}$$

符合规定。

第6章 地 基 处 理

6.1 地 基 概 述

土木工程建设中,有时不可避免地遇到工程地质条件不良的软弱土地基,不能满足建筑物要求,需要先经过人工处理加固,再建造基础,处理后的地基称为人工地基。

地基处理的目的是针对软土地基上建造建筑物可能产生的问题,采取人工的方法改善地基土的工程性质,达到满足上部结构对地基稳定和变形的要求,这些方法主要包括提高地基土的抗剪强度,增大地基承载力,防止剪切破坏或减轻土压力;改善地基土压缩特性,减少沉降和不均匀沉降;改善其渗透性,加速固结沉降过程;改善土的动力特性,防止液化,减轻振动;消除或减少特殊土的不良工程特性(如黄土的湿陷性,膨胀土的膨胀性等)。

近几十年来,大量的土木工程实践推动了软弱土地基处理技术的迅速发展,地基处理的方法多样化,地基处理的新技术、新理论不断涌现并日趋完善,地基处理已成为基础工程领域中一个较有生命力的分枝。根据地基处理方法的基本原理,基本上可以分为如表6-1所示的几类。

表6-1 地基处理方法的分类

物理处理				化学处理		热学处理	
置换	排水	挤密	加筋	搅拌	灌浆	热加固	冻结

但必须指出,很多地基处理方法具有多重加固处理的功能,例如碎石桩具有置换、挤密、排水和加筋的多重功能;而石灰桩则具有挤密、吸水和置换等功能。地基处理的主要方法、适用范围及加固原理,参见表6-2。

表6-2 地基处理的主要方法、适用范围和加固原理

分类	方法	加固原理	适用范围
置换	换土垫层法	采用开挖后换好土回填的方法;对于厚度较小的淤泥质土层,亦可采用抛石挤淤法。地基浅层性能良好的垫层,与下卧层形成双层地基。垫层可有效地扩散基底压力,提高地基承载力和减少沉降量	各种浅层的软弱土地基
	振冲置换法	利用振冲器在高压水的作用下边振、边冲,在地基中成孔,在孔内回填碎石料且振密成碎石桩。碎石桩柱体与桩间土形成复合地基,提高承载力,减少沉降量	$C_u < 20$ kPa 的黏性土、松散粉土和人工填土、湿陷性黄土地基等

表 6-2(续)

分类	方法	加固原理	适用范围
置换	强夯置换法	采用强夯时,夯坑内回填块石、碎石挤淤置换的方法,形成碎石墩柱体,以提高地基承载力和减少沉降量	浅层软弱土层较薄的地基
	碎石桩法	采用沉管法或其他技术,在软土中设置砂或碎石桩柱体,置换后形成复合地基,可提高地基承载力,降低地基沉降。同时,砂、石柱体在软黏土中形成排水通道,加速固结	一般软土地基
	石灰桩法	在软弱土中成孔后,填入生石灰或其他混合料,形成竖向石灰桩柱体,通过生石灰的吸水膨胀、放热以及离子交换作用改善桩柱体周围土体的性质,形成石灰桩复合地基,以提高地基承载力,减少沉降量	人工填土、软土地基
	EPS 轻填法	发泡聚苯乙烯(EPS)重度只有土的 1/50 ~ 1/100,并具有较高的强度和低压缩性,用于填土料,可有效减少作用于地基的荷载,且根据需要用于地基的浅层置换	软弱土地基上的填方工程
排水固结	加载预压法	在预压荷载作用下,通过一定的预压时间,天然地基被压缩、固结,地基土的强度提高,压缩性降低。在达到设计要求后,卸去预压荷载,再建造上部结构,以保证地基稳定和变形满足要求。当天然土层的渗透性较低时,为了缩短渗透固结的时间,加速固结速率,可在地基中设置竖向排水通道,如砂井、排水板等。加载预压的荷载,一般有利用建筑物自身荷载、堆载或真空预压等	软土、粉土、杂填土、冲填土等
	超载预压法	基本原理同加载预压法,但预压荷载超过上部结构的荷载。一般在保证地基稳定的前提下,超载预压方法的效果更好,特别是对降低地基次固结沉降十分有效	淤泥质黏性土和粉土
振密挤密	强夯法	采用重力 100~400 kN 的夯锤,从高处自由落下,在强烈的冲击力和振动力作用下,地基土密实,可以提高承载力,减少沉降量	松散碎石土、砂土、低饱和度粉土和黏性土,湿陷性黄土、杂填土和素填土地基

表 6 – 2（续）

分类	方法	加固原理	适用范围
振密挤密	振冲密实法	振冲器的强力振动，使得饱和砂层发生液化，砂粒重新排列，孔隙率降低；同时，利用振冲器的水平振冲力，回填碎石料使得砂层挤密，达到提高地基承载力，降低沉降的目的	黏粒含量少于 10% 的疏松散砂土地基
	挤密碎（砂）石桩法	施工方法与排水中的碎（砂）石桩相同，但是，沉管过程中的排土和振动作用，将桩柱体之间土体挤密，并形成碎（砂）石桩柱体复合地基，达到提高地基承载力和减小地基沉降的目的	松散砂土、杂填土、非饱和黏性土地基、黄土地基
	土、灰土桩法	采用沉管等技术，在地基中成孔，回填土或灰土形成竖向加固体，施工过程中排土和振动作用，挤密土体，并形成复合地基，提高地基承载力，减小沉降量	地下水位以上的湿陷性黄土、杂填土、素填土地基
加筋	加筋土法	在土体中加入起抗拉作用的筋材，例如土工合成材料、金属材料等，通过筋土间作用，达到减小或抵抗土压力；调整基底接触应力的目的。可用于支挡结构或浅层地基处理	浅层软弱土地基处理、挡土墙结构
	锚固法	主要有土钉和土锚法，土钉加固作用依赖于土钉与其周围土间的相互作用；土锚则依赖于锚杆另一端的锚固作用，两者主要功能是减少或承受水平向作用力	边坡加固，土锚技术应用中，必须有可以锚固的土层、岩层或构筑物
	竖向加固体复合地基法	在地基中设置小直径刚性桩、低等级混凝土桩等竖向加固体，例如 CFG 桩、二灰混凝土桩等，形成复合地基，提高地基承载力，减少沉降量	各类软弱土地基、尤其是较深厚的软土地基
化学固化	深层搅拌法	利用深层搅拌机械，将固化剂（一般的无机固化剂为水泥、石灰、粉煤灰等）在原位与软弱土搅拌成桩柱体，可以形成桩柱体复合地基、格栅状或连续墙支挡结构。作为复合地基，可以提高地基承载力和减少变形；作为支挡结构或防渗，可以用作基坑开挖时，重力式支挡结构，或深基坑的止水帷幕。水泥系深层搅拌法，一般有两大类方法，即喷浆搅拌法和喷粉搅拌法	饱和软黏土地基，对于有机质较高的泥炭质土或泥炭、含水量很高的淤泥和淤泥质土，适用性宜通过试验确定
	灌浆或注浆法	有渗入灌浆、劈裂灌浆、压密灌浆以及高压注浆等多种工法，浆液的种类较多。	类软弱土地基，岩石地基加固，建筑物纠偏等加固处理

表 6 – 2 中的各类地基处理方法，均有各自的特点和作用机理，在不同的土类中产生不同的加固效果，并也存在着局限性。地基的工程地质条件是千变万化的，工程对地基的要求也是不尽相同的，材料、施工机具和施工条件等亦存在显著差别，没有哪一种方法是万能的。因此，对于每一工程必须进行综合考虑，通过方案的比选，选择一种技术可靠、经济合理、施工可行的方案，既可以是单一的地基处理方法，也可以是多种方法的综合处理。

6.2 软土地基

软土是指沿海的滨海相、三角洲相、内陆平原或山区的河流相、湖泊相、沼泽相等主要由细粒土组成的土,具有孔隙比大(一般大于1)、天然含水量高(接近或大于液限)、压缩性高($a_{1-2} > 0.5$ MPa^{-1})和强度低的特点,多数还具有高灵敏度的结构性。主要包括淤泥、淤泥质黏性土、淤泥质粉土、泥炭、泥炭质土等。

6.2.1 软土的成因及划分

软土按沉积环境分类主要有下列几种类型。

1. 滨海沉积

(1)滨海相 常与海浪岸流及潮汐的水动力作用形成较粗的颗粒(粗、中、细砂)相掺杂,使其不均匀和极松软,增强了淤泥的透水性能,易于压缩固结。

(2)泻湖相 颗粒微细、孔隙比大、强度低、分布范围较宽阔,常形成海滨平原。在泻湖边缘,表层常有厚约0.3~2.0 m的泥炭堆积。底部含有贝壳和生物残骸碎屑。

(3)溺谷相 孔隙比大、结构松软、含水量高,有时甚于泻湖相。分布范围略窄,在其边缘表层也常有泥炭沉积。

(4)三角洲相 由于河流及海潮的复杂交替作用,而使淤泥与薄层砂交错沉积,受海流与波浪的破坏,分选程度差,结构不稳定,多交错成不规则的尖灭层或透镜体夹层,结构疏松软,颗粒细小。如上海地区深厚的软土层中央有无数的极薄的粉砂层,为水平渗流提供了良好条件。

2. 湖泊沉积

湖泊沉积是近代淡水盆地和咸水盆地的沉积。沉积物中夹有粉砂颗粒,呈现明显的层理。淤泥结构松软,呈暗灰、灰绿或暗黑色,厚度一般为10 m左右,最厚者可达25 m。

3. 河滩沉积

主要包括河漫滩相和牛轭湖相。成层情况较为复杂,成分不均一,走向和厚度变化大,平面分布不规则。一般常呈带状或透镜状,间与砂或泥炭互层,其厚度不大,一般小于10 m。

4. 沼泽沉积

分布在地下水、地表水排泄不畅的低洼地带,多以泥炭为主,且常出露于地表。下部分布有淤泥层或底部与泥炭互层。

软土由于沉积年代、环境的差异,成因的不同,它们的成层情况,粒度组成,矿物成分有所差别,使工程性质有所不同。不同沉积类型的软土,有时其物理性质指标虽较相似,但工程性质并不很接近,不应借用。软土的力学性质参数宜尽可能通过现场原位测试取得。

软土的工程有含水量较高、孔隙比较大、抗剪强度低、压缩性较高、渗透性很小、结构性明显、流变性显著等特性。

6.2.2 软土地基的承载力、沉降和稳定性的计算

在软土地基设计计算中,由于它的工程特性常需解决地基承载力、沉降和稳定性的计算问题,故与一般地基土的计算有所区别,现分述如下。

1. 软土地基的承载力

软土地基承载力应根据地区建筑经验,并结合下列因素综合确定:①软土成层条件、应力历史、力学特性及排水条件;②上部结构的类型、刚度、荷载性质、大小和分布,对不均匀沉降的敏感性;③基础的类型、尺寸、埋深、刚度等;④施工方法和程序;⑤采用预压排水处理的地基,应考虑软土固结排水后强度的增长。

(1)根据极限承载力理论公式确定

饱和软黏土上条形基础的极限承载力 p_u(kPa)按普朗特尔 – 雷斯诺(Prandtl – Reissner)极限荷载公式(参见土力学教材)由 $\varphi = 0, q = \gamma_2 h$ 确定为

$$p_u = 5.14C_u + \gamma_2 h \tag{6-1}$$

式中 C_u——软土不排水抗剪强度,可用三轴仪、十字板剪切仪测定,也可取室内无侧限抗压强度 q_u 的一半计算;

γ_2——基底以上土的重度(kN/m³),地下水位以下为浮重度;

h——基础埋置深度(m),当受水流冲刷时,由一般冲刷线算起。

据此,考虑矩形基础的形状修正系数及水平荷载作用时的影响系数,并考虑必要的安全系数,《公桥基规》提出软土地基容许承载力 $[\sigma]$(kPa)为

$$[\sigma] = \frac{5.14}{m}k_p C_u + \gamma_2 h \tag{6-2}$$

式中 m——安全系数 $1.5 \sim 2.5$,软土灵敏度高且基础长宽比小者用高值;

k_p——基础形状及倾斜荷载的修正系数,属半经验性质的系数,当矩形基础上作用有倾斜荷载时

$$k_p = \left(1 + 0.2\frac{b}{l}\right)\left(1 - \frac{0.4}{bl}\frac{Q}{C_u}\right)$$

b——基础宽度,m;

l——垂直于 b 边的基础长度(m),当有偏心荷载时,b 与 l 由 b' 与 l' 代替,$b' = b - 2e_b, l' = l - 2e_L, e_b, e_1$ 分别为荷载在 b 方向、l 方向的偏心矩;

Q——为荷载的水平分力,kN。

(2)根据土的物理性质指标确定

软土大多是饱和的,天然含水量 w 基本反映了土的孔隙比的大小,当饱和度 $S_r = 1$ 时,$e = \frac{wG}{S_r} = wG$(G 为土颗粒相对密度),e 为 1 时,相应天然含水量 w 约36%;e 为 1.5 时,相应 w 约55%,所以一般情况,地基承载力是与其天然含水量密切相关的,根据统计资料 w 与软土的容许承载力 $[\sigma_0]$ 关系如表 6-3 所示。

表 6-3　软土的容许承载力 $[\sigma_0]$

天然含水量 w/%	36	40	45	50	55	65	75
$[\sigma_0]$/kPa	100	90	80	70	60	50	40

在基础埋置深度为 h(m)的软土地基修正后的容许承载力 $[\sigma]$ 可按下式计算

$$[\sigma] = [\sigma_0] + \gamma_2(h - 3) \tag{6-3}$$

各符号意义同前,当 $h < 3$ m 时,取 $h = 3$ m 计。

《公桥基规》认为对小桥涵软土基础 $[\sigma]$ 可用式(6-3)计算。

当按式(6-2)或式(6-3)计算软土修正后的容许承载力 $[\sigma]$ 时,必须进行地基沉降验算,保证满足基础沉降的要求。

(3)按临塑荷载估算

软土地基承载力,考虑变形因素可按临塑荷载 p_{cr} 公式估算,以控制沉降在一般建筑物容许范围。条形基础临塑荷载 $p_{cr}(kPa)$ 计算式为

$$p_{cr} = N_q rD + N_c C$$

饱和软土 $\varphi_u = 0, C = C_u$ 时,$N_q = 1, N_c = \pi$,则

$$p_{cr} = 3.14C_u + rD = 3.14C_u + r_2 h \tag{6-4}$$

式(6-4)用于矩形基础(空间问题)可认为较用于条形基础(平面问题)偏于安全。我国有些地区和部门,根据该地区软土情况,采用略高于临塑荷载的临界荷载 $p_{\frac{1}{4}}$,即允许基础边缘出现塑性区范围深度不超过基础底宽的 $1/4$。$p_{\frac{1}{4}}$ 的计算详见土力学教材。

(4)用原位测试方法确定

由室内试验测定土的物理力学指标(C_u 等)常受土被扰动影响使结果不正确;而一般土的承载力理论公式用于软土也会有偏差,因此采用现场原位测试的方法往往能克服以上缺点。软土地基常用的原位测试方法为:根据载荷试验、旁压试验确定地基承载力,以十字板剪切试验测定软黏土不排水抗剪强度,换算地基承载力值,按标准贯入试验和静力触探结果,用经验公式计算地基承载力等。

对较重要或规模较大的工程,确定软土地基承载力宜综合以上方法,结合当地软土沉积年代,成层情况,下卧层性质等考虑,并注意满足结构物对沉降和稳定的要求。

2. 软土地基的沉降计算

软土地基在荷载下沉降变形的主要部分为固结沉降 S_c,此外还包括瞬时沉降 S_d 与次固结沉降 S_s,如图6-1所示。软土地基的总沉降量 S 为 S_d，S_c，S_s 之和。

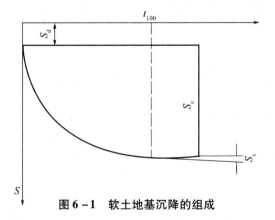

图6-1 软土地基沉降的组成

(1)固结沉降 S_c

在荷载作用下,软土地基缓慢地排水固结发生的沉降称为(主)固结沉降,常用的计算方法如下。

①采用 $e—p$ 曲线计算

$$S_c = \sum_{i=1}^{n} \frac{e_{0i} - e_{1i}}{1 + e_{0i}} \Delta h_i \tag{6-5}$$

式中 e_{0i} ——未受基础荷载前,软土地基第 i 层土分层中点自重应力作用下稳定时的孔

隙比;

e_{1i} ——受基础荷载后,软土地基第 i 层土分层中点自重应力与附加应力作用下稳定时的稳定孔隙比;

Δh_i ——土分层厚度,宜为 $0.5 \sim 1.0$ m

②采用压缩模量计算

$$S_c = \sum_{i=1}^{n} \frac{\Delta p_i}{E_{si}} \Delta h_i \qquad (6-6)$$

式中 Δp_i ——第 i 层土中点的附加应力;

E_{si} ——压缩模量,应取第 i 层土分层中点自重应力至自重应力与附加应力之和的压缩段计算。

③采用 e—$\lg p$ 曲线计算

软土根据先期固结压力 p_c,与上覆土自重应力 p_0 关系,天然土层的固结状态可区分为正常固结状态、超固结状态、欠固结状态。我国海滨平原,内陆平原软土大多属正常固结状态;少数上覆土层经地质剥蚀的软土及软土上的"硬壳"则属超固结状态;江、河入海口处及滨海相沉积(以及部分冲填土)则属欠固结土的。对于欠固结软土,在计算其固结沉降 S_c 时,必须包括在自重应力作用下继续固结所引起的那一部分沉降,若仍按正常固结的土层计算,所得结果将远小于实际沉降。下面简要介绍考虑先期固结压力的计算公式。

a. 正常固结、欠固结条件下

$$S_c = \sum_{i=1}^{n} \frac{\Delta h_i}{1 + e_{0i}} \Big[C_{ci} \cdot \lg\Big(\frac{p_{0i} + \Delta p_i}{p_{ci}} \Big) \Big] \qquad (6-7)$$

式中 C_{ci} ——第 i 层土中的压缩指数,应取分层中点自重应力至自重应力与附加应力之和的压缩段计算;

p_i ——第 i 层土分层中点的自重应力;

p_{ci} ——先期固结压力,正常固结时 $p_{ci} = p_{0i}$,欠固结时 $p_{ci} < p_{0i}$。

b. 超固结条件下

对于应力增量 $\Delta p > p_c - p_0$ 时,

$$S_c = \sum_{i=1}^{n} \frac{\Delta h_i}{1 + e_{0i}} \Big[C_{si} \cdot \lg\Big(\frac{p_{ci}}{p_{0i}} \Big) + C_{ci} \cdot \lg\Big(\frac{p_{0i} + \Delta p_i}{p_{ci}} \Big) \Big] \qquad (6-8)$$

对于应力增量 $\Delta p \leqslant p_c - p_0$ 时,

$$S_c = \sum_{i=1}^{n} \frac{\Delta h_i}{1 + e_{0i}} \Big[C_{si} \cdot \lg\Big(\frac{p_{0i} + \Delta p_i}{p_{0i}} \Big) \Big] \qquad (6-9)$$

式中, C_{si} 为第 i 层土中的回弹指数

(2)瞬时沉降 S_d

瞬时沉降包括土的两种沉降,一种由地基土弹性变形引起;另一部分是由于软土渗透系数低,加荷后初期不能排水固结,因而土体产生剪切变形,此时沉降是由软土侧向剪切变形引起。前一部分可用弹性理论公式计算

$$S_d = \frac{(1 - \mu^2)}{E_d} wbp \qquad (6-10)$$

式中 p ——基础底面平均压力;

b ——矩形基础的宽度;

μ——软土的泊松比,此处 $\mu = 0.5$;

E_d——软土的弹性模量,可用三轴仪不排水试验求得;

w——沉降影响系数,与基础形状、计算点位置有关,可自土力学教材中查用。

由于工程设计中地基承载力的采用都限制塑性区的开展,因而由土体初期侧向剪切位移引起的沉降,在总的瞬时沉降中所占比例不大,目前一般不计或略作估算。

对于土体的一维变形情况,瞬时沉降是很小的,特别是当土体饱和时,由于土中水及土颗粒本身的变形可忽略不计,瞬时沉降接近于零。但是,对于土体的二维或三维变形情况,瞬时沉降在地基总沉降量中占有相当大的比例,并且与加荷方式和加荷速率有很大的关系,比如采用一次瞬时加载时产生的瞬时沉降就比采用慢速均匀加载时大得多。有时也用 $S_d = (0.2 \sim 0.3)S_c$ 对瞬时沉降进行估算。

（3）次固结沉降 S_s

长期现场观测表明,在理论计算的固结过程结束后,软土地基因土骨架的蠕动而继续发生长期(长达数年以上)的、缓慢的压缩,称为次固结沉降如图 6 - 2 所示。当软土较厚,含高塑性矿物等较多时,对沉降要求严格的建筑物不宜忽视次固结沉降 S_s。

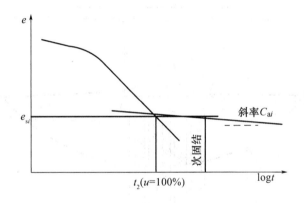

图 6 - 2　次固结沉降图

S_s 可按下式计算:

$$S_s = \sum_{i=1}^{n} \frac{C_{ai}}{1 + e_{2i}} \lg\left(\frac{t_3}{t_2}\right) h_i \qquad (6 - 11)$$

式中　C_{ai}——第 i 层土的次固结系数,可由在固结压力下试验的 e - $\lg t$ 曲线如图 6 - 2 示求取。其值与粒径、矿物成分有关,一般 $C_{ai} = 0.005 \sim 0.03$;

e_{2i}——第 i 层软土在固结压力下完成排水固结时的孔隙比;

t_2, t_3——完成固结(固结度为 100%)时间和计算次固结沉降的时间,$t_3 > t_2$。

由于对软土的次固结性状仍了解不够,无论对于它的机理、变化规律、影响因素、计算方法和试验测定等都有待进一步深入探讨。

软土地基沉降量 S 还可以利用观察到的建筑物的若干随时间(t_1, t_2 等)变化的沉降值 S_{t1}, S_{t2}, S_t—t 关系等,推算该建筑物的后期沉降 S_t 及最终沉降 S_∞。常用的推算方法是将实测的沉降—时间(S_t—t)曲线拟合为指数曲线、双曲线等而用数学方法推算 S_t 或 S_∞。具体详见土力学教材。

综上所述,软土地基的沉降应为上述三种沉降之和,即 $S = S_d + S_c + S_s$,但是由于瞬时

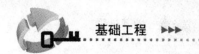

沉降和次固结沉降的计算方法和理论还处于初步阶段,故工程上也常用将一维固结沉降计算的结果乘以一个沉降计算经验的修正系数 m_s 计算

$$S = m_s S_c \qquad\qquad (6-12)$$

在《公桥基规》中规定:当软土压缩模量 $E_s = 1.0 \sim 4.0$ MPa 时,$m_s = 1.8 \sim 1.1$,以提高其计算精度。由于软土地基沉降的复杂性,m_s 的取值尚待补充完善。

3. 软土地基的稳定性分析

分析软土地基上建筑物承受水平推力后,由于地基土抗剪强度低,发生基础连同部分地基土在土中剪切滑移失稳的可能性。在软土地基上桥台、挡土墙等承受侧向推力的建筑物在保证其地基承载力、沉降验算的。同时应进行稳定性的分析。对于桩基础,假定的滑动弧面可认为发生在桩底以上,如图 6 – 3 所示(只有软土层很厚而桩长又很短时才发生在桩底以下,但此仅是特例),由于在设计中考虑承台底以上全部外力均由基桩承担,所以分析时可以不计这部分外力作用于滑动弧面上的分力,只考虑承台底面到滑动弧面以上土柱重,即在图 6 – 3 中对 P,M 不应计入其影响,而阴影部分土的重力应计入其影响,不属于基桩承担的滑裂体范围内的荷载效应。

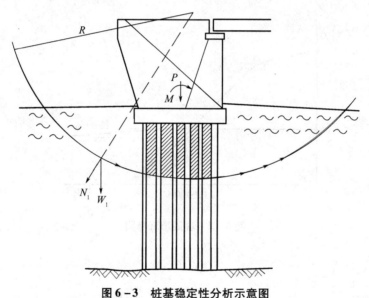

图 6 – 3 桩基稳定性分析示意图

6.2.3 软土地基基础工程应注意的事项

软土地基的强度、变形和稳定是工程中必须全面、充分注意的问题。从目前国内的勘察、设计、施工的现状出发,在软土地基上修筑高速公路从基础工程的角度出发,应注意下列一些事项。

1. 要取得代表性很好的地质资料

软土地基上高速公路的设计与施工质量很大程度上取决于地质资料的真实性和代表性,应认真收集沿线的地形、地貌、工程地质、水文地质、气象等资料,合理地利用钻探、触探、十字板剪切等现场综合勘探测试方法,做好软土地基各层土样的物理、力学、水理性质的室内试验,并对上述各项资料进行统计与分析,选择有代表性的技术指标作为设计和施工的依据。

2.软土地基路堤处治设计应注意的事项有：

（1）软土路堤的稳定性分析。

（2）软土路堤的变形分析。

（3）软土地基处理方案的合理选择。

（4）观测和试验。

3.软土地区的桥涵基础设计应注意的事项

（1）全面掌握相关资料合理布设桥涵

在软土地区，桥梁位置（尤其是大型桥梁）既要与路线走向协调，又要注意构造物对工程地质的要求，如果地基土层是深、厚软黏土，特别淤泥、泥炭和高灵敏度的软土，不仅设计技术条件复杂，而且将给施工、养护、运营带来许多困难，工程造价也将增大，应力求避免，另选择软土较薄、均匀、灵敏度较小的地段可能更为有利。对于小桥涵，可优先考虑地表"硬壳"层较厚，下卧为均匀软土处，以争取采用明挖刚性扩大基础，降低造价。

在确定桥梁总长、桥台位置时，除应考虑泄洪、通航要求外，宜进一步结合桥台和引道的结构和稳定考虑。如能利用地形、地质条件，适当的布置或延长引桥，使桥台置于地基土质较好或软土较薄处，以引桥代替高路堤，减少桥台和填土高度，有利于桥台、路堤的结构和稳定。在造价、占地、养护费用、运营条件等通盘考虑后，在技术上、经济上都是合理的。

软土地基上桥梁宜采用轻型结构，减轻上部结构及墩台自重。由于地基易产生较大的不均匀沉降，一般以采用静定结构或整体性较好的结构为宜，如桥梁上部可采用钢筋混凝土空心板或箱形梁；桥台采用柱式、支撑梁轻型桥台或框架式等组合式桥台；桥墩宜用桩柱式、排架式、空心墩等。涵洞宜用钢筋混凝土管涵、整体基础钢筋混凝土盖板涵、箱涵，以保证涵身刚度和整体性。

（2）软土地基桥梁基础设计应注意事项

我国在软土地区的桥梁基础，常用的是刚性扩大基础（天然地基或人工地基）和桩基础，也有用沉井基础的，现结合软土地基的特点，介绍设计时应注意的几个问题。

①刚性扩大浅基础

在较稳定、均匀、有一定强度的软土上修筑对沉降要求不严格的矮、小桥梁，常优先采用天然地基（或配合砂砾垫层）上的刚性扩大浅基础。如软土表层有较厚的"硬壳"也可考虑利用。刚性扩大基础常因软土的局部塑性变形而使墩、台发生不均匀沉降，或由于台后填土的影响使桥台前后端沉降不均而发生后仰也是常见的工程事故，有时还同时使桥台向前滑移。因此在设计时应注意对基础受力不同的边缘（如桥台基础的前趾和后踵）沉降的验算及抗滑动、倾覆的验算。

防治措施：可采用人工地基如有针对性的布设砂砾垫层，对地基进行加载预压以减少地基的沉降量和调整沉降差，或采用深层搅拌法，以水泥土搅拌桩或粉体喷射搅拌桩加固软土地基，按复合地基理论验算地基各控制点的承载力和沉降（加固范围应包括桥头路堤地基的一部分）；采取结构措施如改用轻型桥台、埋置式桥台，必要时改用桩基础等；也有建议对小桥（如单孔跨径不超过 8 m，孔数不多于 3 孔）可采用将相邻墩台刚性扩大基础联合成整体的方法，形成联合基础板，在满足地基承载力和沉降同时，可以解决桥台前倾后仰和滑移问题。但此时为避免基础板过厚，常需配置受力钢筋改为柔性基础，应先进行技术、经济方案比较,全面分析后选用(设计方法可参考第 2 章柔性基础简化的倒梁法及钢筋混凝土结构设计有关规定)。为了防止小桥基础向桥孔滑移,也可仅在基础间设置钢筋混凝土(或混凝土)支撑梁。软土地基上相邻墩、台间距小于 5 m 时,应按《公桥基规》要求考虑邻近墩、台对软土地基所引起的附加竖向压应力。

②桩基础

较深厚的软土地基,大中型桥梁常采用桩基础,它能获得较好的技术效果,达到经济上合理,应是首选的方案。施工方法可以是打入(压入)桩、钻孔灌注桩等。要求基桩穿过软土深入硬土(基岩)层以保证足够的承载力和很小的沉降量。软土很厚需采用长的摩擦桩时,应注意桩底软土承载力和沉降的验算,必要时可对桩周软土进行压浆处理或做成扩底桩。

打入桩的桩距应较一般土质的适当加大,并注意安排好桩的施打顺序,避免已打入的邻桩被挤移或上抬,影响质量。钻孔灌注桩一般应先试桩取得施工经验,避免成孔时发生缩孔、坍孔。

软土地基桩基础设计中,应充分注意由于软土侧向移动而使基桩挠曲和受到的附加水平压力(由于软土下沉而对基桩发生的负摩阻力),现分述如下:

a. 地基软土侧限移动对基桩的影响。在软土上桩基础的桥台、挡墙等由于台后填土重力的挤压,地基软土侧向移动,桩—土间产生附加水平压力,引起桩身挠曲,使桥台后仰和向河槽倾移,甚至发生基桩折损等事故。在深厚软土上修桥,特别是较高填土的桥台日益增多,这类事故时有发生,已引起国内外基础工程界广泛重视。

我国《公桥基规》要求桥台"基桩上部位于摩擦角小于 20° 的软土中时,应验算施于基桩的水平力所产生的挠曲"(国外也有提出当台后填土重超过软土屈服强度 $p_y = 3C_u$ 时)。在此情况下,桩身所受到的附加水平力,发生的挠曲与填土高度密切相关,也与基桩穿越的各土层层厚、软土的力学性质、软土移动量及随深度的变化、基桩刚度及其两端支承条件等变化因素有关。对此问题的探讨现在还不够充分,实践中一般应用半理论半经验方法处理,更精确、全面、符合实际的应用方法尚需进一步完善。

为了避免桥台后仰前倾,可采取加强桩顶约束及平衡(或减少)土压力的措施,如采用低桩承台、埋置式桥台或台前加筑反压护道和挡墙(其地基应经处理),也可采用刚度较大的基桩和多排桩基础(打入桩可采用部分斜桩),对软土地基加载预压等。

b. 地基软土下沉对基桩的影响。软土下沉使基桩承受到负摩阻力,将产生较大的沉降或使桩身纵向压屈破坏,必须予以重视。基桩上负摩阻力产生原因、条件及计算等请参阅桩基础一章的有关介绍。

③沉井基础

在较厚较软弱土上下沉沉井,往往因下沉速度较快而发生沉井倾斜、位移等,应事先注意采取防备措施。如选用轻型沉井,平面形状采用圆形或长宽比较小的矩形,立面形状采用竖直式等,施工时尽量对称挖土控制均匀下沉并及时纠偏。

6.2.4　软土地基桥台及桥头路堤的稳定设计应注意的事项

软土地基抗剪强度低,在稍大的水平力作用下桥台和桥头路堤容易发生地基的纵向滑动失稳,应按已介绍的方法进行验算,如稳定性不够,小桥可采用支撑梁、人工地基等,大中桥梁除将浅基改为桩基、采用人工地基、延长引桥使填土高度降低或桥台移至稳定土层上外,常用方法是采取减少台后土压力措施或在台前加筑反压护道(应注意台前过水面积的保证)。埋置式桥台也可同时放缓溜坡,反压护道(溜坡)长度、高度、坡度,以及地基加固方法等都应该经计算确定,施工时注意台前、后填土进度的配合,避免有过大的高差。

桥头路堤填土(包括桥台锥坡)横向失稳也须经过验算加以保证,需要时也应放缓坡度或加筑反压护道。

桥头路堤填土稍高时,路堤下沉使桥台后倾是软土地区桥梁工程常发生的事故。除应对桥台基础采取前述的有针对性的结构措施及改用轻质材料填筑路堤外,一般也常对路堤的地基采取人工加固处理。

6.3　换土垫层法

在冲刷较小的软土地基上,地基的承载力和变形达不到基础设计要求,且当软土层不太厚(如不超过 3 m)时,可采用较经济、简便的换土垫层法进行浅层处理,即将软土部分或全部挖除,然后换填工程特性良好的材料,并予以分层压实,这种地基处理方法称为换填垫层法。垫层处治应达到增加地基持力层承载力,防止地基浅层剪切变形的目的。

换填的材料主要有砂、碎石、高炉干渣和粉煤灰等,应具有强度高、压缩性低、稳定性好和无侵蚀性等良好的工程特性。当软土层部分换填时,地基便由垫层及(软弱)下卧层组成,如图 6 - 4 所示。足够厚度的垫层置换可能使软土层被剪切破坏,以使垫层底部的软弱下卧层满足承载力的要求,而达到加固地基的目的。按垫层回填材料的不同,可分别称为砂垫层、碎石垫层等。

换填垫层法设计的主要指标是垫层厚度和宽度,一般可将各种材料的垫层设计都近似地按砂垫层的计算方法进行设计。

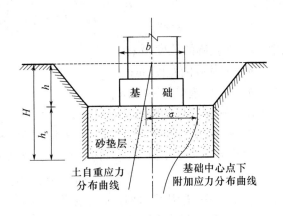

图 6 - 4　砂垫层及应力分布

1. 砂垫层厚度的确定

砂垫层厚度计算实质上是软弱下卧层顶面承载力的验算,计算方法有多种。

一种方法是按弹性理论的土中应力分布公式计算,即将砂垫层及下卧土层视为一均质半无限弹性体,在基底附加应力作用下,计算不同深度的各点土中附加应力并加上土的自重应力,同时以第 2 章所介绍的方法计算地基土层随深度变化的容许承载力,并以此确定砂垫层的设计厚度,如图 6 - 4 所示。也可将加固后地基视为上层坚硬、下层软弱的双层地基,用弹性力学公式计算。

另一种是我国目前常用的近似按应力扩散角进行计算的方法,即认为砂垫层以"θ"角向下扩散基底附加压力,到砂垫层底面(下卧层顶面)处的土中附加压应力与土中自重应力之和不超过该处下卧层顶面地基深度修正后的容许承载力,即:

$$\sigma_H \leqslant [\sigma]_H \qquad (6-13)$$

式中:$[\sigma]_H$(kPa)为下卧层顶面处地基的容许承载力,可按第 2 章方法计算,通常只进行下卧层顶面深度修正,而压应力 σ_H 的大小与基底附加压力、垫层厚度、材料重等有关。

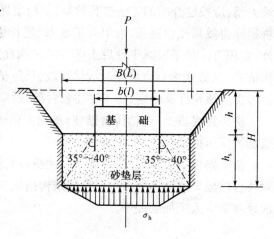

图 6 – 5　砂垫层应力扩散图

若考虑平面为矩形的基础,在基底平均附加应力 σ 作用下,基底下土中附加压应力按扩散角 θ 通过砂垫层向下扩散到软弱下卧层顶面,并假定此处产生的压应力平面呈梯形分布(图 6 –5)(在空间呈六面体形状分布),根据力的平衡条件可得到:

$$lb\sigma = \left[(b + h_s\tan\theta)l + bh_s\tan\theta + \frac{4}{3}(h_s\tan\theta)^2 \right]\sigma_h$$

则该处下卧层顶面的附加压应力 σ_h 为:

$$\sigma_h = \frac{lb\sigma}{lb + \left(l + b + \frac{4}{3}h_s\tan\theta\right)h_s\tan\theta} \qquad (6-14)$$

式中　l——基础的长度,m;

b——基础的宽度,m;

h_s——砂垫层的厚度,m;

σ——基底处的附加应力,kPa;

θ——砂垫层的压应力扩散角,一般取 35° ~45°,根据垫层材料选用。

砂垫层底面下的下卧层同时还受到垫层及基坑回填土的重力,所以

$$\sigma_H = \sigma_h + \gamma_s h_s + \gamma h \qquad (6-15)$$

式中　γ_s,γ——砂垫层、回填土的重度(kN/m³),水下时按浮重度计算,

h——基坑回填土厚度,m。

由式(6 –13)、(6 –14)、(6 –15)可得到砂垫层所需厚 h_s。h_s 一般不宜小于 1 m 或超过 3 m,垫层过薄,作用不明显,过厚需挖深坑,费工耗料,经济、技术上往往不合理。当地基土软且厚或基底压力较大时,应考虑其他加固方案。

2. 砂垫层平面尺寸的确定

砂垫层底平面尺寸应为:

$$L = l + 2h_s\tan\theta$$
$$B = b + 2h_s\tan\theta \qquad (6-16)$$

其中,L,B 分别为砂垫层底平面的长及宽,一般情况砂垫层顶面尺寸按此确定,以防止承受荷载后垫层向两侧软土挤动。

3. 基础最终沉降量的计算

砂垫层上基础的最终沉降量是由垫层本身的压缩量 S_s 与软弱下卧层的沉降量 S_1 所组

成，$S = S_s + S_l$ 由于砂垫层压缩模量比较弱下卧层大得多，其压缩量小且在施工阶段基本完成，实际可以忽略不计。需要时 S_s 也可按下式求得：

$$S_s = \frac{\sigma + \sigma_H}{2} \times \frac{h_s}{E_s} \qquad (6-17)$$

式中　E_s——砂垫层的压缩模量，可由实测确定，一般为 12 000 ~ 24 000 kPa；

$\dfrac{\sigma + \sigma_H}{2}$——砂垫层内的平均压应力。

S_l 可用有关章节介绍方法计算。S 的计算值应符合建筑物容许沉降量的要求，否则应加厚垫层或考虑其他加固方案。

6.4　排水固结法

饱和软黏土地基在荷载作用下，孔隙中的水慢慢排出，孔隙体积慢慢地减小，地基发生固结变形。同时，随着超静孔隙水压力逐渐消散，有效应力逐渐提高，地基土的强度逐渐增长。现以图 6-6 为例，可说明排水固结法使地基土密实、强化的原理。在如图 6-6(a)中，当土样的天然有效固结压力为 σ_0'。时，孔隙比为 e_0，在 $e-\sigma_c'$ 曲线上相应为 a 点，当压力增加 $\Delta\sigma'$，固结终了时孔隙比减少 Δe，相应点为 c 点，曲线 abc 为压缩曲线，与此同时，抗剪强度与固结压力成比例地由 a 点提高到 c 点，说明土体在受压固结时，与孔隙比减小产生压缩的同时，抗剪强度也得到提高。如从 c 点卸除压力 $\Delta\sigma'$，则土样发生回弹，图 6-6(a)中 cef 为卸荷回弹曲线，如从 f 点再加压 $\Delta\sigma'$，土样再压缩将沿虚线到 c'，其相应的强度包线，如图 6-6(b)所示。

从再压缩曲线 fgc' 可看出，固结压力同样增加 $\Delta\sigma'$ 而孔隙比减小值为 $\Delta e'$，$\Delta e'$ 比 Δe 小得多。这说明如在建筑场地

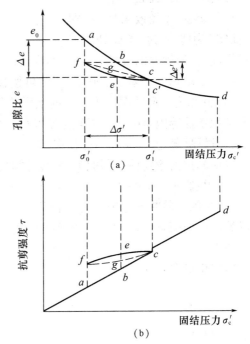

图 6-6　室内压缩试验说明排水固结法原理
(a)$e-\sigma_c'$ 曲线；(b)$\tau-\sigma_c'$ 曲线

上先加一个和上部结构相同的压力进行加载预压使土层固结，然后卸除荷载，再施工建筑物，可以使地基沉降减少，如进行超载预压(预压荷载大于建筑物荷载)效果将更好，但预压荷载不应大于基土的容许承载力。

排水固结法加固软土地基是一种比较成熟、应用广泛的方法，它主要解决沉降和稳定问题。

6.4.1　砂井堆载预压法

软黏土渗透系数很低，为了缩短加载预压后排水固结的历时，对较厚的软土层，常在地基中设置排水通道，使土中孔隙较快排出水。可在软黏土中设置一系列的竖向排水通道

（砂井、袋装砂井或塑料排水板），在软土顶层设置横向排水砂垫层，如图6-7所示，借此缩短排水途程，增加排水通道，改善地基渗透性能。

1. 砂井地基的设计

砂井地基的设计主要包括选择适当的砂井直径、间距、深度、排列方式、布置范围以及形成砂井排水系统所需的材料、砂垫层厚度等，以使地基在堆载预压过程中，在预期的时间内，达到所需要的固结度（通常定为80%）。

（1）砂井的直径和间距　砂井的直径和间距主要取决于土的固结特性和施工期的要求。从原则上讲，为达到相同的固结度，缩短砂井间距比增加砂井直径效果要好，即以"细而密"为佳，不过，考虑到施工

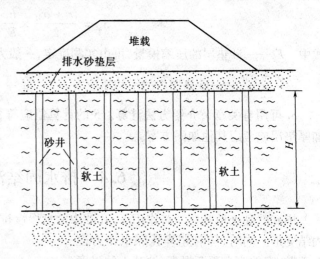

图6-7　砂井堆载预压

的可操作性，普通砂井的直径为300~500 mm。砂井的间距可根据地基土的固结特征和预定时间内所要求达到的固结度确定，间距可按直径的6~8倍选用。

（2）砂井深度　砂井深度主要根据土层的分布、地基中的附加应力大小、施工期限和条件及地基稳定性等因素确定。当软土不厚（一般为10~20 m）时，尽量要穿过软土层达到砂层；当软土过厚（超过20 m），不必打穿黏土，可根据建筑物对地基的稳定性和变形的要求确定。对以地基抗滑稳定性控制的工程，竖井深度应超过最危险滑动面2.0 m以上。

（3）砂井排列　砂井的平面布置可采取正方形或等边三角形（图6-8），在大面积荷载作用下，认为每个砂井均起独立排水作用。为了简化计算，将每个砂井平面上的排水影响面积以等面积的圆来代替，可将一根砂井的有效排水圆柱体的直径 d_e 和砂井间距 l 的关系按下式考虑：

等边三角形布置

$$d_e = \sqrt{\frac{2\sqrt{3}}{\pi}} l = 1.05\, l \qquad (6-18)$$

正方形布置

$$d_e = \sqrt{\frac{4}{\pi}} l = 1.128\, l \qquad (6-19)$$

（4）砂井的布置范围　由于在基础以外一定的范围内仍然存在压应力和剪应力，所以砂井的布置范围应比基础范围大为好，一般由基础的轮廓线向外增加2~4 m。

（5）砂料　砂料宜用中、粗砂，必须保证良好的透水性，含泥量不应超过3%，渗透系数应大于 10^{-3} cm/s。

（6）砂垫层　为了使砂井有良好的排水通道，砂井顶部应铺设砂垫层，垫层砂料粒度和砂井砂料相同，厚度一般为0.5~1 m。

2. 砂井地基的固结度的计算

砂井固结理论采取了下列的假设条件：

①地基土是饱和的,固结过程是土中孔隙水的排出过程;②地基表面承受连续均匀的一次施加的荷载;③地基土在该荷载作用下仅有竖向的压密变形,整个固结过程地基土渗透系数不变;④加荷开始时,所有竖向荷载全部由孔隙水承受。

采用砂井的地基固结度计算属于三维问题。在轴对称条件下的单元井固结课题,如图6-8所示。可采用 Redulic - Terzaghi 固结理论,其表达式为

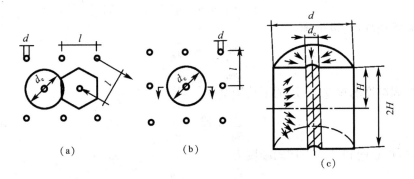

图6-8　砂井的平面布置及固结渗透途径

$$\frac{\partial u}{\partial t} = C_v \frac{\partial^2 u}{\partial z^2} + C_r \left(\frac{\partial^2 u}{\partial r^2} + \frac{1}{r} \frac{\partial u}{\partial r} \right) \tag{6-20}$$

式中　C_v, C_r——地基的竖向和水平向固结系数,m/s^2;

　　　r, z——距离砂井中轴线的水平距离和深度,m。

为了求解方便,采用了分离变量原理,设 $u = u_z u_r$,则式(6-20)可分解成

$$\frac{\partial u_z}{\partial t} = C_v \frac{\partial^2 u}{\partial z^2} \tag{6-21a}$$

$$\frac{\partial u_r}{\partial t} = C_r \left(\frac{\partial^2 u}{\partial r^2} + \frac{1}{r} \frac{\partial u}{\partial r} \right) \tag{6-21b}$$

方程(6-21a)的求解,可以采用 Terzaghi 解答,其固结度的计算公式为

$$U_z = 1 - 8 \sum_{i=0}^{\infty} \frac{\exp(-A_i^2 C_v t / (2L)^2)}{A_i^2}$$

其中,$A_i = \pi(2i+1)$。 $\tag{6-22}$

方程(6-21b)已由 Barron(1948)根据等应变条件解出,其水平向固结度的计算公式为

$$U_r = 1 - \exp\left(-\frac{8T_r}{F_n} \right) \tag{6-23}$$

其中

$$T_r = \frac{C_r t}{d_e^2}$$

$$F_n = \frac{n^2}{n^2 - 1} \ln n - \frac{3n^2 - 1}{4n^2}$$

式中　T_r——水平向固结的时间因素,无量纲;

　　　t——固结时间,s;

　　　L——砂井垂直长度(竖向排水距离),m;

n——井径比 $n = d_e/d_w$,无量纲;

d_e, d_w——砂井的有效排水直径 m 和砂井直径,m。

根据前述的分离变量原理 $u = u_z u_r$,则整个土层的平均超静孔隙水压力为

$$\bar{u} = \bar{u}_r \bar{u}_r$$

同理,对起始孔隙水压力值的平均值仍然有

$$\bar{u}_0 = \bar{u}_{0z} \bar{u}_{0r}$$

上述两式相除后,可得到

$$\frac{\bar{u}}{\bar{u}_0} = \frac{\bar{u}_r}{\bar{u}_{0r}} \frac{\bar{u}_z}{\bar{u}_{0z}}$$

再根据固结度的概念,土层的平均固结度

$$U_t = 1 - \frac{\bar{u}}{\bar{u}_0} \quad \text{或} \quad \frac{\bar{u}}{\bar{u}_0} = 1 - U_t \quad (6-24)$$

同理,可得竖向和径向平均固结度为

$$U_r = 1 - \frac{\bar{u}_r}{\bar{u}_{0r}} \quad \text{或} \quad \frac{\bar{u}_r}{\bar{u}_{0r}} = 1 - U_r \quad (6-25a)$$

$$U_z = 1 - \frac{\bar{u}_z}{\bar{u}_{0z}} \quad \text{或} \quad \frac{\bar{u}_z}{\bar{u}_{0z}} = 1 - U_z \quad (6-25b)$$

从式(6-24)、式(6-25)可得

$$1 - U_t = (1 - U_r)(1 - U_z) \quad \text{或} \quad U_t = 1 - (1 - U_r)(1 - U_z) \quad (6-26)$$

上述推导得到的(6-26),即 Carrillo(1942)原理。根据这一原理,以及上述 Terzaghi 和 Barron 的解答,则可计算出砂井地基的平均固结度。

为了实际应用方便,将式(6-26)中 U_r 与 T_r, n 的函数关系制成表6-4以供查用。

表6-4 径向平均固结度 U_r,与时间因素 T_r 及井径比 n 的关系

T_r \ U_r \ n	0.1	0.2	0.3	0.4	0.5	0.6	0.7	0.8	0.9
4	0.009 8	0.020 8	0.033 1	0.047 5	0.064 2	0.085 2	0.111 8	0.150 0	0.214 0
5	0.012 2	0.026 0	0.041 3	0.059 0	0.080 0	0.106 5	0.139 0	0.187 0	0.268 0
6	0.014 4	0.030 6	0.049 0	0.070 0	0.094 6	0.125 4	0.164 8	0.221 0	0.316 0
7	0.016 3	0.035 6	0.055 2	0.079 0	0.107 0	0.141 7	0.186 0	0.249 0	0.356 0
8	0.018 0	0.038 3	0.061 0	0.087 5	0.118 2	0.157 0	0.206 0	0.276 0	0.395 0
9	0.019 6	0.041 6	0.066 4	0.095 0	0.128 7	0.170 5	0.223 0	0.300 0	0.438 0
10	0.020 6	0.044 0	0.070 0	0.100 0	0.136 7	0.180 0	0.236 0	0.316 0	0.453 0
11	0.022 0	0.046 7	0.074 6	0.107 0	0.144 6	0.192 0	0.252 0	0.338 0	0.482 0
12	0.023 0	0.049 0	0.078 0	0.112 0	0.151 8	0.200 8	0.263 0	0.353 0	0.505 0
13	0.023 9	0.050 7	0.081 0	0.116 0	0.157 0	0.208 0	0.2730	0.366 0	0.524 0
14	0.025 0	0.053 1	0.084 8	0.121 5	0.166 3	0.218 6	0.286 0	0.383 0	0.548 0

例题　有一饱和软黏性土层,厚 8 m,其下为砂层,打穿软黏土到达砂层的砂井直径为 0.3 m,平面布置为梅花形,间距 $l = 2.4$ m;软黏土在 150 kPa 均布压力下的竖向固结系数 $C_v = 0.15$ mm²/s,水平向固结系数 $C_r = 0.29$ mm²/s,求一个月时的固结度。

解　竖向排水固结度 U_v 的计算。

地基上设置砂垫层,该情况为两面排水,$H = 8/2 = 4$ m。

$$T_v = \frac{C_v}{H^2}t = \frac{0.15 \times 30 \times 86\,400}{(4\,000)^2} = 0.024$$

$$U_z = 1 - \frac{8}{\pi^2}\exp\left(-\frac{\pi^2}{4}T_v\right) = 1 - \frac{8}{3.14^2}\exp\left(-\frac{3.14^2}{4} \times 0.024\right) = 0.235$$

径向排水固结度 U_r 的计算

$$d_e = 2\,400 \times 1.050 = 2\,520 \text{ mm} \qquad n = \frac{2\,520}{300} = 8.4$$

$$T_r = \frac{C_r}{d_e^2}t = \frac{0.29 \times 30 \times 86\,400}{(2\,520)^2} = 0.118\,4$$

$$F_n = \frac{8.4^2}{8.4^2 - 1}\ln(8.4) - \frac{3 \times 8.4^2 - 1}{4 \times 8.4^2} = 1.014 \times 2.13 - 0.746 = 1.414 \text{ kN}$$

$$U_r = 1 - \exp\left(-\frac{8}{F_n}T_n\right) = 1 - \exp\left(-\frac{8}{1.414} \times 0.118\,4\right) = 1 - 0.51 = 49\%$$

砂井地基总平均固结度

$$U_t = 1 - (1 - 0.235) \times (1 - 0.49) = 1 - 0.39 = 61\%$$

不打砂井,依靠上下砂层固结排水,一个月地基固结度仅 23.5%,设砂井后为 61%。

以上介绍的径向排水固结理论,是假定初始孔隙水压力在砂井深度范围内为均匀分布的,即只有荷载分布面积的宽度大于砂井长度时方能满足,并认为预压荷载是一次施加的,如荷载分级施加,也应对以上固结理论予以修正,详见有关砂井设计规范和专著,此处不再赘述。

对于未打穿软黏土层的固结度计算,因边界条件不同(需考虑砂井以下软黏土层的固结度),不能简单套用式(6 – 26),可以按下式近似计算其平均固结度

$$U = \eta U_t + (1 - \eta)U_z' \tag{6 – 27}$$

式中　U——整个受压土层平均固结度;

η——砂井深度 L 与整个饱和软黏性土层厚度 H 的比值,$\eta = \dfrac{L}{H}$;

U_t——砂井深度范围内土的固结度,按式(6 – 26)计算;

U_z'——砂井以下土层的固结度,按单向固结理论计算,近似将砂井底面作为排水面。砂井的施工工艺与砂桩大体相近,具体参照砂桩的施工工艺。

6.4.2　袋装砂井和塑料排水板预压法

用砂井法处理软土地基如地基土变形较大或施工质量稍差常会出现砂井被挤压截断,不能保持砂井在软土中排水通道的畅通,影响加固效果。近年来在普通砂井的基础上,出现了以袋装砂井和塑料排水板代替普通砂井的方法,避免了砂井不连续缺点,而且施工简便、加快了地基的固结,节约用砂,在工程中得到日益广泛的应用。

1. 袋装砂井预压法

目前国内应用的袋装砂井直径一般为 70 ~ 120 mm,间距 1.0 m ~ 2.0 m(井径比 n 约

取 15～20）。砂袋可采用聚丙烯或聚乙烯等长链聚合物编织制成,应具有足够的抗拉强度、耐腐蚀、对人体无害等特点。装砂后砂袋的渗透系数不应小于砂的渗透系数。灌入砂袋的砂应为中、粗砂并振捣密实。砂袋留出孔口长度应保证伸入砂垫层至少 300 mm,并不得卧倒。

袋装砂井的设计理论、计算方法基本与普通砂井相同,它的施工已有相应的定型埋设机械,与普通砂井相比,优点是:施工工艺和机具简单、用砂量少;它间距较小,排水固结效率高,井径小,成孔时对软土扰动也小,有利于地基土的稳定,有利于保持其连续性。

2. 塑料排水板预压法

塑料排水板预压法是将塑料排水板用插板机插入加固的软土中,然后在地面加载预压,使土中水沿塑料板的通道逸出,经砂垫层排除,从而使地基加速固结。

塑料板排水与砂井比较具有如下优点:

(1)塑料板由工厂生产,材料质地均匀可靠,排水效果稳定;

(2)塑料板质量轻,便于施工操作;

(3)施工机械轻便,能在超软弱地基上施工,施工速度快,工程费用便宜。

塑料排水板所用材料、制造方法不同,结构也不同,基本上分两类。一类是用单一材料制成的多孔管道的板带,表面刺有许多微孔(如图 6－9);另一类是两种材料组合而成,板芯为各种规律变形断面的芯板或乱丝、花式丝的芯板,外面包裹一层无纺土工织物滤套(如图 6－10)。塑料排水板可采用砂井加固地基的固结理论和设计计算方法。计算时应将塑料板换算成相当直径的砂井,根据两种排水体与周围土接触面积相等原理进行换算,当量换算直径 d_p 为

$$d_p = \frac{2(b + \delta)}{\pi} \qquad (6-28)$$

式中　b——塑料板宽度,mm;

δ——塑料板厚度,mm。

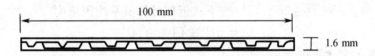

图 6－9　多孔单一结构型塑料排水板

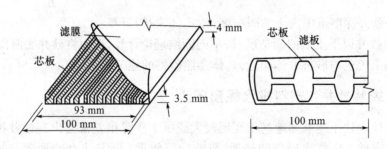

图 6－10　复合结构塑料排水板

目前应用的塑料排水板产品成卷包装,每卷长约数百米,用专门的插板机插入软土地基,先在空心套管装入塑料排水板,并将其一端与预制的专用钢靴连接,插入地基下预定标

高处,拔出空心套管,由于土对钢靴的阻力,塑料板留在软土中,在地面将塑料板切断,即可移动插板机进行下一个循环作业。

6.4.3　天然地基堆载预压法

天然地基堆载预压法是在建筑物施工前,用与设计荷载相等(或略大)的预压荷载(如砂、土、石等重物)堆压在天然地基上使地基软土得到压缩固结以提高其强度(也可以利用建筑物本身的重量分级缓慢施工),减少工后的沉降量,待地基承载力、变形达到设计预期要求后,将预压荷载撤除,在经预压的地基上修建建筑物。此方法费用较少,但工期较长。如软土层不太厚,或软土中夹有多层细、粉砂夹层渗透性能较好,不需很长时间就可获得较好预压效果时可考虑采用,否则排水固结时间很长,应用就受到限制。此法设计计算可用一维固结理论。

6.4.4　真空预压法和降水位预压法

真空预压法实质上是以大气压作为预压荷重的一种预压固结法(图6-11)。在需要加固的软土地基表面铺设砂垫层,然后埋设垂直排水通道(普通砂井、袋装砂井或塑料排水板),再用不透气的封闭薄膜覆盖软土地基,使其与大气隔绝,薄膜四周埋入土中,通过砂垫层内埋设的吸水管道,用真空泵进行抽气,使其形成真空,当真空泵抽气时,先后在地表砂垫层及竖向排水通道内逐渐形成负压,使土体内部与排水通道、垫层之间形成压力差,在此压力差作用下,土体中的孔隙水不断排水,从而使土体固结。

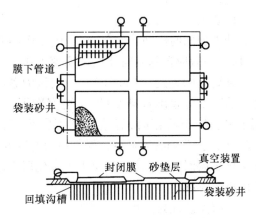

图6-11　真空预压工艺设备平面和剖面图

降低水位预压法是借井点抽水降低地下水位,以增加土的自重应力,达到预压目的。其降低地下水位原理、方法和需要设备基本与井点法基坑排水相同。地下水位降低使地基中的软弱土层承受了相当于水位下降高度水柱的重量而固结,增加了土中的有效应力。这一方法最适用于渗透性较好的砂土或粉土或在软黏土层中存在砂土层的情况,使用前应摸清土层分布及地下水位情况等。

采用各种排水固结方法加固后的地基,均应进行质量检验。检验方法可采用十字板剪切试验、旁压试验、荷载试验或常规土工试验,以测定其加固效果。

6.5　挤(振)密法

在不发生冲刷或冲刷深度不大的松散土地基(包括松散中、细、粉砂土,粉土,松散细粒炉渣,杂填土以及$I_L < 1$、孔隙比接近或大于1的含砂量较多的松软黏性土),如其厚度较大,用砂垫层处理施工困难时,可考虑采用砂桩深层挤密法,以提高地基承载力,减少沉降量和增强抗液化能力。对于厚度大的饱和软黏土地基,由于土的渗透性小,此法加固不易将土挤密实,还会破坏土的结构强度,主要起到置换作用,加固效果不大,宜考虑采用其他

加固方法如砂井预压、高压喷射、深层搅拌法等。下面介绍常用的挤密砂桩法、夯(压)实法和振动法三类。

6.5.1 挤密砂桩法

挤密砂(或砂石)桩法是用振动、冲击或打入套管等方法在地基中成孔(孔径一段为300~600 mm)然后向孔中填入含泥量不大于5%的中、粗砂、粉、细砂料应同时掺入25%~35%碎石或卵石,再加以夯挤密实形成土中桩体从而加固地基的方法。对松散的砂土层,砂桩的加固机理有挤密作用、排水减压作用和砂土地基预振作用,对于松软黏性土地基中,主要通过桩体的置换和排水作用加速桩间土的排水固结,并形成复合地基,提高地基的承载力和稳定性,改善地基土的力学性质。对于砂土与黏性土互层的地基及冲填土,砂桩也能起到一定的挤实加固作用。

挤密砂桩的设计如下:

1. 砂土加固范围的确定

砂桩加固的范围 $A(\mathrm{m}^2)$ 必需稍大于基础的面积(图6-12),一般应自基础向外加大不少于0.5 m或0.1b(b为基础短边的宽度,以 m 计)。一般认为砂(石)桩挤密地基的宽度应超出基础宽度,每边宽度不少于1~3排;用于防止砂土液化时,每边放宽不宜少于处理深度的1/2,且不小于5 m;当可液化层上覆盖有厚度大于3 m的非液化土层时,每边放宽不应小于液化层厚度的1/2,并不应小于3 m。

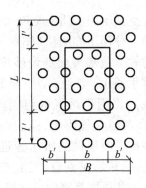

图6-12 砂桩加固的平面布置

2. 所需砂桩的面积 A_1

A_1 的大小除与加固范围 A 有关外,主要与土层加固后所需达到的地基容许承载力相对应的孔隙比有关。图6-13表示砂桩加固后的地基。假设砂桩加固前地基土的孔隙比为 e_0,砂土加固范围为 A,加固后土孔隙比为 e_1。从加固前后的地基中取相同大小的土样(图6-13(b))可见,加固前后原地基土颗粒所占体积不变,由此可得所需砂桩的面积 $A_1(\mathrm{m}^2)$。

$$A_1 = \frac{e_0 - e_1}{1 + e_0} A \qquad (6-29)$$

砂土:

$$e_1 = e_{\max} - D_r(e_{\max} - e_{\min})$$

$e_{\max}$ 及 $e_{\min}$ 由相对密度试验确定,D_r 值根据地质情况、荷载大小及施工条件选择,可采用 0.7~0.85;

饱和黏性土:

$$e_1 = d_s[w_p - I_L(w_L - w_p)]$$

式中　d_s——土粒的相对密度;

　　w_L, w_p——土的液限和塑限;

　　I_L——液性指数,黏土可取0.75,粉质黏土取0.5。

对粉土根据试验资料 $e_1 = 0.6 ~ 0.8$,砂质粉土取较低值,黏质粉土取较高值。

e_1 值也可根据加固后地基要求的承载力或抗液化确定。

3. 砂桩根数

确定 A_1 后,可根据施工设备的能力、地基的类型和地基处理的加固要求,确定砂桩的直径 $d(\mathrm{m})$,目前国内实际采用的直径一般为 $0.3 \sim 0.6\,\mathrm{m}$,由此求出砂桩根数 n,则砂桩根数约为

$$n = \frac{4A_1}{\pi d^2} \tag{6-30}$$

4. 砂桩的布置及其间距

为了使挤密作用比较均匀,砂桩的可按正方形、梅花形或等边三角形布置,也可以为其他形式,如放射形等。当布置为梅花形时,如图 6 - 14 所示,Δabc 为挤密前软土,面积为 A,被砂桩挤密后该面积内的松软土被挤压到阴影所示的部分。

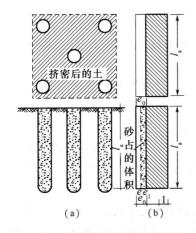

图 6 - 13 砂桩加固后的地基情况

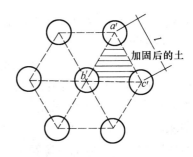

图 6 - 14 按梅花形布置砂桩

砂桩面积 A_1 从图 6 - 13 可知

$$A = 3 \times \left[\frac{1}{6}\left(\frac{\pi d^2}{4} \right) \right] = \frac{\pi d^2}{8} \tag{6-31}$$

Δabc 的面积

$$A = \frac{\sqrt{3}}{4} l^2 \tag{6-32}$$

将式(6 - 31),(6 - 32)代入式(6 - 29)解得

$$l = 0.952d \sqrt{\frac{1 + e_0}{e_0 - e_1}} \tag{6-33}$$

式中,l 为砂桩的间距(m),一般为 $(3 \sim 5)d$。

当布置为正方形时,同理可得

$$l = 0.887d \sqrt{\frac{1 + e_0}{e_0 - e_1}} \tag{6-34}$$

在工程实践中,除了理论计算外,常常通过现场试验确定砂桩的间距及加固的效果。

5. 砂桩长度

如软弱土层不很厚,砂桩一般应穿透软土层,如软弱土层很厚,砂桩长度可按桩底承载

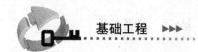

力和沉降量的要求,根据地基的稳定性和变形验算确定。

6. 砂桩的灌砂量

为保证砂桩加固后地基达到设计要求的质量,每根桩应灌入足够的砂量 $Q(kN)$,以保证加固后土的密实度达到设计要求。则每根砂桩的灌砂量为

$$Q = (A_1 \times l)\gamma = \frac{A_1 l d_s}{1 + e}(1 + 0.01\omega)\gamma_w \tag{6-35}$$

式中　A_1——砂桩面积;

　　　　l——砂桩长度;

　　　　r——为加固后的孔隙比 e_1 的砂桩内砂土重度,kN/m^3;

　　　　γ_w——水的重度,kN/m^3;

　　　　w——灌入砂的含水量(以百分数计);

　　　　d_s——土颗粒相对密度。

由式(6-35)计算所得灌砂量是理论计算值,应考虑各种可能损耗,备砂量应大于此值。

砂桩用于加固黏性土时,地基承载力应按后面介绍的复合地基计算或复核,并在需要时进行沉降验算。

砂桩施工可采用振动式或锤击式成孔。振动式是靠振动机的垂直上下振动作用,把带桩靴或底盖的钢套管打入土中成孔,填入砂料振动密实成桩(一面振动一面拔出套管);锤击式是将钢套管打入土中,其他工艺与振动式基本相同,但灌砂成桩和扩大是用内管向下冲击而成。

筑成的砂桩必须保证质量要求:砂桩必须上下连续,确保设计长度;应每单位长度砂桩投砂量保证;砂桩位置的允许偏差不大于一个砂桩直径,垂直度允许偏差不大于 1.5%;加固后地基承载力可用静载试验确定,桩及桩间土的挤密质量可采用标准贯入法、动力触探法、静力触探法等进行检测。

除用砂作为挤密填料外,还可用碎石、石灰、二灰(石灰、粉煤灰)、素土等填实桩孔。石灰、二灰有因吸水膨胀的化学反应而起到挤密软弱土层的作用。这类桩的加固原理与设计方法与砂桩挤密法相同。

6.5.2　夯(压)实法

夯(压)实法对砂土地基及含水量在一定范围内的软弱黏性土可起到提高其密实度和强度,减少沉降量的作用。此法也适用于加固杂填土和黄土等。按采用夯实手段的不同可对浅层或深层土起加固作用,浅层处理的换土垫层法需要分层压实填土,常用的压实方法是碾压法、夯实法和振动压实法,还有浅层处理的重锤夯实法和深层处理的强夯法(也称动力固结法)。

1. 重锤夯实法

重锤夯实法是运用起重机械将重锤(一般不轻于 15 kN)提到一定高度(3～4 m),然后锤自由落下,这样重复夯击地基,使它表层(在一定深度内)夯击密实而提高强度。它适用于砂土、稍湿的黏性土,部分杂填土、湿陷性黄土等,是一种浅层的地基加固方法。

重锤的式样常为一截头圆锥体(见图6-15),重为 15～30 kN,锤底直径 0.7～1.5 m,锤底面自重静压力约为 15～25 kPa,落距一般采用 2.5～4.0 m。

重锤夯实的有效影响深度与锤重、锤底直径、落距及地质条件有关。国内某地经验，一般砂质土，当锤重为 15 kN,锤底直径 1. 15 m,落距 3 ~ 4 m 时,夯击 6 ~ 8 遍,夯击有效深度约为 1. 10 ~ 1. 20 m。为达到预期加固密实度和深度,应在现场进行试夯,确定需要的落距、夯击遍数等。

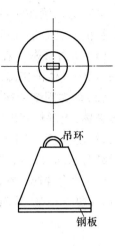

夯击时,土的饱和度不宜太高,地下水位应低于击实影响深度,在此深度范围内也不应有饱和的软弱下卧层,否则会出现"橡皮土"现象,严重影响夯实效果,含水量过低消耗夯击功能较大,还往往达不到预期效果。一般含水量应尽量控制接近击实土的最佳含水量或控制在塑液限之间而稍接近塑限,也可由试夯确定含水量与锤击功能的规律,以求能用较少的夯击遍数达到预期的设计加固深度和密实度,从而指导施工。一般夯击遍数不宜超过 8 ~ 12 遍,否则应考虑增加锤重、落距或调整土层含水量。

图 6 – 15　夯锤

重锤夯实法加固后的地基应经静载试验确定其承载力,需要时还应对软弱下卧层承载力及地基沉降进行验算。

2. 强夯法

强夯法,亦称为动力固结法,是一种将较大的重锤(一般约为 80 ~ 400 kN,最重达 2 000 kN)从 6 ~ 20 m 高处(最高达 40 m)自由落下,对较厚的软土层进行强力夯实的地基处理方法(图 6 – 16)。

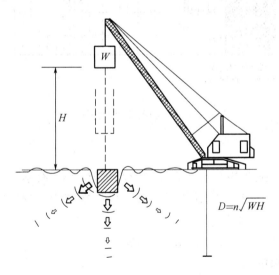

$$D = n\sqrt{WH}$$

图 6 – 16　强夯法示意图

它的显著特点是夯击能量大,因此影响深度也大。并具有工艺简单,施工速度快、费用低、适用范围广、效果好等优点。强夯法适用于碎石类土、砂类土、杂填土、低饱和粉土、黏土和湿陷性黄土等地基的加固,效果较好。对于高饱和软黏土(淤泥及淤泥质土)强夯处理效果较差,但若结合夯坑内回填块石、碎石或其他粗粒料,强行夯入形成复合地基(称为强夯置换或动力挤淤),处理效果较好。

强夯法虽然在实践中已被证实是一种较好的地基处理方法,但其加固机理研究尚待完善。目前对强夯加固机理根据土的类别和强夯施工工艺的不同分为三种加固机理:

(1)动力挤密 在冲击型荷载作用下,在多孔隙、粗颗粒、非饱和土中,土颗粒相对位移,孔隙中气体被挤出,从而使得土体的孔隙减小、密实度增加、强度提高以及变形减小。

(2)动力固结 在饱和的细粒土中,土体在夯击能量作用下产生孔隙水压力使土体结构被破坏,土颗粒间出现裂隙,形成排水通道,渗透性改变,随着孔隙水压力的消散土开始密实,抗剪强度、变形模量增大。在夯击过程中并伴随土中气体体积的压缩,触变的恢复,黏粒结合水向自由水转化等。图6－17为某一工地土层强夯前后强度提高的测定情况。

(3)动力置换 在饱和软黏土特别是淤泥及淤泥质土中,通过强夯将碎石填充于土体中,形成复合地基,从而提高地基的承载力。

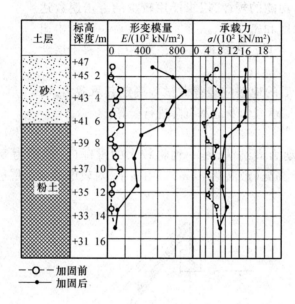

图6－17 加固前后示意图

强夯法的设计如下:

(1)有效加固深度 强夯的有效加固深度影响因素很多,有锤重、锤底面积和落距,还有地基土性质,土层分布,地下水位以及其他有关设计参数等。我国常采用的是根据国外经验方式进行修正后的估算公式:

$$H = \alpha \sqrt{Mh} \tag{6-36}$$

式中 H——有效加固深度 m;

M——锤重,10 kN;

h——落距,m;

α——对不同土质的修正系数,参见表6－5。

表6－5 修正系数 α

土的名称	黄土	一般对黏性土、粉土	砂土	碎石土(不包括块石、漂石)	块石、矿渣	人工填土
α	0.45~0.60	0.55~0.65	0.65~0.70	0.60~0.75	0.49~0.50	0.55~0.75

上式未反映土的物理力学性质的差别,仅作参考,应根据现场试夯或当地经验确定,缺乏资料时也可按相关规范提供的数据预估。

(2)强夯的单位夯击能

单位夯击能指单位面积上所施加的总夯击能,它的大小应根据地基土的类别、结构类型、荷载大小和处理的深度等综合考虑,并通过现场试夯确定。对于粗粒土可取 1 000~4 000 KN·m/m²;对细粒土可取 1 500~5 000 kN·m/m²。夯锤底面积对砂类土一般为3~4 m²,对黏性土不宜小于6 m²。夯锤底面静压力值可取24~40 kPa,强夯置换锤底静压力值可取40~200 kPa。实践证明,圆形夯锤底并设置可取250~300 mm的纵向贯通孔的夯锤,地基处理的效果较好。

(3)夯击次数与遍数

夯击次数应根据现场试夯的夯击次数和夯沉量关系曲线以及最后两击夯沉量之差并结合现场具体情况来确定。施工的合理夯击次数,应取单击夯沉量开始趋于稳定时的累计夯击次数,且这一稳定的单击夯沉量即可用作施工时收锤的控制夯沉量。但必须同时满足以下条件:

①最后两击的平均夯沉量不大于50 mm,当单击夯击能量较大时,应不大于100 mm,当单击夯击能大于6 000 kN·m 时不大于200 mm;

②夯坑周围地基不应发生过大的隆起;

③不因夯坑过深而发生起锤困难。

各试夯点的夯击数,应使土体竖向压缩最大,而侧向位移最小为原则,一般为5~15击。夯击遍数一般为2~3遍,最后再以低能量满夯一遍。

(4)间歇时间

对于多遍夯击,两遍夯击之间应有一定的时间间隔,主要取决于加固土层孔隙水压力的消散时间。对于渗透性较差的黏性土地基的间隔时间,应不小于3~4周,渗透性较好的地基可连续夯击。

(5)夯点布置及间距

夯点的布置一般为正方形、等边三角形或等腰三角形,处理范围应大于基础范围,宜超出1/2~2/3的处理深度,且不宜小于3 m。夯间距应根据地基土的性质和要求处理的深度来确定。一般第一遍夯击点间距可取5~9 m,第二遍夯击点位于第一遍夯击点之间,以后各遍夯击点间距可与第一遍相同,也可适当减小。

强夯法施工前,应先在现场进行原位试验(旁压试验、十字板试验、触探试验等),取原状土样测定含水量、塑限液限、粒度成分等,然后在试验室进行动力固结试验或现场进行试验性施工,以取得有关数据。为按设计要求(地基承载力、压缩性、加固影响深度等)确定施工时每一遍夯击的最佳夯击能、每一点的最佳夯击数、各夯击点间的间距以及前后两遍锤击之间的间歇时间(孔隙承压力消散时间)等提供依据。

强夯法施工过程中还应对现场地基土层进行一系列对比的观测工作,包括:地面沉降测定;孔隙水压力测定;侧向压力、振动加速度测定等。对强夯加固后效果的检验可采用原位测试的方法,如现场十字板、动力触探、静力触探、荷载试验、波速试验等;也可采用室内常规试验、室内动力固结试验等。

近年来国内外有采用强夯法作为软土的置换手段,用强夯法将碎石挤入软土形成碎石垫层或间隔夯入形成碎石墩(桩),构成复合地基,且已列入相关的行业规范。

强夯法除了尚无完整的设计计算方法,施工前后及施工过程中需进行大量测试工作外,还有诸如噪声大、振动大等缺点,不宜在建筑物或人口密集处使用,加固范围较小(5 000 cm²)时不经济。

6.5.3 振冲法

振冲法主要的施工机具是振冲器、吊机和水泵。振冲器是一个类似插入式混凝土振捣器的机具,其外壳直径为 0.2 ~ 0.45 m,长 2 ~ 5 m,重约 20 ~ 50 kN,筒内主要由一组偏心块、潜水电机和通水管三部分组成,如图 6 - 18 所示。

振冲器有两个功能,一是产生水平向振动力(40 ~ 90 kN)作用于周围土体;二是从端部和侧部进行射水和补给水。振动力是加固地基的主要因素,射水起协助振动力在土中使振冲器钻进成孔,并在成孔后清孔及实现护壁作用。

施工时,振冲器由吊车或卷扬机就位后(图 6 - 19),打开下喷水口,启动振冲器,在振动力和水冲作用下,在土层中形成孔洞,直至设计标高。然后经过清孔,用循环水带出孔中稠泥浆后,向桩孔逐段添加填料(粗砂、砾砂、碎石、卵石等),填料粒径不宜大于 80 mm,碎石常用 20 ~ 50 mm,每段填料均在振冲器振动作用下振挤密实,达到要求密实度后就可以上提,重复上述操作直至地面,从而在地基中形成一根具有相当直径的密实桩体,同时孔周围一定范围的土

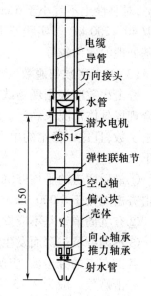

图 6 - 18 振冲器构造示意图

也被挤密。孔内填料的密实度可以从振动所耗的电量来反映,通过观察电流变化来控制。不加填料的振冲法密实法仅适用于处理黏粒含量不大于 10% 的粗砂、中砂地基。

振冲法的显著优点是用一个较轻便的机具,将强大的水平振动(有的振冲器也附有垂直向的振动)直接递送到深度可达 20 m 左右的软弱地基内,施工设备较简单,操作方便,施工速度快,造价较低。缺点是加固地基时要排出大量的泥浆,环境污染比较严重。

振冲法根据其加固机理不同,可分为振冲置换和振冲密实两类。

(1)对砂类土地基

振动力除直接将砂层挤压密实外,还向饱和砂土传播加速度,因此在振冲器周围一定范围内砂土产生振动液化。液化后的土颗粒在重力、上覆土压力及外添填料的挤压下重新排列变得密实,孔隙比大为减小,从而提高地基承载力及抗震能力;另一方面,依靠振冲器的重复水平振动力,在加回填料情况下,通过填料使砂层挤压加密。

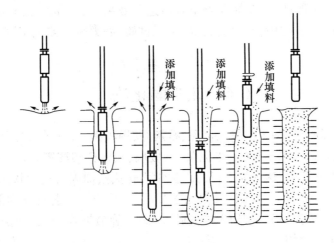

图6-19　振冲施工过程

（2）对黏性土地基

软黏性土透水性很低，振动力并不能使饱和土中孔隙水迅速排除而减小孔隙比，振动力主要是把添加料振密并挤压到周围黏土中去形成粗大密实的桩柱，桩柱与软黏土组成复合地基。复合地基承受荷载后，由于地基土和桩体材料的变形模量不同，故土中应力集中到桩柱上，从而使桩周围软土负担的应力相应减少。与原地基相比，复合地基的承载力得到提高。

振冲法处理地基最有效的土层为砂类土和粉土，其次为黏粒含量较小的黏性土，对于黏粒含量大于30%的黏性土，则挤密效果明显降低，主要产生置换作用。

振冲桩加固砂类土的设计计算，类似于挤密砂桩的计算，即根据地基土振冲挤密前后孔隙比进行。对黏性土地基应按后面介绍的复合地基理论进行，另外也可通过现场试验取得各项参数。当缺乏资料时，可参考表6-6进行设计。

表6-6

加固方法	振冲置换法	振冲密实法
孔位的布置	等边三角形和正方形	等边三角形和正方形
孔位的间距和桩长	间距应根据荷载大小、原地基土的抗剪强度确定，可用1.5~2.5 m。荷载大或原土强度低时，宜取较小间距；反之，宜取较大间距。对桩端未达到相对硬层的短桩，应取小间距。桩长的确定，当相对硬层的埋深不大时，按其深度确定；当相对硬层的埋深较大时，按地基的变形允许值确定。不宜短于4 m。在可液化的地基中，桩长应按要求的抗震处理深度确定。桩直径按所用的填料量计算，常为0.8~1.2 m	孔位的间距视砂土的颗粒组成、密实要求、振冲器功率等而定，砂的粒径越细，密实要求越高，则间距应越小。使用30 kW振冲器，间距一般为1.3~2.0 m；使用55 kW振冲器间距可采用1.4~2.5 m；使用75 kW大型振冲器，间距可加大到1.6~3.0 m
填料	碎石、卵石、角砾、圆砾等硬质材料，最大直径不宜大于80 mm，对碎石常用粒径为20~50 mm	宜用碎石、卵石、角砾、圆砾、砾砂、粗砂、中砂等硬质材料，在施工不发生困难的前提下，粒径越粗，加密效果越好

振冲法加固砂性土地基,宜在加固半个月后进行效果检验,黏性土地基则至少要一个月才能进行。检验方法可采用静载试验、标准贯入试验、静力触探或土工试验等方法,对加固前后进行对比。

6.6 化学固化法

化学固化法是在软土地基土中掺入水泥、石灰等,用喷射、搅拌等方法使与土体充分混合固化;或把一些能固化的化学浆液(水泥浆、水玻璃、氯化钙溶液等)注入地基土孔隙,以改善地基土的物理力学性质,达到加固目的。化学固化法按加固材料的状态可分为粉体类(水泥、石灰粉末)和浆液类(水泥浆及其他化学浆液)。按施工工艺可分为低压搅拌法(粉体喷射搅拌桩、水泥浆搅拌桩)、高压喷射注浆法(高压旋喷桩等)和胶结法(灌浆法、硅化法)三类,下面分别予以介绍。

6.6.1 粉体喷射搅拌(桩)法和水泥浆搅拌(桩)法

深层搅拌法是用于加固饱和软黏土地基的一种新颖方法,它是通过深层搅拌机械,在地基深处就地利用固化剂与软土之间所产生的一系列物理化学反应,使软土固化成具有整体性、水稳性和一定强度的桩体,其与桩间土组成复合地基。固化剂主要采用水泥、石灰等材料,与砂类土或黏性土搅拌均匀,在土中形成竖向加固体。它对提高软土地基承载能力、减小地基的沉降量有明显效果。

当采用的固化剂形态为浆液固化剂时,常称为水泥浆搅拌桩法,当采用粉状固化剂时,常称粉体喷射搅拌(桩)法。这两者的加固原理、设计计算方法和质量检验方法基本一致,但施工工艺有所不同。

1. 粉体喷射搅拌法(粉喷桩法)

粉体喷射搅拌法是通过专用的施工机械,将搅拌钻头下沉到预计孔底后,用压缩空气将固化剂(生石灰或水泥粉体材料)以雾状喷入到加固部位的地基上,凭借钻头和叶片旋转使粉体加固料与软土原位搅拌混合,自下而上边搅拌边喷粉,直到设计停灰标高。为保证质量,可再次将搅拌头下沉至孔底,重复搅拌。

粉体喷射搅拌法的优点是以粉体作为主要加固料,不需向地基注入水分,因此加固后地基土初期强度高,可以根据不同土的特性、含水量、设计要求合理选择加固材料及配合比,对于含水量较大的软土,加固效果更为显著。施工时不需高压设备,安全可靠,如严格遵守操作规程,可避免对周围环境产生污染、振动等不良影响。缺点是由于目前施工工艺的限制,加固深度不能过深,一般为 8~15 m。

粉体喷射搅拌法的加固机理因加固材料的不同而稍有不同,当采用石灰粉体喷搅加固软黏土,其原理与公路常用的石灰加固土基本相同。石灰与软土主要发生如下作用:石灰的吸水、发热、膨胀作用;离子交换作用;碳酸化作用(化学胶结反应);火山灰作用(化学凝胶作用)以及结晶作用。这些作用使土体中水分降低,土颗粒凝聚而形成较大团粒,同时土体化学反应生成复合的水化物 $4CaO \cdot Al_2O_3 \cdot 13H_2O$ 和 $2CaO \cdot Al_2O_3 \cdot SiO_2 6H_2O$ 等在水中逐渐硬化,而与土颗粒黏结一起从而提高了地基土的物理力学性质。当采用水泥作为固化剂材料时其加固软黏土的原理是在加固过程中发生水泥的水解和水化反应(水泥水化成氢氧化钙、含水硅酸钙、含水铝酸钙、含水铁铝酸钙等化合物,在水中和空气中逐渐硬化)、黏土颗粒与水泥水化物的相互作用(水泥水化生成钙离子与土粒的钠、钾离子交换使土粒形成较大团粒的硬凝反应)和碳酸化作用(水泥水化物中游离的氢氧化钙吸收二氧化碳生成不溶于水的碳酸钙)三个过程。这些反应使土颗粒形成凝胶体和较大颗粒,颗粒间形成蜂窝状结构,生成稳定的不溶于水的结晶化合物,从而提高软土强度。

石灰、水泥粉体加固形成的桩柱的力学性质变形,幅度相差较大,主要取决于软土特性、掺加料种类、质量、用量、施工条件及养护方法等。石灰用量一般为干土重的6%~15%,软土含水量以接近液限时效果较好,水泥掺入量一般为干土重5%以上(7%~15%)。粉体喷射搅拌法形成的粉喷桩直径为50~100 cm,加固深度可达10~30 m。石灰粉体形成的加固桩柱体抗压强度可达800 kPa,压缩模量20 000~30 000 kPa,水泥粉体形成的桩柱体抗压强度可达5 000 kPa,压缩模量100 000 kPa左右,地基承载力一般提高2~3倍,减少沉降量1/3~2/3。粉体喷射搅拌桩加固地基的设计具体计算可参照后面介绍的复合地基设计。桩柱长度确定原则上与砂桩相同。

粉体喷射搅拌桩施工作业顺序如图6-20所示。

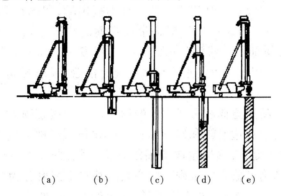

图6-20 粉体喷射搅拌施工作业顺序
(a)搅拌机对准桩位;(b)下钻;(c)钻进结束;(d)提升喷射搅拌;(e)提升结束

施工结束后,对加固的地基应作质量检验,包括标准贯入试验、取芯抗压试验、载荷试验等。桩柱体的强度、压缩模量、搅拌的均匀性以及尺寸均应符合设计要求。

我国粉体材料资源丰富,粉体喷射搅拌法常用于公路、铁路、水利、市政、港口等工程软土地基的加固,较多用于边坡稳定及筑成地下连续墙或深基坑支护结构。被加固软土中有机质含量不应过多,否则效果不大。

2. 水泥浆搅拌法(深搅桩法)

水泥浆搅拌法是用回转的搅拌叶将压入软土内的水泥浆与周围软土强制拌和形成水泥加固体。搅拌机由电动机、中心管、输浆管、搅拌轴和搅拌头组成,并有灰浆搅拌机、灰浆泵等配套设备。我国生产的搅拌机现有单搅头和双搅头两种,加固深度达30 m形成的桩柱体直径60~80 cm(双搅头形成8字形桩柱体)。

水泥浆搅拌法加固原理基本和水泥粉喷搅拌桩相同,与粉体喷射搅拌法相比有其独特的优点:①加固深度加深;②由于将固化剂和原地基软土就地搅拌,因而最大限度利用了原土;③搅拌时不会侧向挤土,环境效应较小。

施工顺序大致为:在深层搅拌机起吊就位后,搅拌机先沿导向架切土下沉;下沉到设计深度后开启灰浆泵将制备好的水泥浆压入地基;边喷边旋转搅拌头并按设计确定提升速度,进行提升、喷浆、搅拌作业,使软土与水泥浆搅拌均匀,提升到上面设计标高后再次控制速度将搅拌头搅拌下沉,到设计加固深度再搅拌提升出地面。为控制加固体的均匀性和加固质量,施工时应严格控制搅拌头的提升速度,并保证喷压阶段不出现断桩现象。

加固形成桩柱体强度与加固时所用水泥标号、用量、被加固土含水量等有密切关系,应在施工前通过现场试验取得有关数据,一般用 425 号水泥,水泥用量为加固土干容重的 2% ~ 15%,三个月龄期试块变形模量可达 75 000 kPa 以上,抗压强度 1 500 ~ 3 000 kPa 以上(加固软土含水量 40% ~ 100%)。按复合地基设计计算加固软土地基可提高承载力 2 ~ 3 倍以上,沉降量减少,稳定性也明显提高,而且施工方便,是目前公路、铁路厚层软土地基加固常用技术的一种,也用于深基坑支护结构、港口码头护岸等。由于水泥浆与原地基软土搅拌结合对周围建筑物影响很小,施工无振动、噪声,对环境无污染,更适用于市政工程。但不适用于含有树根、石块等的软土层。

6.6.2 高压喷射注浆法

高压喷射注浆法是 20 世纪 60 年代后期由日本提出的,我国在 20 世纪 70 年代开始用于桥墩、房屋等地基处理。它是利用钻机将带有喷嘴的注浆管钻进至土层的预定位置后,以 20 MPa 左右的高压将加固用浆液(一般为水泥浆)从喷嘴喷射出冲击土层,土层在高压喷射流的冲击力、离心力和重力等作用下与浆液搅拌混合,浆液凝固后,便在土中形成一个固结体。

高压喷射注浆法按喷射方向和形成固体的形状可分为旋转喷射、定向喷射和摆动喷射三种。旋转喷射时喷嘴边喷边旋转和提升,固结体呈圆柱状,称为旋喷法,主要用于加固地基;定向喷射喷嘴边喷边提升,喷射定向的固结体呈壁状;摆动喷射固结体呈扇状墙,此两方式常用于基坑防渗和边坡稳定等工程。按注浆的基本工艺可分为单管法(浆液管)、二重管法(浆液管和气管)、三重管法(浆液管、气管和水管)和多重管法(水管、气管、浆液管和抽泥浆管等)。

高压喷射注浆法适用于砂类土、黏性土、湿陷性黄土、淤泥和人工填土等多种土类,加固直径(厚度)为 0.5 ~ 1.5 m,固结体抗压强度(325 号水泥三个月龄期)加固软土为 5 ~ 10 MPa,加固砂类土为 10 ~ 20 MPa。对于砾石粒径过大,含腐殖质过多的土加固效果较差;对地下水流较大,对水泥有严重腐蚀的地基土也不宜采用。

旋喷法加固地基的施工程序如图 6 - 21 所示,图中①表示钻机就位后先进行射水试验;②、③表示钻杆旋转射水下沉,直到设计标高为止;④、⑤表示压力升高到 20 MPa 喷射浆液,钻杆约以 20 r/min 旋转,提升速度约每喷射三圈提升 25 ~ 50 mm,这与喷嘴直径,加固土体所需加固液量有关(加固液量经试验确定);⑥表示已旋喷成桩,再移动钻机重新以②~⑤程序进行加固土层。

旋喷桩的平面布置可根据加固需要确定,当喷嘴直径为 1.5 ~ 1.8 mm,压力为 20 MPa 时,形成的固结桩柱体的有效直径可参考下列经验公式估算。

对于标准贯入击数 $N = 0 ~ 5$ 的黏性土:

$$D = \frac{1}{2} - \frac{1}{200}N^2 \text{ m} \qquad (6-37)$$

对于 $5 \leqslant N \leqslant 15$ 的砂类土

$$D = \frac{1}{1\,000}(350 + 10N - N^2) \text{ m} \qquad (6-38)$$

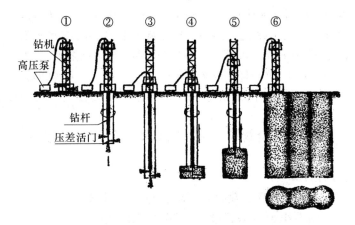

图 6-21　旋喷法施工程序

此法因加固费用较高,我国只在其他加固方法效果不理想等情况下考虑选用。

6.6.3　胶结法

1. 灌浆法

灌浆法,亦称注浆法,利用压力或电化学原理通过注浆管将加固浆液注入地层中,将浆液掺入土粒间或岩石裂隙中的水分和气体,经一定时间后,浆液将松散的土体或缝隙岩体胶结成整体,形成强度大、防水、防渗性能好的人工地基。

灌浆法可分为压力灌浆和电动灌浆两类。压力灌浆是常用的方法,是在各种大小压力下使水泥浆液或化学浆液挤压充填土的孔隙或岩层缝隙。电动化学灌浆是在施工中以注浆管为阳极,滤水管为阴极,通过直流电电渗作用下孔隙水由阳极流向阴极,在土中形成渗浆通道,化学浆液随之渗入孔隙而使土体结硬。

灌浆胶结法所用浆液材料有粒状浆液(纯水泥浆、水泥黏土浆和水泥砂浆等或统称为水泥基浆液)和化学浆液(环氧树脂类、甲基丙烯酸酯类和聚氨酯等)两大类。

粒状浆液中常用的水泥浆液水泥一般为 400 号以上的普通硅酸盐水泥,由于含有水泥颗粒属粒状浆液,故对孔隙小的土层虽在压力下也难于压进,只适用粗砂、砾砂、大裂隙岩石等孔隙直径大于 0.2 mm 的地基加固。如获得超细水泥,则可适用于细砂等地基。水泥浆液有取材容易、价格便宜、操作方便、不污染环境等优点,是国内外常用的压力灌浆材料。

化学浆液中常用的是以水玻璃($Na_2O \cdot nSiO_2$)为主剂的浆液,由于它无毒、价廉、流动性好等优点,在化学浆材中应用最多,约占 90%。其他还有以丙烯酰胺为主剂和以纸浆废液木质素为主剂的化学浆液,它们性能较、黏滞度低、能注入细砂等土中。但有的价格较高,有的虽价廉源广,但有含毒的缺点,用于加固地基受到一定限制。

2. 硅化法

利用硅酸钠(水玻璃)为主剂的化学浆液加固方法称为硅化法,现将其加固机理、设计计算、施工简单介绍如下。

(1)硅化法的加固机理

硅化法按浆液成分可分为单液法和双液法。单液法使用单一的水玻璃溶液,它较适用于渗透系数位 0.1~0.2 m/d 的湿陷性黄土等地基的加固。此时,水玻璃较易渗透入土孔隙,与土中的钙质相互作用形成凝胶,而使土颗粒胶结成整体,其化学反应式为

$$Na_2O_nSiO_2 + CaSO_4 + mH_2O \rightarrow n SiO_2(m-1) H_2O + Ca(OH)_2 + Na_2SO_4$$

双液法常用的有水玻璃 – 氯化钙溶液、水玻璃 – 水泥浆液或水玻璃 – 铝酸钠溶液等,可适用于渗透系数 $K > 2.0$ m/d 的砂类土。以水玻璃 – 氯化钙溶液为例:

$$Na_2O_nSiO_2 + CaCl_2 + mH_2O \rightarrow n SiO_2(m-1) H_2O + Ca(OH)_2 + 2NaCl$$

在土中凝成硅酸胶凝体,使土粒胶结成一定强度的土体,无侧限抗压强度可达 1 500 kPa 以上。

对于受沥青、油脂、石油化合物等浸透的土,以及地下水,pH 值大于 9 的土不宜采用硅化法加固。

(2)硅化法的设计计算

加固范围及深度应根据地基承载力和要求沉降量验算确定,一般情况加固厚度不宜小于 3 m,加固范围的底面不小于由基底边缘按 30° 扩散的范围。

化学浆液的浓度,水玻璃溶液自重为 $1.35 \sim 1.44$ kg/m³,氯化钙为 $1.20 \sim 1.28$ kg/m³,土的渗透系数高时取高值,渗透系数低时取低值。

浆液灌注量 Q(体积)可按经验公式如下估算:

$$Q = kvn \tag{6-39}$$

式中　v——拟加固土的体积;

　　　n——加固前土的平均孔隙率;

　　　k——系数,黏性土、细砂 $k = 0.3 \sim 0.5$,中砂、粗砂 $k = 0.5 \sim 0.7$,砂砾 $k = 0.7 \sim 1.0$,
　　　　　湿陷性黄土 $k = 0.5 \sim 0.8$。

如果用水玻璃 – 氯化钙浆液,两种浆液用量(体积)相同

灌注有效半径 r 应通过现场试验确定,它与土的渗透系数、压力值有关。一般 r 为 $0.3 \sim 1.0$ m;灌注间距常用 $1.75 r$,每排间距取 $1.5 r$。

(3)硅化法的施工

浆液灌注有打管入土、冲洗管、试水、注浆及拔管等工序。

注浆管用内径 $19 \sim 38$ mm 钢管,下端约 0.5 m 段钻有若干个直径为 $2 \sim 5$ mm 的孔眼,浆液由孔眼向外流出,用机械设备将注浆管打入土中,然后用泵压水冲洗注浆管以保证浆液能畅通灌入土中。试水即将清水压入注浆管,以了解土的渗透系数,以便调整浆液相对密度,确定有效灌注半径、灌注速度等。

灌浆压力不应过多超过该处上覆土层的压力(有土上荷重者除外),一般灌注压力随深度变化,每加深 1 m 可增大 $20 \sim 50$ kPa。灌浆速度应以在浆液胶凝时间以前完成一次灌注量为宜,可根据土的渗透系数以压力控制速度,在一般情况砂类土为 $0.001 \sim 0.005$ m³/min,渗透性好的选用高值,否则用低值。

灌浆宜按孔间隔进行,每孔灌浆次序与土层渗透系数变化有关,如加固土渗透系数相同,应先上后下灌注,不同时应先灌注渗透系数大的土层,灌浆后应立即拔出注浆管并进行清洗。

在软黏土中,土的渗透性很低,压力灌注法效果极差,可采用电动硅化法代替压力灌注法。但电动硅化法由于灌注范围、电压梯度、电极布置等条件的限制,仅适用于较小范围的地基加固。硅化法加固地基在公路上仅用于少数已有构造物地基的加固。

6.7　土工合成材料加筋法

目前,土工合成新材料中,具有代表性的有土工格栅、土工网及其组合产品等。在近20

年中,这类材料相继在岩土工程中应用,并获得成功,成为建材领域中继木材、钢材和水泥之后的第四大类材料,目前已成为土工加筋法中最具代表性加筋材料,并被誉为岩土工程领域的一次"革命"。已成为岩土工程学科中的一个重要的分支。

土工合成材料总体分类具体如图 6-22 所示。

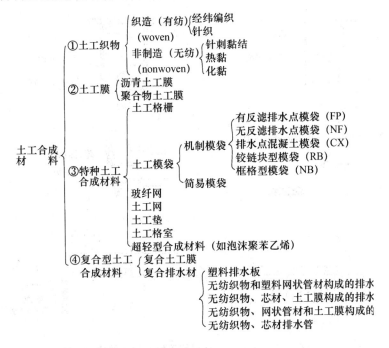

图 6-22　土工合成材料分类

土工合成材料一般具有多功能,在实际应用中,往往是一种功能起主导作用,而其他功能则不同程度地发挥辅助作用。土工合成材料的功能包括隔离、加筋、反滤、排水、防渗和防护六大类。各类土工合成材料应用中的主要功能如表 6-7 所示。

表 6-7　各类土工合成材料的主要功能

功能 类型	土工合成材料的功能分类					
	隔离	加筋	反滤	排水	防渗	防护
土工织物(GT)	P	P	P	P	P	S
土工格栅(GG)		P				
土工网(GN)				P		P
土工膜(GM)	S				P	S
土工垫块(GCL)	S				P	
复合土工材料(GC)	P 或 S	P 或 S	P 或 S	P 或 S	P 或 S	P 或 S

注:P 表示主要功能,S 表示辅助功能。

6.7.1　土工合成材料的排水反滤作用

用土工合成材料带替砂石做反滤层,能起到排水反滤作用。

1. 排水作用

具有一定厚度的土工合成材料具有良好的三维透水特性,利用这一特性可以使水经过土工合成材料的平面迅速沿水平方向排走,也可和其他排水材料(如塑料排水板等)共同构成排水系统或深层排水井,如图6-23所示的土工合成材料埋设方法。

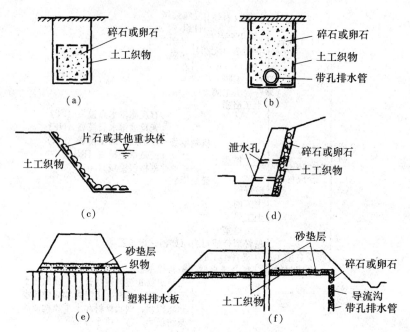

图6-23   土工合成材料用于排水过滤的典型实例

(a)暗沟;(b)渗沟;(c)坡面防护;(d)支挡结构壁墙后排水;(e)软基路堤地基表面排水垫层;
(f)处治翻浆冒泥和季节性冻土的导流沟

2. 反滤作用

在渗流出口铺设土工合成材料作为反滤层,这和传统的砂砾石滤层一样,均可以提高被保护土的抗渗强度。

多数土工合成材料在单向渗流的情况下,紧贴在土体中,发生细颗粒逐渐向滤层移动,同时还有部分细颗粒通过土工合成材料被带走,遗留下来的是较粗的颗粒。从而与滤层相邻一定厚度的土层逐渐自然形成一个反滤带和一个骨架网,阻止土粒的继续流失,最后趋于稳定平衡。亦即土工合成材料与其相邻接触部分土层共同形成了一个完整的反滤系统,如图6-23所示。具有这种排水作用的土工合成材料,要求在平面方向有较大的渗透系数。

具有相同孔径尺寸的无纺土工合成材料和砂的渗透性大致相同。但土工合成材料的孔隙率比砂高得多。其密度约为砂的1/10,因而当它与砂具有相同的反滤特征时,则所需质量要比砂的少90%。此外,土工合成材料滤层的厚度为砂砾反滤层的1/100至1/1 000,其所以能如此,是因为土工合成材料的结构保证了它的连续性。

此外,土工合成材料放在两种不同的材料之间,或用在同一材料不同粒径之间以及地基于基础之间会起到隔离作用,不会使两者之间相互混杂,从而保持材料的整体结构和功能。

6.7.2　土工合成材料的加筋作用

当土工合成材料用作土体加筋时,其基本作用是给土体提供抗拉强度。其应用范围有土坡和堤坝、地基、挡土墙。

1.用于加固土坡和堤坝

高强度的土工合成材料在路堤工程中有几种可能的加筋用途:

(1)可使边坡变陡,节省占地面积;

(2)防止滑动圆弧通过路堤和地基土;

(3)防止路堤下面发生因承载力不足而破坏;

(4)跨越可能的沉陷区等。

图6-24中,由于土工合成材料"包裹"作用阻止土体的变形,从而增强土体内部的强度以及土坡的稳定性。

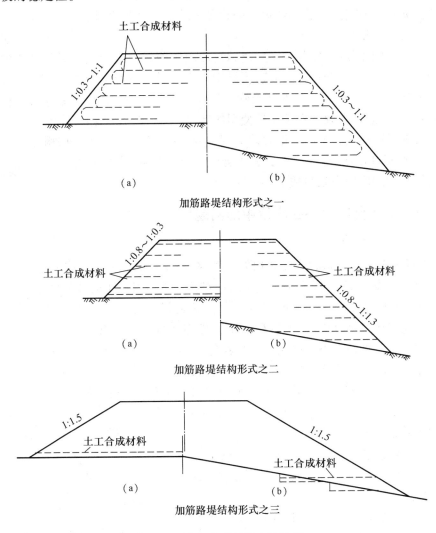

图6-24　土工合成材料加固路堤

(a)水平地基;(b)倾斜地基

2. 用于加固地基

由于土工合成材料有较高的强度和韧性等力学性能,且能紧贴于地基表面,使其上部施加的荷载能均匀分布在地层中。当地基可能产生冲切破坏时,铺设的土工合成材料将阻止破坏面的出现,从而提高地基承载力。当受集中荷载作用时,在较大的荷载作用下,高模量的土工合成材料受力后将产生一垂直分力,抵消部分荷载。根据国内新港筑防波堤的经验,沉入软土中的体积竟等于防波堤的原设计断面,由于软土地基的扭性流动,铺垫土周围的地基即向侧面隆起。如将土工合成材料铺没在软土地基的表面,由于其承受拉力和土的摩擦作用而增大侧向限制,阻止侧向挤出,从而减小变形和增大地基的稳定性。在沼泽地,泥炭土和软黏土上建造临时道路是土工合成材料最重要的用途之一。

利用土工合成材料在建筑物地基中加筋已开始在我国大型工程中应用。根据实测的结果和理论分析,认为土工合成材料加筋垫层的加固原理主要是:①增强垫层的整体性和刚度,调整不均匀沉降;②扩散应力,由于垫层刚度增大的影响,扩大了荷载扩散的范围,使应力均匀分布;③约束作用,亦即约束下卧软弱土地基的侧向变形。

3. 用于加筋土挡墙

在挡土结构的土体中,每隔一定距离铺设加固作用的土工合成材料时可作为拉筋起到加筋作用。作为短期或临时性的挡墙,可只用土工合成材料包裹着土、砂来填筑,但这种包裹式墙面的形状常常是畸形的,外观难看。为此,有时采用砖面的土工合成材料加筋土挡墙,可取得令人满意的外观。对于长期使用的挡墙,往往采用混凝土面板。

土工合成材料作为拉筋时一般要求有一定的刚度,新发展的土工格栅能很好地与土相结合。与金属筋材相比,土工合成材料不会因腐蚀而失效,所以它能在桥台、挡墙,海岸和码头等支挡结构的应用中获得成功。

6.7.3 土工合成材料在应用中的问题

1. 施工方面

(1)铺设土工合成材料时应注意均匀平整;在斜坡上施工时应保持一定的松紧度;在护岸工程坡面上铺设时,上坡段土工合成材料应搭接在下坡段土工合成材料之上。

(2)对土工合成材料的局部地方,不要加过重的局部应力。如果用块石保护土工合成材料施工时应将块石轻轻铺放,不得在高处抛掷,块石下落的高度大于 1 m 时,土工合成材料很可能被击破。如块石下落的情况不可避免时,应在土工合成材料上先铺砂层保护。

(3)土工合成材料用于反滤层作用时,要求保证连续性,不使其出现扭曲、折皱和重叠。

(4)在存放和铺设过程中,应尽量避免长时间的曝晒而使材料劣化。

(5)土工合成材料的端部要先铺填,中间后填,端部锚固必须精心施工。

(6)不要使推土机的刮土板损坏所铺填的土工合成材料。当土工合成材料受到损坏时,应予立即修补。

2. 连接方面

土工合成材料是按一定规格的面积和长度在工厂进行定型生产,因此这些材料运到现场后必须进行连接。连接时可采用搭接、缝合、胶结或 U 形钉钉住等方法(图 6 - 25)。

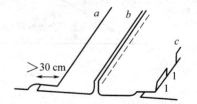

图 6 - 25 土工合成材料的连接方法

a—搭接;b—缝合;c—用 U 形钉钉住

采用搭接法时,搭接必须保持足够的长度,一般在 0.3 ~ 1.0 m 之间。坚固的和水平的路基一般为 0.2 m,软的和不平的路基则需 1 m。在搭接处应尽量避免受力,以防土工合成材料移动。搭接法施工简便,但用料较多。

缝合法是指用移动式缝合机,将尼龙或涤纶线面对面缝合,缝合处的强度一般可达纤维强度的 80%,缝合法节省材料,但施工费时。

3. 材料方面

土工合成材料在使用中应防止暴晒和被污染,在当作为加筋土中的筋带使用时,应具有较高的强度,受力后变形小,能与填料产生足够的摩擦力;抗腐蚀性和抗老化性好。

第7章 几种特殊土地基上的基础工程

由于生成时不同的地理环境、气候条件、地质成因以及次生变化等原因,使一些土类具有特殊的成分、结构和工程性质。通常把这些具有特殊工程性质的土类称为特殊土。特殊土种类很多,大部分都具有地区特点,故又有区域性特殊土之称。

7.1 湿陷性黄土地基

7.1.1 湿陷性黄土的定义和分布

湿陷性黄土的定义:凡天然黄土在一定压力作用下,受水浸湿后,土的结构迅速破坏,发生显著的湿陷变形,强度也随之降低的,称为湿陷性黄土。湿陷性黄土分为自重湿陷性和非自重湿陷性两种。黄土受水浸湿后,在上覆土层自重应力作用下发生湿陷的称自重湿陷性黄土;若在自重应力作用下不发生湿陷,而需在自重和外荷共同作用下才发生湿陷的称为非自重湿陷性黄土。

湿陷性黄土的分布:在我国,它占黄土地区总面积的 60% 以上,约为 $4 \times 10^5 \ km^2$,而且又多出现在地表浅层,如晚更新世(Q_3)及全新世(Q_4)新黄土或新堆积黄土是湿陷性黄土主要土层,主要分布在黄河中游山西、陕西、甘肃大部分地区以及河南西部,其次是宁夏、青海、河北的一部分地区,新疆、山东、辽宁等地局部也有发现。

7.1.2 黄土湿陷发生的原因和影响因素

1. 黄土湿陷的原因

(1)水的浸湿

由于管道(或水池)漏水、地面积水、生产和生活用水等渗入地下,或由于降水量较大,灌溉渠和水库的渗漏或回水使地下水位上升等原因而引起。但受水浸湿只是湿陷发生所必需的外界条件;而黄土的结构特征及其物质成分是产生湿陷性的内在原因。

(2)黄土的结构特征

季节性的短期雨水把松散干燥的粉粒黏聚起来,而长期的干旱使土中水分不断蒸发,于是,少量的水分连同溶于其中的盐类都集中在粗粉粒的接触点处。可溶盐逐渐浓缩沉淀而成为胶结物。随着含水量的减少土粒彼此靠近,颗粒间的分子引力以及结合水和毛细水的联结力也逐渐加大。这些因素都增强了土粒之间抵抗滑移的能力,阻止了土体的自重压密,于是形成了以粗粉粒为主体骨架的多孔隙结构。

黄土受水浸湿时,结合水膜增厚楔入颗粒之间。于是,结合水联结消失,盐类溶于水中,骨架强度随着降低,土体在上覆土层的自重应力或在附加应力与自重应力综合作用下,其结构迅速破坏,土粒滑向大孔,粒间孔隙减少,这就是黄土湿陷现象的内在过程。

(3)物质成分

黄土中胶结物的多寡和成分,以及颗粒的组成和分布,对于黄土的结构特点和湿陷性的强弱有着重要的影响。胶结物含量大,可把骨架颗粒包围起来,则结构致密。黏粒含量多,并且均匀分布在骨架之间也起了胶结物的作用。这些情况都会使湿陷性降低并使力学性质得到改善。反之,粒径大于0.05 mm的颗粒增多,胶结物多呈薄膜状分布,骨架颗粒多数彼此直接接触,则结构疏松,强度降低而湿陷性增强。此外,黄土中的盐类,如以较难溶解的碳酸钙为主而具有胶结作用时,湿陷性减弱,但石膏及易溶盐的含量愈大时,湿陷性增强。

此外,黄土的湿陷性还与孔隙比、含水量以及所受压力的大小有关。天然孔隙比愈大,或天然含水量愈小则湿陷性愈强。在天然孔隙比和含水量不变的情况下,随着压力的增大,黄土的湿陷量增加,但当压力超过某一数值后,再增加压力,湿陷量反而减少。

7.1.3　黄土湿陷性的判定和地基的评价

1.黄土湿陷性的判定

黄土湿陷性在国内外都采用湿陷系数δ_s值来判定,湿陷系数δ_s为单位厚度的土层,由于浸水在规定压力下产生的湿陷量,它表示了土样所代表黄土层的湿陷程度。

试验方法:δ_s可通过室内浸水压缩试验测定。把保持天然含水量和结构的黄土土样装入侧限压缩仪内,逐级加压,达到规定试验压力,土样压缩稳定后,进行浸水,使含水量接近饱和,土样又迅速下沉,再次达到稳定,得到浸水后土样高度h_p'(见图7-1),由式(7-1)求得土的湿陷系数δ_s。

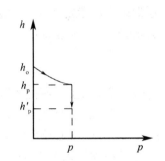

图7-1　在压力p下浸水压缩曲线

$$\delta_s = \frac{h_p - h_p'}{h_0} \tag{7-1}$$

式中　h_0——土样的原始高度,m;

　　　h_p——土样在无侧向膨胀条件下,在规定试验压力p的作用下,压缩稳定后的高度,m;

　　　h_p'——对在压力p作用下的土样进行浸水,到达湿陷稳定后的土样高度,m。

湿陷性判定:我国《湿陷性黄土地区建筑规范》(GBJ 25—90)按照国内各地经验采用$\delta_s = 0.015$作为湿陷性黄土的界限值,$\delta_s \geqslant 0.015$定为湿陷性黄土,否则为非湿陷性黄土。湿陷性土层的厚度也是用此界限值确定的。一般认为$\delta_s < 0.03$为弱湿陷性黄土,$0.03 < \delta_s \leqslant 0.07$为中等湿陷性黄土,$\delta_s > 0.07$为强湿陷性黄土。

2.湿陷性黄土地基湿陷类型的划分

定义:黄土受水浸湿后,在上覆土层自重应力作用下发生湿陷的称自重湿陷性黄土;若在自重应力作用下不发生湿陷,而需在自重和外荷共同作用下才发生湿陷的称为非自重湿陷性黄土。

划分:《湿陷性黄土地区建筑规范》用计算自重湿陷量Δ_{zs}来划分这两种湿陷类型的地基,Δ_{zs}(cm)按下式计算

$$\Delta_{zs} = \beta_0 \sum_{i=1}^{n} \delta_{zsi} h_i \tag{7-2}$$

式中　β_0——根据我国建筑经验,因各地区土质而异的修正系数。对陇西地区可取 1.5,陇东、陕北地区可取 1.2,关中地区取 0.7,其他地区(如山西、河北、河南等)取 0.5;

　　　δ_{zsi}——第 i 层地基土样在压力值等于上覆土的饱和($S_\gamma > 85\%$)自重应力时,试验测定的自重湿陷系数(当饱和自重应力大于 300 kPa 时,仍用 300 kPa);

　　　h_i——地基中第 i 层土的厚度,m;

　　　n——计算总厚度内土层数。

当 $\Delta_{zs} > 7$ cm 时为自重湿陷性黄土地基,$\Delta_{zs} \leqslant 7$ cm 时为非自重湿陷性黄土地基。

用上式计算时,土层总厚度从基底算起,到全部湿陷性黄土层底面为止,其中 $\delta_{zs} < 0.015$ 的土层(属于非自重湿陷性黄土层)不累计在内。

3. 湿陷性黄土地基湿陷等级的判定

定义:湿陷性黄土地基的湿陷等级,即地基土受水浸湿,发生湿陷的程度,可以用地基内各土层湿陷下沉稳定后所发生湿陷量的总和(总湿陷量)来衡量。

《湿陷性黄土地区建筑规范》对地基总湿陷量 Δ_s(cm)用下式计算:

$$\Delta_s = \sum_{i=1}^{n} \beta \delta_{si} h_i \qquad (7-3)$$

式中　δ_{si}——第 i 层土的湿陷系数;

　　　h_i——第 i 层土的厚度,cm;

　　　β——考虑地基土浸水概率、侧向挤出条件等因素的修正系数,基底下 5 m(或压缩层)深度内取 1.5;5 m(或压缩层)以下,非自重湿陷性黄土地基 $\beta = 0$,自重湿陷性黄土地基可按式(7-2) β_0 取值。

湿陷等级的判定:可根据地基总湿陷量 Δ_s 和计算自重湿陷量 Δ_{zs} 综合,按表 7-1 判定。

表 7-1　湿陷性黄土地基的湿陷等级

湿陷类型 Δ_{zs}/cm　　Δ_s/cm	非自重湿陷性地基	自重湿陷性地基	
	≤7	$7 < \Delta_{zs} \leqslant 35$	>35
≤30	Ⅰ(轻微)	Ⅱ(中等)	—
$30 < \Delta_s \leqslant 60$	Ⅱ(中等)	Ⅱ或Ⅲ	Ⅲ(严重)
>60	—	Ⅲ(严重)	Ⅳ(很严重)

7.1.4　湿陷性黄土地基的处理

目的是改善土的性质和结构,减少土的渗水性、压缩性,控制其湿陷性的发生,部分或全部消除它的湿陷性。在明确地基湿陷性黄土层的厚度、湿陷性类型、等级等后,应结合建筑物的工程性质、施工条件和材料来源等,采取必要的措施,对地基进行处理,满足建筑物在安全、使用方面的要求。

桥梁工程中,对较高的墩、台和超静定结构,应采用刚性扩大基础、桩基础或沉井等型式,并将基础底面设置到非湿陷性土层中;对一般结构的大中桥梁,重要的道路人工构造物,如属Ⅱ级非自重湿陷性地基或各级自重湿陷性黄土地基也应将基础置于非湿陷性黄土层或对全部湿陷性黄土层进行处理并加强结构措施;如属Ⅰ级非自重湿陷性黄土也应对全部湿陷性黄土层进行处理或加强结构措施。小桥涵及其附属工程和一般道路人工构造物视地基湿陷程度,可对全部湿陷性土层进行处理,也可消除地基的部分湿陷性或仅采取结构措施。

结构措施是指结构形式尽可能采用简支梁等对不均匀沉降不敏感的结构;加大基础刚度使受力较均匀;对长度较大且体形复杂的建筑物,采用沉降缝将其分为若干独立单元。

按处理厚度可分为全部湿陷性黄土层处理和部分湿陷性黄土层处理,前者对于非自重湿陷性黄土地基,应自基底处理至非湿陷性土层顶面(或压缩层下限),或者以土层的湿陷起始压力来控制处理厚度;对于自重湿陷性黄土地基是指全部湿陷性黄土层的厚度。后者指处理基础底面以下适当深度的土层,因为该部分土层的湿陷量一般占总湿陷量的大部分。这样处理后,虽发生少部分湿陷也不致影响建筑物的安全和使用。处理厚度视建筑物类别,土的湿陷等级、厚度,基底压力大小而定,一般对非自重湿陷性黄土为 $1 \sim 3$ m,自重湿陷性黄土地基为 $2 \sim 5$ m。

常用的处理湿陷性黄土地基的方法:

1. 灰土或素土垫层

将基底以下湿陷性土层全部挖除或挖到预计深度,然后用灰土(三分石灰七分土)或素土(就地挖出的黏性土)分层夯实回填,垫层厚度及尺寸计算方法同砂砾垫层,压力扩散角 θ 对灰土用30°,对素土用22°。垫层厚度一般为 $1.0 \sim 3.0$ m。它施工简易,效果显著,是一种常用的地基浅层湿陷性处理或部分处理的方法。

2. 重锤夯实及强夯法

重锤夯实法能消除浅层的湿陷性,如用 $15 \sim 40$ kN 的重锤,落高 $2.5 \sim 4.5$ m,在最佳含水量情况下,可消除在 $1.0 \sim 1.5$ m 深度内土层的湿陷性。强夯法根据国内使用纪录,锤重 $100 \sim 200$ kN,自由落下高度 $10 \sim 20$ m,锤击两遍,可消除 $4 \sim 6$ m 范围内土层的湿陷性。

两种方法均应事先在现场进行夯击试验,以确定为达到预期处理效果(一定深度内湿陷性的消除情况)所必需的夯点、锤击数、夯沉量等,以指导施工,保证质量。

3. 石灰土或二灰(石灰与粉煤灰)挤密桩

用打入桩、冲钻或爆扩等方法在土中成孔,然后用石灰土或将石灰与粉煤灰混合分层夯填桩孔而成(少数也有用素土),用挤密的方法破坏黄土地基的松散、大孔结构,达到消除或减轻地基的湿陷性。此方法适用于消除 $5 \sim 10$ m 深度内地基土的湿陷性。

4. 预浸水处理

自重湿陷性黄土地基利用其自重湿陷的特性,可在建筑物修筑前,先将地基充分浸水,使其在自重作用下发生湿陷,然后再修筑。

除以上的地基处理方法外,对既有桥涵等建筑物地基的湿陷也可考虑采用硅化法等加固地基。

7.1.5　湿陷性黄土地基的容许承载力和沉降计算

1. 湿陷性黄土地基容许承载力

可根据地基载荷试验、规范,提出数据及当地经验数据确定。当地基土在水平方向物理力学性质较均匀,基础底面下 5 m 深度内土的压缩性变化不显著时,可根据我国《公桥基规》确定其容许承载力。经灰土垫层(或素土垫层)、重锤夯实处理后地基土承载力应通过现场测试或根据当地建筑经验确定,其容许承载力一般不宜超过 250 kPa(素土垫层为 200 kPa)。垫层下如有软弱下卧层,也需验算其强度。对各种深层挤密桩、强夯等处理的地基,其承载力也应作静载荷试验来确定。

2. 沉降计算

应结合地基的各种具体情况进行,除考虑土层的压缩变形外,对进行消除全部湿陷性处理的地基,可不再计算湿陷量(但仍应计算下卧层的压缩变形);对进行消除部分湿陷性处理的地基,应计算地基在处理后的剩余湿陷量;对仅进行结构处理或防水处理的湿陷性黄土地基应计算其全部湿陷量。压缩沉降及湿陷量之和如超过沉降容许值时,必须采取减少沉降量、湿陷量措施。

7.2　膨胀土地基

7.2.1　膨胀土概述

1. 膨胀土的定义

按照我国《膨胀土地区建筑技术规范》(GBJ 112—87)中的定义,膨胀土应是土中黏粒成分,主要由亲水性矿物组成,同时具有显著的吸水膨胀和失水收缩两种变形特性的黏性土。

2. 膨胀土的分布范围

据现有的资料,广西、云南、湖北、安徽、四川、河南、山东等20多个省、自治区、市均有膨胀土。国外也一样,如美国,50个州中有膨胀土的占40个州,此外在印度、澳大利亚、南美洲、非洲和中东广大地区,也都有不同程度的分布。目前膨胀土的工程问题,已成为世界性的研究课题。

3. 膨胀土的危害

使大量的轻型房屋发生开裂、倾斜,公路路基发生破坏,堤岸、路堑产生滑坡;在我国,据不完全统计,在膨胀土地区修建的各类工业与民用建筑物,因地基土胀缩变形而导致损坏或破坏的有1 000万 m^2;我国过去修建的公路一般等级较低,膨胀土引起的工程问题不太突出,所以尚未引起广泛关注。然而,近年来由于高等级公路的兴建,在膨胀土地区新建的高等级公路,也出现了严重的病害,已引起了公路交通部门的重视。

7.2.2　膨胀土的判别和膨胀土地基的胀缩等级

1. 影响膨胀土胀缩特性的主要因素

(1)内在机制

内在机主要是指矿物成分及微观结构两方面。实验证明,膨胀土含大量的活性黏土矿物,如蒙脱石和伊利石,尤其是蒙脱石,比表面积大,在低含水量时对水有巨大的吸力,土中蒙脱石含量的多寡直接决定着土的胀缩性质的大小。除了矿物成分因素外,这些矿物成分在空间上的联结状态也影响其胀缩性质。经对大量不同地点的膨胀土扫描电镜分析得知,面—面连接的叠聚体是膨胀土的一种普遍的结构形式,这种结构比团粒结构具有更大的吸水膨胀和失水收缩的能力。

(2)外界因素

外界因素是水对膨胀土的作用,或者更确切地说,水分的迁移是控制土膨胀、收缩特性的关键外在因素。因为只有土中存在着可能产生水分迁移的梯度和进行水分迁移的途径，才有可能引起土的膨胀或收缩。

2. 膨胀土的胀缩性指标

（1）自由膨胀率 δ_{ef}

将人工制备的磨细烘干土样，经无颈漏斗注入量杯，量其体积，然后倒入盛水的量筒中，经充分吸水膨胀稳定后，再测其体积。增加的体积与原体积的比值 δ_{ef} 称为自由膨胀率。

$$\delta_{ef} = \frac{V_w - V_0}{V_0} \qquad (7-4)$$

式中　V_0——干土样原有体积，即量土杯体积，mL；

　　　V_w——土样在水中膨胀稳定后的体积，由量筒刻度量出，mL。

（2）膨胀率 δ_{ep} 与膨胀力 P_e

膨胀率表示原状土在侧限压缩仪中，在一定压力下，浸水膨胀稳定后，土样增加的高度与原高度之比，表示为

$$\delta_{ep} = \frac{h_w - h_0}{h_0} \qquad (7-5)$$

式中　h_w——土样浸水膨胀稳定后的高度，mm；

　　　h_0——土样的原始高度，mm。

以各级压力下的膨胀率 δ_{ep} 为纵坐标，压力 p 为横坐标，将试验结果绘制成 $p-\delta_{ep}$ 关系曲线，该曲线与横坐标的交点 P_e 称为试样的膨胀力，膨胀力表示原状土样在体积不变时，由于浸水膨胀产生的最大内应力。

（3）线缩率 δ_{sr} 与收缩系数 λ_s

膨胀土失水收缩，其收缩性可用线缩率与收缩系数表示。

线缩率 δ_{sr} 是指土的竖向收缩变形与原状土样高度之比，表示为

$$\delta_{sri} = \frac{h_0 - h_i}{h_0} \times 100\% \qquad (7-6)$$

式中　h_0——土样的原始高度，mm；

　　　h_i——某含水量 w_i 时的土样高度，mm。

利用收缩曲线直线收缩段可求得收缩系数 λ_s，其定义为原状土样在直线收缩阶段内，含水量每减少1%时所对应的线缩率的改变值，即

$$\lambda_s = \frac{\Delta\delta_{sr}}{\Delta w} \qquad (7-7)$$

式中　Δw——收缩过程中，直线变化阶段内，两点含水量之差，%；

　　　$\Delta\delta_{sr}$——两点含水量之差对应的竖向线缩率之差，%。

3. 膨胀土的判别

《膨胀土规范》中规定，凡具有下列工程地质特征的场地，且自由膨胀率 $\delta_{ef} \geqslant 40\%$ 的土应判定为膨胀土。

（1）裂隙发育，常有光滑面和擦痕，有的裂隙中充填着灰白、灰绿色黏土。在自然条件下呈坚硬或硬塑状态；

（2）多出露于二级或二级以上阶地、山前和盆地边缘丘陵地带，地形平缓，无明显自然陡坎；

（3）常见浅层塑性滑坡、地裂，新开挖坑（槽）壁易发生坍塌等；

（4）建筑物裂缝随气候变化而张开和闭合。

4. 膨胀土地基评价

《膨胀土规范》规定以 50 kPa 压力下测定的土的膨胀率，计算地基分级变形量，作为划分胀缩等级的标准，表 7-2 给出了膨胀土地基的胀、缩等级。

表 7-2　膨胀土地基的胀缩等级

地基分级变形量 s_e/mm	级别	破坏程度
$15 \leqslant s_e < 35$	I	轻　微
$35 \leqslant s_e < 70$	II	中　等
$s_e \geqslant 70$	III	严　重

注：地基分级变形量 S_e 应按公式（7-8）计算，式中膨胀率采用的压力应为 50 kPa。

5. 膨胀土地基变形量计算

在不同条件下可表现为 3 种不同的变形形态，即：上升型变形，下降型变形，和升降型变形。因此，膨胀土地基变形量计算应根据实际情况，可按下列 3 种情况分别计算：①当离地表 1 m 处地基土的天然含水量等于或接近最小值时，或地面有覆盖且无蒸发可能时，以及建筑物在使用期间经常受水浸湿的地基，可按膨胀变形量计算；②当离地表 1 m 处地基土的天然含水量大于 1.2 倍塑限含水量时，或直接受高温作用的地基，可按收缩变形量计算；③其他情况下可按胀、缩变形量计算。

地基变形量的计算方法仍采用分层总和法。下面分别将上述 3 种变形量计算方法介绍如下。

（1）地基土的膨胀变形量 s_e

$$s_e = \psi_e \sum_{i=1}^{n} \delta_{epi} h_i \qquad (7-8)$$

式中　ψ_e——计算膨胀变形量的经验系数，宜根据当地经验确定，若无可依据经验时，3 层及 3 层以下建筑物，可采用 0.6；

　　　δ_{epi}——基础底面下第 i 层土在该层土的平均自重应力与平均附加应力之和作用下的膨胀率，由室内试验确定，%；

　　　h_i——第 i 层土的计算厚度，mm；

　　　n——自基础底面至计算深度 z_n 内所划分的土层数，计算深度应根据大气影响深度确定；有浸水可能时，可按浸水影响深度确定。

（2）地基土的收缩变形量 s_s

$$s_s = \psi_s \sum_{i=1}^{n} \lambda_{si} \Delta w_i h_i \qquad (7-9)$$

式中　ψ_s——计算收缩变形量的经验系数，宜根据当地经验确定。若无可依据经验时，3 层及 3 层以下建筑物，可采用 0.8；

　　　λ_{si}——第 i 层土的收缩系数，应由室内试验确定；

　　　Δw_i——地基土收缩过程中，第 i 层土可能发生的含水量变化的平均值（以小数表示）；

n——自基础底面至计算深度内所划分的土层数。计算深度可取大气影响深度,当有热源影响时,应按热源影响深度确定。在计算深度时,各土层的含水量变化值 Δw_i 应按下式计算:

$$\Delta w_i = \Delta w_1 - (\Delta w_1 - 0.01)\frac{z_{i-1}}{z_{n-1}} \qquad (7-10)$$

$$\Delta w_1 = w_1 - w_w w_p \qquad (7-11)$$

式中　w_1,w_p——地表下 1 m 处土的天然含水量和塑限含水量(以小数表示);

　　　　φ_w——土的湿度系数;

　　　　z_i——第 i 层土的深度,m;

　　　　z_n——计算深度,可取大气影响深度,m。

(3)地基土的胀缩变形量 s

$$s = \psi \sum_{i=1}^{n} (\delta_{epi} + \lambda_{si}\Delta w_i)h_i \qquad (7-12)$$

式中,ψ 为计算胀缩变形量的经验系数,可取 0.7。

7.2.3　膨胀土地基承载力

1.膨胀土地基的承载力同一般地基土的承载力的区别

一是膨胀土在自然环境或人为因素等影响下,将产生显著的胀缩变形,二是膨胀土的强度具有显著的衰减性,地基承载力实际上是随若干因素而变动的。其中,尤其是地基膨胀土的湿度状态的变化。将明显地影响土的压缩性和承载力的改变。

2.膨胀土基本承载力有以下特点

(1)各个地区及不同成因类型膨胀土的基本承载力是不同的,而且差异性比较显著。

(2)与膨胀土强度衰减关系最密切的含水量因素,同样明显地影响着地基承载力的变化。其规律是:对同一地区的同类膨胀土而言,膨胀土的含水量愈低,地基承载力愈大;相反,膨胀土的含水量愈高,则地基承载力愈小。

(3)不同地区膨胀土的基本承载力与含水量的变化关系,在不同地区无论是变化数值或变化范围都不一样。

综上所述,在确定膨胀土地基承载力时,应综合考虑以上诸多规律及其影响因素,通过现场膨胀土的原位测试资料,结合桥、涵地基的工作环境综合确定。在一般条件不具备的情况下,也可参考现有研究成果,初步选择合适的基本承载力,再进行必要的修正。

7.2.4　膨胀土地区桥涵基础工程问题及设计与施工要点

1.膨胀土地基上的桥涵工程问题

桥梁主体工程的变形损害,在膨胀土地区很少见到。然而在膨胀土地基上的桥梁附属工程,如桥台、护坡、桥的两端与填土路堤之间的结合部位等,各种工程问题存在比较普遍,变形病害也较严重。桥台不均匀下沉,护坡开裂破坏,桥台与路堤之间结合带不均匀下沉等等。有的普通公路桥受地基膨胀土胀缩变形影响严重者,不仅桥台与护坡严重变形、开裂、位移,甚至桥面也遭破坏,导致整座桥梁废弃,公路行车中断。

涵洞因基础埋置深度较浅,自重荷载又较小,一方面直接受地基土胀缩变形影响,另一方面还受洞顶回填膨胀土不均匀沉降与膨胀压力的影响,故变形破坏比较普遍。

2.膨胀土地基上桥涵基础工程设计与施工应采取的措施

（1）换土垫层

在较强或强膨胀性土层出露较浅的建筑场地，可采用非膨胀性的黏性土、砂石、灰土等置换膨胀土，以减少可膨胀的土层，达到减少地基胀缩变形量的目的。

（2）合理选择基础埋置深度

桥涵基础埋置深度应根据膨胀土地区的气候特征，大气风化作用的影响深度，并结合膨胀土的胀缩特性确定。一般情况下，基础应埋置在大气风化作用影响深度以下。当以基础埋深为主要防治措施时，基础埋深还可适当增大。

（3）石灰灌浆加固

在膨胀土中掺入一定量的石灰能有效提高土的强度，增加土中湿度的稳定性，减少膨胀势。工程上可采用压力灌浆的办法将石灰浆液灌注入膨胀土的裂隙中起加固作用。

（4）合理选用基础类型

桥涵设计应合理选择有利于克服膨胀土胀缩变形的基础类型。当大气影响深度较深，膨胀土层厚，选用地基加固或墩式基础施工有困难或不经济时，可选用桩基。这种情况下，桩尖应锚固在非膨胀土层或伸入大气影响急剧层以下的土层中。具体桩基设计应满足《膨胀土规范》的要求。

（5）合理选择施工方法

在膨胀土地基上进行基础施工时，宜采用分段快速作业法，特别应防止基坑暴晒开裂与基坑浸水膨胀软化。因此，雨季应采取防水措施，最好在旱季施工，基坑随挖随砌基础，同时做好地表排水等。

7.3 冻土地区基础工程

7.3.1 冻土的概述

1.冻土的定义

温度为 0 ℃ 或负温，含有冰且与土颗粒呈胶结状态的土称为冻土。

2.冻土的分类

根据冻土冻结延续时间可分为季节性冻土和多年冻土两大类，土层冬季冻结，夏季全部融化，冻结延续时间一般不超过一个季节，称为季节性冻土层，其下边界线称为冻深线或冻结线；土层冻结延续时间在三年或三年以上称为多年冻土。

3.冻土的分布

季节性冻土在我国分布很广，东北、华北、西北是季节性冻结层厚 0.5 m 以上的主要分布地区；多年冻土主要分布在黑龙江的大小兴安岭一带、内蒙古纬度较大地区，青藏高原部分地区与甘肃、新疆的高山区，其厚度从不足 1 m 到几十米。

7.3.2 季节性冻土基础工程

1.季节性冻土按冻胀性的分类

土的冻胀由于侧向和下面有土体的约束，主要反映在体积向上的增量上（隆胀），季节性冻土地区建筑物的破坏很多是由于地基土冻胀造成的。

对季节性冻土按冻胀变形量大小结合对建筑物的危害程度分为五类，以野外冻胀观测

得出的冻胀系数 K_d 为分类标准

Ⅰ类不冻胀土：$K_d < 1\%$，冻结时基本无水分迁移，冻胀变形很小，对各种浅埋基础无任何危害。

Ⅱ类弱冻胀土：$1\% < K_d \leqslant 3.5\%$，冻结时水分迁移很少，地表无明显冻胀隆起，对一般浅埋基础也无危害。

Ⅲ类冻胀土：$3.5\% < K_d \leqslant 6\%$，冻结时水分有较多迁移，形成冰夹层，如建筑物自重轻、基础埋置过浅，会产生较大的冻胀变形，冻深大时会由于切向冻胀力而使基础上拔。

Ⅳ类强冻胀土：$6\% < K_d \leqslant 13\%$，冻结时水分大量迁移，形成较厚冰夹层，冻胀严重，即使基础埋深超过冻结线，也可能由于切向冻胀力而上拔。

Ⅴ类特强冻胀土：$K_d > 13\%$，冻胀量很大，是使桥梁基础冻胀上拔破坏的主要原因。

$$K_d = \frac{\Delta h}{Z_0} \times 100\%$$

式中　Δh——地面最大冻胀量，m；

　　　Z_0——最大冻结深度，m。

2. 考虑地基土冻胀影响桥涵基础最小埋置深度的确定

基底最小埋置深度 $h(\mathrm{m})$ 可用下式表达

$$h = m_t z_0 - h_d \tag{7-13}$$

上部结构为超静定结构时，除Ⅰ类不冻胀土外，基底埋深应在冻结线以下不小于 0.25 m。当建筑物基底设置在不冻胀土层中时，基底埋深可不考虑冻结问题。

3. 刚性扩大基础及桩基础抗冻拔稳定性的验算

按上述原则确定基础埋置深度后，基底法向冻胀力由于允许冻胀变形而基本消失。考虑基础侧面切向冻胀力的抗冻拔稳定性按下式计算。

$$N + W + Q_T \geqslant kT \tag{7-14}$$

在冻结深度较大地区，小桥涵扩大基础或桩基础的地基土为Ⅲ～Ⅴ类冻胀性土时，由于上部恒重较小，当基础较浅时常会因周围土冻胀而被上拔，使桥涵遭到破坏。基桩的入土长度往往由在冻结线以下抗冻拔需要的锚固长度控制。为了保证安全，以上计算中基础重力在冻土和暖土部分均不再考虑。

4. 基础薄弱截面的强度验算

当切向冻胀力较大时，应验算基桩在未（少）配筋处抗拉断的能力。

$$P = kT - (N + W_1 + F_1) \tag{7-16}$$

式中　P——验算截面拉力，kN；

　　　W_1——验算截面以上基桩重力，kN；

　　　F_1——验算截面以上基桩在暖土部分阻力，kN，计算方法同式（7-14）中 Q_T。其余符号意义同前。

5. 防冻胀措施

目前多从减少冻胀力和改善周围冻土的冻胀性来防治冻胀。

（1）基础四侧换土，采用较纯净的砂、砂砾石等粗颗粒土换填基础四周冻土，填土夯实；

（2）改善基础侧表面平滑度，基础必须浇筑密实，具有平滑表面。基础侧面在冻土范围内还可用工业凡士林、渣油等涂刷以减少切向冻胀力。对桩基础也可用混凝土套管来减除切向冻胀力。

（3）选用抗冻胀性基础改变基础断面形状,利用冻胀反力的自锚作用增加基础抗冻拔的能力。

7.3.3 多年冻土地区基础工程

1. 多年冻土按其融沉性的等级划分

多年冻土的融沉性是评价其工程性质的重要指标,可用融化下沉系数 A 作为分级的直接控制指标。

$$A = \frac{h_\mathrm{m} - h_\mathrm{T}}{h_\mathrm{m}} \times 100\% \tag{7-17}$$

式中　h_m——季节融化层冻土试样冻结时的高度(季冻层土质与其下多年冻土相同),m;

　　　h_T——季节融化层冻土试样融化后(侧限条件下)的高度,m。

Ⅰ级(不融沉):A 小于 1%,是仅次于岩石的地基土,在其上修筑建筑物时可不考虑冻融问题。

Ⅱ级(弱融沉):$1\% \leqslant A < 5\%$,是多年冻土中较好的地基土,可直接作为建筑物的地基,当控制基底最大融化深度在 3m 以内时,建筑物不会遭受明显融沉破坏。

Ⅲ级(融沉):$5\% \leqslant A < 10\%$,具有较大的融化下沉量,而且冬季回冻时有较大冻胀量。作为地基的一般基底融深不得大于 1m,并采取专门措施,如深基、保温防止基底融化等。

Ⅳ级(强融沉):$10\% \leqslant A < 25\%$,融化下沉量很大,因此施工、运营时不允许地基发生融化,设计时应保持冻土不融或采用桩基础。

Ⅴ级(融陷):$A \geqslant 25\%$,为含土冰层,融化后呈流动、饱和状态,不能直接作地基,应进行专门处理。

2. 多年冻土地基设计原则

多年冻土地区的地基,应根据冻土的稳定状态和修筑建筑物后地基地温、冻深等可能发生的变化,分别采取两种原则设计,即保持冻结原则和容许融化原则。

3. 多年冻土地基容许承载力的确定

决定多年冻土承载力的主要因素有粒度成分,含水(冰)量和地温,具体的确定方法可用如下几种:

（1）根据规范推荐值确定

（2）理论公式计算

理论上可通过临塑荷载 p_cr(kPa)和极限荷载 p_u(kPa)确定冻土容许承载力,计算公式形式较多,可参考下式计算:

$$p_\mathrm{cr} = 2c_\mathrm{s} + \gamma_2 h$$
$$p_\mathrm{u} = 5.71c_\mathrm{s} + \gamma_2 h \tag{7-18}$$

式中　c_s——冻土的长期黏聚力,应由试验求得,kPa;

　　　$\gamma_2 h$——基底埋置深度以上土的自重压力,kPa;

p_cr 可以直接作为冻土的容许承载力,而 p_u 应除以安全系数 $1.5 \sim 2.0$。

此外也可通过现场荷载试验(考虑地基强度随荷载作用时间而降低的规律),调查观测地质、水文、植被条件等基本相同的邻近建筑物等方法来确定。

4. 多年冻土融沉计算

冻土地基总融沉量由两部分组成,一是冻土解冻后冰融化体积缩小和部分水在融化过程中被挤出,土粒重新排列所产生下沉量;二是融化完成后,在土自重和恒载作用下产生的压缩下沉。最终沉降量 $S(\mathrm{m})$ 计算如下:

$$S = \sum_{i=1}^{n} A_i h_i + \sum_{i=1}^{n} \alpha_i \sigma_{ci} h_i + \sum_{i=1}^{n} \alpha_i \sigma_{pi} h_i \qquad (7-19)$$

式中 A_i——第 i 层冻土融化系数,见式(7-17);

h_i——第 i 层冻土厚度,m;

α_i——第 i 层冻土压缩系数(1/kPa),由试验确定;

σ_{ci}——第 i 层冻土中点处自重应力,kPa;

σ_{pi}——第 i 层冻土中点处建筑物恒载附加应力,kPa。

5.多年冻土地基基桩承载力的确定

采取保持冻结原则时,多年冻土地基基桩轴向容许承载力由季节融土层的摩阻力 F_1(冬季则变成切向冻胀力),多年冻土层内桩侧冻结力 F_2 和桩尖反力 R 三部分组成。其中桩与桩侧土的冻结力是承载力的主要部分。除通过试桩的静载试验外,单桩轴向容许承载力 $[P]$(kN)可由下式计算

$$[P] = \sum_{i=1}^{n} f_i A_{1i} + \sum_{i=1}^{n} \tau_{ji} A_{2i} + m_0 [\sigma_0] A \qquad (7-20)$$

6.多年冻土地区基础抗拔验算

多年冻土地区,当季节融化层为冻胀土或强冻胀土时,扩大基础(或基桩)冻拔稳定验算:

$$N + W + Q_T + Q_m \geqslant kT \qquad (7-21)$$

7.防融沉措施

(1)换填基底土

对采用融化原则的基底土可换填碎、卵、砾石或粗砂等,换填深度可到季节融化深度或到受压层深度。

(2)选择好施工季节

采用保持冻结原则时基础宜在冬季施工,采用融化原则时,最好在夏季施工。

(3)选择好基础型式

对融沉、强融沉土宜用轻型墩台,适当增大基底面积,减少压应力,或结合具体情况,加深基础埋置深度。

(4)注意隔热措施

采取保持冻结原则时施工中注意保护地表上覆盖植被,或以保温性能较好的材料铺盖地表,减少热渗入量。施工和养护中,保证建筑物周围排水通畅,防止地表水灌入基坑内。

如抗冻胀稳定性不够,可在季节融化层范围内,按前介绍的防冻胀措施第1,2条处理。

7.4 地震区的基础工程

7.4.1 地基与基础的震害

1.地基土的液化

地震时地基土的液化是指地面以下,一定深度范围内(一般指 20 m)的饱和粉细砂土、亚砂土层,在地震过程中出现软化、稀释、失去承载力而形成类似液体性状的现象。它使地

面下沉,土坡滑坍,地基失效、失稳,天然地基和摩擦桩上的建筑物大量下沉、倾斜、水平位移等损害。

2.地基与基础的震沉,边坡的滑坍以及地裂

软弱黏性土和松散砂土地基,在地震作用下,结构被扰动,强度降低,产生附加的沉陷(土层的液化也会引起地基的沉陷),且往往是不均匀的沉陷,使建筑物遭到破坏;陡峻山区土坡,层理倾斜或有软弱夹层等不稳定的边坡、岸坡等,在地震时由于附加水平力的作用或土层强度的降低而发生滑动(有时规模较大),会导致修筑在其上或邻近的建筑物遭到损坏;构造地震发生时地面常出现与地下断裂带走向基本一致的呈带状的地裂带。地裂带一般在土质松软区、故河道、河堤岸边、陡坡、半填半挖处较易出现,它大小不一,有时长达几十公里,对建筑物常造成破坏和患害。

3.基础的其他震害

在较大的地震作用下,基础也常因其本身强度、稳定性不足抗衡附加的地震作用力而发生断裂、折损,倾斜等损坏。刚性扩大基础如埋置深度较浅时,会在地震水平力作用下发生移动或倾覆。

基础、承台与墩、台身联结处也是抗震的薄弱处,由于断面改变、应力集中使混凝土发生断裂。

7.4.2 基础工程抗震设计

1.基础工程抗震设计的基本要求

结合目前抗震工程的技术发展水平和公路的特点,建筑物发生基本烈度的地震时,按不受任何损坏的原则进行设计,在经济上是不合理的,在技术上也常是不可行的。因此,公路建筑物的基础工程抗震设计的基本要求应与整个建筑物一致,《公路抗震规范》根据建筑物所属公路等级和所处地质条件,要求发生相当基本烈度地震时,建筑物位于一般地段的高速公路和一级公路,经一般整修即可正常使用;位于一般地段的二级公路及位于软弱黏性土层或液化土层上的高速公路和一级公路建筑物经短期抢修即可恢复使用;三四级公路工程和位于抗震危险地段的软弱黏性土层或液化土层上的二级公路以及位于抗震危险地段的高速公路和一级公路应保证桥梁、隧道及重要的构造物不发生严重破坏。

2.选择对抗震有利的场地和地基

我国公路抗震工程中,将场地土(建筑物所在地的土层)分为四类:

Ⅰ类场地土:岩石,紧密的碎石土。

Ⅱ类场地土:中密、松散的碎石土,密实、中密的砾、粗中砂;$[\sigma_0]>250$ kPa 的黏性土。

Ⅲ类场地土:松散的砾、粗、中砂,密实、中密的细砂、粉砂,$[\sigma_0]\leq250$ kPa 的黏性土。

Ⅳ类场地土:淤泥质土,松散的细、粉砂,新近沉积的黏性土;$[\sigma_0]<130$ kPa 的填土。

对于多层土,当建筑物位于Ⅰ类土时,即属于Ⅰ类场地土;位于Ⅱ,Ⅲ,Ⅳ类土上时,则按建筑物所在地表以下 20 m 范围内的土层综合评定。

Ⅰ类场地土及开阔平坦、均匀的Ⅱ类场地土对抗震有利,应尽量利用;Ⅳ类场地土、软土、可液化土以及地基土层在平面分布上强弱不匀,非岩质的陡坡边缘等处一般震害较严重,河床下基岩向河槽倾斜较甚,并被切割成槽处,地基下有暗河、溶洞等地段以及前述抗震危险地段都应注意避开。选择有利的工程地质条件,有利抗震地段布置建筑物可以减轻甚至避免地基、基础的震害,也能使地震反应减少,是提高建筑物抗震效果的重要措施。

3. 地基、基础抗震强度和稳定性的验算

目前我国各桥梁抗震规范,对基本烈度为7,8,9度地区,在地震荷载计算中与世界各国发展趋势基本一致:对各种上部结构的桥墩、基础采用考虑地基和建筑物动力特性的反应谱理论;而对刚度大的建筑物和挡土墙、桥台采用静力设计理论;对跨度大(如超过150 m)墩高大(如超过30 m)或结构复杂的特大桥及烈度更高地区则建议用精确的方法(如时程反映分析法等)。

(1)桥墩基础地震荷载的计算(用反应谱理论计算),反应谱理论是以大量的强震水平加速度纪录为基础,经过动力计算和数理统计分析,按照建筑物作为单质点振动体系,在一定的阻尼比条件下,其自振周期与它发生的平均最大水平加速度反应的函数的关系,用曲线表示的图谱——加速度反应谱,以此作为建筑物地震反应计算荷载的依据。

(2)桥台、挡墙基础地震荷载的计算(用静力理论计算)

静力理论出发点是认为建筑物为刚性,地震时不变形,各部分受到的地震水平加速度与地面相同,也不考虑不同场地土对地震反应的影响。

①桥台基础地震荷载的计算

桥台重力的水平地震荷载 Q_{Ea}(kN),可用下式计算(作用于台身重心处):

$$Q_{Ea} = C_1 C_z K_h G_{au} \tag{7 - 22}$$

式中　G_{au}——基础顶面以上台身重力(kN),计算设有固定支座梁桥桥台基础时,应计入一孔梁的重力。

②挡墙地震荷载的计算

为了弥补静力理论对高度较大的挡墙在计算地震荷载中的不足,《公路抗震规》采用了地震反应沿墙高增大分布系数 ψ_{iw},挡墙第 i 截面以上墙身重心处的水平地震荷载 Q_{iEW}(kN)按下式计算:

$$Q_{iEW} = C_1 C_z K_h \psi_{iw} G_{iw} \tag{7 - 23}$$

式中　C_z——综合影响系数,取 $C_z = 0.25$;

　　　Ψ_{iw}——水平地震荷载沿墙高的分布系数,在高速公路、一、二级公路当墙高 $H > 12$ m 时,$\psi_{iw} = 1 + \dfrac{H_{iw}}{H}$,$H_{iw}$ 为验算第 i 截面以上墙身重心到墙底的高度,如图7-15所示,其他情况,$\psi_{iw} = 1$;

　　　G_{iw}——第 i 截面以上,墙身圬工的重力,kN。

其他符号意义同前。

(3)墩、台、挡墙基础抗震强度及稳定性的验算

桥梁墩、台、挡墙基础按以上方法计算得到水平地震荷载后,即可根据一般静力学方法,按规定的荷载组合进行地基、基础的抗震强度和稳定性的验算。

7.4.3　基础工程的抗震措施

对建筑物及基础采取有针对性的抗震措施,在抗震工程中也是十分重要的,而且往往能取得"事半功倍"的效果。下面介绍基础工程常用的抗震措施。

1. 对松软地基及可液化土地基

(1)改善土的物理力学性质,提高地基抗震性能

对松软可液化土层位较浅,厚度不大的可采用挖除换土,用砂垫层等浅层处理,此法较

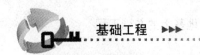

适用于小型建筑物。否则应考虑采用砂桩、碎石桩、振冲碎石桩、深层搅拌桩等将地基加固,地基加固范围应适当扩大到基础之外。

(2)采用桩基础、沉井基础等

采用各种型式深基础,穿越松软或可液化土层,基础伸入稳定土层足够的深度。

(3)减轻荷载、加大基础底面积

减轻建筑物重力,加大基础底面积以减少地基压力对松软地基抗震是有利的。增加基础及上部结构刚度常是防御震沉的有效措施。

2.对地震时不稳定(可能滑动)的河岸地段

在此类地段修筑大、中桥墩台时应适当增加桥长,注重桥跨布置等将基础置于稳定土层上并避开河岸的滑动影响。小桥可在两墩台基础间设置支撑梁或用片块石满床铺砌,以提高基础抗位移能力。挡墙也应将基础置于稳定地基上,并在计算中考虑失稳土体的侧压力。

3.基础本身的抗震措施

地震区基础一般均应在结构上采取抗震措施。圬工墩台、挡墙与基础的联结部位,由于截面发生突变,容易震坏,应根据情况采取预埋抗剪钢筋等措施提高其抗剪能力。桩柱与承台、盖梁联结处也易遭震害,在基本烈度8度以上地区宜将基桩与承台联结处做成2:1或3:1的喇叭渐变形,或在该处适当增加配筋;桩基础宜做成低桩承台,发挥承台侧面土的抗震能力;柱式墩台、排架式桩墩在与盖梁、承台(基础)联结处的配筋不应少于桩柱身的最大配筋;桩柱主筋应伸入盖梁并与梁主筋焊(搭)接;柱式墩台、排架式桩墩均应加密构件与基础联结处及构件本身的箍筋,以改善构件延性,提高其抗震能力,桩基础的箍筋加密区域应从地面或一般冲刷以上1倍桩径处往下延伸到桩身最大弯矩以下3倍桩径处。

附录

考 试 大 纲

第一部分　课程性质与目标

一、课程性质与特点

本课程是一门工科土木工程类专业的必修课程。本课程的任务是使学生全面掌握各种常用桥梁、道路及其他人工构造物地基与基础的规划、设计计算方法、一般施工方法,并了解地基处理的原则和方法,了解几种特殊土地基的基本特性、对基础工程的危害及应采取的工程措施。在学习过程中应注意理论在实际中的运用,紧密结合工程实践,增强处理地基基础问题的能力。

二、课程目标与基本要求

本课程设置目的是让学生掌握地基基础设计的基本原理,具有进行一般工程基础设计规划的能力,同时具有从事基础工程施工管理的能力,对于常见的基础工程事故,能作出合理的评价。

通过本课程的学习,要求学生能够:

1. 掌握桥梁、道路及其他人工构造物地基与基础的有关设计基本理论、实用计算方法和施工要点;

2. 能全面收集公路基础设计所需要的有关资料,能选取合理的地基型式和基础类型,应用《公路桥涵地基与基础设计规范》进行基础设计,以保证各类建筑物的使用正常和经济合理;

3. 具有解决实际工程问题的能力,对常见的基础工程事故能作出合理的评价。

4. 掌握地基处理方法的基本原理与计算要点,了解特殊土的基本特性、对基础工程的危害及应采取的工程措施,具有处理地基基础问题的能力。

第二部分　考核内容与考核目标

第1章　导论

1. 掌握地基与基础的基本概念和分类;

2. 了解基础工程设计和施工所需的资料及计算荷载的确定;

3. 了解基础工程设计计算应注意的事项;

4. 了解基础工程学科发展概况。

第2章 天然地基上的浅基础

1. 掌握天然地基上浅基础的类型、构造及适用条件,理解刚性基础和柔性基础的区别;

2. 了解基坑围护和排水方法、刚性扩大基础施工方法;

3. 了解板桩墙围堰的计算;

4. 掌握地基容许承载力的确定;

5. 掌握基础埋置深度的选择、基础底面尺寸的确定、刚性扩大基础的设计与验算;

6. 理解埋置式桥台刚性扩大基础计算算例。

第3章 桩基础

1. 了解桩和桩基础的特点和适用条件;

2. 掌握桩和桩基础的类型和构造;

3. 掌握桩基础的施工方法;

4. 掌握单桩承载力确定的常用方法,了解其他方法;

5. 了解桩基础质量检验的内容和方法。

第4章 桩基础的设计计算

1. 掌握单排桩基桩内力和位移计算、计算单桩内力的各种计算参数的使用方法;

2. 掌握多排桩基桩内力和位移计算、多排桩的主要计算参数及其各自的含义;

3. 理解群桩效应的概念,了解群桩基础的竖向分析及其验算;

4. 掌握承台计算方法;

5. 掌握群桩设计的要点及注意事项;

6. 掌握桩基础设计方案的拟定,了解桩基础设计的一般程序及步骤。

第5章 沉井基础及地下连续墙

1. 理解沉井的基本概念,了解其作用及适用条件;

2. 了解沉井的类型,掌握其构造;

3. 掌握沉井的施工方法;

4. 掌握沉井的设计与计算;

5. 理解圆端形沉井计算算例;

6. 了解地下连续墙的概念、应用、构造施工及设计。

第6章 地基处理

1. 了解地基处理的主要方法和加固原理,掌握各种处理方法的适用条件;

2. 理解软土地基的定义,了解其成因和划分,掌握其工程特性,了解其有关计算及软土地基基础工程应注意的事项;

3. 掌握换土垫层法、砂井、砂桩的设计计算;

4. 了解复合地基理论。

第7章 几种特殊地基上的基础工程

1. 了解陷性黄土地基和膨胀土地基的特征和分级,了解这两种特殊地区基础工程问题及设计工作要点,掌握处理方法。

2. 了解冻土与地震区基础工程问题及设计与施工要点。

第三部分 有关说明与实施要求

指定教材

《基础工程》由孙晓羽主编,哈尔滨工程大学出版社 2015 年 7 月出版。

参 考 文 献

[1] 华南理工大学,东南大学,浙江大学,湖南大学. 地基及基础[M]. 3 版. 北京:中国建筑工业出版社,1998.

[2] 赵明华. 土力学与基础工程[M]. 2 版. 北京:中国建筑工业出版社,2008.

[3] 陈希哲. 土力学地基基础[M]. 4 版. 北京:清华大学出版社,2004.

[4] 陈仲颐,周景星,王洪瑾. 土力学[M]. 北京:清华大学出版社,1994.

[5] 赵成刚,白冰,王运霞. 土力学原理[M]. 北京:清华大学出版社,北京交通大学出版社,2004.

[6] 杨小平. 土力学及地基基础[M]. 武汉:武汉大学出版社,2000.

[7] 丁梧秀. 地基基础[M]. 郑州:郑州大学出版社,2006.

[8] 陈晓平,陈书申. 土力学与地基基础[M]. 2 版. 武汉:武汉理工大学出版社,2003.

[9] 史如平,韩选江. 土力学与地基工程[M]. 上海:上海交通大学出版社,1990.

[10] 冯国栋. 土力学[M]. 北京:中国水利电力出版社,1995.

[11] 钱家欢. 土力学[M]. 南京:河海大学出版社,1994.

[12] 高大钊. 土力学与基础工程[M]. 北京:中国建筑工业出版社,1998.

[13] 洪毓康. 土质学与土力学[M]. 北京:人民交通出版社,1995.

[14] 赵明华,李刚,曹喜仁,等. 土力学地基与基础疑难释义[M]. 北京:中国建筑工业出版,1999.

[15] 杨英华. 土力学[M]. 北京:地质出版社,1990.

[16] 邵全,韦敏才. 土力学与基础工程[M]. 重庆:重庆大学出版社,1998.

[17] 陆培毅. 土力学[M]. 北京:中国建材工业出版社,2000.

[18] 唐大雄,孙愫文. 工程岩土学[M]. 北京:地质出版社,1987.

[19] 许惠德,马金荣,姜振泉. 土质学及土力学[M]. 徐州:中国矿业大学出版社,1995.

[20] 顾晓鲁,钱鸿缙,刘惠珊,汪时敏. 地基与基础[M]. 2 版. 北京:中国建筑工业出版社,1993.

[21] 黄文熙. 土的工程性质[M]. 北京:中国水利水电出版社,1983.

[22] 叶书麟,叶观宝. 地基处理[M]. 北京:中国建筑工业出版社,1997.

[23] 叶书麟. 地基处理[M]. 北京:中国建筑工业出版社,1988.

[24] 凌志平,易经武. 基础工程[M]. 北京:人民交通出版社,1997.

[25] 陈国兴,樊良本,等. 基础工程学[M]. 北京:中国水利水电出版社,2002.

[26] 东南大学,浙江大学,湖南大学,苏州科技学院. 土力学[M]. 2 版. 北京:中国建筑工业出版社,2005.

[27] 刘增荣. 土力学[M]. 上海:同济大学出版社,2005.

[28] 陈仲颐,叶书麟. 基础工程学[M]. 北京:中国建筑工业出版社,1990.

[29] 南京水利科学研究院. 土的工程分类标准(GB/T 50145—2007)[S]. 北京:中国计划出版社,2008.

［30］中国建筑科学研究院. 建筑地基基础设计规范(GB 50007—2002)［S］. 北京:中国建筑工业出版社,2002.

［31］南京水利科学研究院. 土工实验方法标准(GB/T 50123—1999)［S］. 北京:中国计划出版社,1999.

［32］中国建筑科学研究院. 建筑桩基技术规范(JGJ 94—2008)［S］. 北京:中国建筑工业出版社,2008.

［33］建设部综合勘察研究设计院. 岩土工程勘察规范(GB 50021—2001)［S］. 北京:中国建筑工业出版社,2001.

［34］中国建筑科学研究院. 建筑地基处理技术规范(JGJ 79—2002)［S］. 北京:中国建筑工业出版社,2002.

［35］中交公路规划设计院有限公司. 公路桥涵地基与基础设计规范(JGJ D63—2007)［S］. 北京:人民交通出版社,2007.